# 建筑施工技术

郝华文 倪 朦 贝芳芳 主编

中国建材工业出版社

北京

图书在版编目（CIP）数据

建筑施工技术/郝华文，倪朦，贝芳芳主编．--北京：中国建材工业出版社，2025.1
ISBN 978-7-5160-4086-7

Ⅰ．①建…　Ⅱ．①郝…　②倪…　③贝…　Ⅲ．①建筑工程－工程施工－施工技术－高等职业教育－教材　Ⅳ．①TU74

中国国家版本馆 CIP 数据核字（2024）第 056223 号

## 建筑施工技术
JIANZHU SHIGONG JISHU
郝华文　倪　朦　贝芳芳　主编

出版发行：中国建材工业出版社
地　　址：北京市西城区白纸坊东街 2 号院 6 号楼
邮　　编：100054
经　　销：全国各地新华书店
印　　刷：北京印刷集团有限责任公司
开　　本：787mm×1092mm　1/16
印　　张：20.5
字　　数：490 千字
版　　次：2025 年 1 月第 1 版
印　　次：2025 年 1 月第 1 次
定　　价：56.00 元

本社网址：www.jskjcbs.com，微信公众号：zgjskjcbs
请选用正版图书，采购、销售盗版图书属违法行为
**版权专有，盗版必究**。本社法律顾问：北京天驰君泰律师事务所，张杰律师
举报信箱：zhangjie@tiantailaw.com　举报电话：(010)63567684
本书如有印装质量问题，由我社事业发展中心负责调换，联系电话：(010)63567692

# 前　言

近年来，我国高等职业教育快速发展，已经成为国家高等教育的重要组成部分。在当前新形势下，国家和社会对高等职业教育提出了更高的质量要求，教育部正推进的国家示范性高等职业院校建设、精品课程建设，工学结合、校企合作、产教融合的培养和办学模式，使已出版的土建类专业教材与新形势下的教学要求不相适应的矛盾日益突出，加强土建类专业教材建设成为各相关院校的目标和要求，新一轮教材建设迫在眉睫。

"建筑施工技术"是高等职业教育建筑工程技术专业的一门专业核心课。它主要研究建筑工程施工技术的一般规律、主要工种施工工艺及方法，工程施工中的新技术、新材料、新工艺的发展和应用，旨在培养学生独立分析和解决建筑施工实践中的相关施工技术与管理问题的基本能力，为日后从事相关行业打下坚实的基础，更好地指导建筑施工。

本书在编写中遵循技能岗位施工工艺流程，始终坚持"素质为本、能力为主、需要为准、够用为度"的原则，力求按高等职业教育的特点，注重理论联系实际、图文与数字化技术相结合的原则，既保证全书的系统性和完整性，又体现内容的先进性、实用性、指导性。全书共分12个项目单元，主要内容包括土方工程、地基处理与基础工程、砌筑工程、混凝土结构工程、预应力混凝土工程、结构安装工程、防水工程、装饰工程、季节性施工技术、建筑施工现场消防技术、建筑施工信息化技术和危险性较大分部分项工程施工安全管理等。本书可作为普通高等院校、高职高专院校土建类各相关专业的课程教材，也可作为建筑施工企业各类人员的学习参考用书。

本书由池州职业技术学院郝华文、花昌涛，安徽省教育科学研究院倪朦，安徽文达信息工程学院贝芳芳、金秀芳、李青、吴倩倩，安徽水利水电职业技术学院包海玲，淮北职业技术学院赵永胜，安徽开放大学池州分校胡赛丽，池州市住房和城乡建设局乔伟，南京璞置企业管理咨询有限公司丁雯娟，安徽锐意全过程工程咨询有限公司纵瑞伟，六安市建工建设监理有限公司牛战胜，安徽粮食工程职业学院叶飞，六安职业技术学院陆艳霞等共同编写。郝华文、倪朦、贝芳芳担任主编，花昌涛、赵永胜、金秀芳、丁雯娟担任副主编。全书由安徽建筑大学土木工程学院孙强教授担任主审。

本书在编写过程中，参考和引用了有关专业文献和资料，未在书中一一注明出处，在此对有关文献的作者表示感谢。

由于编者的水平及时间有限，加之建筑新技术、新工艺和新材料的不断涌现，书中难免有不妥之处，敬请读者批评指正。

编　者

# 目　　录

**项目 1　土方工程** ················································································· 1

　　任务 1-1　土的分类与工程性质 ······························································· 1

　　任务 1-2　土方工程量计算及土方调配 ······················································ 3

　　任务 1-3　土方机械化施工 ······································································ 10

　　任务 1-4　土方的填筑与压实 ··································································· 14

　　任务 1-5　基坑（槽）施工 ······································································ 17

**项目 2　地基处理与基础工程** ··································································· 38

　　任务 2-1　地基处理 ··············································································· 38

　　任务 2-2　浅基础工程 ············································································ 44

　　任务 2-3　桩基础工程 ············································································ 46

**项目 3　砌筑工程** ····················································································· 56

　　任务 3-1　砌体材料及运输机具 ································································ 56

　　任务 3-2　砌筑工程施工 ········································································· 59

　　任务 3-3　砌筑工程的质量与安全 ····························································· 69

**项目 4　混凝土结构工程** ·········································································· 72

　　任务 4-1　模板工程 ··············································································· 72

　　任务 4-2　混凝土工程 ············································································ 83

　　任务 4-3　钢筋工程 ··············································································· 102

**项目 5　预应力混凝土工程** ······································································ 117

　　任务 5-1　先张法施工 ············································································ 117

　　任务 5-2　后张法施工 ············································································ 124

　　任务 5-3　无黏结预应力施工 ··································································· 133

**项目 6　结构安装工程** ·············································································· 138

　　任务 6-1　起重机械与索具设备 ································································ 138

　　任务 6-2　钢筋混凝土排架结构单层工业厂房结构吊装 ································· 151

　　任务 6-3　钢筋混凝土装配式结构吊装 ······················································· 170

　　任务 6-4　钢结构单层工业厂房安装 ························································· 173

**项目 7　防水工程** ·············································································································· 178

　　任务 7-1　防水材料识别 ································································································· 178
　　任务 7-2　屋面防水材料 ································································································· 183
　　任务 7-3　地下防水工程 ································································································· 191
　　任务 7-4　室内其他部位防水工程 ··················································································· 197

**项目 8　装饰工程** ·············································································································· 202

　　任务 8-1　抹灰工程 ········································································································ 202
　　任务 8-2　饰面工程 ········································································································ 205
　　任务 8-3　楼地面工程 ···································································································· 209
　　任务 8-4　吊顶和隔墙工程 ······························································································ 211
　　任务 8-5　涂料和裱糊工程 ······························································································ 217
　　任务 8-6　门窗和幕墙工程 ······························································································ 221

**项目 9　季节性施工技术** ··································································································· 227

　　任务 9-1　土方工程的冬期施工 ······················································································· 227
　　任务 9-2　砌筑工程冬期施工 ·························································································· 230
　　任务 9-3　混凝土结构工程的冬期施工 ············································································ 231
　　任务 9-4　装饰装修工程和屋面工程的冬期施工 ······························································ 236
　　任务 9-5　雨期施工 ········································································································ 238

**项目 10　建筑施工现场消防技术** ······················································································· 242

　　任务 10-1　消防工程的基本知识 ······················································································ 242
　　任务 10-2　火灾发展蔓延规律研判 ·················································································· 257
　　任务 10-3　建筑施工现场消防技术要求 ··········································································· 265
　　任务 10-4　消防应急逃生 ································································································ 277

**项目 11　BIM 在建筑施工中的应用** ··················································································· 284

　　任务 11-1　BIM 简介 ······································································································· 284
　　任务 11-2　BIM 的应用 ··································································································· 287

**项目 12　危险性较大分部分项工程施工安全管理** ······························································· 297

　　任务 12-1　施工现场危险源的识别 ·················································································· 297
　　任务 12-2　施工现场危险源分级管理 ·············································································· 304
　　任务 12-3　危险性较大分部分项工程专项施工方案编制 ·················································· 307

**参考文献** ··························································································································· 322

# 项目 1  土方工程

**【项目情景】**

土方工程是建筑工程施工的主要工程之一，具有工程量大、施工工期长、劳动强度大、施工条件复杂等特点。因此，在组织土方工程施工前，应详细分析和核查各项技术资料，进行现场调查，并根据现场施工条件做好施工组织设计，选择好施工方法和机械设备，制订合理的调配方案，实行科学管理，以保证工程质量。

**【学习目标】**

**知识目标**

熟悉土的工程分类和基本性质，掌握土方工程量的计算方法，了解土方工程的机械化施工和土方调配，掌握土方的填筑与压实，熟悉土壁放坡和常见土壁支撑的施工方法，了解常用的基坑降水施工方法。

**技能目标**

会组织土方工程施工，能进行土方工程的工程量计算，能合理利用土方机械组织施工，能编制简单的土方工程施工方案。

**素质目标**

（1）通过了解土的工程分类，培养学生爱岗敬业、忠于职守的职业精神。

（2）通过对基坑支护的介绍，增强学生的安全意识，提高学生的事故防范能力。

## 任务 1-1  土的分类与工程性质

**【工作任务】** 自然界中土的种类很多，工程性质各异。为了便于研究和工程的实际应用，需要把土按其主要特征进行分类。在设计和建造各种工程建筑物时必须掌握天然土体或填筑土料的工程特性。

**【知识准备】** 了解土的工程分类；土的工程性质包括土的含水量、土的质量密度、土的可松性和土的渗透性。

**【任务实施】**

1. 土的工程分类

土的种类繁多，分类方法也较多。在这里我们只介绍与土方工程施工密切相关的工程分类。在土方工程施工中，根据开挖难易程度不同，土可分为松软土、普通土、坚土、砂砾坚土、软石、次坚石、坚石和特坚石 8 类，前 4 类属于一般土，后 4 类属于岩石，土的工程分类具体内容见表 1-1。

表 1-1 土的工程分类

| 土的分类 | 土的名称 | 可松性系数 | |
|---|---|---|---|
| | | $K_s$ | $K'_s$ |
| 一类土（松软土） | 砂土，粉土，冲积砂土层，种植土，泥炭（淤泥） | 1.08～1.17 | 1.01～1.03 |
| 二类土（普通土） | 粉质黏土，潮湿的黄土，夹有碎石、卵石的砂，种植土，填筑土及粉土混卵（碎）石 | 1.14～1.28 | 1.02～1.05 |
| 三类土（坚土） | 中等密实黏土，重粉质黏土，粗砾石，干黄土及含碎石、卵石的黄土，粉质黏土，压实的填筑土 | 1.24～1.30 | 1.04～1.07 |
| 四类土（砂砾坚土） | 坚硬密实的黏土及含碎石、卵石的黏土，粗卵石，密实的黄土，天然级配沙土，软泥灰岩及蛋白石 | 1.26～1.32 | 1.06～1.09 |
| 五类土（软石） | 硬质黏土，中等密实的页岩、泥灰岩、白垩土，胶结不紧的砾岩，软的石灰岩 | 1.30～1.45 | 1.10～1.20 |
| 六类土（次坚石） | 泥岩，砂岩，砾岩，坚实的页岩，泥灰岩，密实的石灰岩，风化花岗岩，片麻岩 | 1.30～1.45 | 1.10～1.20 |
| 七类土（坚石） | 大理岩，辉绿岩，玢岩，粗、中粒花岗岩，坚实的白云岩，砂岩，砾岩，片麻岩，石灰岩，微风化的安山岩、玄武岩 | 1.30～1.45 | 1.10～1.20 |
| 八类土（特坚石） | 安山岩，玄武岩，花岗片麻岩，坚实的细粒花岗岩，闪长岩，石英岩，辉长岩、辉绿岩、玢岩 | 1.45～1.50 | 1.20～1.30 |

2. 土的工程性质

土的工程性质对土方工程的施工方法、机械设备的选择、劳动力消耗以及工程费用等有直接的影响，其基本的工程性质有：

1）土的含水量

土的含水量（$w$）是土中水的质量与固体颗粒质量之比，以百分率表示如下：

$$w=\frac{m_1-m_2}{m_2}\times 100\%=\frac{m_w}{m_s}\times 100\% \tag{1-1}$$

式中：$m_1$——含水状态时土的质量（kg）；

$m_2$——烘干后土的质量（kg）；

$m_w$——土中水的质量（kg）；

$m_s$——固体颗粒的质量（kg）。

土的含水量随气候条件、雨雪和地下水的影响而变化，对土方边坡的稳定性及填方密实程度有直接的影响。

2）土的质量密度

土的质量密度分为天然密度和干密度，它表示土体密实程度。

（1）土的天然密度

土的天然密度（$\rho$）是指土在天然状态下单位体积的质量，它与土的密实程度和含水量有关，计算公式为：

$$\rho=\frac{m}{V} \tag{1-2}$$

式中：$\rho$——土的天然密度（$kg/m^3$）；
　　　$m$——土的总质量（kg）；
　　　$V$——土的体积（$m^3$）。

土的天然密度随着土颗粒的组成、孔隙的多少和含水量的变化而变化，一般黏土的天然密度为 1600~2200$kg/m^3$，密度越大，土体越硬，挖掘越困难。

（2）土的干密度

土的干密度（$\rho_d$）是指土的固体颗粒质量与土的总体积的比值，计算公式为：

$$\rho_d=\frac{m_s}{V} \tag{1-3}$$

式中：$\rho_d$——土的干密度（$kg/m^3$）；
　　　$m_s$——土的固体颗粒质量（kg）；
　　　$V$——土的总体积（$m^3$）。

在一定程度上，土的干密度反映了土体颗粒排列的紧密程度。土的干密度越大，表示土体越密实。在土方填筑时，常以土的干密度来控制土的夯实标准。

3）土的可松性

自然状态下的土经开挖后，其体积因松散而增加，虽经振动夯实，仍然不能恢复到原状土的体积，土的这种性质称为土的可松性。土的可松性程度用可松性系数表示，计算公式为：

$$K_s=\frac{V_2}{V_1} \tag{1-4}$$

$$K'_s=\frac{V_3}{V_1} \tag{1-5}$$

式中：$K_s$、$K'_s$——土的最初、最终可松性系数；
　　　$V_1$——土在天然状态下的体积（$m^3$）；
　　　$V_2$——土挖出后在松散状态下的体积（$m^3$）；
　　　$V_3$——土经压（夯）实后的体积（$m^3$）。

土的最初可松性系数 $K_s$，是计算车辆装运土方体积及挖土机械的主要参数；土的最终可松性系数 $K'_s$，是计算填方所需挖土工程量的主要参数，各类土的可松性系数见表 1-1。

4）土的渗透性

土的渗透性是指土体被水透过的性能。土的渗透性用渗透系数 $K$ 表示，它表示单位时间内水穿透土层的能力，一般由试验确定，以 m/d 表示。渗透系数与土的颗粒级配、密实程度等有关，是人工降低地下水位及选择各类井点的主要参数。

## 任务 1-2　土方工程量计算及土方调配

【工作任务】在土方工程施工前，通常要计算土方工程量，根据土方工程量的大小，进行土方调配，拟定土方工程施工方案，组织土方工程施工。土方工程外形往往很复杂、不规则，要准确计算土方工程量难度很大。一般情况下，将其划分成一定的几何形状，采用具有一定精度又与实际情况近似的方法计算。

【知识准备】掌握基坑与基槽土方量的计算以及场地平整土方量计算，熟悉土方调配的原则和土方调配方案的编制。

【任务实施】

1. 基坑与基槽土方量的计算

1）基坑土方量

基坑是指长宽比不大于3的矩形土体。基坑土方量可按立体几何中拟柱体（由两个平行的平面做底的一种多面体）体积公式计算，如图1-1所示。计算公式为：

$$V = \frac{H}{6}(A_1 + 4A_0 + A_2) \tag{1-6}$$

式中：$V$——基坑土方量（$m^3$）；

$H$——基坑深度（m）；

$A_1$、$A_2$——基坑上底、下底的面积（$m^2$）；

$A_0$——基坑中截面的面积（$m^2$）。

2）基槽土方量

基槽土方量计算可沿长度方向分段后，按照上述同样的方法计算，如图1-2所示。计算公式为：

$$V_1 = \frac{L_1}{6}(A_1 + 4A_0 + A_2) \tag{1-7}$$

式中：$V_1$——第1段的土方量（$m^3$）；

$L_1$——第1段的长度（m）。

将各段土方量相加，即得总土方量，计算公式为：

$$V = V_1 + V_2 + \cdots + V_n \tag{1-8}$$

式中：$V_1, V_2, \cdots, V_n$——各段土方量（$m^3$）。

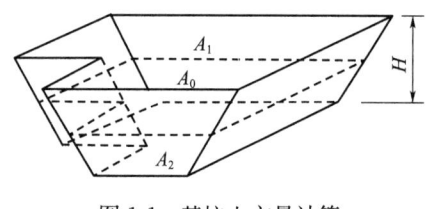

图1-1 基坑土方量计算

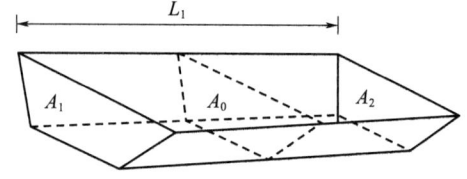

图1-2 基槽土方量计算

2. 场地平整土方量计算

场地平整是将现场平整成施工所要求的设计平面。场地平整前，应根据建筑工程的性质、规模、施工期限和施工水平，基坑（槽）开挖的要求，确定场地平整与基坑（槽）开挖的施工顺序；确定场地的设计标高；计算挖填土方量。在±0.3m以内的人工平整场地不涉及土方量的计算问题。

1）场地设计标高的确定

场地设计标高一般由设计单位确定，它是进行场地平整和土方量计算的依据。合理地确定场地设计标高，对减少土方量、加快建设速度都具有十分重要的经济意义。选择

设计标高时,需考虑以下因素:

(1) 满足生产工艺和运输的要求。
(2) 尽量利用地形,以减小挖填土方量。
(3) 场地内的挖方、填方尽量平衡且土方量最小(面积大、地形复杂时例外),以便降低土方工程施工费用。
(4) 场内要有一定的泄水坡度($i \geq 0.2\%$),以满足排水的要求。
(5) 考虑最高洪水水位的要求。
(6) 满足市政道路与规划的要求。

如果场地设计标高无其他特殊要求,其确定步骤和方法如下:

① 初步确定场地设计标高 $H_0$。初步确定场地设计标高是根据场地挖填土方量平衡的原则进行,即场内土方的绝对体积在平整前后是相等的。

a. 在具有等高线的地形图上将施工区域划分为边长为 $a$(10~40m)的若干方格(图 1-3)。

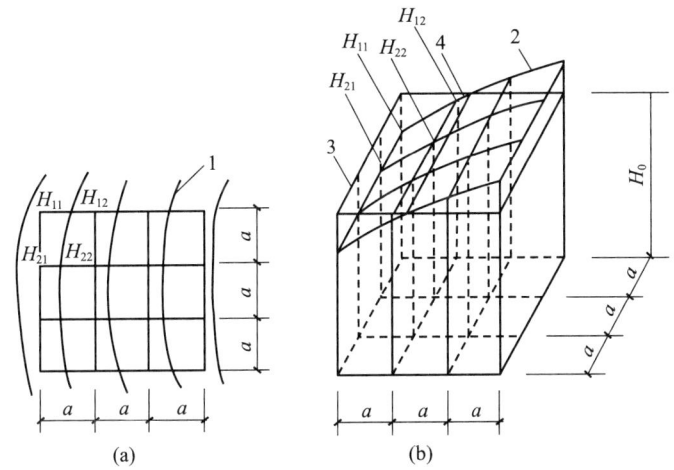

图 1-3 场地设计标高计算
(a) 地形图上划分方格;(b) 设计标高示意
1—等高线;2—自然地面;3—设计标高平面;4—零线

b. 确定各小方格的角点高程。可根据地形图上相邻两等高线的高程,用插入法(内插法)计算求得;也可用一张透明纸,上面画 6 根等距离的平行线,把该透明纸放到标有方格网的地形图上,将 6 根平行线的最外两根分别对准 $A$、$B$ 两点,这时 6 根等距离的平行线将 $A$、$B$ 之间的高差分成五等分,于是便可直接读得 4 点的地面标高(图 1-4)。此外,在无地形图的情况下,也可以在地面用木桩或钢钎打好方格网,然后用仪器直接测出方格网角点标高。

按填挖方平衡原则确定设计标高 $H_0$,即

$$H_0 N a^2 = \sum \left( a^2 \frac{H_{11} + H_{12} + H_{21} + H_{22}}{4} \right) \tag{1-9}$$

$$H_0 = a^2 \frac{\sum (H_{11} + H_{12} + H_{21} + H_{22})}{4N} \tag{1-10}$$

从图 1-3a 可知，$H_{11}$ 为 1 个方格的角点标高，$H_{12}$ 和 $H_{21}$ 均为 2 个方格公共的角点标高，$H_{22}$ 则是 4 个方格公共的角点标高，它们分别在上式中要加 1 次、2 次、4 次。因此，式 1-10 可改写成下列形式：

$$H_0 = a^2 \frac{\sum H_1 + 2\sum H_2 + 3\sum H_3 + 4\sum H_4}{4N} \tag{1-11}$$

式中：$N$——场地中方格的个数；

$H_1$——1 个方格仅有的角点标高（m）；

$H_2$——2 个方格共有的角点标高（m）；

$H_3$——3 个方格共有的角点标高（m）；

$H_4$——4 个方格共有的角点标高（m）。

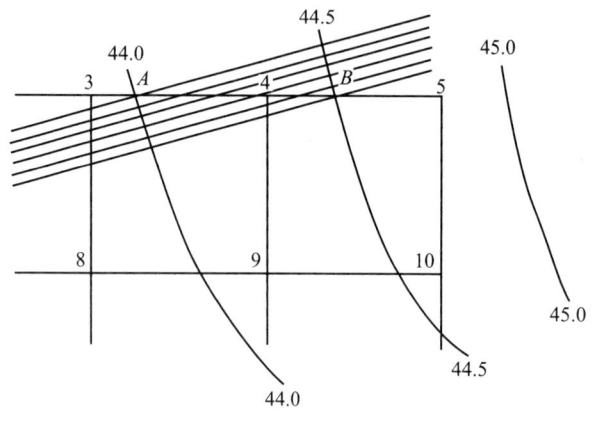

图 1-4 内插法的图解

② 场地设计标高 $H_0$ 的调整，按式 1-11 所计算的设计标高 $H_0$ 是一个理论值，实际上还需要考虑以下因素进行调整：

a. 由于土的可松性，会使填土有剩余，为此需相应地提高设计标高，以达到土方量的实际平衡。

b. 场地泄水坡度对角点设计标高的影响。

c. 由于设计标高以上的各种填方工程（如场区上填筑路堤）需降低设计标高，或者由于设计标高以下的各种挖方工程需提高设计标高（如挖河道、水池、基坑等）。

d. 根据经济比较的结果，将部分挖方就近弃于场外，或部分填方就近取于场外而引起挖、填土方量的变化后，需增减设计标高。

上述四方面因素对 $H_0$ 的影响同时出现的机会较少，可根据现场情况适当考虑。

2）场地平整土方量的计算

场地平整土方量的计算有方格网法和横截面法两种。横截面法是先将要计算的场地划分成若干横截面后，再用横截面计算公式逐段计算，最后将逐段计算结果汇总。横截面法计算精度较低，可用于地形起伏变化较大地区。对于地形较平坦地区，一般采用方格网法。其计算步骤如下：

（1）计算场地各方格角点的施工高度

各方格角点的施工高度按式（1-12）计算：

$$h_n = H_n - H'_n \tag{1-12}$$

式中：$h_n$——角点施工高度，即挖填高度，以"+"为填，"-"为挖；

$H_n$——角点的设计标高（若无泄水坡度时，即为场地的设计标高 $H_0$）；

$H'_n$——角点的自然地面标高。

（2）确定零线

零线是方格网中的挖填分界线。其位置的确定方法是：先求出有关方格边线（此边线一端为挖，另一端为填）上的零点（即不挖不填的点），然后将相邻两个零点相连即为一条折线，这条折线就是要确定的零线。

确定零点的方法如图 1-5 所示，设 $h_1$ 为填方角点的填方高度，$h_2$ 为挖方角点的挖方高度，$O$ 为零点位置，则可求得：

$$x = \frac{ah_1}{h_1 + h_2} \tag{1-13}$$

（3）计算方格挖填土方量

零线求出后，场地的挖填区随之标出，便可按"四方棱柱体法"计算出各方格的挖填土方量。方格网中的零线将方格划分为三种类型。

① 方格四个角点全部为挖（或填），如图 1-6 所示（无零线通过的方格），其土方量为：

$$V = \frac{a^2}{4}(h_1 + h_2 + h_3 + h_4) \tag{1-14}$$

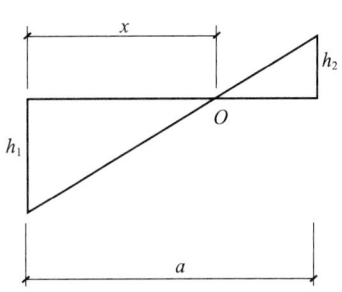

图 1-5　求零点的图解法

② 方格的相邻两个角点为挖，另两个角点为填（图 1-7），其挖方部分土方量为：

$$V_{1,2} = \left(\frac{h_1^2}{h_1 + h_4} + \frac{h_2^2}{h_2 + h_3}\right)\frac{a^2}{4} \tag{1-15}$$

填方部分土方量为：

$$V_{3,4} = \left(\frac{h_3^2}{h_2 + h_3} + \frac{h_4^2}{h_1 + h_4}\right)\frac{a^2}{4} \tag{1-16}$$

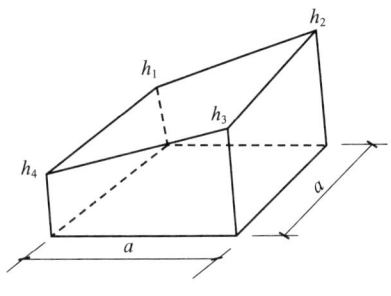

图 1-6　全挖或全填的方格

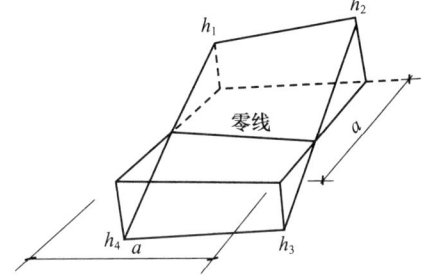

图 1-7　两挖和两填的方格

③ 方格的三个角点为挖，另一个角点为填（或相反），如图 1-8 所示，其填方部分土方量为：

$$V_4 = \frac{a^2}{6} \cdot \frac{h_4^3}{(h_1 + h_4)(h_3 + h_4)} \tag{1-17}$$

挖方部分土方量为：

$$V_{1,2,3} = \frac{a^2}{6}(2h_1 + h_2 + 2h_3 - h_4) + V_4 \tag{1-18}$$

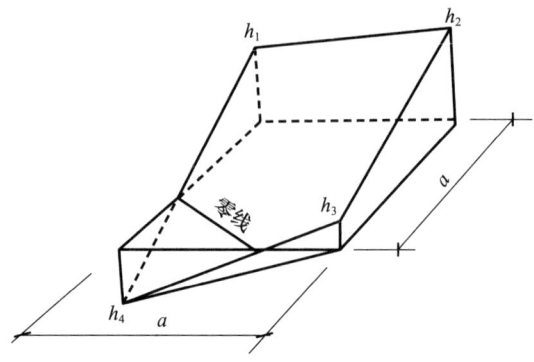

图 1-8 "三挖一填"（或相反）的方格

（4）计算边坡土方量

场地的挖方区和填方区的边沿都需要做成边坡，以保证挖方、填方区土壁稳定和施工安全。土方边坡一般用边坡坡度和边坡坡度系数表示。

边坡坡度是挖土深度 $h$ 与边坡宽度 $b$ 之比（图 1-9）。工程中常以 $1:m$ 表示放坡的大小，$m$ 称为边坡坡度系数，即

$$边坡坡度 = h/b = 1 / \frac{b}{h} = 1 : m \tag{1-19}$$

式中：$m$——边坡坡度系数，$m = b/h$。

边坡的土方量可以划分成两种近似的几何形体进行计算，一种为三角棱锥体（图 1-10 中①～③，⑤～⑪），另一种为三角棱柱体（图 1-10 中④）。

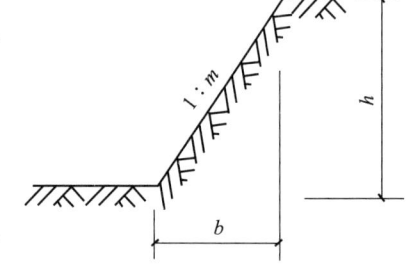

图 1-9 土方边坡示意

① 三角棱锥体边坡体积可用式（1-20）计算：

$$V_1 = \frac{1}{3} A_1 l_1 \tag{1-20}$$

式中：$l_1$——边坡①的长度（m）；

$A_1$——边坡①的端面积，$A_1 = \frac{h_2(mh_2)}{2} = \frac{m}{2} h_2^2$（m），其中：$h_2$ 为角点的挖土高度（m）；$m$ 为边坡的坡度系数。

② 三角棱柱体边坡体积计算如下：

两端横断面面积相差不大　　$V_4 = \frac{A_1 + A_2}{2} l_4 \tag{1-21}$

两端横断面面积相差很大　　$V_4 = \frac{A_1 + 4A_0 + A_2}{6} l_4 \tag{1-22}$

式中：　　$l_4$——边坡④的长度（m）；

$A_1$、$A_2$、$A_0$——边坡④两端及中部横断面面积（m²）。

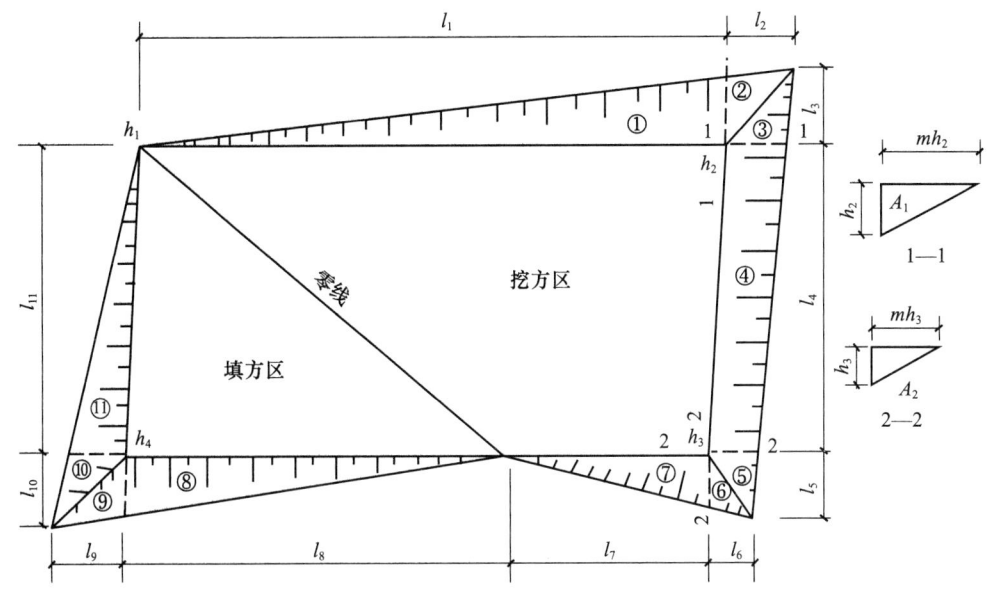

图 1-10 场地边坡平面图示意

(5) 计算土方总量

将挖方区（或填方区）所有方格计算的土方量和边坡土方量汇总，即得该场地挖方和填方的总土方量。

3. 土方调配

土方调配是土方工程施工组织设计（土方规划）中的重要内容，在场地土方工程量计算完成后，即可着手土方的调配工作。土方调配，就是对挖土的利用、堆弃和填土三者之间的关系进行综合协调的处理。好的土方调配方案，能使土方的运输量或费用最少，而且施工又方便。

1) 土方调配的原则

(1) 力求达到挖方与填方基本平衡和运距最短。使挖方量与运距的乘积之和最小，即土方运输量或费用最小，降低工程成本。

(2) 近期施工与后期利用相结合。当工程分期分批施工时，若先期工程有土方余额，应结合后期工程的需求来考虑其利用量与堆放位置，以便就近调配，避免重复挖运和场地混乱。

(3) 应分区与全场相结合。分区土方的余额或欠额的调配，必须考虑全场土方的调配，不可只顾局部平衡而妨碍全局。

(4) 尽可能与大型建筑物的施工相结合。大型建筑物位于填土区时，应将开挖的部分土体予以保留，待基础施工后再进行填土，以避免土方重复挖、填和运输。

(5) 选择适当的调配方向和运输路线，使土方机械和运输车辆的功效得到充分发挥。

总之，进行土方调配，必须依据现场具体情况、有关技术资料、工期要求、土方施工方法与运输方法等，综合考虑上述原则，并经计算比较，选择经济合理的调配方案。

2) 土方调配方案的编制

土方调配方案的编制，应根据施工场地地形及地理条件，先把挖方区和填方区划分成若干个调配区，计算各调配区的土方量，并计算每对挖、填方区之间的平均运距（即挖方区重心至填方区重心的距离），然后确定挖方各调配区的土方调配方案。土方调配的最优方案，应使土方总运输量最小或土方运输费用最少，工期短、成本低，而且便于施工。

调配方案确定后，绘制土方调配图，如图 1-11 所示。在土方调配图上要注明挖填调配区、调配方向、土方数量和每对挖填之间的平均运距。图 1-11 中的土方调配，仅考虑场内挖方和填方的平衡，$W$ 表示挖方，$T$ 表示填方。

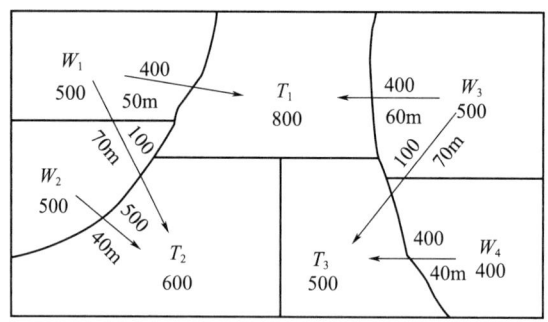

图 1-11　土方调配图（未注明单位：$m^3$）

## 任务 1-3　土方机械化施工

【工作任务】由于土方工程量大，劳动繁重，施工时应尽量采用机械化施工，以减少繁重的体力劳动，加快施工进度。

【知识准备】了解推土机、铲运机、挖土机和装载机施工；熟悉冲击式、碾压式和振动式三大压实机械，掌握土方开挖方式与机械选择。

【任务实施】

1. 推土机施工

推土机由拖拉机和推土铲刀组成。按铲刀的操纵机构不同，推土机分为钢索式和液压式两种。目前主要使用的是液压式，如图 1-12 所示。

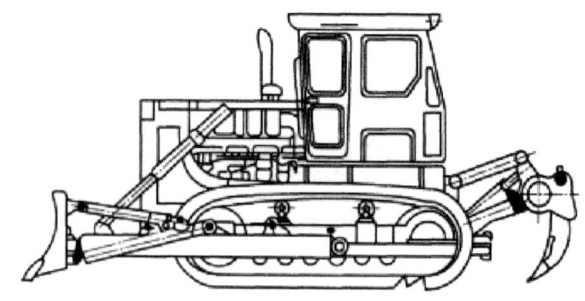

图 1-12　T-L180 型推土机外形

推土机能够单独完成挖土、运土和卸土工作，具有操作灵活，运转方便，所需工作面小，行驶速度快，易于转移等特点。

推土机经济运距在 100m 以内，效率最高的运距在 60m。为提高生产效率，可采用槽形推土、下坡推土及并列推土等方法。

2. 铲运机施工

铲运机是一种能独立完成铲土、运土、卸土、填筑、场地平整的土方施工机械。按行走方式分为牵引式铲运机和自行式铲运机，按铲斗操纵系统可分为液压操纵和机械操纵两种，如图 1-13 所示。

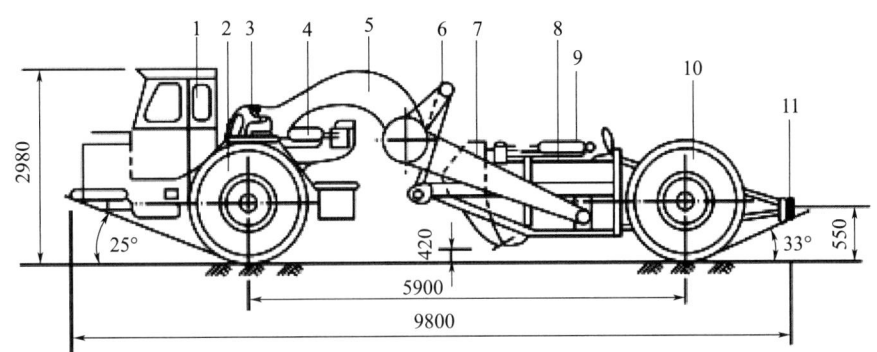

图 1-13　CL 型自行式铲运机（单位：mm）

1—驾驶室；2—前轮；3—中央框架；4—转角油缸；5—镇架；6—提斗油缸；
7—斗门；8—铲斗；9—斗门油缸；10—后轮；11—尾架

铲运机对道路要求较低，操纵灵活，具有生产效率较高的特点。它使用在一至三类土中直接挖、运土。经济运距在 600～1500m，当运距在 800m 时效率最高。常用于坡度在 20°以内的大面积场地平整，大型基坑开挖及填筑路基等，不适用于淤泥层、冻土地带及沼泽地区。

为了提高铲运机的生产效率，可以采取下坡铲土、推土机推土助铲等方法，缩短装土时间，使铲斗的土装得较满。铲运机在运行时，根据填、挖方区分布情况，结合当地具体条件，合理选择运行路线，提高生产率。一般有环形路线和"8"字形路线两种形式。

3. 单斗挖土机施工

单斗挖土机是土方开挖常用的一种机械。按工作装置不同，可分为正铲、反铲、拉铲和抓铲四种，如图 1-14 所示。按其行走装置不同，分为履带式和轮胎式两类。按操纵机构的不同，可分为机械式和液压式两类。其中，液压式单斗挖土机调速范围大，作业时惯性小，转动平稳，结构简单，一机多用，操纵省力，易实现自动化。

1）正铲挖土机。正铲挖土机的工作特点是：前进行驶，铲斗由下向上强制切土，挖掘力大，生产效率高。其适用于开挖停机面以上一类至三类土，且与自卸汽车配合完成整个挖掘运输作业，可用于挖掘大型干燥的基坑和土丘等。

正铲挖土机的开挖方式，根据开挖路线与运输车辆相对位置的不同，可分为正向挖土、反向卸土 [图 1-15（a）] 和正向挖土、侧向卸土 [图 1-15（b）] 两种。正向挖土、反向卸土，挖土机沿前进方向挖土，运输车辆停在挖土机后方装土。这种作业方式所开挖的工作面较大，但挖土机卸土时动臂回转角度大，生产率低，运输车辆要倒车开入，一般只适宜开挖工作面较小且较深的基坑。正向挖土、侧向卸土，挖土机沿前进方向挖土，运输车辆停在侧面装土。采用这种作业方式，挖土机卸土时动臂回转角度小，运输工具行驶方便，生产率高，使用广泛。

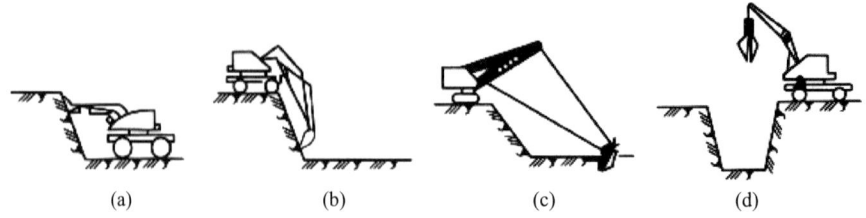

图 1-14 单斗挖土机工作装置类型
(a) 正铲；(b) 反铲；(c) 拉铲；(d) 抓铲

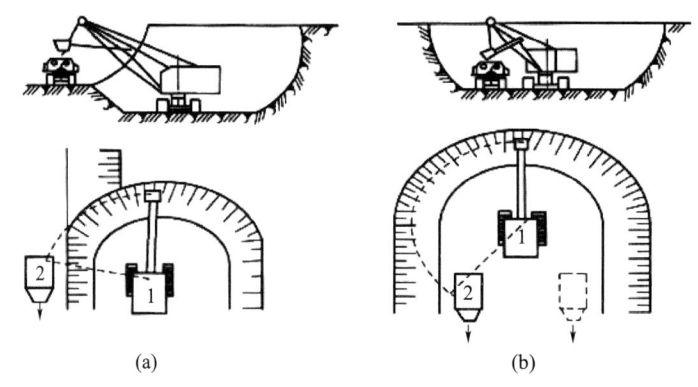

图 1-15 正铲挖土机作业方式
(a) 正向挖土、反向卸土；(b) 正向挖土、侧向卸土

2) 反铲挖土机。反铲挖土机的工作特点是：机械后退行驶，铲斗由下而上强制切土；挖土能力比正铲小；用于开挖停机面以下的一类至三类土，适用于挖掘深度不大于4m的基坑、基槽、管沟开挖，也可用于湿土、含水量较大及地下水位以下的土壤开挖。

反铲挖土机的开挖方式有沟端开挖和沟侧开挖两种。沟端开挖 [图 1-16 (a)]，挖土机停在沟端，向后倒退挖土，汽车停在两旁装土，开挖工作面宽。沟侧开挖 [图 1-16 (b)]，挖土机沿沟槽一侧直线移动挖土，挖土机移动方向与挖土方向垂直，此法能将土弃于距沟较远处，但挖土宽度受到限制。

3) 拉铲挖土机。拉铲挖土机工作时利用惯性，把铲斗甩出后靠收紧和放松钢丝绳进行挖土或卸土，铲斗由上而下，靠自重切土。它可以开挖一类、二类土壤的基坑、基槽和管沟，特别适用于含水量较大的水下松软土和普通土的挖掘。拉铲开挖方式与反铲挖土机相似，有沟端开挖和沟侧开挖两种。

4) 抓铲挖土机。抓铲挖土机主要用于开挖土质比较松软，施工面比较狭窄的基坑、沟槽和沉井等工程，特别适用于水下挖土，土质坚硬时不能用抓铲施工。

4. 装载机

装载机按行走方式分为履带式和轮胎式两种，按工作方式分为单斗装载机、链式装载机和轮斗式装载机。土方工程主要使用单斗式装载机，它具有操作灵活、轻便和快速等特点。单斗式装载机适用于装卸土方和散料，也可用于松软土的表层剥离、地面平整和场地清理等工作。

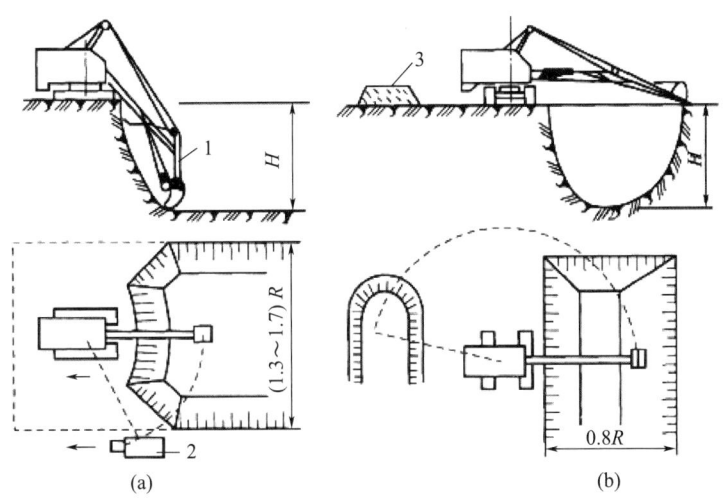

图 1-16　反铲挖土机开挖方式
（a）沟端开挖；（b）沟侧开挖
1—反铲挖土机；2—自卸汽车；3—弃土堆

5. 压实机械

根据土体压实机理，压实机械可分为冲击式、碾压式和振动压实机械三大类。

（1）冲击式压实机械。冲击式压实机械主要有蛙式打夯机和内燃式打夯机两类，蛙式打夯机一般以电为动力。这两类打夯机适用于狭小的场地和沟槽作业，也可用于室内地面的夯实及大型机械无法到达的边角的夯实。

（2）碾压式压实机械。按行走方式不同，碾压式压实机械可分为自行式压路机和牵引式压路机两类。自行式压路机常用的有光轮压路机、轮胎压路机；自行式压路机主要用于土方、砾石、碎石的回填压实及沥青混凝土路面的施工。牵引式压路机的行走动力一般采用推土机（或拖拉机）牵引，常用的有光面碾、羊足碾；光面碾用于土方的回填压实，羊足碾适用于黏性土的回填压实，不能用在砂土和面层土的压实。

（3）振动压实机械。振动压实机械是利用机械的高频振动，把能量传给被压土，降低土颗粒间的摩擦力，在压实能量的作用下，达到较大的密实度。

按行走方式不同，振动压实机械分为手扶平板式振动压实机和振动压路机两类。手扶平板式振动压实机主要用于小面积的地基夯实；振动压路机按行走方式分为自行式和牵引式两种。振动压路机的生产效率高，压实效果好，能压实多种性质的土，主要用在工程量大的大型土方工程中。

6. 土方开挖方式与机械选择

在土方工程施工中合理选择土方机械，充分发挥机械性能，并使各种机械相互配合使用，以加快施工速度，提高施工质量，降低工程成本，具有十分重要的意义。

（1）场地平整

场地平整包括土方的开挖、运输、填筑和压实等工序。地势较平坦、含水量适中的大面积平整场地，选用铲运机较适宜；当地形起伏较大，挖方、填方量大且集中的平整场地，运距在1000m以上时，可选择正铲挖土机配合自卸车进行挖土、运土，在填方区配备推土机平整及压路机碾压施工；当挖填方高度不大，运距在100m以内时，采用推土机施工比较灵活、经济。

（2）基坑开挖

单个基坑和中小型基础基坑，多采用抓铲挖土机和反铲挖土机开挖。抓铲挖土机适用于一类、二类土质和较深的基坑，反铲挖土机适用于四类以下土质，深度在4m以内的基坑。

（3）基槽和管沟开挖

在地面上开挖具有一定截面、长度的基槽或沟槽，挖大型厂房的柱列基础和管沟，宜采用反铲挖土机挖土。如果水中取土或开挖土质为淤泥，且坑底较深，则可选抓铲挖土机挖土。如果土质干燥，槽底开挖不深，基槽长30m以上，可采用推土机或铲运机施工。

（4）整片开挖

基坑较浅，开挖面积大，且基坑土干燥，可采用正铲挖土机开挖。若基坑内土体潮湿，含水量较大，则采用拉铲或反铲挖土机作业。

（5）柱基础基坑和条形基础基槽开挖

对于独立柱基础的基坑及小截面条形基础基槽，可采用小型液压轮胎式反铲挖土机配以翻斗车来完成浅基坑（槽）的挖掘和运土。

# 任务1-4  土方的填筑与压实

【工作任务】建筑工程的回填土主要有地基、基坑（槽）、室内地坪、室外场地、管沟和散水等，回填土一定要密实，使回填后的土体不致产生较大的沉陷。

【知识准备】了解土料填筑的要求；掌握填土压实方法和填土压实的影响因素。

【任务实施】

1. 土料填筑的要求

碎石类土、砂土和爆破石渣，可用作表层以下的填料，当填方土料为黏土时，填筑前应检查其含水量是否在控制范围内。含水量大的黏土不宜作为填土用。含有大量有机质的土，吸水后容易变形，承载能力降低。含水溶性硫酸盐大于5%的土，在地下水的作用下，硫酸盐会逐渐溶解消失，形成孔洞，影响土的密实性。这两种土以及淤泥、冻土、膨胀土等也均不应作为填土。

填土应分层进行，并尽量采用同类土填筑。如采用不同类土填筑时，应将透水性较大的土层置于透水性较小的土层之下，不能将各种土混杂在一起使用，以免填方内形成水囊。

碎石类土或爆破石渣作填料时，其最大粒径不得超过每层铺土厚度的2/3，使用振动碾时，不得超过每层铺土厚度的3/4，铺填时，大块料不应集中，且不得填在分段接头或与山坡连接处。

2. 填土压实方法

填土压实方法一般有碾压法、夯实法和振动压实法，如图1-17所示。

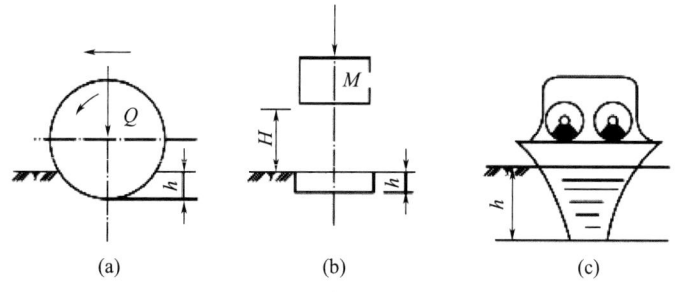

图 1-17 填土压实方法
(a) 碾压法;(b) 夯压法;(c) 振动压实法

1) 碾压法

碾压法是利用机械滚轮的压力压实土壤,使之达到所需的密实度,此法多用于大面积填土工程。碾压机械有光面碾（压路机）、羊足碾和气胎碾。光面碾对砂土、黏性土均可压实;羊足碾需要较大的牵引力,且只宜压实黏性土,如图 1-18 所示;气胎碾在工作时是弹性体,其压力均匀,填土压实质量较好。利用运土机械进行碾压,也是较经济合理的压实方案,施工时使运土机械行驶路线能大体均匀地分布在填土面积上,并达到一定重复行驶次数,使其满足填土压实质量的要求。

碾压机械压实填方时,行驶速度不宜过快,一般平碾时速控制在 2km/h,羊足碾时速控制在 3km/h,否则会影响压实效果。

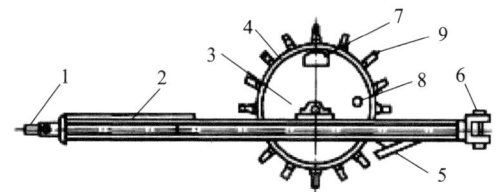

图 1-18 羊足碾构造
1—前拉头;2—机架;3—轴承座;4—碾筒;5—铲刀;
6—后拉头;7—装砂口;8—水口;9—羊碾头

2) 夯实法

夯实法是利用夯锤自由下落的冲击力来夯实土壤,主要用于小面积回填。夯实法分人工夯实和机械夯实两种。常用的夯实机械有夯锤、内燃夯土机和蛙式打夯机,如图 1-19 所示。该法适用于夯实砂性土、湿陷性黄土、杂填土以及含有石块的填土。

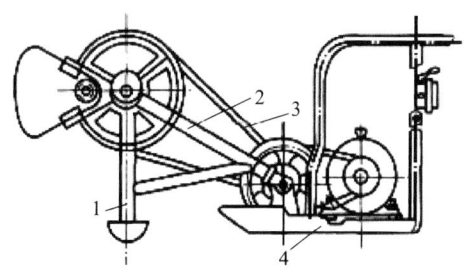

图 1-19 蛙式打夯机示意
1—夯头;2—夯架;3—三角胶带;4—底盘

3）振动压实法

振动压实法是将振动压实机械放在土层表面，借助振动机械使压实机械振动，土颗粒在振动力的作用下发生相对位移而达到紧密状态。这种方法用于振实非黏性土效果较好。

3. 填土压实质量的影响因素

填土压实的质量与许多因素有关，其中主要影响因素有压实功、土的含水量以及每层铺土厚度。

1）压实功的影响

填土压实后的密实度与压实机械在其上所施加的功有一定的关系。土的密度与所耗的功的关系如图 1-20 所示。当土的含水量一定，开始压实时，土的密度急剧增加，待到接近土的最大密实度时，虽然压实功增加许多，但土的密度则变化甚小。实际施工中，对砂土只需碾压或夯击 2 或 3 遍，对粉土只需碾压或夯击 3 或 4 遍，对粉质黏土或黏土只需碾压或夯击 5 或 6 遍。此外，松土不宜用重型碾压机械直接滚压，否则土层有强烈起伏现象，效率不高。如果先用轻碾压实，再用重碾压实就会取得较好效果。

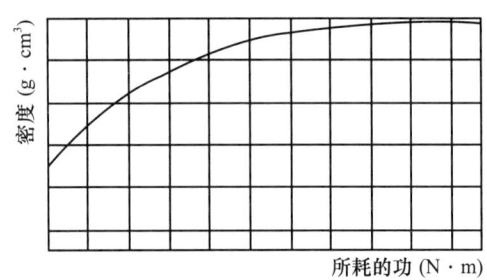

图 1-20　土的密度与压实功的关系

2）含水量的影响

在同一压实功条件下，填土的含水量对压实质量有直接影响。较为干燥的土，由于颗粒之间的摩阻力较大，因而不易压实。当含水量超过一定限度时，土颗粒之间孔隙由水填充而呈饱和状态，也不能压实。当土的含水量适当时，水起润滑作用，土颗粒之间的摩擦阻力减少，压实效果好。每种土都有其最佳的含水量，土在最佳含水量的条件下，使用同样的压实功进行压实，所得到的密度最大（图 1-21），不同土有不同的最佳含水量，如沙土为 8%～12%、黏土为 19%～23%、粉质黏土为 12%～15%、粉土为 15%～22%。工地简单检验黏性土含水量的方法一般是以手握成团"落地开花"为适宜。

为了保证填土在压实过程中处于最佳含水量状态，当土过湿时，应予翻松晾干，也可掺入同类干土或吸水性土料；当土过干时，则应预先洒水润湿。

3）铺土厚度的影响

土在压实功的作用下，其应力随深度增加而逐渐减小（图 1-22），其影响深度与压实机械、土的性质和含水量等有关。铺土厚度应小于压实机械压土时的作用深度，但其中还有最优土层厚度的问题，铺得过厚，要压很多遍才能达到规定的密实度；铺得过薄，则也要增加机械的总压实遍数。最优的铺土厚度应能使土方压实而机械的功耗费最少，可按照表 1-2 选用。

项目1 土方工程

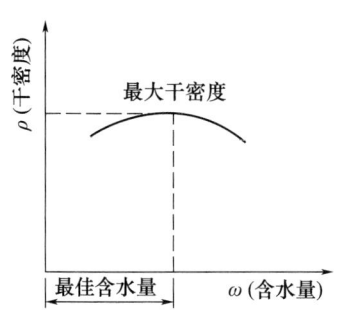

图 1-21 土的干密度与含水量的关系

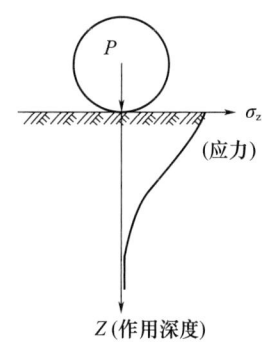

图 1-22 压实作用沿深度变化

上述三个方面的因素相互影响。为了保证压实质量，提高压实机械生产效率，应根据土质和压实机械在施工现场进行压实试验，以确定达到规定密实度所需压实遍数、铺土厚度及最佳含水量。

表 1-2　压实机械每层铺土厚度与压实遍数

| 压实机具 | 每层铺土厚度（mm） | 每层压实遍数 |
| --- | --- | --- |
| 平碾 | 250～300 | 6～8 |
| 振动压实机 | 250～300 | 3 或 4 |
| 柴油打夯机 | 200～250 | 3 或 4 |
| 人工打夯 | <200 | 3 或 4 |

## 任务 1-5　基坑（槽）施工

【工作任务】基坑（槽）的施工，首先应进行房屋定位和标高引测，然后根据基础的底面尺寸、埋置深度、土质好坏、地下水位的高低及季节性变化等不同情况，考虑施工需要，确定是否需要留工作面、放坡、增加排水设施和设置支撑，从而定出挖土边线并撒灰线。

【知识准备】了解基坑（槽）定位与放线、土方边坡放坡、土壁支护、钎探与验槽、集水井降水法、流砂的形成与防治、井点降水等知识。

【任务实施】

1. 土方开挖

1）定位与放线

（1）基槽放线根据房屋轴线控制点，首先将外墙轴线的交叉点用木桩测设在地面上，并在桩顶钉上铁钉作为标志；房屋外墙轴线测定后，再根据建筑物平面图，将内部开间所有轴线都一一测出；最后根据中心轴线用石灰在地面上撒出基槽开挖边线，同时，在房屋四周离基坑边一定距离设置龙门板，以便于基础施工时复核轴线位置和标高。

（2）柱基放线在基坑开挖前，从设计图上查对基础的纵横轴线编号和基础施工详图，根据柱子的纵横轴线，先用经纬仪在矩形控制网上测定基础中心线，同时在每个柱基中心线上，测定基础定位桩，每个基础的中心线上设置四个定位木桩，其桩位离基础开挖线的距离为0.5~1.0m。若基础之间的距离不大，可每隔1~2个或几个基础打一个定位桩，但两个定位桩的间距以不超过20m为宜，以便拉线恢复中间柱基的中线。桩顶上钉一个钉子，标明中心线的位置。然后按施工图上柱基的尺寸和按边坡系数确定的挖土边线的尺寸，放出基坑上口挖土灰线，标出挖土范围。大基坑开挖，根据房屋的控制点用经纬仪放出基坑四周的挖土边线。

2）土方边坡

当基坑（槽）所处场地较大，而且周边环境较简单时，基坑（槽）开挖可以采用放坡形式，这样比较经济，而且施工也比较简单。土方放坡开挖的边坡可做成直线形、折线形和台阶形（图1-23）。

土方边坡大小应根据土质条件、挖填方高度、地下水位、排水情况、施工方法、留置时间、坡顶荷载、相邻建筑的情况等因素综合考虑确定。放坡规定如下。

（1）土质均匀且地下水位低于基坑（槽）或管沟底面标高，其挖土深度不超过表1-3中的允许深度时，挖方边坡可做直壁面而不加支撑。

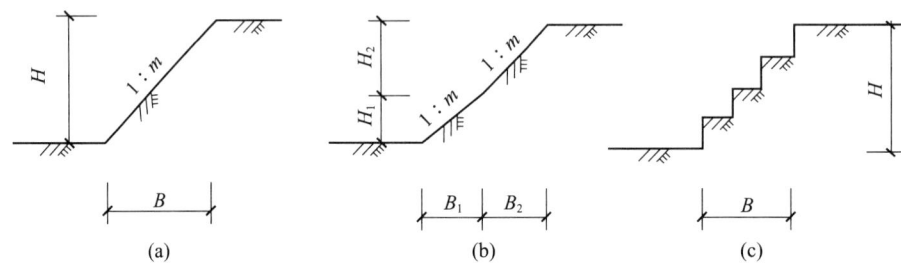

图1-23 土方边坡
(a) 直线形；(b) 折线形；(c) 台阶形

表1-3 基坑（槽）或管沟不加支撑时的允许深度

| 项次 | 土的种类 | 允许深度（m） |
|---|---|---|
| 1 | 密实、中密的砂子和碎石类土（填充物为砂） | 1 |
| 2 | 硬塑、可塑的粉质黏土及粉土 | 1.25 |
| 3 | 硬塑、可塑的黏土和碎石类土（填充物为黏性土） | 1.5 |
| 4 | 坚硬的黏土 | 2 |

（2）土质均匀且地下水位低于基坑（槽）或管沟底面标高，挖方深度在5m以内时，不加支撑的边坡最陡坡度应符合表1-4中的相关规定。

表1-4 深度在5m内的基坑（槽）、管沟边坡的最陡坡度（不加支撑）

| 土的类别 | 边坡坡度 | | |
|---|---|---|---|
| | 坡顶无荷载 | 坡顶有静载 | 坡顶有动载 |
| 中密的砂土 | 1：1.00 | 1：1.25 | 1：1.50 |
| 中密的碎石类土（填充物为砂） | 1：0.75 | 1：1.00 | 1：1.25 |

续表

| 土的类别 | 边坡坡度 | | |
|---|---|---|---|
| | 坡顶无荷载 | 坡顶有静载 | 坡顶有动载 |
| 硬塑的粉土 | 1∶0.67 | 1∶0.75 | 1∶1.00 |
| 中密的碎石类土（填充物为黏土） | 1∶0.50 | 1∶0.67 | 1∶0.75 |
| 硬塑的粉质黏土、黏土 | 1∶0.33 | 1∶0.50 | 1∶0.67 |
| 老黄土 | 1∶0.10 | 1∶0.25 | 1∶0.33 |
| 软土（经井点降水后） | 1∶1.00 | — | — |

注：1. 静载指堆土或材料等，动载指机械挖土或汽车运输作业等。静载或动载应距挖方边缘0.8m以外，堆土或材料高度不宜超过1.5m。
2. 当有成熟经验时，可不受本表限制。

（3）使用时间较长的临时性挖方边坡坡度应符合表1-5中的相关规定。

表1-5 使用时间较长的临时性挖方边坡坡度值

| 土的类别 | | 允许边坡值 | |
|---|---|---|---|
| | | 坡高在5m以内 | 坡高在5~10m |
| 砂土（不含细砂、粉砂） | | 1∶1.15~1∶1.00 | 1∶1.00~1∶1.5 |
| 黏性土及粉土 | 坚硬硬塑 | 1∶0.75~1∶1.00 | 1∶1.00~1∶1.25 |
| | | 1∶1.00~1∶1.25 | 1∶1.25~1∶1.5 |
| 碎石土 | 密实 | 1∶0.35~1∶0.50 | 1∶0.50~1∶0.75 |
| | 中密 | 1∶0.50~1∶0.75 | 1∶0.75~1∶1.00 |
| | 稍密 | 1∶0.75~1∶1.00 | 1∶1.00~1∶1.25 |

3）土壁支护

基坑（槽）开挖，若土质与周围场地条件允许，放坡开挖比较经济；若受条件限制不能按规定放坡或放坡开挖所增加的土方量太大，则可采用直立边坡加支护的施工方法。

（1）基槽支护：基槽支护方法见表1-6。

表1-6 基槽支护方法

| 类型 | 简图 | 说明 |
|---|---|---|
| 间断式水平支撑 | | 两侧挡土板水平放置，用工具式或木横撑借木楔顶紧，挖一层土，支顶一层。适于能保持立壁的干土或天然湿度的黏土类土，地下水很少、深度在2m以内 |
| 断续式水平支撑 | | 挡土板水平放置，中间留出间隔，并在两侧同时对称立竖方木，再用工具式或木横撑上下顶紧。适于能保持直立壁的干土或天然湿度的黏土类土，地下水很少、深度在3m以内 |

续表

| 类型 | 简图 | 说明 |
|---|---|---|
| 水平支撑 | 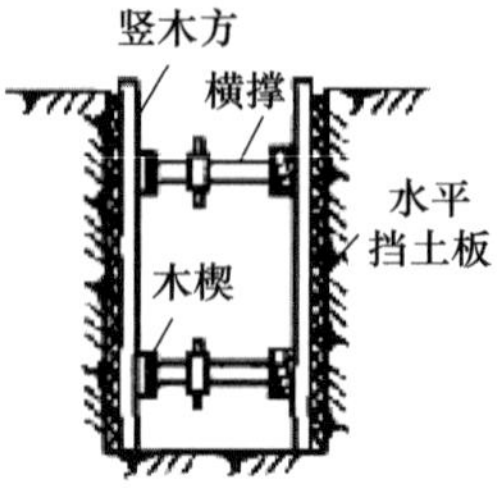 | 挡土板水平连续放置，不留间隙，然后两侧同时对称立竖方木，上下各顶一根撑木，端头加木楔顶紧。适于较松散的干土或天然湿度的黏土类土，地下水很少、深度为3～5m |
| 连续或间断式垂直支撑 | 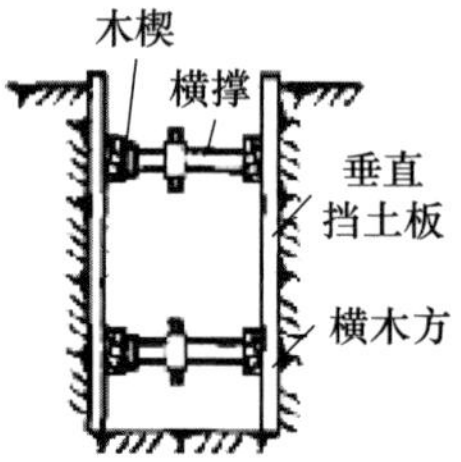 | 挡土板垂直放置，可连续或留适当间隙，然后每侧上下各水平顶一根木方，再用横撑顶紧。适于土质较松散或湿度很高的土，地下水较少、深度不限 |
| 混合式支撑 | 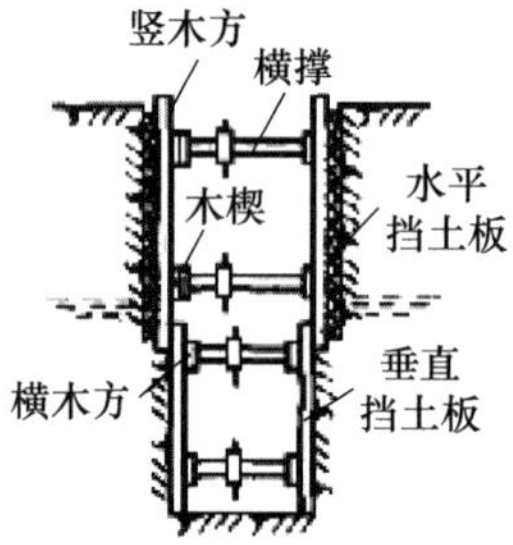 | 沟槽上部设连续式水平支撑，下部设连续式垂直支撑。适于沟槽深度较大、下部有含水土层的情况 |

（2）基坑支护：基坑的支护方法见表1-7。

表1-7 基坑的支护方法

| 类型 | 简图 | 说明 |
|---|---|---|
| 深层搅拌水泥土桩墙 | 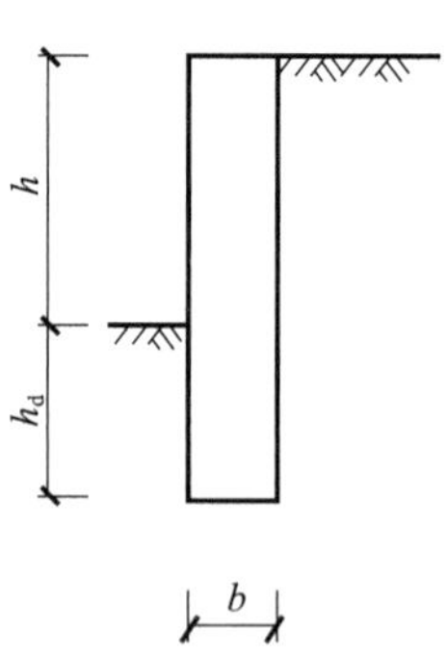 | 深层搅拌水泥土桩墙是用深层搅拌机就地将土和输入的水泥浆强制搅拌，形成连续搭接的水泥土柱状加固体挡墙。墙体宽度$b$和插入深度$h_d$应计算确定。在软土地区，当基坑开挖深度≤5m时，可按经验取$b=(0.6\sim0.8)h$，$h_d=(0.8\sim1.2)h$。基坑深度一般不应超过7m，此种情况下较经济水泥土桩墙加固体的强度取决于水泥掺入比（水泥质量与加固土体质量的比值），常用的水泥掺入比为12%～14%。桩墙未达到设计强度前不得开挖基坑。水泥土桩墙的优点：由于坑内无支撑，便于机械化快速挖土；具有挡土、挡水的双重功能；一般比较经济。其缺点是不宜用于深基坑，一般不宜大于6m；位移相对较大，尤其在基坑长度大时 |

续表

| 类型 | 简图 | 说明 |
| --- | --- | --- |
| 高压旋喷桩 | (旋喷桩；杂填土；素填土；粉质黏土；粉砂) | 高压旋喷桩是利用高压经过旋转的喷嘴将水泥浆喷入土层与土体混合形成水泥土加固体，相互搭接形成桩排，用来挡土和止水。喷射注浆时，只需在土层中钻一个50～300mm的小孔，便可在土中喷成直径0.4～2m的加固水泥土桩，因而能在狭窄施工区域施工或贴近已有基础施工。但该工艺水泥用量大，造价高。施工时要控制好上提速度、喷射压力和水泥浆喷射量 |
| 型钢横挡板围护墙 | I—I断面图<br>1、4—型钢桩；2、5—挡土板；3—楔子 | 型钢横挡板围护墙亦称桩板式支撑结构。这种围护墙由工字钢（或H型钢）桩和横挡板（也称衬板）组成，再加上围檩、支撑等形成支护体系工字钢或H型钢桩沿挡土位置预先打入，间距1.0～1.5m，然后边挖土，边将3～6cm厚的挡土板塞进钢桩之间挡土，并在横向挡板与型钢桩之间打上楔子，使横板与土体紧密接触，横挡板直接承受土压力和水压力，由横挡板传给工字钢桩，再通过围檩传至支撑或拉锚。型钢横挡板围护墙多用于土质较好、地下水位较低的地区 |
| 钢板桩 | (a) 内撑方式　(b) 锚拉方式<br>1—钢板桩；2—围檩；3—角撑；4—立柱与支撑；5—支撑；6—锚拉杆 | 钢板桩是一种简易的钢板桩围护墙，由槽钢正反扣搭接或并排组成。槽钢长6～8m，型号由计算确定。打入地下后，顶部接近地面处设一道拉锚或支撑。由于其截面抗弯能力弱，一般用于深度不超过4m的基坑。常用的U型钢板桩，多用于周围环境要求不高、深5～8m的基坑，视支撑架设情况而定 |
| 钻孔混凝土灌注桩 | (a)<br>(b)<br>1—围檩；2—支撑；3—立柱；4—工程桩；5—钻孔灌注桩；6—水泥土搅拌桩挡水桩幕；7—坑底水泥土搅拌桩加固；8—联系横梁 | 钻孔混凝土灌注桩为间隔排列，缝隙不小于100mm，因此它不具备挡水功能，需另做挡水帷幕，目前我国应用较多的是厚1.2m的水泥土搅拌桩。用于地下水位较低地区则不需做挡水帷幕，钻孔灌注桩施工无噪声、无振动、无挤土、刚度大、抗弯能力强、变形较小，几乎在全国都有应用，多用于深7～15m的基坑工程。在土质较好地区已有8～9m悬臂桩，在软土地区多加设内支撑（或拉锚）。悬臂式结构不宜大于5m。桩径和配筋由计算确定，常用直径600mm、700mm、800mm、900mm、1000mm，有的工程为不用支撑简化施工，采用相隔一定距离的双排钻孔灌注桩与桩顶横梁组成空间结构围护墙，使悬臂围护墙可用于—14.5m的基坑 |

续表

| 类型 | 简图 | 说明 |
| --- | --- | --- |
| 地下连续墙 | | 地下连续墙是于基坑开挖之前，用特殊挖槽设备在泥浆护壁之下开挖深槽，然后下钢筋笼浇筑混凝土形成的地下土中的混凝土墙。地下连续墙用作围护墙的优点是：施工时对周围环境影响小，能紧邻建筑物等进行施工，刚度大、整体性好、变形小，能用于深基坑；处理好接头能较好地抗渗止水；采用逆作法施工，可实现两墙合一，能降低成本。目前常用的厚度为 600mm、800mm、1000mm，多用于－12m 以下的深基坑。在软土中悬臂式结构不宜大于 5m |
| SMW 工法围护墙 (Soil Mixing Wall, 转型地下工程施工技术) | 1—插在水泥土桩中的 H 型钢；2—水泥土桩 | 在水泥土搅拌桩内插入 H 型钢，使之成为同时具有受力和抗渗两种功能的支护结构围护墙。坑深大时也可加设支撑。国外已用于坑深 20m 的基坑，我国用于 8～10m 基坑。加筋水泥土桩法施工机械应为三根搅拌轴的深层搅拌机，全断面搅拌，H 型钢靠自重可顺利下插至设计标高，加筋水泥土桩法围护墙的水泥掺入比达 20%，因此水泥土的强度较高，与 H 型钢黏结好，能共同作用 |
| 土钉墙 | 1—土钉；2—喷射细石混凝土面层；3—垫板 | 土钉墙是一种边坡稳定式的支护，其作用与被动起挡土作用的上述支护结构不同，它起主动嵌固作用，增加边坡的稳定性，使基坑开挖后坡面保持稳定。土钉墙用于非软土场地；基坑深度不宜大于 12m；当地下水位高于基坑底面时，应采取降水或截水措施。目前在软土场地也有应用。施工时，每挖深 1.5m 左右，首先挂细钢筋网，喷射 C20 细石混凝土面层（厚 50～100mm），然后钻孔插入钢筋（长 10～15m，纵、横间距 1.5m×1.5m 左右），加垫板并灌浆，依次进行直至坑底。基坑坡面有较陡的坡度 |

4) 钎探与验槽

当全部基槽（坑）土方挖好后，应进行全面而详细的检验，观察土质是否与地质资料相符，主要检验基坑底下有无空洞、墓穴、枯井及其他对建筑物不利的情况存在，特别是技术勘测报告中注明要钎探的，必须进行钎探。其检验的方法一般用钎探、自由落锤式钎探（夯探）和洛阳铲等进行。

（1）钎探：钎探是用锤将钢钎打入土中一定深度，从锤击数量和入土难易程度判断土的软硬程度，如钢钎急剧下沉，说明该处有空洞或墓穴。

钢钎用 $\varphi 22\sim 25\mathrm{mm}$ 的钢筋制成，钎尖呈 60°尖锥状。钢钎长 1.8～2.0m，每隔 30cm 有一刻度，如图 1-24 所示。钎孔的间距、布置方式和深度，要根据基坑的大小、形状、土质等确定。钢钎用人工打入时，可用 8 磅或 10 磅大锤，离钎顶 50～70cm，将钢钎垂直打入土中。采用三角架上悬挂吊锤打入时，每次将锤提至钎顶 60cm 左右，让锤自由下落,将钢钎打入土中。

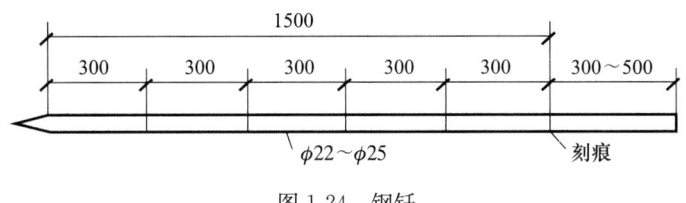

图 1-24 钢钎

施工时要做好记录,将钢钎每打入土中 30cm 的锤击数记下来,每打完一个孔,填入钎探记录表内,表格包括探孔号、打入长度、若干 30cm 的锤击数、总锤击数、打钎人等内容。

(2) 洛阳铲探孔:洛阳铲的形状如图 1-25 所示,它由铲头、铁杆和探杆三部分组成。铲头的刃端呈月牙形,长约 20cm,因土质不同可将铲头做成不同形状。铲头上部焊有 0.8m 长的铁杆,铁杆上端为管口,用以插入探杆。探杆长 2m 左右,用有韧性的白蜡木杆制作,当探孔超过全长时,可在白蜡木杆上端系上绳子。

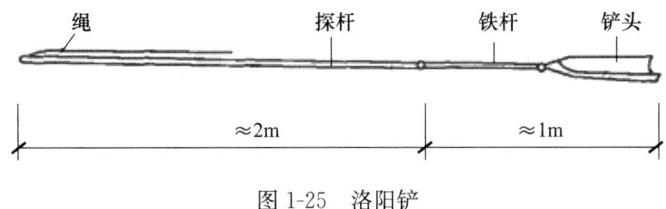

图 1-25 洛阳铲

探孔的布置见表 1-8 所列。探孔距离 $L$ 不小于 1.5~2.0m。面积较大的基坑内采用梅花形布置时,最外两排为深探,中间的探孔均为浅探。根据土质及建筑物重要性决定钎探深度,一般为 3~7m,浅探只要探到天然土层以下 0.5m 处即可。探查时要做好记录,将探出的空洞、墓穴、枯井的大小和深度记录下来,以便进行处理。

(3) 夯探:夯探较以上方法更为方便,不用复杂的设备而是用铁夯和蛙式打夯机对基槽进行夯击,凭夯击时的声响来判断下卧层的强弱或是否有空洞或暗墓。

(4) 钎探记录和结果分析

① 先绘制基础平面图,并在图上注明钎探点的位置及编号。

② 钎探时按平面图标定的钎探点顺序进行,并按要求项目填写记录。

表 1-8 探孔的布置

| 基槽宽 | 排列方式及图示 | 间距 $L$（m） | 探孔深度（m） |
|---|---|---|---|
| 小于 2m | | 1.5~2.0 | 3.0 |
| 大于 2m | | 1.5~2.0 | 3.0 |

| 基槽宽 | 排列方式及图示 | 间距 L（m） | 探孔深度（m） |
|---|---|---|---|
| 柱基 | | 1.5～2.0 | 3.0（荷载较大时为4.0～5.0） |
| 加孔 | | <2.0（如基础过宽时中间再加孔） | 3.0 |

（5）验槽：钎探后应组织有关人员进行验槽，其进行方式各地有所不同，检查内容为：基槽（坑）高程及平面尺寸，打钎记录，软（或硬）下卧层，坟、井、坑等情况，以及提出的处理方案。如槽底有局部土质过硬或过软以及废井，要进行处理。

2. 基坑排水

若地下水位较高，当开挖基坑或沟槽至地下水位以下时，由于土的含水层被切断，地下水将不断渗入坑内。雨期施工时，地面水也会流入坑内。这样不仅会恶化施工条件，而且土被水浸泡后会导致地基承载能力的下降和边坡的坍塌。为了保证工程质量和施工安全，做好施工排水工作，保持开挖土体的干燥是十分重要的。

排除地面水（包括雨水、施工用水、生活污水等）一般采取在基坑周围设置排水沟、截水沟或筑土堤等办法并尽量利用原有的排水系统，使用临时性排水设施与永久性排水设施相结合的方法。基坑降水的方法有集水井降水法和井点降水法。集水井降水法一般宜用于降水深度较小且地层中无流砂时；如降水深度较大，或地层中有流砂，或地处软土地区，应尽量采用井点降水法。不论采用哪种方法，降水工作都要持续到基础施工完毕并回填土后才停止。

1）集水井降水法

这种排水方法是在基坑或沟槽开挖时，在坑底设置集水井，并沿坑底的周围或中央开挖排水沟，使水在重力作用下由排水沟流入集水井区，然后用水泵抽出坑外，如图1-26所示。

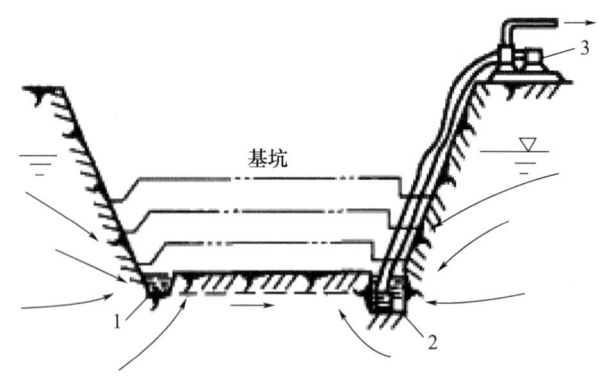

图1-26 集水井降水
1—排水沟；2—集水井；3—水泵

四周的排水沟及集水井应设置在基础范围以外、地下水流的上游。根据地下水量、基坑平面形状及水泵能力,集水井每隔20~40m设置一个。

集水井的直径或宽度一般为0.6~0.8m。井壁可用竹、木或砖砌筑等进行简易加固。排水沟底宽一般不小于300mm,沟底纵向坡度宜控制在1‰~2‰,排水沟比基坑底低0.3~0.4m,集水井底比排水沟底低0.6m以上。随着基坑开挖加深,沟底和井底应保持这一高度差。

当基坑挖至设计标高后,井底应低于坑底1~2m,并铺设0.3m的碎石滤水层,以免在抽水时将泥砂抽出,防止井底的土被扰动,做好较坚固的井壁。明排水法简单、经济,对周围影响小,应用较广。

2) 井点降水法

井点降水法就是在基坑开挖前,预先在基坑四周埋设一定数量的滤水井(管),通过抽水设备抽出地下水,使地下水位降低到坑底以下,从根本上解决地下水涌入坑内的问题。井点降水还可防止边坡由于受地下水流的冲刷而引起的塌方;使坑底的土层消除地下水位差引起的压力,防止坑底土的上冒;因为水压消失,支护结构减少水平荷载;由于没有地下水的渗流,也可消除流砂现象;降低地下水位后,由于土体固结,使土层密实,增加了地基土的承载能力。

井点降水有管井井点、喷射井点、电渗井点、轻型井点四种类型。各种井点的适用范围参照表1-9,其中轻型井点应用最为广泛。

表1-9 各种井点的适用范围

| 井点类别 | | 适用条件 | |
| --- | --- | --- | --- |
| | | 土层渗透系数(m/d) | 降低水位深度(m) |
| 轻型井点 | 一级轻型井点 | 0.1~50 | 3~6 |
| | 多级轻型井点 | 0.1~50 | 视井点级数而定 |
| 喷射井点 | | 0.1~50 | 8~20 |
| 电渗井点 | | <0.1 | 视选用的井点而定 |
| 管井井点 | | 20~200 | >10 |

(1) 轻型井点

①轻型井点设备:由管路系统和抽水设备组成,如图1-27所示。

管路系统包括井点管、滤管、弯联管及总管等。其中,滤管(图1-28)为进水设备,通常采用长1.0~1.5m、直径$\varphi$38~45mm的无缝钢管,管壁钻有直径为$\phi$12~19mm的滤孔,滤孔呈星状排列,滤孔面积为滤管表面积的20%~25%。骨架管外面包两层孔径不同的滤网。为使流水畅通,在骨架与滤网之间用塑料管或梯形钢丝隔开,塑料管沿骨架绕成螺旋形。滤网外面再绕一层8号粗铁丝保护网,滤管下端为一锥形铸铁塞头,滤管上端与井点管连接。

井点管为直径$\varphi$38mm或$\varphi$50mm、长5~7m的钢管。井点管上端用弯联管与总管相连。弯联管宜装有阀门,以便检修井点。近年来有的弯联管采用透明塑料管,可随时观察井点管的工作情况;有的采用橡胶管,可避免两端因不均匀沉降而泄漏。

集水总管为直径为$\varphi$100~127mm的无缝钢管,每段长4m,其用橡胶套管连接,并用钢箍拉紧,以防漏水。总管上还装有与井点管连接的短接头,间距0.8m或1.2m。

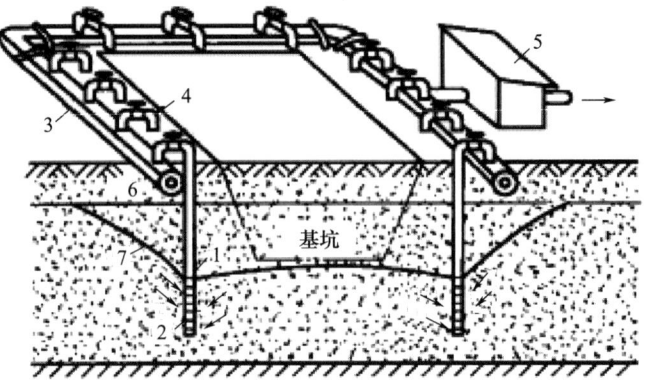

图1-27 轻型井点降低地下水位示意
1—井点管;2—滤管;3—总管;4—弯联管;
5—水泵房;6—原地下水位线;7—降低后地下水位线

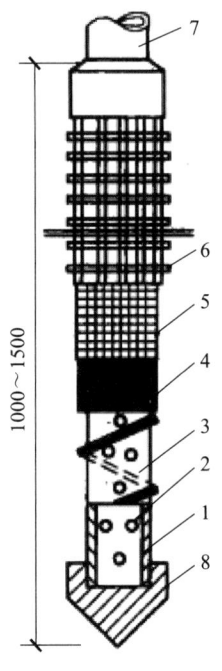

图1-28 滤管构造
1—钢管;2—管壁上的小孔;3—缠绕的塑料管;4—细滤网;
5—粗滤网;6—粗铁丝保护网;7—井点管;8—铸铁头

抽水设备常用的是真空泵设备和射流泵设备。

真空泵抽水设备的主机由真空泵、离心泵和分水排水器(又称集水箱)等组成,如图1-29所示。抽水时先开动真空泵,使土中的水分和空气受真空吸引力经管路系统向上流入分水排水器中,然后开动离心泵,在分水排水器内水和空气向两个方向流去:水经离心泵由出水管排出;空气则集中在分水排水器上部由真空泵排出。如水多来不及排出时,分水排水器内浮筒上浮,由阀门将通向真空泵的通路关闭,保护真空泵不使水进入缸体。

副分水排水器的作用是滤清从空气中带来的少量水分，使其落入该器下层放出，使水不被吸入真空泵内。压力箱用来调节出水量和阻止空气窜入分水排水器。过滤箱的作用是防止由水带来的细砂磨损机械。真空调节阀用来调节真空度，使其适应水泵的需要。

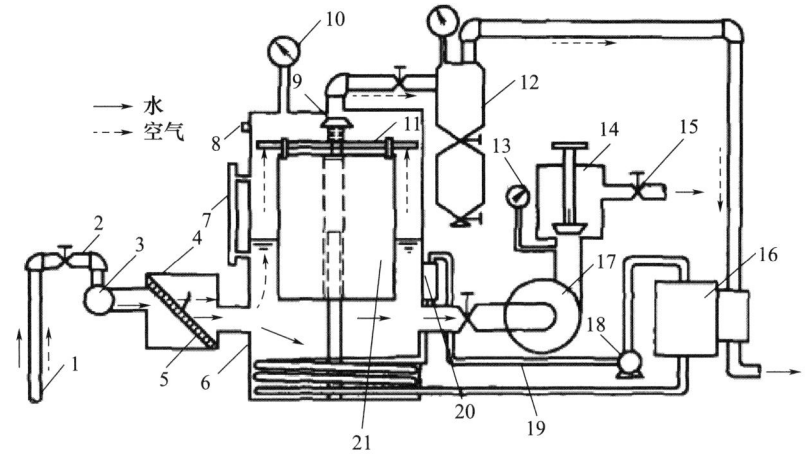

图 1-29　真空泵轻型井点抽水设备工作示意

1—井点管；2—弯联管；3—总管；4—过滤箱；5—过滤网；6—分水排水器；
7—水位计；8—真空调节阀；9—阀门；10—真空表；11—挡水布；
12—副分水排水器；13—压力计；14—压力箱；15—出水管；16—真空泵；
17—离心泵；18—冷却泵；19—冷却水管；20—冷却水箱；21—浮筒

射流泵抽水设备的主机由射流泵、离心泵、循环水箱等组成，如图 1-30 所示。工作原理是：利用离心泵将循环水箱中的水变成压力水送入射流器内，由喷嘴喷出。由于喷嘴处断面收缩而使水流速度骤增，压力骤降，使射流器空腔内产生部分真空，把井点管内的气、水吸上来进入循环水箱。循环水箱内的水经滤清后一部分经由离心泵参与循环，其余部分由水箱上部的泄水口自动溢出，排至指定地点。

一套真空泵抽水设备的负荷长度（即集水总管长度）与采用的设备有关，采用 W5 型真空泵时，长度不大于 100m；采用 W6 型真空泵时，长度不大于 200m。一套射流泵抽水设备的负荷长度为 30～50m，采用两台离心泵和两个射流器联合工作，负荷长度约为 100m，基本与 W5 型真空泵机组的负荷长度相当。相比而言，射流泵抽水设备结构简单、制造容易、成本低、耗电少、使用维修方便，便于推广。

② 轻型井点的布置：轻型井点的布置应根据基坑平面形状及尺寸、基坑的深度、土质、地下水位的高低及流向、降水深度要求等因素确定。

a. 平面布置。当基坑或沟槽宽度小于 6m，降水深度不超过 5m 时，可采用单排线状井点，并布置在地下水上游一侧，两端延伸长度不小于基坑宽度，如图 1-31 所示。如宽度大于 6m 或不良土质，采用双排线状井点，如图 1-32 所示；如面积较大的基坑，采用环状井点，如图 1-33 所示。

采用多套抽水设备时，井点系统应分段，各段长度应大致相等。分段地点宜选择在基坑转弯处，以减少总管弯头数量，提高水泵抽吸能力。水泵宜设置在各段总管中部，使泵两边水流平衡。分段处应设阀门或将总管断开，以免管内水流紊乱，影响抽水效果。

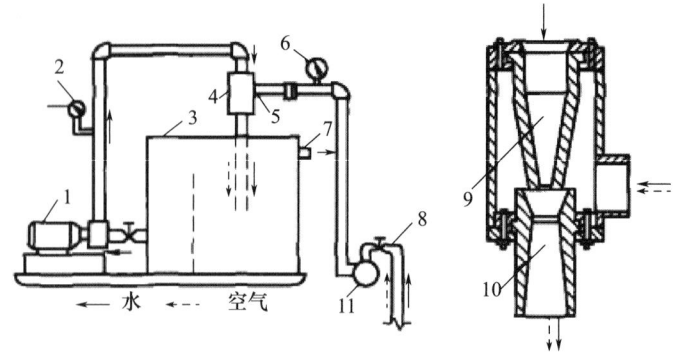

图 1-30 射流泵轻型井点抽水设备工作示意

1—离心泵；2—压力计；3—循环水箱；4—射流器；5—进水管；6—真空表；
7—泄水口；8—井点管；9—喷嘴；10—喉管；11—总管

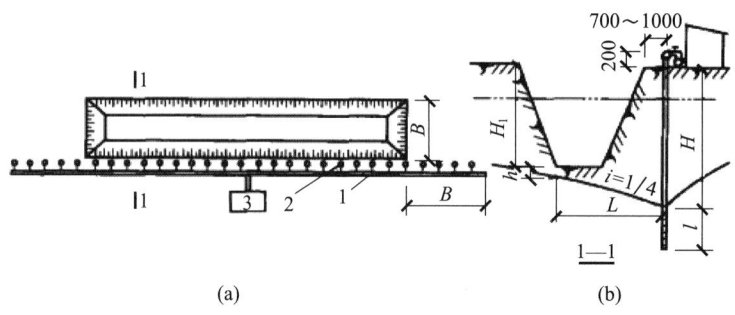

图 1-31 单排线状井点布置

（a）平面布置；（b）高程布置

1—总管；2—井点管；3—抽水设备

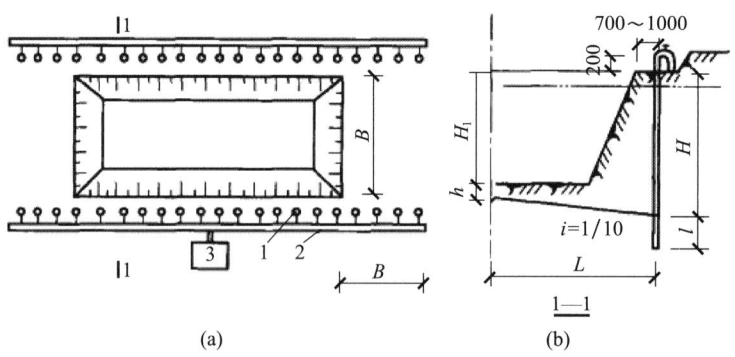

图 1-32 双排线状井点布置

（a）平面布置；（b）高程布置

1—井点管；2—总管；3—抽水设备

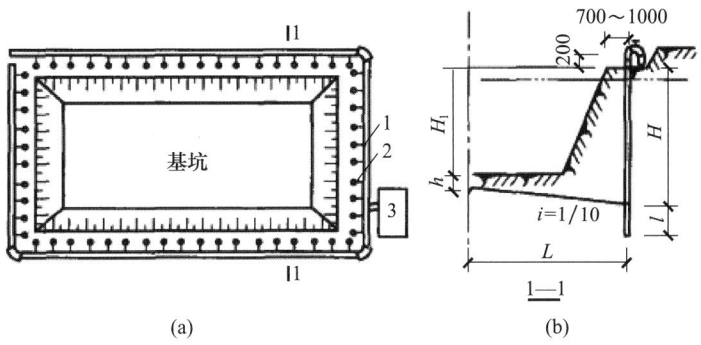

图 1-33 环状井点布置
(a) 平面布置；(b) 高程布置
1—总管；2—井点管；3—抽水设备

b. 高程布置。轻型井点降水深度，一般不大于 6m（考虑设备水头损失）。井点管埋设深度 $H$（不包括滤管长）按式（1-23）计算

$$H \geqslant H_1 + h + iL \tag{1-23}$$

式中：$H_1$——井点管埋设面至基坑底的距离（m）；

　　　$h$——基坑中心处基坑底面（单排井点时，为远离井点一侧坑底边缘）至降低后地下水位的距离，一般取 0.5～1.0m；

　　　$i$——水力坡度，单排井点为 1/4～1/5，双排和环状井点为 1/10；

　　　$L$——井点管至基坑中心的水平距离（m），当井点管为单排布置时，$L$ 为井点管至基坑另一侧的水平距离（图 1-31～图 1-33）。

此外，确定井点埋深时，还要考虑到井点管一般要露出地面 0.2m 左右。如果计算出的 $H$ 值大于井点管长度，则应降低井点管的埋置面（但以不低于地下水位为准）以适应降水深度的要求。在任何情况下，滤管必须埋在透水层内。当一级井点系统达不到降水深度要求，可视其具体情况采用其他方法降水。如上层土的土质较好时，先用集水井排水法挖去一层土再布置井点系统；也可采用二级井点，即先挖去第一级井点所疏干的土，然后再在其底部装设第二级井点，如图 1-34 所示。

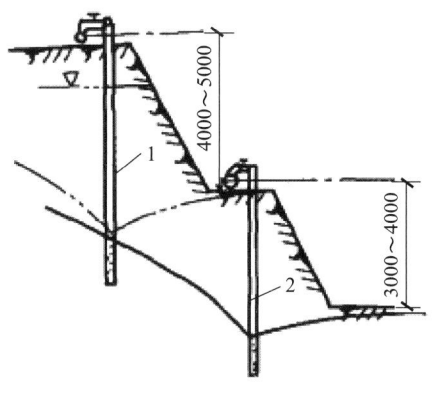

图 1-34 二级轻型井点示意
1—第一级井点管；2—第二级井点管

③ 轻型井点的计算：轻型井点的计算包括涌水量计算、井点管数量与井距确定。

a. 涌水量计算。井点系统涌水量是按水井理论进行计算的。根据井底是否达到不透水层，水井可分为完整井与不完整井。井底到达含水层下面的不透水层顶面的井称为完整井，否则称为不完整井。根据地下水是否有压力，水井分为无压井与承压井，如图 1-35 所示。

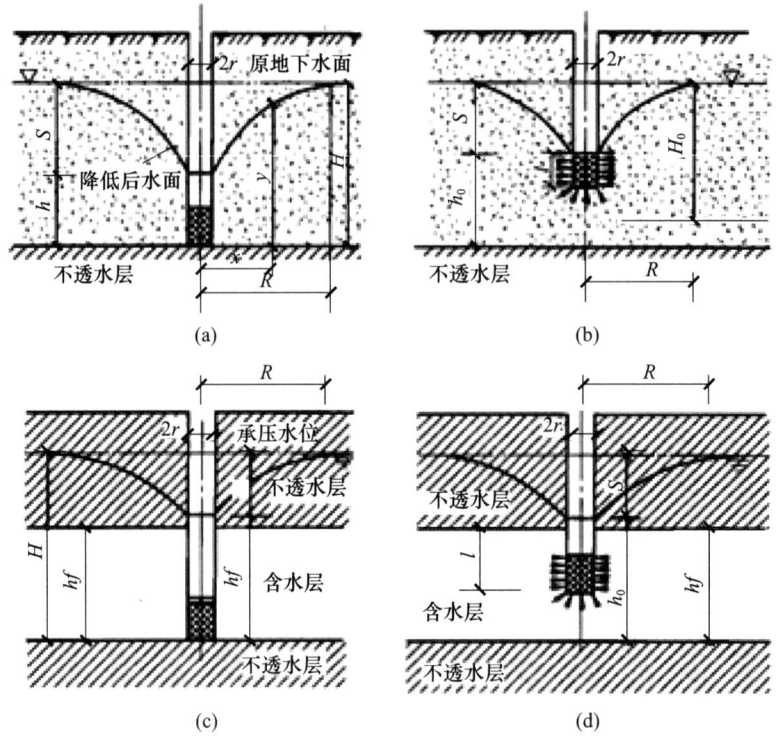

图 1-35 水井种类
(a) 无压完整井；(b) 无压非完整井；(c) 承压完整井；(d) 承压非完整井

水井的类型不同，其涌水量计算方法也不同，如图 1-36 所示。

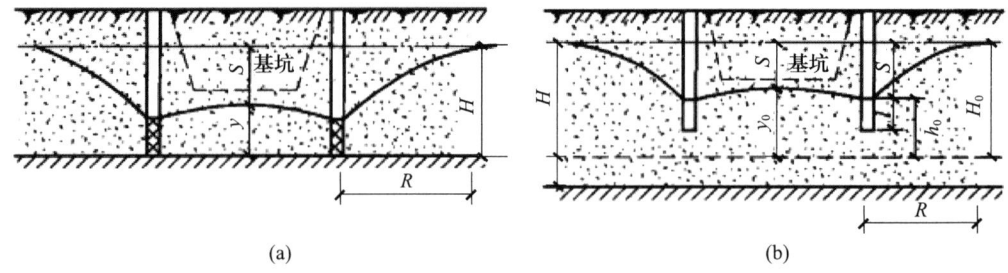

图 1-36 环形井点涌水量计算
(a) 无压完整井；(b) 无压非完整井

对于无压完整井的环状井点系统，涌水量计算公式为

$$Q = 1.366 K \frac{(2H-S)S}{\ln R - \ln x_0} \quad (1-24)$$

式中：$Q$——井点系统的涌水量（$m^3/d$）；
$K$——土的渗透系数（m/d）；
$H$——含水层厚度（m）；
$S$——水位降落高度（m）；
$R$——抽水影响半径（m），近似按 $R = 1.95S\sqrt{HK}$ 计算；

$x_0$——环状井点系统的假想半径（m），近似按 $x_0 = \sqrt{\dfrac{F}{\pi}}$ 计算，其中 $F$ 为环状井点系统包围的面积（m²）。

矩形基坑的长宽比大于 5 或基坑宽度大于抽水影响半径两倍时，需先将基坑分割成符合计算公式的适用条件的单元，然后将各单元涌水量相加得到总涌水量。

在实际工程中往往遇到无压非完整井的井点系统，这时地下水不仅从井的侧面流入，还从井底渗入，涌水量比完整井大。为了简化计算，对群井仍可采用式（1-24），仅将式中 $H$ 换成有效抽水影响深度 $H_0$。$H_0$ 可查表 1-10 确定，当算得的 $H_0$ 大于实际含水层的厚度时，取 $H_0 = H$。

表 1-10 有效抽水影响深度 $H_0$ 值

| $S'/(S'+l)$ | 0.2 | 0.3 | 0.5 | 0.8 |
|---|---|---|---|---|
| $H_0$ | 1.3 $(S'+l)$ | 1.5 $(S'+l)$ | 1.7 $(S'+l)$ | 1.84 $(S'+l)$ |

注：$l$ 为滤管长度（m）；$S'$ 的中间值采用插入法求得。

b. 井点管数量与井距确定。确定井点管数量首先确定单根井点管的抽水能力。单根井管的最大出水量按式（1-25）计算：

$$q = 65\pi dl \sqrt[3]{K} \tag{1-25}$$

式中：$q$——单根井管的出水量（m³/d）；

$d$——滤管直径（m）；

$l$——滤管长度（m）。

井点管最少数量 $n$ 按式（1-26）计算

$$n = 1.1 \dfrac{Q}{q} \tag{1-26}$$

井点管平均间距 $D$ 为

$$D = \dfrac{L}{n} \tag{1-27}$$

式中：$L$——总管长度（m）。

井点管间距经计算确定后，布置时还需注意：井点管间距不能过小，应大于 $15d$（如井点管太密，彼此干扰，影响出水效果）；在基坑周围四角和靠近地下水流方向一边的井点管应适当加密；当采用多级井点排水时，下一级井点管间距应较上一级的小；实际采用的井距，还应与集水总管上短接头的间距相适应（可按 0.8m、1.2m、1.6m、2.0m 四种间距选用）。

④ 抽水设备的选择：真空泵主要有 W5、W6 型，按总管长度选用。当总管长度不大于 100m 时可选用 W5 型，总管长度不大于 200m 时可选用 W6 型。

在抽水过程中，真空泵所需的最低真空度 $P_k$（kPa）应根据降水深度所需的可吸真空度及各项压头损失按式（1-28）计算

$$p_k = p_A + \Delta p \tag{1-28}$$

式中：$P_A$——根据降水深度要求的可吸真空度，$p_A = \gamma_w h_A$，$h_A$ 可近似取总管至滤管的深度（m），$\gamma_w$ 为水的重度；

$\Delta p$——压头损失，$\Delta p = \gamma_w \Delta h$，$\Delta h$ 为水头损失（m），包括进入滤管的水头损失、管路阻力损失及漏气损失等，近似取 1～1.5m，$\gamma_w$ 为水的重度。

在抽水过程中，真空泵的实际真空度如小于式（1-28）计算的最低真空度，则降水深度达不到要求。

水泵按涌水量的大小选用，要求水泵的抽水能力应大于井点系统的涌水量（增大10%～20%）。通常一套抽水设备配两台离心泵，既可轮换备用，又可在地下水量较大时同时使用。

⑤ 井点管的安装与使用：轻型井点的安装顺序为放样定位→敷设总管→冲孔→沉设井点管→灌填砂滤料→上部填黏土封闭→用弯管将井点管与总管接通→安装抽水设备→试抽。

井点管埋设一般用水冲法，分为冲孔和埋管两个过程（图 1-37）。冲孔时，先用起重设备将冲管吊起并插在井点的位置上，然后开动高压水泵，将土冲松，冲管则边冲边沉。冲孔直径一般为 300mm，以保证井管四周有一定厚度的砂滤层；冲孔深度宜比滤管底深 0.5m 左右，以防冲管拔出时部分土颗粒沉于底部而触及滤管底部。井孔冲成后，立即拔出冲管，插入井点管，并在井点管与孔壁之间迅速填灌砂滤层，以防孔壁塌土。砂滤层的填灌质量是保证轻型井点顺利抽水的关键。一般宜选用干净粗砂，充填高度至少达到滤管顶部以上 1～1.5m，也可充填到原地下水位线，以保证水流畅通。

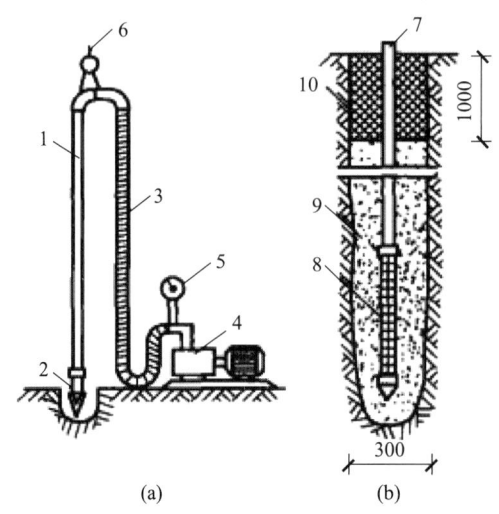

图 1-37 冲水管冲孔法
(a) 设备示意；(b) 立面示意
1—冲管；2—冲嘴；3—胶皮管；4—高压水泵；5—压力表；6—起重吊钩；
7—井点管；8—滤管；9—填砂；10—黏土封口

井点管沉设完毕，即可接通总管与抽水设备进行试抽，检查有无漏水、漏气，出水是否正常，有无淤塞等现象。如有异常情况，应检修合格后，于井点管孔口到地面下 0.5～1m 的深度范围内用黏土填塞，以防漏气。

轻型井点使用时，一般应连续抽水（特别是开始阶段）。时抽时停，滤网容易堵塞，出水浑浊并引起附近建筑物由于土颗粒流失而沉降、开裂，同时由于中途停抽，使地下水回升，也可能引起边坡塌方等事故。抽水过程中，应调节离心泵的出水量，使抽吸排水保持均匀,达到细水长流。正常的出水规律是"先大后小,先混后清"。真空度是判断井点系统工作情况是否良好的尺度,必须经常观察检查。造成真空度不足的原因很多,但多是井点系统有漏气现象所致,应及时采取措施。

在抽水过程中,还应检查有无堵塞"死井"(工作正常的井管,用手触摸时,应有冬暖夏凉的感觉,或从弯联管上的透明阀门观察),如死井太多,严重影响降水效果,应逐个用高压水冲洗或拔出重埋。

（2）喷射井点

当基坑开挖较深,降水深度要求大于 6m 时,采用一般轻型井点不能满足要求,必须使用多级井点才能达到预期效果。但这样需要增加设备机具数量和基坑开挖面积,使土方量加大、工期拖长,也不经济。此时,采用喷射井点降水比较合适,其降水深度可达 20m。喷射井点分为喷气井点和喷水井点两种。两种井点工作流体虽然不同,其工作原理却是相同的。喷水井点设备由喷射井管、高压水泵及进水、排水管路组成。喷射井管由内外管所组成,在内管下端装有升水装置（喷射扬水器）与滤管相连。高压水（0.7~0.8MPa）经外管与内管之间的环形空间,并经扬水器侧孔流向喷嘴,由于喷嘴处截面突然缩小,压力经喷嘴以很高的流速喷入混合室,使混合室压力下降,造成一定真空度。此时,地下水被吸入混合室与高压水汇合,流经扩散管,由于截面扩大,水流速度相应减小,使水的压力逐渐升高,沿内管上升经排水总管排出。喷射井点设备及平面布置如图 1-38 所示。

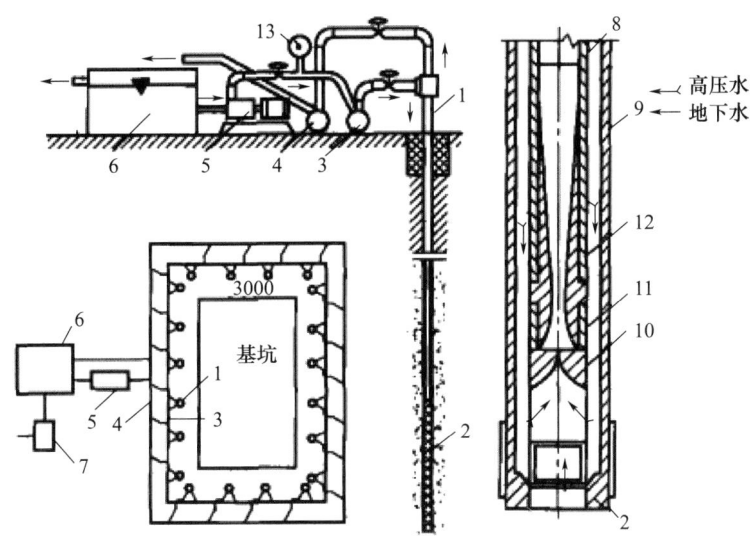

图 1-38 喷射井点设备及平面布置

1—喷射井管；2—滤管；3—进水总管；4—排水总管；5—高压水泵；6—集水池；
7—水泵；8—内管；9—外管；10—喷嘴；11—混合室；12—扩散管；13—压力表

（3）电渗井点

在深基础工程施工中,有时会遇到渗透系数小于 0.1m/d 的土层,这类土含水量大,压缩性高,稳定性差。由于土粒间微小孔隙将水保持在孔隙内,单靠真空吸力的一般降水方法效果不佳,此时必须采用电渗井点降水。电渗井点排水原理如图 1-39 所示,以井点管作负极、以打入的钢筋或钢管作正极（位于井点管内侧），当通以直流电后，土颗粒即自负极向正极移动，水则自正极向负极移动而被集中排出。土颗粒的移动称为电泳表现，水的移动称为电渗现象，故名电渗井点。

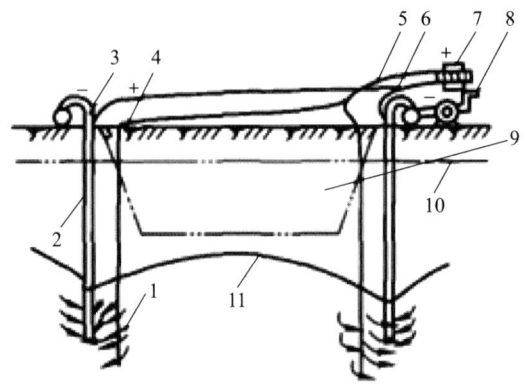

图 1-39　电渗井点排水原理

1—阴极；2—阳极；3—用扁钢、螺栓或电线将阴极连通；4—用钢筋或电线将阳极连通；
5—阳极与发电机连接电线；6—阴极与发电机连接电线；7—直流发电机（或直流电焊机）；
8—水泵；9—基坑；10—原有水位线；11—降水后的水位线

（4）管井井点

管井井点是沿基坑周围每隔一定距离（20～50m）设置一个管井，每个管井单独用一台水泵不断抽水来降低地下水位。在土的渗透系数大（20～200m/d）、地下水量大的土层中，宜采用管井井点。

管井井点由管井、吸水管及水泵组成，如图 1-40 所示。

管井的间距一般为 10～15m，埋深最大可达 10m，水位降低 3～5m。管井井点采用离心式水泵或潜水泵抽水。

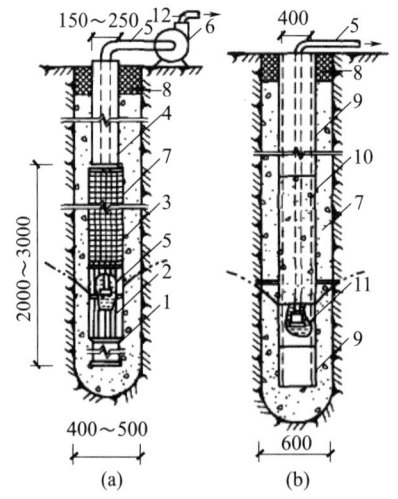

图 1-40　管井井点

(a) 钢管管井；(b) 混凝土管管井

1—沉砂管；2—钢筋焊接架；3—滤网；4—管身；5—吸水管；6—离心泵；7—小砾石过滤层；
8—黏土封口；9—混凝土实壁管；10—混凝土过滤管；11—潜水泵；12—出水泵

此外，如要求的降水深度较大，管井井点内采用一般的离心泵和潜水泵已不能满足要求时，可改用深井泵，即采用深井井点降水法来解决。此法是依靠水泵的扬程把深处的地下水抽到地面上来。它适用于土的渗透系数为 10～80m/d、降水深度大于 15m 的情况。

（5）井点降水对邻近建筑物的影响和预防措施

井点降水时，由于地下水流失造成地下水位下降，地基自重应力增加，土质被压缩，土颗粒随水流流失，将引起周围地面沉降。由于土质的不均匀性和形成的水位降低漏斗曲线，地面沉降为不均匀沉降，导致周围的建筑物基础下沉、房屋开裂。因此井点降水时，必须采取相应措施，防止产生建筑物基础下沉和房屋开裂的危害。

① 回灌井点法：回灌井点是在降水井点与需要保护的原建筑物间设置的一排井点。在降水的同时，回灌井点向土层内流入适量的水，使原建筑物下保持原有的地下水位，防止或减小由于井点降水导致原建筑物的沉降。

回灌井点是防止井点降水损害周围建筑物的一种经济、简便、有效的方法。为确保基坑施工的安全和回灌的效果，回灌井点与降水井点之间应保持一定的距离，一般不宜小于 6m，降水与回灌应同步进行。

回灌井点两侧应设置水位观测井，监测水位变化，调节控制降水井点和回灌井点的运行及回灌水量。

② 设置止水帷幕法：降水井点区域与原建筑之间设置一道止水帷幕，使基坑外地下水的渗流路线延长，从而让原建筑物的地下水位基本保持不变。止水帷幕设置可单独或结合挡土支护结构设置。常用的止水帷幕有深层搅拌法、压密注浆法、冻结法等。

③ 减缓降水速度法：减缓井点的降水速度，防止土颗粒随水流流出，可采取加长井点，调小离心泵阀，根据土的检验改换滤网，加大砂滤层厚度等措施，防止抽水过程中带出土颗粒。

3. 流砂的形成与防治

（1）流砂的形成原因

流动中的地下水对土颗粒产生的压力称为动水压力。流砂现象的产生就是地下水流动时所产生的动水压力对土体作用的结果。

有关动水压力的性质，可通过水在土中流动的力学现象来说明。如图 1-41 所示，水由左端高水位（水头为 $h_1$），经过长度为 $L$、截面面积为 $F$ 的土体，流向右端低水位（水头为 $h_2$）。水在渗流过程中，作用在土体左边的力为 $\gamma_w h_1 F$，方向和水流方向一致；作用在右边的力为 $\gamma_w h_2 F$，其方向和水流方向相反；作用在土体中的总阻力为 $TLF$，其方向和水流方向相反。

由平衡条件

$$\gamma_w h_1 F - \gamma_w h_2 F - TLF = 0$$

整理得

$$T = \frac{h_1 - h_2}{L} \gamma_w \tag{1-29}$$

式中，$\dfrac{h_1-h_2}{L}$ 为水头差与渗透路程之比，称为水力坡度，以 $i$ 来表示，于是有

$$T = i\gamma_w$$
$$G_d = -T = -i\gamma_w \qquad (1\text{-}30)$$

式中，$G_d$ 为动水压力（N/cm²）。

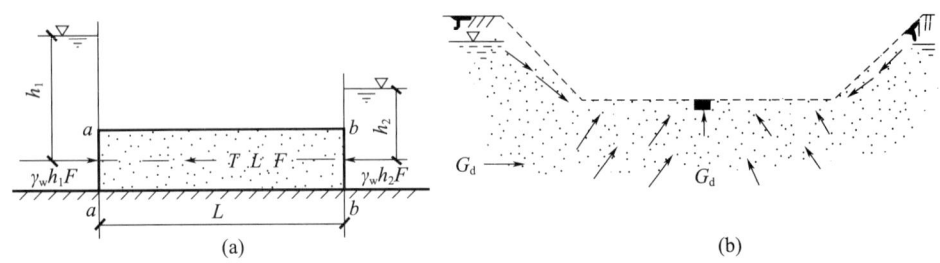

图 1-41 动水压力原理
(a) 水在土中渗流时的力学现象；(b) 动水压力对地基土的影响

负号表示与所设水渗流时的总阻力 $T$ 的方向相反，即与水的渗流方向一致。

由式 1-30 可知，动水压力 $G_d$ 的大小与水力坡度成正比，即水位差 $h_1-h_2$ 越大，则 $G_d$ 越大；而渗透路程 $L$ 越长，则 $G_d$ 越小。当水流在水位差的作用下对土颗粒产生向上压力时，动水压力不但使土粒受到了水的浮力，而且还使土粒受到向上推动的压力。如果动水压力等于或大于土的浸水浮重度 $\gamma$，即

$$G_d \geqslant \gamma'_w \qquad (1\text{-}31)$$

则土粒失去自重，处于悬浮状态，土的抗剪强度等于零，土粒能随着渗流水一起流动，这种现象称为"流砂现象"。

实践经验表明，具备下列性质的土，在一定动水压力作用下，就有可能发生流砂现象：

① 土的颗粒组成中，黏粒含量小于 10%，粉粒（颗粒为 0.005～0.05mm）含量大于 75%；

② 颗粒级配中，土的不均匀系数小于 5；

③ 土的天然孔隙比大于 0.75；

④ 土的天然含水量大于 30%。

因此，流砂现象经常发生在细砂、粉砂及粉土中。经验还表明：在可能发生流砂的土质处，基坑挖深超过地下水位线 0.5m 左右，就会发生流砂现象。

(2) 流砂的防治办法

在基坑开挖中，防治流砂的原则是"治流砂必治水"，主要途径有消除、减少或平衡动水压力。其具体措施有：

① 枯水期施工。因地下水位低，坑内外水位差较小，所以动水压力减小。

② 打钢板桩。将板桩沿基坑周围打入坑底面一定深度，增加地下水流入坑内的渗流路线，从而减小水力坡度，降低动水压力，防止流砂发生。

③ 水下挖土。不排水施工，使坑内外和水压相平衡，不会形成动水压力，故可防止流砂发生。此法在沉井挖土下沉过程中采用。

④ 人工降低地下水位。如采用管井或轻型井点等方法，使地下水渗流向下，动水压力的方向也朝下，这样水既不会流入坑内，又增大了土颗粒间的压力，从而有效地制

止流砂现象。因此，此法采用较广亦较可靠。

⑤ 设地下连续墙。此法是在基坑周围先浇筑一条混凝土或钢筋混凝土的连续墙，以支撑土壁、截水并防止流砂产生。

⑥ 抛大石块、抢速度施工。如在施工过程中发生局部的或轻微的流砂现象，可组织人力分段抢挖，使挖土速度超过冒砂速度，挖至标高后，立即铺设芦席并抛大石块，增加土的压力，以平衡动水压力。此种方法在科学的设计、先进的施工技术和新工艺、新材料的条件下已不常采用。

**【巩固训练】**

1. 简述土的工程性质。
2. 简述土的可松性及其对土方施工的影响。
3. 简述基坑及基槽土方量的计算方法。
4. 确定场地设计标高应考虑哪些因素？如何确定？
5. 试述场地平整土方量计算的步骤和方法。
6. 试述土方调配图的编制步骤。
7. 土方边坡坡度是什么？
8. 影响填土压实的因素有哪些？
9. 土方开挖机械有哪些？适用于什么情况？
10. 深基坑有哪些支护形式？
11. 基坑排水方法有哪些？怎么选择排水方法？
12. 产生流砂的原因是什么？如何防治流砂？
13. 简述轻型井点系统的组成、设备布置、设计内容。

# 项目 2　地基处理与基础工程

## 【项目情景】

土质条件较好、建筑层数低，多采用浅基础。浅基础造价低、施工简便，常用形式有无筋扩展基础、扩展基础、柱下条形基础、十字交叉条形基础、筏形基础、箱形基础。当浅层土层无法满足建筑物对地基的变形和承载力要求时，需要利用下部土层或坚实的土层、岩层作为持力层，常采用深基础。深基础的常见类型有桩基础、墩基础、深井基础和地下连续墙等。

## 【学习目标】

### 知识目标

了解地基和基础的概念，掌握常见地基的处理方法、施工要点、质量验收标准及验收方法，掌握浅埋式基础的构造和施工要点，掌握桩基础的施工方法、施工工艺和施工要点，掌握桩基础的质量验收标准及检测方法，了解桩基础工程施工的安全措施。

### 技能目标

会编制常见地基和基础施工方案，会正确指导地基和基础施工并进行质量控制，具备地基和基础工程施工质量检查的能力。

### 素质目标

（1）深刻认识地基工程施工的重要性，引导学生树立社会责任感。
（2）培养学生乐于奉献的孺子牛精神和精益求精的大国工匠精神。

## 任务 2-1　地基处理

【工作任务】建（构）筑物必须有可靠的地基和基础，地基是指基础下部的持力土体或岩体，基础是将建筑上部结构的各种荷载传递到地基，是建筑物的组成部分。所以，地基的处理和加固是基础工程施工的重要内容。

【知识准备】地基可分为天然地基和人工地基。天然地基是指天然土层具有足够的承载力，不需经人工改善或加固便可直接承受建筑物荷载的地基。人工地基是指天然土层承载力较弱，缺乏足够的稳定性，不能满足承受上部荷载的要求，必须进行人工处理，以提高承载力和稳定性的地基。常用的地基处理方法有换土地基、重锤夯实地基、强夯地基、振冲地基、水泥土搅拌桩地基、预压地基及注浆地基等，有些地基还要进行局部处理。

【任务实施】

1. 换土地基

当建筑物基础下的持力层比较软弱，不能满足上部荷载对地基强度和变形的要求时，可将基础下一定范围内承载力低的软弱土层挖去，然后回填强度较大的砂、碎石或灰土等，并夯实，这种地基处理方法称为换土地基，如图 2-1 所示。

图 2-1 换土地基

换土地基适用于某些荷载不大的建筑物地基处理，如一般的三、四层房屋，路堤，油罐和水闸等的地基。根据回填材料的不同，换土地基可分为砂地基、砂石地基和灰土地基等。

1) 砂地基和砂石地基

砂地基和砂石地基是指先将基础下一定范围内的土层挖去，然后利用强度较大的砂或碎石等回填，并分层夯实，以提高地基承载力、减少地基沉降量、加速软弱土层的排水固结、防止地基土的冻胀和消除膨胀土的胀缩。

该方法具有施工工艺简单、工期短和造价低等优点，适用于处理透水性强的软弱黏性土地基，但不适用于处理湿陷性黄土地基和不透水的黏性土地基。

2) 灰土地基

灰土地基是指将基础底面一定范围内的软弱土层挖去，用按一定比例拌和均匀的石灰、黏性土，在最优含水量情况下，分层回填夯实。

该方法处理的地基具有一定的强度、水稳定性和抗渗性，其施工工艺简单、取材容易、费用较低，适用于处理 1~4m 厚的软弱土层。

2. 重锤夯实地基

重锤夯实地基是指用起重机械将夯锤提升到一定高度后，利用夯锤自由下落时的冲击力来夯实基土表面，形成一层均匀的硬壳层，从而使地基得到加固，如图 2-2 所示。

该方法具有施工简便、费用较低等优点，缺点是布点较密、夯击遍数多、施工期相对较长、夯击能量小、孔隙水难以消散、加固深度有限等，其适用于处理地下水位以上稍湿的黏性土、砂土、湿陷性黄土、杂填土和分层填土地基。

图 2-2 重锤夯实地基

3. 强夯地基

如图 2-3 所示,强夯地基是指用起重机械将大吨位夯锤(一般为 8~30t)吊至一定高处(一般为 6~30m)后,自由落下,给地基土以强大的冲击力,迫使土体中孔隙压缩,排除孔隙中的气和水,使土粒重新排列,迅速固结,从而提高地基土的强度并降低其压缩性。该方法具有效果好、速度快、节省材料和施工简便等优点,缺点是施工时噪声和振动较大,其适用于处理碎石土、砂土、黏性土、湿陷性黄土及杂填土地基。

图 2-3 强夯地基

4. 振冲地基

振冲地基是利用振冲器的强力振动和高压水冲加固土体的方法,施工时用起重机吊起振冲器,启动潜水电动机,带动偏心块,使振动器产生高频振动,同时启动水泵,通过喷嘴喷射高压水流成孔，然后从地面向孔内逐段填入碎石或附加填料，使其在振动下被挤密实，待达到要求的密实度后，即可提升振动器，如此反复填料和振密，在地基中形成一个大直径的密实桩体，与原地基构成复合地基，以提高地基承载力，减少沉降，如图2-4所示。振冲地基是深层密实地基的一种方法，其具有技术可靠、机具设备简单、操作技术易于掌握、施工简便、加固速度快、节省建筑材料等优点，适用于处理碎石土、砂土、粉土、黏性土、人工填土、湿陷性土等地基，还适用于各类可液化土的加密和地基的抗液化处理。

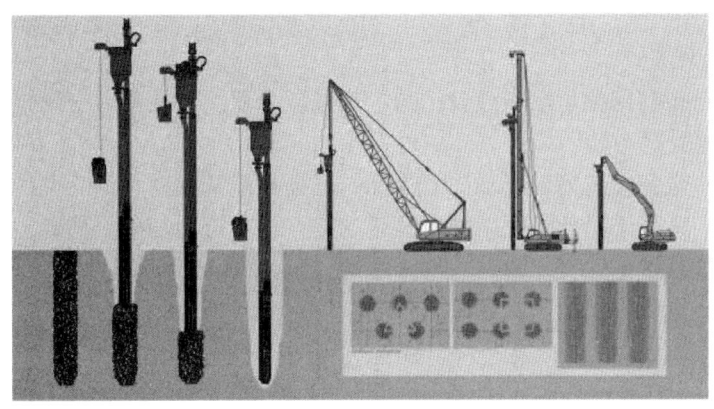

图2-4 振冲地基

5. 水泥土搅拌桩地基

水泥土搅拌桩地基是指利用水泥作为固化剂，通过特制的深层搅拌机械，将水泥喷入软土中，并充分搅拌，使水泥和软土之间产生一系列物理、化学反应，软土硬结，强度提高，如图2-5所示。

此方法具有无振动、无噪声、无污染、无侧向挤压，对邻近建筑物影响小，施工期较短，造价低廉和效益显著等优点，适用于加固较深较厚的淤泥、淤泥质土、粉土和含水量较高且地基承载力不大于120kPa的黏性土地基。

图2-5 水泥搅拌桩地基施工现场

6. 预压地基

预压地基是指在建筑物施工前，在地基表面堆填土石，对地基进行加载预压，使地基土压密、沉降和固结，从而提高地基强度和减少建筑物建成后的沉降量。待地基达到预定标准后再卸载土石，终止预压，然后建造建筑物。

此方法具有使用材料、机具简单，施工操作方便等优点，缺点是堆载预压时间很长、需要堆载材料多，适用于处理各类软弱地基，包括天然沉积土层或人工充填土层，较广泛用于冷藏库、油罐、机场跑道、集装箱码头或桥台等沉降要求较低的地基处理。

7. 注浆地基

注浆地基是指利用化学溶液或胶结剂，通过压力灌注或搅拌混合等措施，而将土粒胶结起来的地基处理方法。

此方法具有设备工艺简单、加固效果好、可提高地基强度、消除土的湿陷性和降低压缩性等优点，适用于局部加固新建或已建的建（构）筑物基础、稳定边坡及防渗帷幕等，也适用于处理湿陷性黄土地基。对于黏性土、素填土、地下水位以下的黄土地基，经试验有效时也可应用，但不宜处理长期受酸性污水浸蚀的地基。

8. 地基局部处理

1）松土坑的处理

如图 2-6（a）所示，如果松土坑的范围较小（在基槽范围内），则可先将坑中松软土挖除，使坑底及四壁均见天然土，然后采用与坑边的天然土层压缩性相近的材料回填。当天然土为砂土时，可用砂或级配砂石回填；当天然土为较密实的黏性土时，用 3：7 的灰土分层回填夯实；当天然土为中密可塑的黏性土或新近沉积黏性土时，可用 1：9 或 2：8 的灰土分层回填夯实，每层厚度不大于 20cm。

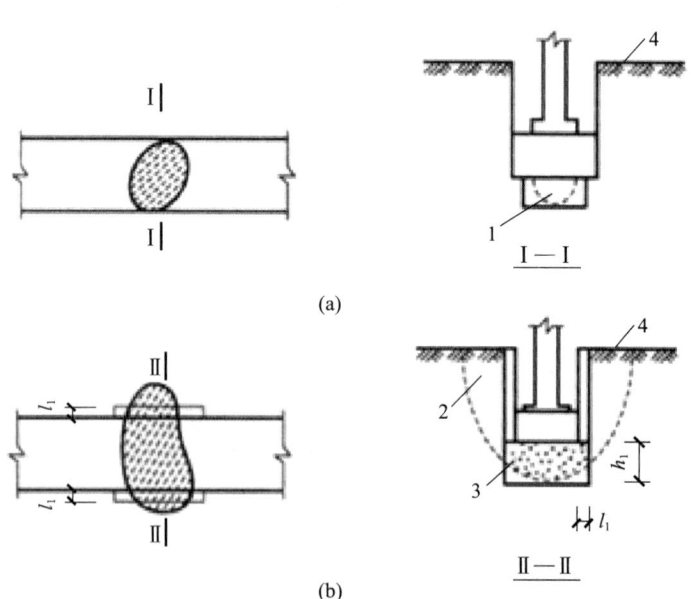

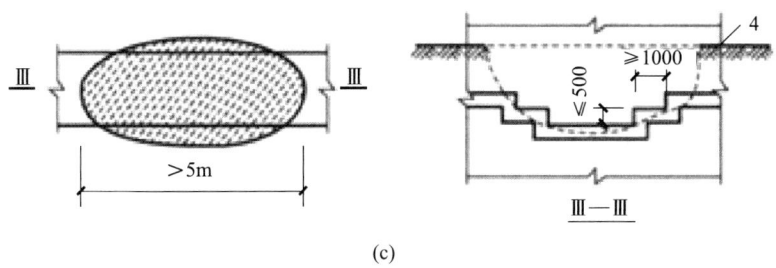

(c)

图 2-6 松土坑的处理

(a) 松土坑的范围较小；(b) 松土坑的范围较大；(c) 松土坑在槽内所占的范围较大

1—松土全部挖除后填以好土；2—软弱土；3—灰土；4—天然地面

如图 2-6（b）所示，如果松土坑的范围较大（超过基槽范围）或因条件限制，槽壁挖不到天然土层，则应将该范围内的基槽适当加宽。当用砂土或砂石回填时，基槽每边均应按 1∶1 坡度放宽；当用 1∶9 或 2∶8 的灰土回填时，按 0.5∶1 坡度放宽；当用 3∶7 灰土回填时，若坑的长度不大于 2m，则基槽可不放宽，但灰土与槽壁接触处应夯实。

如图 2-6（c）所示，如果松土坑在槽内所占的范围较大（长度在 5m 以上），且坑底土质与一般槽底天然土质相同，可将此部分基础加深，做 1∶2 踏步与两端相接，踏步多少根据坑深而定，但每步高不大于 0.5m，长不小于 1.0m。

2) 基础下砖井的处理

如果砖井内填土较密实，则可将井圈拆至槽底以下至少 1m 处，用 2∶8 或 3∶7 灰土分层回填，夯实至槽底，如图 2-7 所示。如果砖井内填土不密实，则可用大块石先将下面软土挤紧，再选用上述办法回填处理。如果砖井内填土不能夯实，则可在井的砖圈上加钢筋混凝土盖封口，上部再作回填处理。

3) 局部软硬土的处理

如果基础下局部遇基岩、旧墙基、大孤石、老灰土、化粪池、大树根和砖窑底等，则应尽可能挖除，以防建筑物因不均匀沉降而开裂。

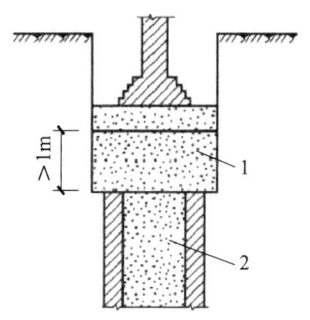

图 2-7 基槽下砖井处理方法

1—灰土；2—砖井

如果基础一部分落于基岩或硬土层上，另一部分落于软弱土层上，并且基岩表面坡度较大，则应在软土层上采用现场钻孔灌注桩；或在软土部位作混凝土或砌块石支撑墙（或支墩）；或将基础以下基岩凿去 0.3～0.5m 深，填以中粗砂或土、砂混合物作软性褥垫；或采取加强基础和上部结构刚度的方法，以防软硬地基的不均匀变形。

如果基础一部分落于原土层上，另一部分落于回填土地基上，则可在填土部位采用现场钻孔灌注桩或钻孔爆扩桩处理，使桩深达到原土层位置，从而将该部位上部荷载直接传至原土层，以避免地基的不均匀沉降。

4) 橡皮土的处理

如果地基为黏性土，含水量大且趋近于饱和，夯拍后地基土踩上去会有一种颤动的感觉，这种土称为橡皮土。对于橡皮土，可铺填一层碎砖或碎石将土挤紧，或将颤动部分的土挖除，填以砂土或级配砂石。

## 任务 2-2  浅基础工程

【工作任务】基础将结构所承受的各种荷载传递给地基，基础按其埋置深度分为浅基础和深基础，按结构形式分为条形基础、杯形基础、筏形基础、箱形基础和桩基础，按基础材料的受力特点和变形特点分为刚性基础（如砖基础、混凝土基础）和柔性基础（钢筋混凝土基础）等，下面主要介绍钢筋混凝土基础的施工。

【知识准备】浅基础是指基础埋深不大（一般小于 5m），只需经过挖槽、排水等普通施工即可建造起来的基础。按照所采用的材料不同，浅基础可分为毛石基础、砖基础、灰土基础、混凝土基础、钢筋混凝土基础等。以下主要介绍钢筋混凝土基础，按照构造形式不同可分为条形基础、杯形基础、筏形基础和箱形基础等。

【任务实施】

1. 条形基础

1) 基本概念

如图 2-8 所示，条形基础是指基础长度远远大于宽度的一种基础形式。条形基础的抗弯和抗剪性能良好，可在竖向荷载较大、地基承载力不高及承受水平力和力矩荷载等情况下使用，并且其高度不受台阶宽高比的限制，故也适用于"宽基浅埋"的情况。

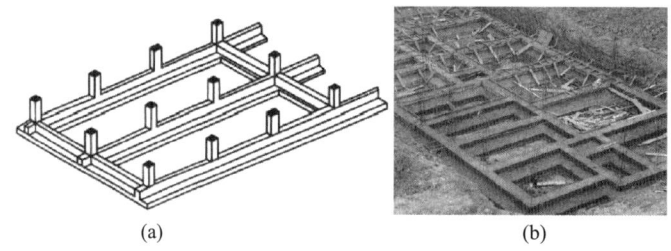

(a)  (b)

图 2-8  条形基础

(a) 条形基础立体图；(b) 条形基础施工现场

2) 条形基础的施工要点

（1）基坑（槽）应进行验槽，局部软弱土层应挖去，用灰土或砂砾分层回填夯实至与基底相平，基坑（槽）内浮土、积水、淤泥、垃圾、杂物应清除干净，验槽后地基混凝土应立即浇筑，以免地基被扰动。

（2）垫层达到一定强度后，在其上弹线、支模，铺放钢筋网片时底部用与混凝土保护层同厚度的水泥砂浆垫塞，以保证位置正确。

（3）在浇筑混凝土前，应清除模板上的垃圾、泥土和钢筋上的油污等杂物，模板应浇水加以湿润。

（4）基础混凝土宜分层连续浇筑完成，阶梯形基础的每一台阶高度内应分层浇捣，每浇筑完一台阶应稍停 0.5～1h，待其初步获得沉实后，再浇筑上层，以防止下层台阶混凝土溢出，在上台阶根部出现烂脖子，台阶表面应基本抹平。

(5) 锥形基础的斜面部分模板应随混凝土浇捣分段支设并顶压紧,以防模板上浮变形,边角处的混凝土应注意捣实,严禁斜面部分不支模,用铁锹拍实。

(6) 基础上有插筋时,要加以固定,保证插筋位置的正确,防止浇捣混凝土发生移位。

(7) 混凝土浇筑完毕,外露表面应按规定覆盖,浇水养护。

2. 杯形基础

1) 基本概念

杯形基础常用作钢筋混凝土预制柱基础,基础中先预留凹槽(即杯口),然后插入预制柱,临时固定后,立即在四周空隙中灌细石混凝土。其形式有一般杯口基础、双杯口基础和高杯口基础等。

2) 杯形基础的施工要点

杯形基础除参照板式基础的施工要点外,还应注意以下几点:

(1) 混凝土应按台阶分层浇筑,对高杯口基础的高台阶部分按整段分层浇筑。

(2) 杯口模板可做成两半式的定型模板,中间各加一块楔形板,拆模时,先取出楔形板,然后分别将两半杯口模板取出。为便于周转,宜做成工具式的,支模时杯口模板要固定牢固并压浆。

(3) 浇筑杯口混凝土时,应注意四侧要对称均匀进行,避免将杯口模板挤向一侧。

(4) 施工时应先浇筑杯底混凝土并振实,注意在杯底一般有50mm厚的细石混凝土找平层,应仔细留出。待杯底混凝土沉实后,再浇筑杯口四周混凝土。基础浇捣完毕,在混凝土初凝后终凝前将杯口模板取出,并将杯口内侧表面混凝土凿毛。

(5) 施工高杯口基础时,可采用后安装杯口模板的方法施工,即当混凝土浇捣接近杯底时,再安装固定杯口模板,继续浇筑杯口四周混凝土。

3. 筏形基础

1) 筏形基础的构造

筏形基础由钢筋混凝土底板、梁等组成,适用于地基承载力较低而上部结构荷载很大的场合。其外形和构造上像倒置的钢筋混凝土楼盖,整体刚度较大,能有效将各柱子的沉降调整得较为均匀。筏形基础一般可分为梁板式和平板式两类,其构造如图2-9所示。

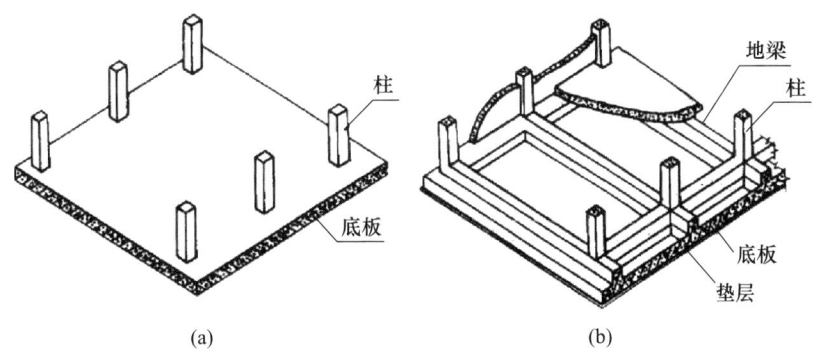

图 2-9 筏板基础
(a) 平板式;(b) 梁板式

2) 筏形基础的施工要点

(1) 施工前,如地下水位较高,可采用人工降低地下水位至基坑底不少于500mm,以保证在无水情况下进行基坑开挖和基础施工。

(2) 施工时,可采用先在垫层上绑扎底板、梁的钢筋和柱子锚固插筋,浇筑底板混凝土,待达到25%设计强度后,再在底板上支梁模板,继续浇筑完梁部分混凝土;也可采用底板和梁模板一次同时支好,混凝土一次连续浇筑完成,梁侧模板采用支架支承并固定牢固。

(3) 混凝土浇筑时一般不留施工缝,必须留设时,应按施工缝要求处理,并应设置止水带。

(4) 基础浇筑完毕,表面应覆盖和洒水养护,并防止地基被水浸泡。

4. 箱形基础

1) 箱形基础的构造

箱形基础是由钢筋混凝土底板、顶板、外墙以及一定数量的内隔墙构成封闭的箱体(图2-10),基础中部可在内隔墙开门洞作地下室。该基础具有整体性好,刚度大,调整均匀沉降能力及抗震能力强,可消除因地基变形使建筑物开裂的可能性,减少基底处原有地基自重应力,降低总沉降量等特点。适用于作为软弱地基上的面积较小、平面形状

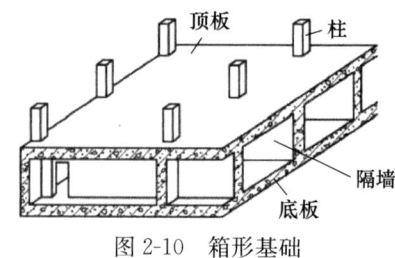

图2-10 箱形基础

简单、上部结构荷载大且分布不均匀的高层建筑物的基础和对沉降有严格要求的设备基础或特种构筑物基础。

2) 箱形基础的施工要点

(1) 基坑开挖,如地下水位较高,应采取措施降低地下水位至基坑底以下500mm处,并尽量减少对基坑底土的扰动。当采用机械开挖基坑时,在基坑底面以上200~400mm厚的土层,应用人工挖除并清理,基坑验槽后,应立即进行基础施工。

(2) 施工时,基础底板、内外墙和顶板的支模、钢筋绑扎和混凝土浇筑,可采取分块进行,其施工缝的留设位置和处理应符合钢筋混凝土工程施工及验收规范有关要求,外墙接缝应设止水带。

(3) 基础的底板、内外墙和顶板宜连续浇筑完毕。为防止出现温度收缩裂缝,一般应设置贯通后浇带,带宽不宜小于800m,在后浇带处钢筋应贯通,顶板浇筑后,相隔2~4周,用比设计强度提高一级的细石混凝土将后浇带填灌密实,并加强养护。

(4) 基础施工完毕,应立即进行回填土。停止降水时,应验算基础的抗浮稳定性,抗浮稳定系数不宜小于1.2,如不能满足时,应采取有效措施,譬如继续抽水直至上部结构荷载加上后能满足抗浮稳定系数要求为止,或在基础内采取灌水或加重物等,防止基础上浮或倾斜。

# 任务2-3 桩基础工程

【工作任务】深基础主要有桩基础、墩基础、沉井和地下连续墙等几种类型,其中

以桩基础较为常用。

**【知识准备】** 一般建筑物应充分利用地基土层的承载能力,尽量采用浅基础。当浅层土质不良,浅基础不能满足建筑物对地基强度和变形的要求时,应采用深基础。深基础有很多种,最常用的是桩基础(简称桩基)。

**【任务实施】**

1. 桩基的作用和桩的分类

1) 桩基的作用

桩基一般由设置于土中的桩和承接上部结构的承台组成。桩的作用是将上部建筑物的荷载传递到承载力较大的深处土层中,或使软弱土层挤密,以提高地基土的密实度和承载力,从而保证建筑物的稳定,减少地基沉降。承台的作用是将各根桩连成一个整体,共同承受上部结构的荷载。

2) 桩的分类

桩的类型有很多,按材料不同,可分为钢筋混凝土桩、钢桩、木桩;按截面形状不同,可分为圆形桩、方形桩、环形桩等;按性能不同,可分为端承桩和摩擦桩;按制作工艺不同,可分为预制桩和灌注桩。下面主要介绍预制桩和灌注桩。

2. 预制桩

预制桩是先在工厂或施工现场制作的各种形式的桩(如钢管桩、钢筋混凝土桩等),然后用沉桩设备将桩沉入土中。下面以钢筋混凝土预制桩为例进行介绍。

1) 桩的制作、起吊、运输和堆放

(1) 桩的制作

制作钢筋混凝土预制桩主要有实心方桩和空心管桩两种,如图 2-11 所示。实心方桩断面边长一般为 250~550mm。空心管桩在工厂内用离心法制作,直径为 400~500mm。

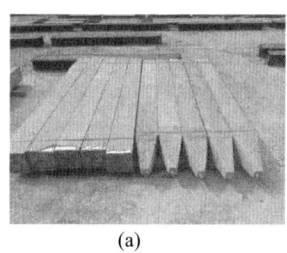

(a)　　　　　　　　　　　　(b)

图 2-11　预制桩

(a) 实心方桩;(b) 空心管桩

预制桩的制作程序为:现场布置→场地地基处理、整平→场地地坪浇筑混凝土→支模→绑扎钢筋、安设吊环→浇筑混凝土→养护至 30% 强度拆模→支间隔端头模板、刷隔离剂、绑扎钢筋→浇筑间隔桩混凝土→同法,间隔重叠制作第二层桩→养护。

(2) 桩的起吊、运输

钢筋混凝土预制桩强度达到设计强度的 70% 方可起吊,达到设计强度的 100% 方可运输。桩在起吊和搬运时必须平稳,不得损坏,吊点应符合设计规定。若无吊环,且设计又无要求,则绑扎点的数量及位置应符合起吊弯矩最小的原则,可按如图 2-12 所示的位置起吊。

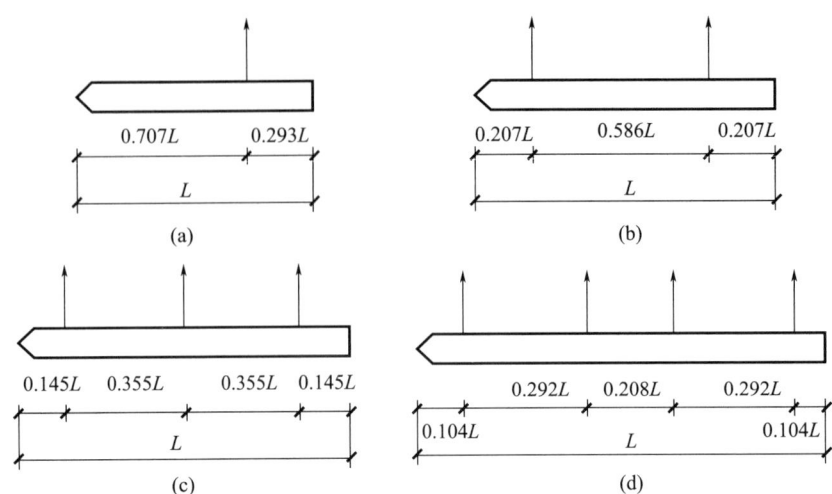

图 2-12 吊点的位置
(a) 一个吊点；(b) 两个吊点；(c) 三个吊点；(d) 四个吊点

桩的运输应根据打桩进度和打桩顺序确定，宜采用随打随运的方法，这样可以减少二次搬运工作。运输时，其支点应与吊点位置一致，并使桩身平稳放置，避免较大振动。当桩的运输距离较短时，可以在桩的下面垫滚筒，用卷扬机拖动桩身前进；当运距较远时，可采用平板拖车或轻轨平板车运输；对于工厂生产的短桩，可采用汽车或平板拖车运输。

（3）桩的堆放

打桩前需要将桩运输到现场堆放，桩堆放场地必须平整，垫木间距应根据吊点确定，并应设在同一垂线上，堆放时一般不超过4层。不同规格的桩应分别堆放，堆放时应考虑尽量减少二次搬运。

2）沉桩施工工艺

钢筋混凝土预制桩的沉桩方式有两种：锤击沉桩和静力压桩。

3. 钻孔灌注桩

钻孔灌注桩是指利用钻孔机械钻出桩孔后吊入钢筋笼，并在孔中浇筑混凝土而成的桩，根据钻孔机械的钻头是否在土壤的含水层中施工，又分为干作业成孔和泥浆护壁成孔两种施工方法。

1）干作业成孔灌注桩

干作业成孔灌注桩适用于地下水位以上的干土层中桩基的成孔施工。

（1）施工设备

干作业成孔施工设备主要有螺旋钻机、钻孔扩机、旋挖机、机动或人工洛阳铲等。在此主要介绍螺旋钻机，常用的螺旋钻机有履带式和步履式两种，前者一般由履带车、支架、导杆、鹅头架滑轮、电动机头、螺旋钻杆及出土筒组成；后者的行走度盘为步履式，在施工时用步履进行移动，步履式机下装有活动轮子，施工完毕后装上轮子由机动车牵引到另一工地。

（2）施工工艺

干作业成孔的主要施工工艺为：放线→钻机就位→成孔→吊放钢筋笼→浇筑混凝土。

(3) 施工方法

钻机钻孔前,应做好现场准备工作,钻孔场地必须平整、碾压或夯实,雨期施工时需要加白灰碾压以保证钻孔行车安全,并按设计放好桩位线,钻机按桩位就位时,钻杆要垂直对准桩位中心,放下钻机使钻头触及土面。

钻孔时,开动转轴旋动钻杆钻进,先慢后快,避免钻杆摇晃,并随时检查钻孔偏移,有问题应及时纠正,施工中应注意钻头在穿过软、硬土层交界处时,应保持钻杆垂直,缓慢进尺,在含砖头、瓦块的杂填土或含水量较大的软塑黏性土层中钻进时,应尽量减小钻杆晃动,以免扩大孔径及增加孔底虚土,当出现钻杆跳动、机架摇晃、钻不进等异常现象,应立即停钻检查,钻进过程中应随时清理孔口积土,遇到地下水、缩孔、坍孔等异常现象,应会同有关单位研究处理,钻孔至要求深度后,可用钻机先在原处空转清土,然后停止回转,提升钻杆卸土,如孔底虚土超过容许厚度,可用辅助掏土工具或二次投钻清底,清孔完毕后应用盖板盖好孔口,桩孔钻成并清孔后,先吊放钢筋笼,后浇筑混凝土,为防止孔壁坍塌,避免雨水冲刷,成孔经检查合格后,应及时浇筑混凝土,若土层较好,没有雨水冲刷,从成孔至混凝土浇筑的时间间隔,也不得超过24h,灌注桩的混凝土强度等级不得低于C15,坍落度一般采用80~100mm,混凝土应连续浇筑,分层捣实,每层的高度不得大于15m,当混凝土浇筑到桩顶时,应适当超过桩顶标高,以保证在凿除浮浆层后,使桩顶标高和质量能符合设计要求。

(4) 质量要求

① 垂直度容许偏差1%。

② 孔底虚土容许厚度不大于100mm。

③ 桩位允许偏差:单桩、条形桩基沿垂直轴线方向和群桩基础边沿的偏差是1/6桩径;条形桩基沿顺轴方向和群桩基础中间桩的偏差为1/4桩径。

2) 泥浆护壁成孔灌注桩

泥浆护壁成孔灌注桩适用于地下水位较高的地质条件。按使用的设备不同又分冲抓钻、冲击回转钻及潜水钻成孔法。前两种适用于碎石土、砂土、黏性土及风化岩地基,后一种则适用于黏性土、淤泥、淤泥质土及砂土。

(1) 施工设备

泥浆护壁成孔的主要施工设备有冲击回转钻、冲抓钻及潜水钻机。在此主要介绍潜水钻机。

潜水钻机由防水电机、减速机构和钻头等组成。电机和减速机构装设在具有绝缘和密封装置的电钻外壳内,且与钻头紧密连接在一起,因而能共同潜入水下作业。目前使用的潜水钻机钻孔直径为400~800mm,最大钻孔深度50m,潜水钻机既适用于水下钻孔,也可用于地下水位较低的干土层中钻孔。

(2) 施工准备

钻机钻孔前,应做好场地平整,挖设排水沟,设置泥浆池制备泥浆,做试桩成孔,设置桩基轴线定位点和水准点,放线定桩位及其复核等施工准备工作。

(3) 施工方法

钻孔时,先安装桩架及水泵设备,桩位处挖土埋设孔口护筒,以起定位、保护孔口、存贮泥浆等作用,桩架就位后,钻机进行钻孔。钻孔时应在孔中注入泥浆,并始终保持泥浆液面高于地下水位1m以上，以起护壁、携渣、润滑钻头、降低钻头发热、减少钻进阻力等作用。如在黏土、亚黏土层中钻孔时，可注入清水以原土造浆护壁、排渣。钻孔进尺速度应根据土层类别、孔径大小、钻孔深度和供水量确定。对于淤泥和淤泥质土不宜大于1m/min，其他土层以钻机不超负荷为准，风化岩或其他硬土层以钻机不产生跳动为准。

钻孔深度达到设计要求后，必须进行清孔。对以原土造浆的钻孔，可使钻机空转不进尺，同时注入清水，等孔底残余的泥块已磨浆，排出泥浆比重降至1.1左右（以手触泥浆无颗粒感觉）即可认为清孔已合格。对注入制备泥浆的钻孔，可采用换浆法清孔，至换出泥浆比重小于1.15～1.25为合格。

清孔完毕后，应立即吊放钢筋笼和浇筑水下混凝土。钢筋笼埋设前应在其上设置定位钢筋环、混凝土垫块或于孔中对称设置3～4根导向钢筋，以确保保护层厚度。水下浇筑混凝土通常采用导管法施工。

(4) 质量要求

① 护筒中心与桩中心偏差不大于50mm，其埋深在黏土中不小于1m，在砂土中不小于1.5m。

② 泥浆比重在黏土和亚黏土中应控制在1.1～1.2，在较厚夹砂层应控制在1.1～1.3，在穿过砂夹卵石层或易于坍孔的土层中，泥浆比重应控制在1.3～1.5。

③ 孔底沉渣，必须设法清除，要求端承桩沉渣厚度不得大于50mm，摩擦桩沉渣厚度不得大于150mm。

④ 水下浇筑混凝土应连续施工，孔内泥浆用潜水泵回收到贮浆槽里沉淀，导管应始终埋入混凝土中0.8～1.3m。

3) 钻孔灌注桩施工中的问题及处理

(1) 孔壁坍塌

钻孔过程中，如发现排出的泥浆中不断出现气泡，或泥浆突然漏失，这表示有孔壁坍塌现象。孔壁坍塌的主要原因是土质松散，泥浆护壁不好，护筒周围未用黏土紧密填封以及护筒内水位不高。钻进时如出现孔壁坍塌，首先应保持孔内水位并加大泥浆比重，以稳定钻孔的护壁。如坍塌严重，应立即回填黏土，待孔壁稳定后再钻。

(2) 钻孔偏斜

钻杆不垂直，钻头导向部分压短、导向性差，土质软硬不一，或者遇上孤石等，都会引起钻孔偏斜。防止措施：除钻头加工精确、钻杆安装垂直外，操作时还要注意经常观察。钻孔偏斜时，可提起钻头，上下反复扫钻几次，以便削去硬土，如纠正无效，应于孔中回填黏土至偏孔处0.5m以上重新钻进。

(3) 孔底虚土

干作业施工中，由于钻孔机械结构所限，孔底常残存一些虚土，它来自扰动残存土、孔壁塌落土及孔口落土。施工时，孔底虚土较规范规定得大时必须清除，否则影响承载力。目前常用的治理虚土的方法是用20kg重铁饼人工辅助夯实，但效果不理想。而采用孔底夯实机有较好的夯实效果。

(4) 断桩

水下灌注混凝土桩的质量除混凝土本身质量外，是否断桩是鉴定其质量的关键。预防时要注意三方面问题：力争混凝土浇筑一次成功；分析地质情况，研究解决对策；要严格控制现场混凝土配合比。

4. 沉管灌注桩施工

沉管灌注桩是指利用锤击打桩法或振动打桩法，先将带有活瓣式桩靴或预制钢筋混凝土桩靴的钢套管沉入土中并在钢套管放入钢筋笼，然后边浇筑混凝土边锤击或振动，将钢套管拔出。前者称为锤击沉管灌注桩，后者称为振动沉管灌注桩，下面介绍振动沉管灌注桩的施工。

1）振动沉管灌注桩施工

振动沉管灌注桩是采用激振器或振动冲击锤将钢套管沉入土中成孔而成的灌注桩。

（1）施工方法

施工时，先安装好桩机，再将桩管下端活瓣合起来，对准桩位，徐徐放下桩管，压入土中，勿偏斜，即可开动激振器沉管。当桩管下沉到设计要求的深度后，便停止振动，立即利用吊斗向管内灌满混凝土，并再次开动激振器，边振动边拔管，同时在拔管过程中继续向管内浇筑混凝土。如此反复进行，直至桩管全部拔出地而后即形成混凝土桩身。

振动灌注桩可采用单振法、反插法或复振法施工。

① 单振法。在沉入土中的桩管内灌满混凝土，开动激振器 5~10s，开始拔管，边振边拔。

每拔 0.5~1.0m，停拔振动 5~10s，如此反复，直到桩管全部拔出。在一般土层内拔管速度宜为 1.2~1.5m/min，在较软弱土层中，不得大于 0.8~1.0m/min。单振法施工速度快，混凝土用量少，但桩的承载力低，适用于含水量较少的土层。

② 反插法。在桩管内灌满混凝土后，先振动再开始拔管。每次拔管高度为 0.5~1.0m，向下反插深度为 0.3~0.5m。如此反复进行并始终保持振动，直至桩管全部拔出地面。反插法能扩大桩的截面，从而提高桩的承载力，但混凝土耗用量较大，一般适用于饱和软土层。

③ 复振法。施工方法及要求与锤击沉管灌注桩的复打法相同。

（2）质量要求

① 振动沉管灌注桩的混凝土强度等级不宜低于C15；混凝土坍落度，在有筋时宜为80~100mm，无筋时宜为 60~80mm；骨料粒径不得大于 30mm。

② 在拔管过程中，桩管内应随时保持有不少于 2m 高度的混凝土，以便有足够的压力，防止混凝土在管内的阻塞。

③ 振动沉管灌注桩的中心距不宜小于 4 倍桩管外径，否则应采取跳打。相邻的桩施工时，其间隔时间不得超过混凝土的初凝时间。

④ 为保证桩的承载力要求，必须严格控制最后两个 2min 的沉管贯入度，其值按设计要求或根据试桩和当地长期的施工经验确定。

⑤ 桩位允许偏差。群桩不大于 $0.5d$（$d$ 为桩管外径），对于两个桩组成的基础，在两个桩的连线方向上偏差不大于 $0.5d$，垂直此线的方向上则不大于 $1/6d$；墙基由单桩支撑的，平行墙的方向偏差不大于 $0.5d$，垂直墙的方向不大于 $1/6d$。桩位允许偏差同锤击沉管灌注桩。

2）振动沉管灌注桩施工中的问题及处理

（1）断桩

断桩一般都发生在地面以下软硬土层的交接处，并多数发生在黏性土中，砂土及松土中则很少出现。产生断桩的主要原因是：桩距过小，受邻桩施工时挤压的影响；桩身混凝土终凝不久就受到振动和外力；软硬土层间传递水平力大小不同，对桩产生剪应力等。

处理方法是：经检查有断桩后，应将断桩段拔除，略增大桩的截面面积或加箍筋后，再重新浇筑混凝土。或者在施工过程中采取预防措施，如控制桩中心距不小于3.5倍桩径，采用跳打法或控制时间间隔的方法，使邻桩混凝土达设计强度等级的50%后，再施打中间桩等。

（2）瓶颈桩

瓶颈桩是指桩的某处直径缩小形似"瓶颈"，其截面面积不符合设计要求，多数发生在黏性土、土质软弱、含水率高，特别是饱和的淤泥或淤泥质软土层中。产生瓶颈桩的主要原因是：在含水率较大的软弱土层中沉管时，土受挤压便产生很高的孔隙水压，拔管后便挤向新灌的混凝土，造成缩颈。拔管速度过快，混凝土量少、和易性差，混凝土出管扩散性差也会造成缩颈现象。

处理方法是：施工中应保持管内混凝土略高于地面，使之有足够的扩散压力，拔管时采用复打或反插办法，并严格控制拔管速度。

（3）吊脚桩

吊脚桩是指桩的底部混凝土隔空或混进泥砂而形成松散层部分的桩。其产生的主要原因是：预制钢筋混凝土桩尖承载力或钢活瓣桩尖刚度不够，沉管时被破坏或变形，水或泥砂进入桩管；拔管时桩靴未脱出或活瓣未张开，混凝土未及时从管内流出等。

处理方法是：应拔出桩管，填砂后重打；或者采取密振动慢拔，开始拔管时先反插几次再正常拔管等预防措施。

（4）桩尖进水、进泥

桩尖进水、进泥常发生在地下水位高或含水量大的淤泥和粉泥土土层中。产生的主要原因是：钢筋混凝土桩尖与桩管接合处或钢活瓣桩尖闭合不紧密；钢筋混凝土桩尖被打破或钢活瓣桩尖变形等。

处理方法是：将桩管拔出，清除管内泥砂，修整桩尖钢活瓣变形缝隙，用砂回填桩孔后再重打；若地下水位较高，待沉管至地下水位时，先在桩管内灌入0.5m厚度的水泥砂浆作封底，再灌1m高度混凝土增压，然后再继续下沉桩管。

5. 静力压桩施工

静力压桩是在软土地基上，利用静力压桩机或液压压桩机无振动的静压力将预制桩压入土中的一种沉桩工艺，在我国沿海软土地基上较为广泛地采用，与锤击沉桩相比，它具有施工无噪声、无振动、节约材料、降低成本、提高施工质量、沉桩速度快等特点，特别适宜于扩建工程和城市内桩基工程施工，其工作原理是：通过安置在压桩机上的卷扬机的牵引，由钢丝绳、滑轮及压梁，将整个桩机的自重力（800~1500kN）反压在桩顶上，以克服桩身下沉时与土的摩擦力，迫使预制桩下沉。

1）静力压桩的机械设备

压桩机有两种类型，一种是机械静力压桩机，它由压桩架（桩架与底盘）、传动设备（卷扬机、滑轮组、钢丝绳）、平衡设备（铁块）、量测装置（测力计、油压表）及辅助设备（起重设备、送桩）等组成；另一种是液压静力压桩机，它由液压吊装机构、液压夹持、压桩机构（千斤顶）、行走及回转机构、液压及配电系统、配重铁等部分组成，该机具有体积轻巧、使用方便等特点。

2）压桩施工工艺

（1）施工程序

静力压桩的施工程序为：测量定位→桩机就位→吊桩插桩→桩身对中调直→静压沉桩→接桩→再静压沉桩→终止压桩→切割桩头。

（2）压桩方法

先用起重机将预制桩吊运或用汽车运至桩机附近，再利用桩机自身设置的起重机将其吊入夹持器中，夹持油缸将桩从侧面夹紧，压桩油缸作伸程动作，把桩压入土层中，伸程完成后，夹持油缸回程松夹，压桩油缸回程，重复上述动作，可实现连续压桩操作，直至把桩压入预定深度土层中。

（3）桩拼接的方法

钢筋混凝土预制长桩在起吊、运输时受力极为不利，因而一般先将长桩分段预制，后再在沉桩过程中接长，常用的接头连接方法有以下两种：

① 浆锚接头。它是用硫磺水泥或环氧树脂配制成的黏结剂，把上段桩的预留插筋黏结于下段桩的预留孔内。

② 焊接接头。在每段桩的端部预埋角钢或钢板，施工时将上下段桩身相接处，用扁钢贴焊连成整体。

3）压桩施工要点

（1）压桩应连续进行，因故停歇时间不宜过长，否则压桩力将大幅度增长，导致桩压不下去或桩机被抬起。

（2）压桩的终压控制很重要，一般对纯摩擦桩，终压时以设计桩长为控制条件，对长度大于21m的端承摩擦型静压桩，应以设计桩长控制为主，终压力值作对照，对一些设计承载力较高的桩基，终压力值宜尽量接近压桩机满载值，对长14～21m的静压桩，应以终压力达满载值为终压控制条件，对桩周土质较差且设计承载力较高的，宜复压1～2次为佳，对长度小于14m的桩，宜连续多次复压，特别对长度小于8m的短桩，连续复压的次数应适当增加。

（3）静力压桩单桩竖向承载力，可通过桩的终止压力值大致判断，如判断的终止压力值不能满足设计要求时，应立即采取送桩加深处理或补桩，以保证桩基的施工质量。

6. 人工挖孔灌注桩施工

人工挖孔灌注桩是指桩孔采用人工挖掘的方法先进行成孔，然后安放钢筋笼，浇筑混凝土而成的桩。

1）施工特点

人工挖孔灌注桩的施工特点是设备简单、无噪声、无振动、不污染环境，对施工现场四周原有建筑物的影响小，施工速度快，可按施工进度要求决定同时开挖桩孔的数量，必要时，各桩孔可同时施工，土层情况明确，可直接观察到地质变化，桩底沉渣能清除干净，施工质量可靠，尤其当高层建筑选用大直径的灌注桩，而其施工现场又在拥挤的市区时，采用人工挖孔比机械挖孔有更大的适应性，其缺点是人工耗量大、开挖效率低、安全操作条件差等。

2）施工机具

一般可根据孔径、孔深和现场具体情况加以选用，常用的施工机具有：电动葫芦、提土桶、潜水泵、鼓风机和输风管、镐、锹、土筐、照明灯、对讲机及电铃等。

3）施工工艺

人工挖孔灌注桩的施工工艺流程为：测量放线→开挖桩孔土方→支护壁模板→浇护壁混凝土→拆除模板→重复进行下段桩孔施工。

施工时，为确保挖土成孔施工安全，必须有预防孔壁坍塌和流砂现象发生的措施，因此，施工前应根据水文地质资料，拟定出合理的护壁措施和降排水方案。护壁方法很多，可以采用现浇混凝土护壁、喷射混凝土护壁、混凝土沉井护壁、钢套管护壁、型钢木板桩工具式护壁等，下面介绍应用较广的现浇混凝土护壁在施工时人工挖孔灌注桩的施工工艺流程。

（1）测量放线

按设计图纸进行测量放线，确定桩位。

（2）开挖桩孔土方

桩孔土方应采取分段开挖成孔，每段高度取决于土壁保持直立状态而不塌方的能力，一般取 0.5～1.0m 为一施工段，开挖尺寸为设计桩径加护壁的厚度。

（3）支设护壁模板

模板高度取决于开挖土方施工段的高度，一般为 1m，由 4～8 块活动钢模板组合而成，支成有锥度的内模，内模支设完成后，吊放用角钢和钢板制成的两半圆形合成的操作平台入桩孔内，置于内模顶部，以放置料具和浇筑混凝土操作之用。

（4）浇筑护壁混凝土

护壁混凝土起着防止土壁塌陷与防水的双重作用，因而浇筑时应捣实，上、下段护壁要错位搭接 50～75m（咬口连接），以便连接成混凝土护壁。

（5）拆除模板继续下段施工

当护壁混凝土强度达到 1MPa（常温下约经 24h）后，方可拆除模板，开挖下段桩孔的土方，再支模浇筑护壁混凝土，如此循环，直至挖到设计要求的深度。

4）施工排水

当桩孔挖到设计深度，并检查孔底土质是否已达到设计要求后，再在孔底挖成扩大头，待桩孔全部成型后，用潜水泵抽出孔底的积水，然后立即浇筑混凝土，当混凝土浇筑至钢筋笼的底面设计标高时，再吊入钢筋笼就位，并继续浇筑桩身混凝土而形成桩基。

5）质量要求

（1）必须保证桩孔的挖掘质量，桩孔挖成后应由专人下孔检验，对土质是否符合勘察报告，扩孔几何尺寸与设计是否相符，孔底虚土残渣情况要作为隐蔽验收记录归档。

（2）按规程规定桩孔中心线的平面位置偏差不大于 20mm，桩的垂直度偏差不大于

1%桩长,桩径不得小于设计直径。

(3) 钢筋骨架要保证不变形,箍筋与主筋要点焊,钢筋笼吊入孔内后,要保证其与孔壁间有足够的保护层。

(4) 混凝土坍落度宜在100m左右,用浇灌漏斗桶直落,避免离析,必须振捣密实。

6) 安全措施

人工挖孔桩的施工安全应予以特别重视,工人在桩孔内作业,应严格按安全操作规程施工,并有切实可靠的安全措施,孔下操作人员必须戴安全帽,孔下有人时孔口必须有监护人员,护壁要高出地面150~200mm,以防杂物滚入孔内,孔内必须设置应急软爬梯,供人员上下井,使用的电葫芦、吊笼等应安全可靠并配有自动卡紧保险装置,不得使用麻绳和尼龙绳吊挂或脚踏井壁凸缘上下,使用前必须检验其安全起吊能力,每日开工前必须检测井下的有毒有害气体,并应有足够的安全防护措施,桩孔开挖深度超过10m时,应有专门向井下送风的设备,孔口四周必须设备护栏,挖出的土石方应及时运离孔口,不得堆放在孔口四周1m范围内,机动车辆的通行不得对井壁的安全造成影响。

施工现场的一切电源、电路的安装和拆除必须由持证电工操作,电器必须严格接地、接零和使用漏电保护器,各孔用电必须分闸,严禁一闸多用,孔上电缆必须架空2m以上,严禁拖地和埋压土中,孔内电缆、电线必须有防磨损、防潮、防断等保护措施,照明应采用安全矿灯或12V以下的安全灯。

【巩固训练】

1. 常见地基处理方法有哪几种?
2. 试述换土地基的适用范围、施工要点与质量检查?
3. 浅埋式钢筋混凝土基础主要有哪几种?
4. 试述桩基的作用和分类。
5. 静力压桩有何特点?
6. 现浇混凝土桩的成孔方法有几种?各种方法的特点及适用范围是什么?
7. 试述人工挖孔灌注桩的施工工艺和施工中应注意的主要问题?
8. 桩基检测的方法有哪几种?

# 项目3 砌筑工程

**【项目情景】**

砌筑工程是一个综合性的施工过程,它包括材料准备、材料运输、脚手架搭设、砌体的施工等。其中砌体的施工主要指砖、石、砌块等砌体的施工,砖、石砌体具有取材方便、造价低廉和施工简单等优点,在我国的传统建筑中有着悠久的历史,但其缺点是生产效率低、砌筑繁重、抗震性差,难以适应现代建筑工业化的需要。随着我国技术经济的发展和对环境保护的日益重视,目前许多地区开始采用工业废料和天然材料制作中、小型砌块,其不仅可提高生产效率,还可变废为宝,充分利用资源。

**【学习目标】**

**知识目标**

了解砌筑工程的主要砌体材料和运输机具,熟悉外脚手架和里脚手架的搭设与拆除,掌握砖墙、砌块等砌体的施工工艺。

**技能目标**

(1)掌握砌筑工具的使用方法,了解其特性,能够熟练操作,提高工作效率。

(2)学会选择合适的材料,了解各种砌筑材料的性质,根据工程需求选择合适的材料。

(3)掌握基础的砌筑技巧,包括砌砖的基本手法、砖石的排列方式、灰缝的处理等,提高砌筑工程的整体效果。

**素质目标**

(1)培养团队协作能力,共同完成任务。

(2)培养细心和耐心的工作态度。

(3)提升解决问题的能力,学会分析问题、寻找原因,并采取有效的措施解决问题。

## 任务 3-1 砌体材料及运输机具

**【工作任务】** 在砌体施工中,选择合适的砌体材料是至关重要的。常见的砌体材料有:黏土砖、石材、混凝土砌块等。每种材料都有其独特性,如抗压强度、耐久性、防火性能等。了解这些材料的特性,并根据工程需求选择合适的材料,是确保工程质量的基础。

砌体材料的运输和机具使用是施工过程中的重要环节。操作人员必须熟悉各种运输机具的基本性能,如载重、速度、操作方法等。同时,要确保所有机具都处于良好状态，定期进行检查和维护，以保障施工安全和进度。

【知识准备】认识主要砌体材料，砌体材料主要包括各种块材和砂浆。

【任务实施】

1. 砌筑材料准备

砌筑工程所用材料主要是砖、石或砌块，以及砌筑砂浆。

常温下砌砖，烧结类块体的相对含水率宜为60%～70%，一般应提前1～2d浇水润湿，可避免砖过多吸收砂浆中的水分而影响黏结强度，应除去砖面上的粉末，严禁砌筑前临时浇水。浇水过多会产生砌体走样或滑动。气候干燥时，石料也应先喷水润湿。灰砂砖、粉煤灰砖等非烧结类块体不宜浇水过多，其相对含水率控制在40%～50%为宜。检查含水率的最简易方法是现场断砖，砖截面周围吸水深度为15～20mm视为符合要求。

砌筑砂浆有水泥砂浆、石灰砂浆和混合砂浆。选择砂浆种类及其等级，应根据设计要求。

水泥砂浆和混合砂浆可用于砌筑潮湿环境和强度要求较高的砌体，对于建（构）筑物的基础一般只用水泥砂浆。

石灰砂浆宜用于砌筑干燥环境中以及强度要求不高的砌体，不宜用于潮湿环境的砌体及基础，因为石灰属气硬性胶凝材料，在潮湿环境中，石灰膏不但难以硬结，而且会出现溶解流散现象。

制备混合砂浆和石灰砂浆用的石灰膏，应用建筑生石灰。建筑生石灰粉在化灰池中熟化，其熟化时间分别不得少于7d和2d，严禁使用脱水硬化的石灰膏。

砂浆的拌制一般用砂浆搅拌机，要求拌和均匀，为改善砂浆的保水性可掺入黏土、电石膏、粉煤灰等塑化剂，砂浆应随拌随用，拌制的砂浆应在3h内使用完毕，当施工期间最高气温超过30℃时，应在2h内使用完毕。

砂浆稠度的选择主要根据墙体材料、砌筑部位及气候条件而定。一般实心砖墙和柱，砂浆的流动性宜为70～100mm；砌筑平拱过梁、毛石及砌块，砂浆的流动性宜为50～70mm。

2. 材料运输

砌筑工程中不仅要运输大量的砖（或砌块）、砂浆，而且还要运输脚手架、脚手板和各种预制构件；不仅有垂直运输，而且有地面和楼面的水平运输。其中垂直运输是影响砌筑工程施工速度的重要因素。

1) 垂直运输

常用的垂直运输机具有塔式起重机、井架及龙门架。

塔式起重机生产效率高，可兼作水平运输，在可能条件下宜优先选用。

井架也是砌筑工程垂直运输常用设备之一（图3-1）。井架通常带一个起重臂和吊盘。起重臂起重能力为5～10kN，在其外伸工作范围内也可作小距离的水平运输。吊盘起重量为10～15kN，其中可放置运料的手推车或其他散装材料。搭设高度一般为40m左右，需设缆风绳保持井架的稳定。

龙门架是由两根三角形截面或矩形截面的立柱及横梁（又称天轮梁）组成的门式架。在龙门架上设滑轮、导轨、吊盘、缆风绳等，可进行材料、机具和小型预制构件的垂直运输（图3-2）。

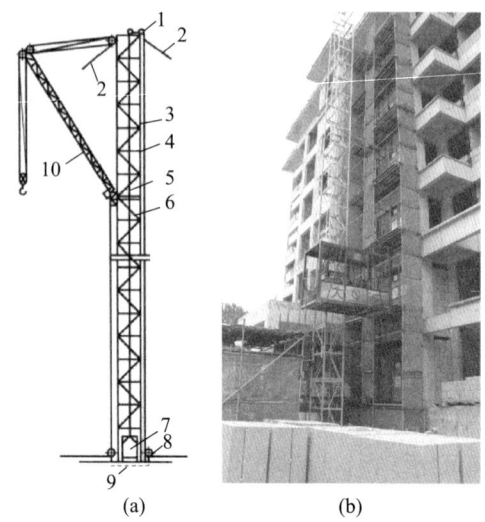

图 3-1 井架
(a) 井架立面图；(b) 井架施工状态
1—天轮；2—缆风绳；3—立柱；4—平撑；5—斜撑；6—钢丝绳；
7—吊盘；8—地轮；9—垫木；10—起重臂

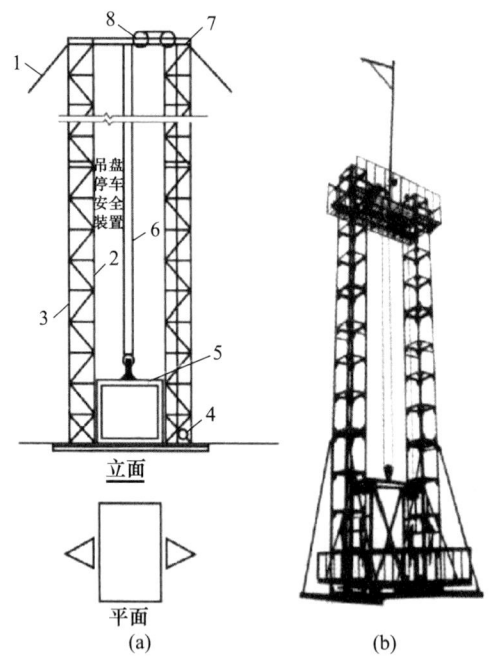

图 3-2 龙门架
(a) 龙门架立面图；(b) 龙门架效果图
1—揽风绳；2—导轨；3—立柱；4—地轮；5—吊盘；6—提升钢丝绳；
7—横梁；8—天轮

2) 水平运输

砌筑工程中水平运输除可用塔式起重机外，散料一般用双轮手推车或机动翻斗车，如图3-3所示。运输过程中，应防止砖块破损和砂浆的分层离析。预制楼板通常采用杠杆车运输。

图 3-3 水平运输机具
(a) 机动翻斗车；(b) 人力两轮手推车

## 任务 3-2　砌筑工程施工

【工作任务】做好施工准备，包括了解施工图纸、石材规格和要求，制订施工方案，准备施工所需材料和工具。对地基进行处理，包括清理地面、挖掘基坑，按照设计要求铺设混凝土基础等。根据设计要求和图纸，进行墙体的砌筑，包括使用水泥砂浆将砖块黏结在一起，按照要求进行垂直和水平控制。使用水泥砂浆将石材或砖块砌入地面，形成平整的地板。砌筑柱子和梁，使用水泥砂浆将砖块或石材连接在一起，以支撑建筑物的结构。

【知识准备】砌筑工程施工主要包括砖墙砌体施工、石砌体施工、砌块砌体施工、填充墙砌体施工及配筋砌体施工。

【任务实施】

1. 砖墙砌体施工

1) 砖墙砌体的组砌形式和砌筑方法

(1) 组砌形式

普通砖墙的组砌形式主要有六种：一顺一丁、梅花丁、三顺一丁、全顺、两平一侧和全丁。

一顺一丁：指一皮全顺砖与一皮全丁砖间隔砌成。上下皮间竖缝相互错开1/4砖长。

梅花丁：指每皮中顺砖与丁砖相间隔砌成。上下皮间竖缝相互错开1/4砖长，上皮丁砖坐中于下皮顺砖。

三顺一丁：指三皮全顺砖与一皮全丁砖间隔砌成。上下皮顺砖间竖缝错开1/2砖长；上下皮顺砖与丁砖间竖缝错开1/4砖长。

全顺：每皮砖全部用顺砖砌成。上下皮间竖缝错开1/2砖长。

两平一侧：指两皮平砌的顺砖旁砌一皮侧砖。

全丁：指每皮砖全部用丁砖砌成，上下皮间竖缝错开1/4砖长。

（2）砌筑方法

目前，工地上应用的砌筑方法有"三一"砌筑法、铺浆法和满口灰法，其中"三一"砌筑法和铺浆法最为常用。

"三一"砌筑法：是指一块砖、一铲灰、一挤揉，并随手将挤出的砂浆刮去的砌筑方法。这种方法的优点是灰缝容易饱满、黏结力强、质量有保证、墙面整洁。

铺浆法：先用灰勺、大铲或铺灰器在墙顶面上铺一段砂浆，然后双手拿砖或单手拿砖，用砖挤入砂浆中一定厚度之后把砖放平，达到下齐边上齐线，挤砌一段后，用稀浆灌缝。

2）砖墙砌体施工工艺

砖墙的砌筑一般有找平、放线、摆砖样、立皮数杆、盘角、挂线、砌筑及勾缝等工序。

（1）找平

砌墙前应在基础防潮层或楼面上定出各层标高，并用M7.5水泥砂浆或C10细石混凝土找平，使各段砖墙底部标高符合设计要求。

（2）放线

根据龙门板上给定的轴线及图纸上标注的墙体尺寸，在找平的基面上用墨线弹出墙的轴线和墙的宽度线，并定出门洞口位置线。

（3）摆砖样

摆砖样是指在放线的基面上，按选定的组砌方式用干砖试摆，目的是核对所放的墨线在门窗洞口、附墙垛等处是否符合砖的模数，使每层砖的砖块排列得当、灰缝均匀，并且尽量减少砍砖。

（4）立皮数杆

皮数杆是一种标志杆，在其上划有每皮砖和砖缝厚度，以及门窗洞口、过梁、楼板、梁底、预埋件等标高位置，其主要作用是控制每皮砖砌筑的竖向尺寸，并使铺灰、砌砖的厚度均匀，保证砖皮水平，控制墙体各部分构件的标高。

皮数杆一般设置在房屋的四大角及纵横墙的交接处，当墙面过长时，应每隔10~15m立一根。皮数杆需用水平仪统一竖立，使皮数杆上的±0.000与建筑物的±0.000相吻合，之后就可以向上接皮数杆。

（5）盘角、挂线

盘角是指先按皮数杆砌墙角，每次盘角不得超过五皮砖，在砌筑过程中应多靠多吊，一般三皮一吊，五皮一靠，把砌筑误差减小到最低程度，以保证墙面垂直、平整。墙角砌好后，即可挂线，即在头角上挂准线，再按照准线砌筑中间墙体，以保证墙面平整。一般一砖墙、一砖半墙可单面挂线，一砖半以上的墙应双面挂线。

（6）砌筑、勾缝

砌筑工程一般采用"三一"砌筑法。当采用铺浆法砌筑时，铺浆长度不宜超过750mm，施工期间气温超过30℃时，铺浆长度不宜超过500mm。砌筑实心墙时，普通砖应采用一顺一丁、梅花丁或三顺一丁的砌筑形式；多孔砖应采用一顺一丁或梅花丁的砌筑形式。

清水墙砌完后，应进行勾缝。墙面勾缝应横平竖直、深浅一致、搭接平整，不得有丢缝、开裂和黏结不牢等现象。

3) 砖墙砌体的质量要求

砖墙砌体的质量应符合《砌体工程施工质量验收规范》(GB 50203—2002)的要求，做到横平竖直、灰浆饱满、错缝搭接、接槎可靠。

(1) 横平竖直

横平竖直的具体要求就是砖呈水平、墙体垂直、墙面平整，水平灰缝应平直、竖向灰缝应垂直对齐，不得游丁走缝（砖竖缝歪斜，宽窄不均，丁砖在下层顺砖上不居中）。

(2) 灰浆饱满

砖墙水平灰缝的砂浆饱满度不得低于80%，砖柱水平灰缝和竖向灰缝的砂浆饱满度不得低于90%，竖缝不得出现瞎缝、假缝和透明缝。砖砌体的水平灰缝厚度和竖向灰缝的厚度一般为10mm，但不得小于8mm，也不得大于12mm。

(3) 错缝搭接

为提高砌体的整体性、稳定性和承载能力，砖块应按照选定的组砌方式，遵守上下错缝、内外搭砌的原则进行排列砌筑。不准出现通缝、错缝，搭接长度一般不小于1/4砖长。

(4) 接槎可靠

砖墙的转角处和交接处一般应同时砌筑，若不能同时砌筑，应将留置的临时间断处做成斜槎。普通砖砌体斜槎水平投影长度不得小于高度的2/3，斜槎的高度不得超过一步架高。

若临时间断处留斜槎有困难，对于非抗震设防及抗震设防烈度为6度、7度的地区，除转角处外，其临时间断处可留直槎，但必须做成凸槎，并加设拉结筋。拉结筋的数量为每120mm墙厚放置一根直径为6mm的钢筋，间距沿墙高不得超过500mm，埋入长度从墙的留槎处算起，每边均不得少于500mm，对抗震设防烈度为6度、7度的地区不得小于1000mm，末端应有90°弯钩。

2. 石砌体

石砌体一般用于两层以下的居住房屋及挡土墙等。

1) 毛石砌体的砌筑要点

(1) 毛石砌体应采用铺浆法砌筑。砂浆必须饱满，其饱满度应大于80%。

(2) 毛石砌体应分皮卧砌，各皮石块间应利用毛石自然形状经敲打修整后与先砌毛石基本吻合、搭砌紧密；毛石应上下错缝、内外搭砌，不得采用外面侧立毛石、中间填心的砌筑方法；中间不得有过桥石（仅在两端搭砌的石块）、铲口石（尖石倾斜向外的石块）和斧刃石（尖石向下的石块），如图3-4所示。

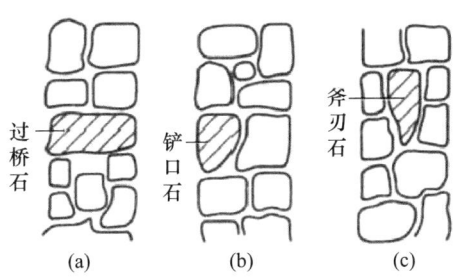

图3-4 毛石砌体的不规范砌筑方法
(a) 过桥石；(b) 铲口石；(c) 斧刃石

(3) 毛石砌体的灰缝厚度宜为 20～30mm，石块间不得有相互接触现象。石块间较大的空隙应填塞砂浆后用碎石块嵌实，不得采用先放碎石后填塞砂浆或干填碎石块的方法。

2) 料石砌体的砌筑要点

(1) 料石砌体应采用铺浆法砌筑，砌筑料石砌体时，料石应放置平稳，砂浆必须饱满。

(2) 砂浆铺设厚度应略高于规定的灰缝厚度，其高出的厚度为：细料石是 3～5mm；粗料石、毛料石是 6～8mm。

(3) 料石砌体的灰缝厚度为：细料石砌体不大于 5mm；粗料石和毛料石砌体不大于 20mm。

(4) 料石砌体的水平灰缝和竖向灰缝的砂浆饱满度均应大于 80%。

(5) 料石砌体上下皮料石的竖向灰缝应相互错开，错开长度应不小于料石宽度的 1/2。

3. 砌块砌体

1) 混凝土小型空心砌块砌体

(1) 分类

混凝土小型空心砌块按照材料成分不同，可分为轻骨料混凝土小型空心砌块和普通混凝土小型空心砌块两类。

轻骨料混凝土小型空心砌块是以浮石、火山渣、煤渣、自然煤矸石、陶粒为粗骨料制作的混凝土小型空心砌块。

普通混凝土小型空心砌块是以碎石或卵石为粗骨料制作的混凝土小型空心砌块，其主规格尺寸为 390mm×190mm×190mm，有两个方形孔，空心率为 25%～50%，如图 3-5 所示。

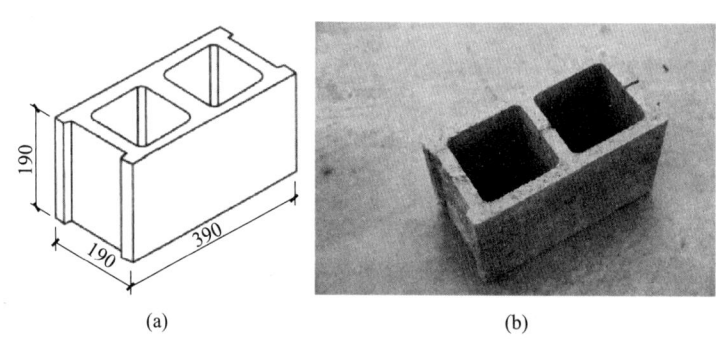

图 3-5 普通混凝土小型空心砌块
(a) 设计图；(b) 实物

(2) 施工工艺

混凝土小型空心砌块（以下简称小砌块）的施工工艺主要包括墙体放线、砌块排列、砌块砌筑、芯柱施工等工序。

① 墙体放线

施工前，应将基础面或楼层结构面按标高找平，依据砌筑图放出一皮小砌块的轴线、砌体边线和洞口线。

② 砌块排列

为了使小砌块合理安排，加快施工进度，一般在施工前编制砌块排列图，然后按图施工。每一面墙都要绘制一张砌块排列图，说明墙面砌块排列的形式及各种规格砌块的数量，同时标出楼板、大梁、过梁、楼梯孔洞等位置，如图 3-6 所示。

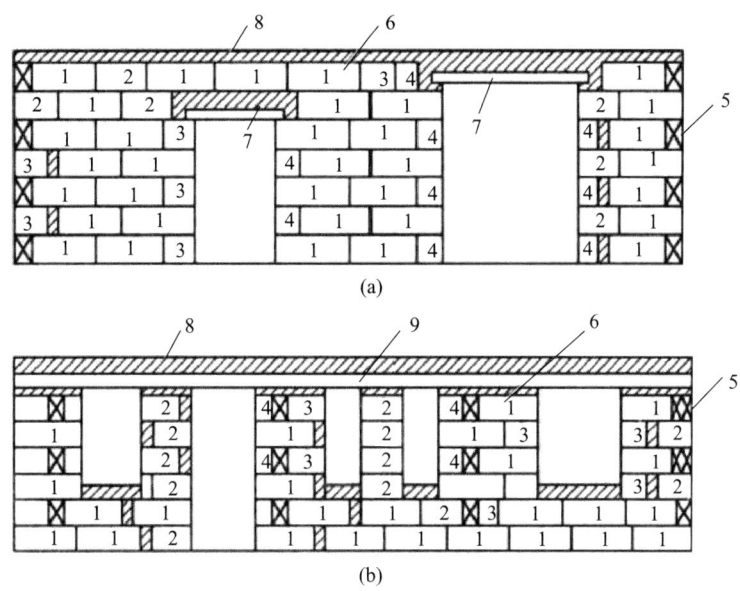

图 3-6 砌块排列图
（a）示例（一）；（b）示例（二）
1—主规格砌块；2、3、4—辅助规格砌块；5—丁砌砌块；
6—顺砌砌块；7—过梁；8—镶砖；9—圈梁

（3）砌块砌筑

小砌块在砌筑时，应满足以下几点：

① 施工时所用小砌块的产品龄期不应小于 28d。

② 小砌块砌筑前不用浇水湿润，在天气干燥炎热的情况下，可提前洒水湿润小砌块，小砌块表面有浮水或受潮后，须干燥后方可使用。

③ 每层应从转角处或定位砌块处开始砌筑，应砌一皮、校正一皮，拉线控制砌体标高和墙面平整度。

④ 在基础梁顶和楼面圈梁顶砌筑第一皮小砌块时，应满铺砂浆，用小红砖或者细石混凝土找平。

⑤ 小砌块应底面朝上反砌于墙上。承重墙严禁使用断裂的小砌块。

⑥ 小砌块墙体应对孔错缝搭砌。当无法对孔砌筑时，普通混凝土小砌块的搭接长度不应小于 90mm，轻骨料混凝土小砌块不应小于 120mm。墙体的个别部位不能满足上述要求时，应在灰缝中设置拉结钢筋或钢筋网片。

⑦ 小砌块的灰缝应横平竖直，其水平灰缝厚度和竖向灰缝宽度宜为 10mm，但不应大于 12mm，也不应小于 8mm；全部灰缝均应铺填砂浆，水平灰缝的砂浆饱满度不得低

于90%，竖向灰缝的砂浆饱满度不得低于80%；砌筑中不得出现瞎缝、透明缝；当缺少辅助规格小砌块时，砌体通缝不应超过两皮砌块。

⑧ 在墙体转角处和纵横交接处，内外墙应同时砌筑，纵横墙交错搭接。外墙转角处应使小砌块隔皮露端面，如图3-7（a）所示。T字交接处应使横墙小砌块隔皮露端面，当该处无芯柱时，纵墙在交接处应砌两块一孔半的辅助规格砌块，其半孔在中间；当该处有芯柱时，交接处应砌三孔砌块，如图3-7（b）所示。

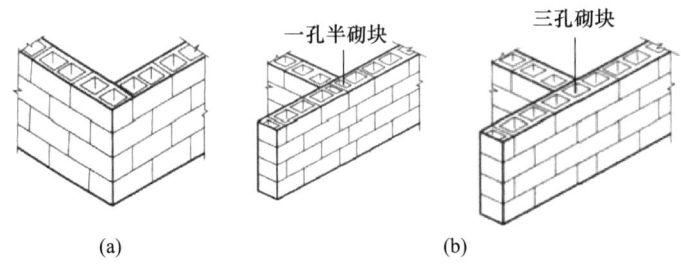

图3-7 混凝土小型空心砌块
（a）转角处；（b）T字交接处

⑨ 墙体转角处和纵横交接处若不能同时砌筑，则应在临时间断处砌成斜槎，斜槎水平投影长度不应小于高度的2/3。如果留斜槎有困难，则可从砌体面伸出200mm砌成阴阳槎（外墙转角处或有抗震设防的地区墙体除外），并每隔三皮砌块，设拉结筋或钢筋网片，如图3-8所示。

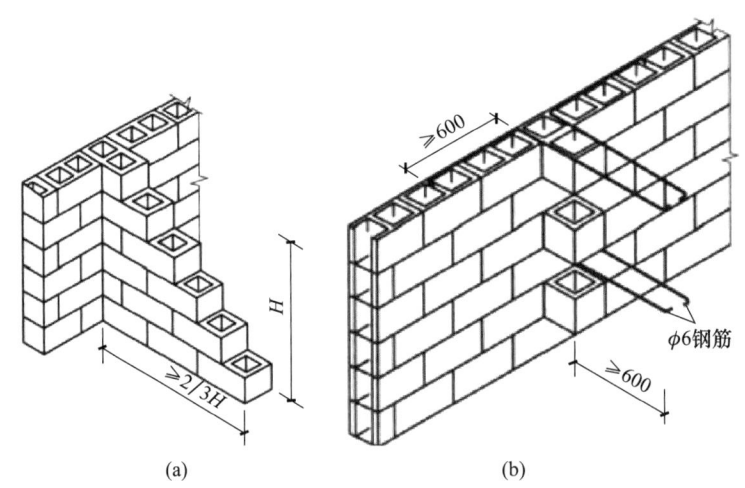

图3-8 砌块砌体斜槎和阴阳槎
（a）斜槎；（b）阴阳槎

⑩ 小砌体每日砌筑高度应控制在1.5m或一步脚手架高度内。

（4）芯柱施工

为增加房屋的整体刚度，应在外墙转角、楼梯间四角的纵横墙交接处等按要求设置混凝土芯柱，如图3-9所示。

浇筑混凝土芯柱时，应遵守下列规定：

① 清除孔洞内的砂浆与杂物，并用水冲洗。

② 砌筑砂浆强度大于 1MPa 时，方可浇筑混凝土芯柱。

③ 在浇筑混凝土芯柱前，应先注入适量与芯柱混凝土相同的去石水泥砂浆。

④ 芯柱应使用小砌块专用混凝土浇筑，当采用普通混凝土时，其坍落度不宜小于 180mm。

⑤ 浇筑混凝土芯柱时，应先计算好小砌块芯柱的体积，并用灰桶等计量工具实地测量单个芯柱所需混凝土量，以此作为其他芯柱混凝土用量的依据。

⑥ 浇筑混凝土至顶部时，应预留 50mm 不浇满，届时和混凝土圈梁一起浇筑，以加强芯柱和圈梁的连接。

⑦ 每层混凝土应分两次浇筑，第一次浇筑到 1.4m 左右时，采用钢筋插捣或 $\phi$30mm 振捣棒振捣密实，然后再继续浇筑，并插（振）捣密实。

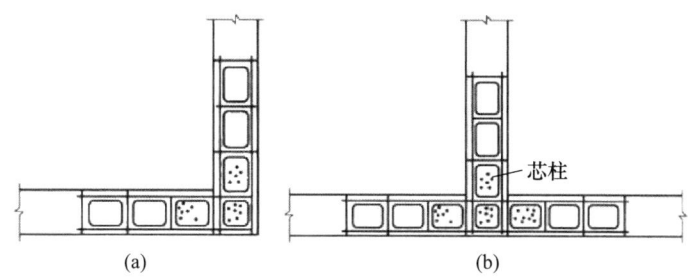

图 3-9 浇筑混凝土芯柱
(a) L形；(b) T形

2）加气混凝土砌块

（1）概述

加气混凝土砌块是一种轻质多孔、保温隔热、防火性能良好、可钉、可锯、可刨和具有一定抗震能力的新型建筑材料。

加气混凝土砌块按照抗压强度不同，可分为 A1、A2、A2.5、A3.5、A5、A7.5、A10 七个强度等级；按照密度不同，可分为 B03、B04、B05、B06、B07、B08 六个级别，按照尺寸偏差、外观质量、干密度、抗压强度、抗冻性等不同，可分为优等品（A）、合格品（B）两个等级。

（2）施工要点

加气混凝土在施工时应注意以下几点：

① 加气混凝土砌块用于承重时，其强度等级不应低于 A5，砂浆强度等级不应低于 M5。

② 加气混凝土砌块砌筑前，应根据建筑物的平面、立面图绘制砌块排列图。在墙体转角处设置皮数杆，皮数杆上划出砌块皮数及砌块高度，并在相对砌块上边线间拉准线，依准线砌筑。

③ 加气混凝土砌块的砌筑面应适量洒水。

④ 砌筑加气混凝土砌块宜采用专用工具（如铺灰铲、锯、钻、镂、平直架等）。

⑤ 加气混凝土砌块墙的上、下皮砌块的灰缝应相互错开，错开长度宜为 300mm、

不小于150mm。不能满足时,应在水平灰缝设置2φ6的拉结钢筋或φ4钢筋网片,拉结钢筋或网片的长度不小于700mm。

⑥ 加气混凝土砌块墙的灰缝应横平竖直、砂浆饱满。水平灰缝厚度宜为15mm,竖向灰缝宽度宜为20mm;水平灰缝砂浆饱满度不应小于90%;竖向灰缝砂浆饱满度不应小于80%;同时砌筑后宜对水平缝、垂直缝进行勾缝,勾缝深度为3～5mm。

⑦ 加气混凝土砌块墙的转角处,应使纵横墙的砌块相互搭砌,隔皮砌块露端面;T字交接处,应使横墙砌块隔皮露端面,并坐中于纵墙砌块,如图3-10所示。

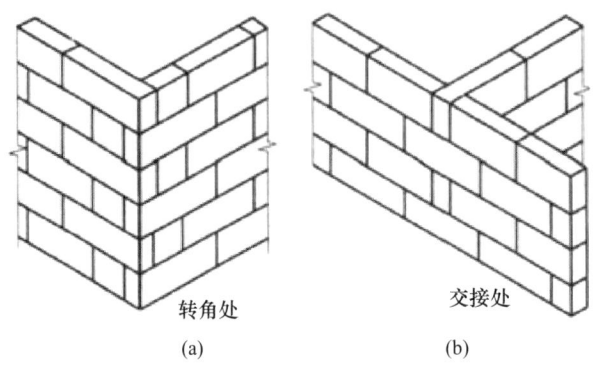

图 3-10　加气混凝土砌块墙的转角处、交接处砌法
(a) 转角处; (b) 交接处

⑧ 每一楼层内的加气混凝土砌块墙体应连续砌完,不留接槎、不留脚手眼。如果必须留槎,则应留成斜槎,或在门窗洞口侧边间断。

4. 填充墙砌体

1) 基本概念

如图3-11所示,填充墙是指框架结构的墙体,一般不起承重作用,只起围护与分隔作用,常用保温性能较好的烧结空心砖或小型空心砌块砌筑。

图 3-11　填充墙示意

2）施工工艺

填充墙应在主体结构及相关分部工程施工完毕,并经相关部门验收合格后进行施工,其施工工艺与一般砌体施工有所不同,具体如下:

(1) 基层清理

在填充墙砌体施工前,将基层上的浮浆及灰尘打扫干净并浇水湿润。块材的湿润程度应符合规范及施工要求。

(2) 施工放线

放出每一楼层的轴线、墙身控制线和门窗洞口位置线,在墙或柱身上弹出标高控制线以控制门窗的标高及窗台的高度。

(3) 墙体拉结钢筋

拉结钢筋的留设有多种方式,目前主要采用的有两种,一种是用焊接方式将拉结钢筋与预埋钢板连接;另一种是用植筋方式埋设拉结钢筋,如图 3-12 所示。采用焊接方式时,单面搭接焊接的焊缝长度应不小于 $10d$ ($d$ 为竖向钢筋直径),双面搭接焊接的焊缝长度应不小于 $5d$,并验收合格。采用植筋方式时,拉结筋埋设的位置应准确,操作应简单,不影响墙体完整。

(4) 构造柱钢筋

在填充墙施工前,应先将构造柱钢筋绑扎完毕,如图 3-13 所示。构造柱竖向钢筋与原结构上预留插孔的搭接长度应满足设计要求。

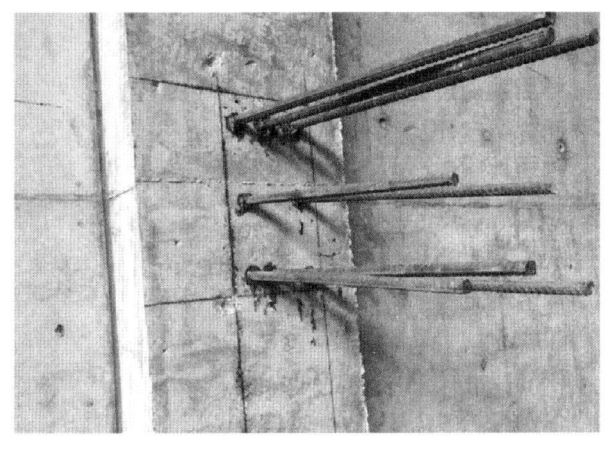

图 3-12　植筋

图 3-13　绑扎构造柱筋

(5) 立皮数杆、排砖

① 在皮数杆上划出砌块的皮数及灰缝厚度,并标出窗、洞及墙梁等标高。

② 根据要砌筑的墙体长度、高度试排砖,摆出门、窗及孔洞的位置,如图 3-14 所示。

(6) 填充墙砌筑

填充墙砌筑时,应注意以下几点:

① 砖或砌块应提前 1~2d 浇水湿润,湿润程度以达到水浸润砖体 15mm 为宜。

② 用加气混凝土砌块和轻骨料混凝土小型空心砌块砌筑填充墙时,墙底部应砌

200mm 高烧结普通砖、多孔砖、普通混凝土小型空心砌块，或浇筑 200mm 高混凝土坎台，混凝土强度等级应为 C20，如图 3-15 所示。

③ 填充墙砌至近梁、板底时，应留一定空隙，待填充墙砌筑完并至少间隔 7d，再将其补砌挤紧，如图 3-16 所示。

图 3-14　试排砖

图 3-15　填充墙底部砌筑砖　　　图 3-16　填充墙补砌挤紧

④ 填充墙砌筑必须内外搭接、上下错缝、灰缝平直、砂浆饱满。操作过程中要经常进行自检，如有偏差，应随时纠正，严禁事后采用撞砖纠正。

⑤ 填充墙砌筑时，除构造柱的部位外，墙体的转角处和交接处应同时砌筑，严禁无可靠措施的内外墙分砌施工。

⑥ 墙体的转角处和交接处不能同时施工时，应留成斜槎，斜槎长度不应小于高度的 2/3。如果留斜槎有困难，则可从墙面伸出 200mm 砌成阴阳槎（外墙转角处或有抗震设防的地区墙体除外）。

⑦ 砌体接槎时，必须将接槎的表面清理干净，浇水湿润，并填实砂浆，保持灰缝平直。

⑧ 如果填充墙上有预埋、预留的构造，则应随砌随留、随复核，确保位置正确、构造合理。不得随意打凿砌好的墙体。

⑨ 凡穿过砌块的水管，应严格防止渗水、漏水。在墙体内敷设暗管时，只能垂直埋设，不得水平开槽，敷设应在墙体砂浆达到强度后进行。

5. 配筋砌体

1）基本概念

配筋砌体是指在用砖、石、砌块等砌体砌筑墙体时，在一定部位加放钢筋，以提高墙体的承载力。配筋砌体有网状配筋砌体柱、水平配筋砌体墙、砖砌体和钢筋混凝土面层或钢筋砂浆面层组合砌体柱（墙）、砖砌体和钢筋混凝土构造柱组合墙、配筋砌块砌体剪力墙。

2）施工工艺

配筋砌体施工工艺有弹线、找平、排砖、墙体盘角、选砖、立皮数杆、挂线、留槎等，这些工艺与普通砖砌体要求基本相同，下面主要介绍一些不同点。

（1）砌砖及放置水平钢筋施工要点

① 砌砖宜采用"三一"砌筑法，即"一块砖、一铲灰、一挤揉"，水平灰缝厚度和竖直灰缝宽度一般为 8～12mm。

② 砖墙（柱）的砌筑应做到上下错缝、内外搭砌、灰缝饱满、横平竖直。

③ 皮数杆上要标明钢筋网片、箍筋或拉结筋的位置，钢筋安装完毕，并经隐蔽工程验收后方可砌上层砖，同时要保证钢筋上下至少各有 2mm 保护层。

（2）砂浆（混凝土）面层施工要点

① 组合砖砌体面层施工前，应清除面层底部的杂物，并浇水湿润砖砌体表面。

② 砂浆面层应从下向上分层施工，一般应两次涂抹。第一次是刮底，使受力钢筋与砖砌体有一定保护层；第二次是抹面，使面层表面平整。

③ 混凝土面层施工应支设模板，每次支设高度一般为 500～600mm，并分层浇筑，振捣密实，待混凝土强度达到 30% 以上才能撤除模板。

（3）构造柱施工要点

① 构造柱竖向受力钢筋的底层锚固在基础梁上，锚固长度不应小于 35$d$（$d$ 为竖向钢筋直径），并保证位置正确。

② 受力钢筋接长可采用绑扎接头，搭接长度为 35$d$，绑扎接头处箍筋间距不应大于 200mm。楼层上下 500mm 范围内箍筋间距应为 100mm。

③ 砖砌体与构造柱连接处应砌成马牙槎，从每层柱脚开始，先退后进，每一马牙槎沿高度方向的尺寸不应超过 300mm，并沿墙高度每隔 500mm 设 2$\phi$6 拉结钢筋，且每边伸入墙内不应小于 1m；预留的拉结钢筋应位置正确，施工中不得任意弯折。

④ 浇筑构造柱混凝土之前，必须将砖墙和模板浇水湿润（若为钢模板，不浇水，刷隔离剂），并将模板内落地灰、砖渣和其他杂物清理干净。

⑤ 浇筑混凝土可分段施工，每段高度不应大于 2m，或每个楼层分两次浇灌，应用插入式振动器分层捣实。

## 任务 3-3　砌筑工程的质量与安全

【工作任务】砌筑工程中的安全问题不容忽视，应采取一系列安全措施，如佩戴安全帽、设置安全网等，以确保施工人员的生命安全。此外，施工现场应保持整洁，避免杂物阻碍交通或影响施工安全。施工过程中，应定期对砌筑工程进行检查，以确保施工质量符合标准。同时，还应加强监督力度，对不规范的操作及时进行纠正，防止问题扩大。对于发现的施工质量问题，应及时进行整改，并追究相关责任人的责任。

【知识准备】应选用符合国家标准的砌筑材料，如砖、水泥、砂等，并确保材料质量合格。此外，还需根据工程需要进行材料配比，以确保砌体的强度和稳定性。

【任务实施】

1. 常见的质量通病

1）砂浆强度等级达不到设计要求。其主要原因是：配合比有误或计量不准；砂浆搅拌不均匀；塑化材料（石灰膏）掺量过多等。

2）砂浆和易性不好、保水性差。其主要原因有：水泥用量过少，砂子间摩擦力较大；砂子过细；砂浆中塑化材料（石灰膏）质量差，不能很好地起到改善砂浆和易性的作用；拌好的砂浆存放时间过久。

3）灰缝砂浆不饱满。造成灰缝砂浆不饱满的主要原因：砂浆和易性差；干砖上墙，砖过多吸收砂浆中的水分；用推尺铺灰法砌筑，由于铺灰过长，砌筑跟不上，砂浆中的水分被砖吸收。

4）墙体留置阴槎，接槎不严，拉结筋遗漏。

5）清水墙面游丁走缝。现象是清水墙面出现丁砖竖缝歪斜、宽窄不匀，丁不压中。造成清水墙面游丁走缝的主要原因是：砖的尺寸误差过大；灰缝厚度不一致。

6）砌体内部的砌块与砂浆之间的黏结力不够，其主要原因有：砂浆强度等级不够，干砖上墙及砌块表面有粉尘。

7）砖的强度等级达不到设计要求。

8）墙体垂直度达不到规范要求。

9）毛石基础、毛石挡墙、砖柱采用"包心砌法"。

10）墙上任意留置脚手眼。

11）毛石挡墙泄水孔遗漏或堵塞。

2. 砌筑工程的质量保证措施

1）砖的品种、强度等级必须符合设计要求，并规格一致。用于清水墙的砖应边角整齐、色泽一致。

2）砂浆中宜用中砂，并应过筛，含泥量不得超过规定范围。

3）干砖不得上墙。

4）水泥应按品种、强度等级、出厂日期分别堆放，并保持干燥。如水泥出厂日期超过3个月，经试验鉴定后方可使用。

5）砂浆的种类、强度等级应满足设计要求。

6）砂浆的饱满度应满足规范要求。

7）砖砌体组砌得当、接槎可靠。

3. 砌筑工程安全施工保证措施

1）在操作之前必须检查操作环境是否符合安全要求，道路是否通畅，机具是否完好牢固，安全设施和防护用品是否齐全。

2）砌基础时，应注意坑壁有无崩裂现象，堆放砖石材料应离坑边1m以上。

3）严禁站在墙顶上画线、刮缝、清扫墙面及检查等。

4）砍砖时应面向内打，以免碎砖落下伤人。

5）脚手架堆料量不得超过规定荷载，堆砖高度不得超过 3 皮侧砖，同一块操作板上的操作人员不得超过 2 人。

6）用于垂直运输的吊笼、绳索等，必须满足负荷要求，牢固无损。吊运时不得超载，并经常检查，发现问题及时处理。

7）在楼层（特别是预制板）上施工时，堆放机具、砖块等物品不得超过使用荷载。如超过使用荷载时，必须经过验算并采取有效加固措施后，方可进行堆放和施工。

8）进入现场必须戴好安全帽。

9）脚手架必须有足够的强度、刚度和稳定性。

10）脚手架的操作面必须满铺脚手板，不得有探头板。

11）井字架、龙门架不得载人。

12）必须有完善的安全防护措施，按规定设置安全网、安全护栏。

## 【巩固训练】

1. 砖石砌筑工程应做哪些施工准备工作？砌筑前砖为什么要浇水湿润？
2. 砌筑砂浆有哪些种类？
3. 砖墙的组砌形式有哪些？
4. 钢筋砖过梁施工时应注意哪些事项？
5. 墙体接槎应如何处理？
6. 砌筑时为什么要做到横平竖直，砂浆饱满？
7. 砌筑时如何控制砌体的位置和标高？
8. 砖砌体的施工过程包括哪些内容？
9. 砖砌体总的质量要求是什么？
10. 什么是"三一"砌法？
11. 楼层墙身轴线和楼面标高线如何确定？

# 项目4 混凝土结构工程

**【项目情景】**

混凝土结构是指以混凝土为主要材料制成的结构，包括素混凝土结构、钢筋混凝土结构和预应力混凝土结构等。钢混凝土结构工程按照施工方式不同，主要分为现浇整体式结构、预制装配式结构，以及介于两者之间的装配整体式结构，本项目主要介绍现浇整体式钢筋混凝土结构（以下简称钢筋混凝土结构）。

钢筋混凝土结构工程主要包括模板工程、钢筋工程和混凝土工程三部分，每部分施工都非常重要，稍有不慎，会造成质量问题和安全事故，因此要精心组织、严把质量关、确保安全。

**【学习目标】**

**知识目标**

了解模板的种类，了解钢筋的种类，熟悉混凝土的配制。

**技能目标**

熟悉模板的安装；掌握钢筋的验收与存放、配料与代换，以及钢筋的加工、连接、绑扎、安装；掌握混凝土的搅拌、运输、浇筑、振捣及养护。

**素质目标**

(1) 培养严谨细致的工作态度。

(2) 培养较强的逻辑思维和解决问题的能力，能够运用逻辑思维进行结构分析，发现和解决可能出现的问题，确保施工的顺利进行。

(3) 培养良好的沟通协调能力和团队合作精神。

(4) 培养遵守职业道德和法律法规的精神。

## 任务 4-1 模板工程

**【工作任务】** 模板是土木工程中必不可少的施工材料与工具，是新浇混凝土成型用的模型。根据统计，在一般工业与民用建筑中，平均每立方米混凝土需用模板 7.4m²，模板工程的费用约占混凝土工程费用的 34％。因此，在混凝土结构施工中应根据结构状况与施工条件，选用合理的模板形式、模板结构及施工方法，以达到保证混凝土工程施工质量与安全、加快进度和降低成本的目的。

**【知识准备】** 了解模板系统基本概念及施工要求，熟悉模板的各个种类。

## 项目4 混凝土结构工程

**【任务实施】**

1. 模板系统基本概念及施工要求

（1）基本概念

模板系统是混凝土的成型工具，主要包括模板和支架系统两大部分，此外还包括适量的紧固连接件。模板是使新拌混凝土在浇筑过程中保持设计要求的位置尺寸和几何形状，并使之硬化成钢筋混凝土结构或构件的模型。支架系统是支撑模板及承受作用在模板上荷载的结构。

（2）施工要求

模板系统在施工中应满足以下要求：

① 要保证工程结构各部分的形状、尺寸及相互位置正确。

② 要具有足够的强度、刚度和稳定性。

③ 构造简单，装拆方便，能多次循环使用。

④ 接缝严密，不漏浆。

2. 模板的种类

模板的种类繁多，以下介绍几种常用模板。

（1）木模板

木模板一般是先在木工车间或木工棚把木材加工成基本元件（拼板），然后现场拼装而成。拼板是由板条和拼条钉制而成的，如图4-1所示。板条厚度一般为25～50mm，宽度不宜超过200mm。拼条间距取决于混凝土的侧压力和板条厚度，一般为400～500mm。木模板的主要优点是可锯、可钻、耐低温，有利于冬期施工，拆装方便，操作简单，可做成变曲平面模板等；主要缺点是耗费木材、容易变形等。

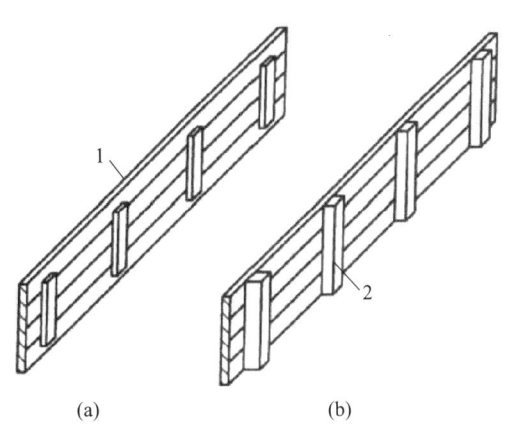

图4-1 拼板
(a) 一般拼板；(b) 梁侧板的拼板
1—板条；2—拼条

（2）组合钢模板

组合钢模板是一种工具式定型模板，由钢模板、连接件和支撑件组成，其通过各种连接件和支撑件可组合成多种尺寸和几何形状的模板，以适应各种类型建筑物的梁、柱、板、墙和基础等施工的需要。

① 钢模板

钢模板包括平面模板、阳角模板、阴角模板、连接角模等，如图 4-2 所示。

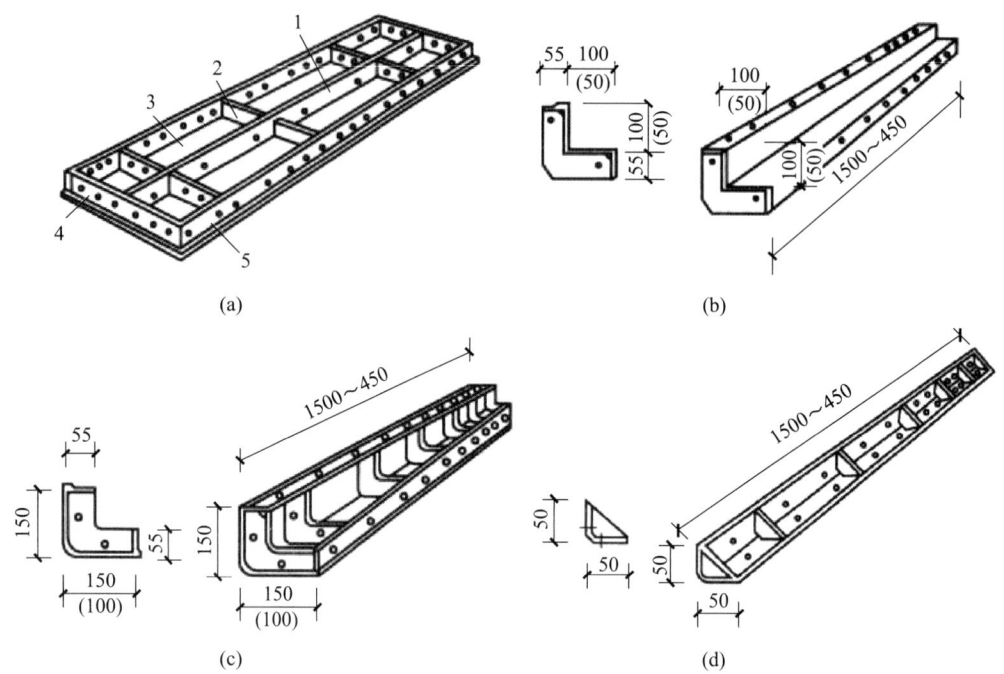

图 4-2 组合钢模板
(a) 平面模板；(b) 阳角模板；(c) 阴角模板；(d) 连接角模
1—中纵肋；2—中横肋；3—面板；4—横肋；5—纵肋

a. 平面模板：用于基础、墙、梁、板、柱等各种结构的平面部位，主要由面板和肋组成，为了便于连接，肋上设有连接孔，代号 P。

b. 阳角模板：主要用于混凝土构件阳角，代号 Y。

c. 阴角模板：用于混凝土构件阴角，如内墙角、水池内角及梁板交接处阴角等，代号 E。

d. 连接角模：用于平模板作垂直连接构成阳角，代号 J。

② 连接件

钢模板连接件主要包括 U 形卡、L 形插销、钩头螺栓、紧固螺栓和对拉螺栓等，如图 4-3 所示。

a. U 形卡：主要用于相邻模板的拼装连接。

b. L 形插销：主要用于插入两块模板纵向连接处的插销孔内，以增强模板纵向接头处的刚度。

c. 钩头螺栓：主要用于连接模板与支架系统。

d. 紧固螺栓：主要用于内、外钢楞之间的连接。

e. 对拉螺栓（穿墙螺栓）：主要用于连接墙壁两侧模板，保持墙壁厚度，承受混凝土侧压力及水平荷载，使模板不致变形。

# 项目 4 混凝土结构工程

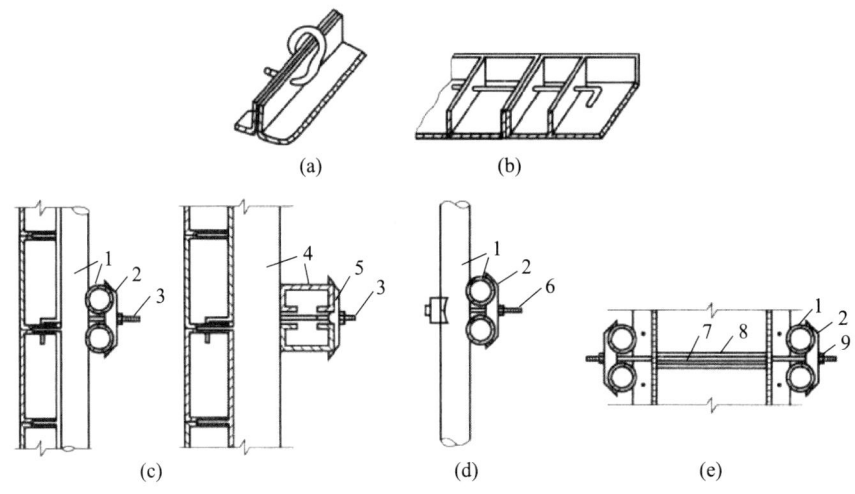

图 4-3 钢模板连接件

(a) U 形卡连接；(b) L 形插销连接；(c) 钩头螺栓连接；
(d) 紧固螺栓连接；(e) 对拉螺栓连接

1—钢管；2—扣件；3—钩头螺栓；4—槽钢；5—碟形扣件；
6—紧固螺栓；7—对拉螺栓；8—塑料套管；9—螺母

③ 支撑件

支撑件主要包括钢楞、柱箍、梁托架、斜撑、钢桁架和钢管支架等。

a. 钢楞：指模板的横档和竖档，主要作用是加强钢模板的整体刚度。

b. 柱箍：一般用于固定柱模板四周，可用角钢、槽钢制作，也可由钢管及扣件组成，其构造如图 4-4 所示。

c. 梁托架：用来支托梁底模和夹模，可用钢管或角钢制作，其高度为 500～800mm，宽度达 600mm，可根据梁的截面尺寸进行调整，其构造如图 4-5 所示。

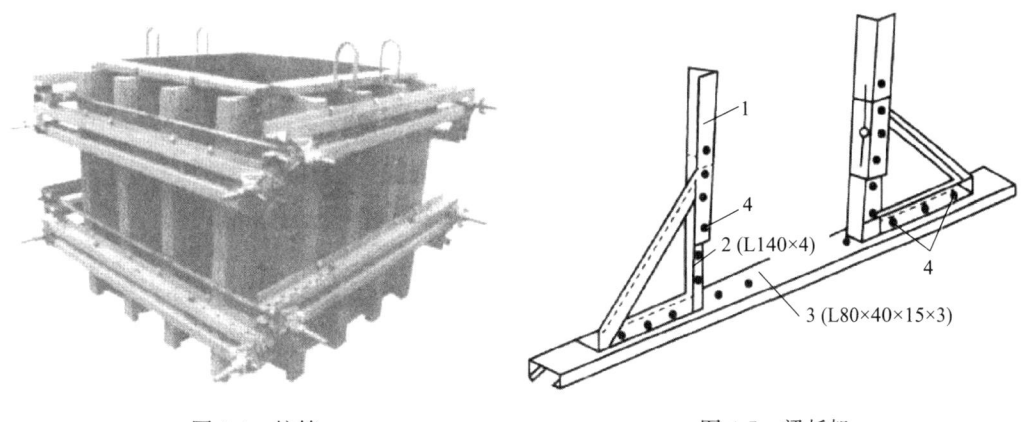

图 4-4 柱箍

图 4-5 梁托架

1—调节杆；2—三脚架；3—底座；4—螺栓

d. 斜撑：可调整和固定吊装就位后的组合钢模板拼成的整片墙模或柱模的垂直位置，其构造如图 4-6 所示。

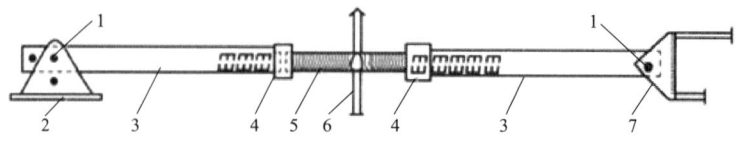

图 4-6 斜撑

1—销钉；2—底座；3—钢管斜撑；4—螺母；5—花篮螺丝；
6—旋杆；7—顶撑

e. 钢桁架：主要用于支撑梁或板的模板，它可分为整榀式和组合式两种，如图 4-7 所示。

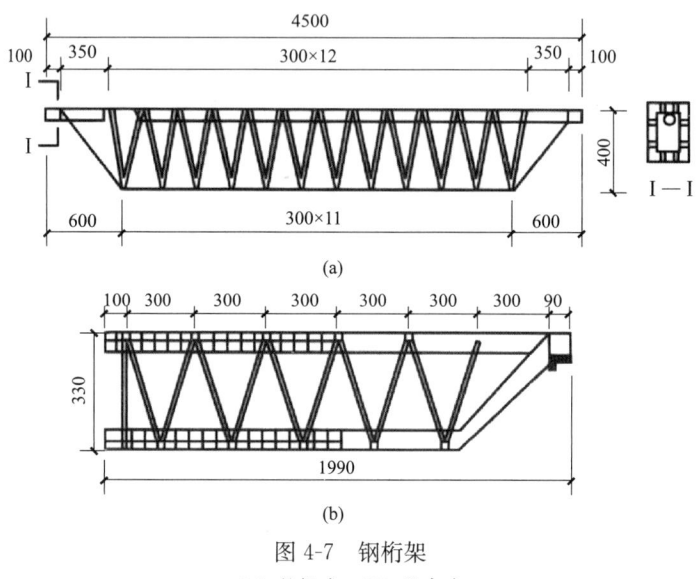

图 4-7 钢桁架

（a）整榀式；（b）组合式

f. 钢管支架：主要由套管和插管组成，其高度可通过插销粗调，螺旋粗调，如图 4-8（a）所示。当荷载较大、单根支架承载力不足时，可用组合钢管支架，如图 4-8（b）所示。

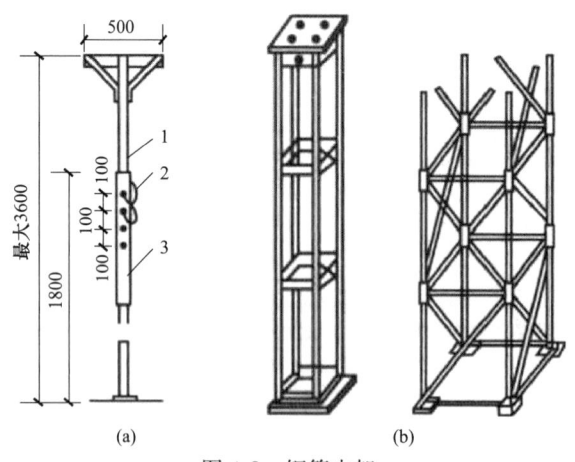

图 4-8 钢管支架

（a）单根钢管支架；（b）组合钢管支架

1—插管；2—插销；3—套管

（3）大模板

大模板是一种大尺寸的工具式模板，常用于剪力墙、筒体、桥墩施工，一般一块墙面用一块大模板。一块大模板主要由面板、加劲肋、竖楞、支撑桁架、稳定机构、操作平台及穿墙螺栓等组成，如图 4-9 所示。

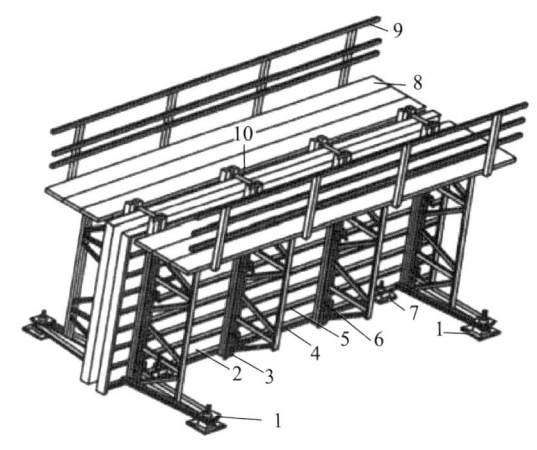

图 4-9 大模板

1—调节垂直螺旋千斤顶；2—面板；3—竖楞；4—支撑桁架；5—水平加劲肋；6—穿墙螺栓；
7—调节水平螺旋千斤顶；8—脚手板；9—栏杆；10—固定卡具

a. 面板：是直接与混凝土接触的部分，要求平整、刚度好，通常采用钢面板和胶合板面板。

b. 加劲肋：用于固定面板，阻止其变形并把混凝土传来的侧压力传递到竖楞上，可做成水平肋或垂直肋。

c. 竖楞：是与加劲肋相连接的竖直构件，其作用是加强大模板的整体刚度，承受模板传来的混凝土侧压力，并作为穿墙螺栓的支点。

d. 支撑桁架：通过螺栓或焊接与竖楞连接在一起，其作用是承受风荷载和一些水平力，防止大模板倾覆。

e. 稳定机构：是在大模板两端桁架底部伸出的支腿上设置的可调整螺旋千斤顶。

f. 操作平台：是施工人员操作的场所，其有两种搭设方法，一种是将脚手板直接铺在支撑桁架的水平弦杆上形成操作平台，外侧设栏杆；另一种是在两道横墙之间的大模板边框上用角钢连成为格栅，在其上满铺脚手板。

g. 穿墙螺栓：用于控制模板间距，承受新浇混凝土的侧压力，并能加强模板刚度。

（4）滑升模板

滑升模板（简称滑模）是一种随着混凝土浇筑高度的增加，而依靠液压提升设备不断向上滑升的工具式模板，其适用于高耸构筑物（如烟囱、筒仓、竖井、双曲线冷却塔等）或高层抗震建筑物（如剪力墙）的施工。

滑升模板由模板系统、操作平台系统和液压系统三部分组成，如图 4-10 所示。

a. 模板系统：包括模板、围圈和提升架等。模板用于成型混凝土，承受新浇混凝土的侧压力；围圈用于支撑和固定模板；提升架用于固定围圈，把模板系统和操作平台系统连成整体，承受整个模板系统和操作平台系统的全部荷载并传递给液压千斤顶。

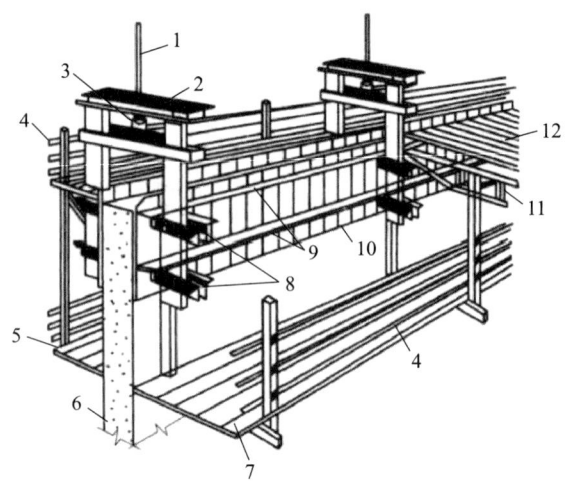

图 4-10 滑升模板

1—支撑杆；2—提升架；3—液压千斤顶；4—栏杆；5—外吊脚手架；6—混凝土墙体；
7—内吊脚手架；8—围圈支托；9—围圈；10—模板；11—平台桁架；12—操作平台

b. 操作平台系统：包括操作平台、内外吊脚手架等，是施工操作的场所。

c. 液压系统：包括支撑杆、液压千斤顶和操纵装置等，是使滑升模板向上滑升的动力装置。

（5）爬升模板

爬升模板（简称爬模）是在混凝土墙体浇筑完毕后，依靠提升装置爬升到上一个楼层，再浇筑上一层墙体混凝土的垂直移动式模板，如图4-11所示。该模板综合了大模板和滑升模板的优点，适用于高层建筑墙体、电梯井壁、管道间混凝土施工。

爬升模板的爬升步骤是：浇筑完当层混凝土→后移模板→提升导轨→提升支架→合模浇筑上一层混凝土。

3. 模板工程施工

模板工程施工包括模板的选材、选型、设计、制作、安装、拆除和周转等过程。下面以木模板为例，主要介绍模板的安装与拆除。

（1）模板的安装

以下主要介绍基础、柱、梁、楼板、楼梯、墙等结构的模板安装。

① 基础模板

基础的特点是高度较小而体积较大。基础模板一般利用基槽（基坑）进行支撑，当土质良好时，基础的最下一台阶可不用模板，进行原槽浇筑。

图 4-11 爬升模板

如图4-12所示，常用的基础模板是阶梯形模板，其每一台阶由4块拼板构成，拼板高度与台阶高度相等，其中两块拼板的长度与相应台阶长度相等，另两块拼板长度一般比相应台阶长度大150～200mm。上层台阶模板的其中两块拼板的最下部要加长，以便搁置在下层台阶模板上。下层台阶模板的四周设置斜撑或平撑支撑牢固。斜撑和平撑一端钉在拼板的木档上，另一端顶紧在木桩上。

阶梯形基础模板安装的步骤大致如下。

a. 在基坑底垫层上弹出基础中线。

b. 在拼板内侧弹出中线，然后把各台阶的4块拼板组拼成方框，并校正尺寸及角部方正。

c. 把下层台阶模板放在基坑底，两者中线互相对准，用水平尺校正其标高。

d. 在模板周围钉上木桩，用平撑或斜撑支撑顶牢。

e. 把上层台阶模板放在下层台阶模板上，并对中，校正其标高后固定。

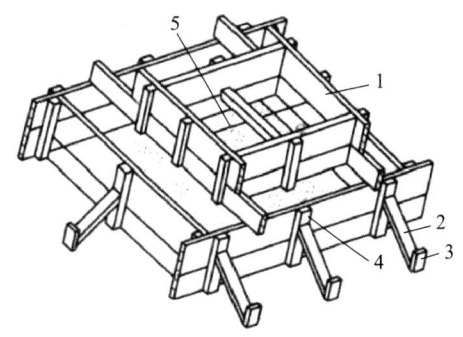

图4-12 阶梯形基础模板
1—拼板；2—斜撑；3—木桩；4—木档；5—铁丝

② 柱模板

柱子的特点是断面尺寸不大，但比较高。因此，柱模板应主要保证垂直度及抵抗新浇筑混凝土的侧压力，与此同时，也要考虑便于浇捣混凝土、清理垃圾与钢筋绑扎等。

柱模板一般有两种，一种是两面侧板为长条板，用木档纵向拼制，另两面用短板横向逐块钉上，有些短板可先不钉上，作为混凝土的浇筑孔，待浇至其下口时再钉上，短板两头要伸出长条板边，以便于拆除，如图4-13（a）所示；另一种是由内拼板、外拼板和柱箍组成，两块相对的内拼板夹在两块相对的外拼板之间，底部设有清理孔，如图4-13（b）所示。

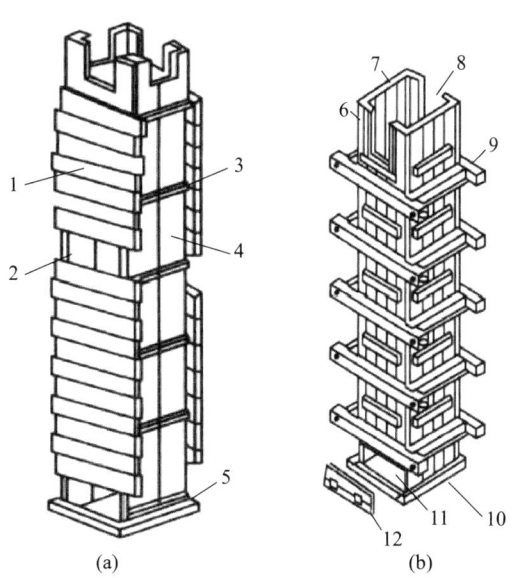

图4-13 柱模板
1—短板；2—洞口；3—木档；4—长条板；5—方盘；6—外拼板；
7—内拼板；8—梁缺口；9—柱箍；10—木框；11—清理孔；12—盖板

柱模板安装的步骤大致如下：

a. 先在基础面（或楼面）上弹柱轴线及边线，同一柱列应先弹两端柱轴线及边线，然后拉通线弹出中间部分柱的轴线及边线。

b. 按照边线先把底部方盘或木框固定好，然后再对准边线安装柱模板。

c. 校正模板垂直度，检查无误后，用斜撑固定。

③ 梁模板

梁的特点是跨度较大而宽度不大，梁底一般是悬空的，混凝土对梁侧模有侧压力，对梁底模有垂直压力。因此，梁模板及其支撑系统应具有良好的稳定性，以及足够的强度和刚度，不致发生超过规范允许的变形。如图 4-14 所示，梁模板主要由侧模板、底模板、夹木、顶撑、斜撑等组成。侧模板由长板条和拼条拼钉而成，为承受混凝土的侧压力，底部用夹木固定，上部用斜撑和水平拉条固定。梁底模板为承受垂直荷载，板下每隔一定间距用顶撑顶住。为使顶撑传下来的集中荷载均匀地传给地面，在顶撑底应加铺垫板。

梁模板的安装步骤大致如下：

a. 沿梁模板下方地面上铺垫板，在柱模板缺口处钉衬口档，把底模板搁置在衬口档上，如图 4-15 所示。

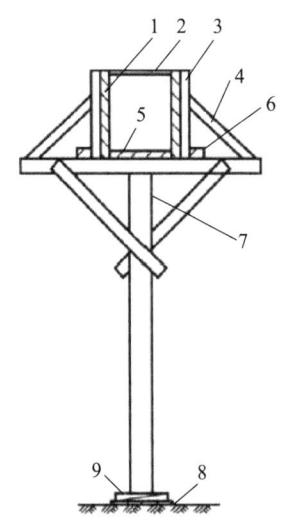
图 4-14 梁模板
1—侧模板；2—水平拉条；3—侧模板拼条；
4—斜撑；5—底模板；6—夹木；7—顶撑；
8—木垫板；9—木楔

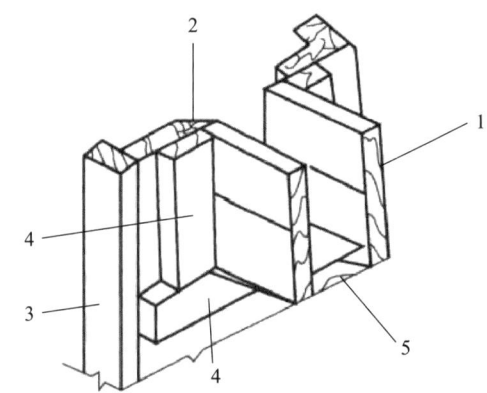
图 4-15 底模板搁置在衬口档上
1—梁侧模板；2—斜口小木条；3—柱模板；
4—衬口档；5—梁底模板

b. 立起靠近柱或墙的顶撑，再将梁长度等分，立中间部分顶撑，顶撑底下打入木楔，并检查调整标高。

c. 把侧模板放上，两头钉于衬口档上，在侧模板底外侧铺钉夹木，再钉上斜撑和水平拉条。

④ 楼板模板

楼板的特点是面积大而厚度比较薄，侧向压力小。楼板模板及其支架系统主要承受混凝土自重及施工荷载，其应保证楼板不变形、不下垂。

如图 4-16 所示，楼板模板主要由底模板和格栅组成，底模板铺设在格栅上，格栅搁置在梁侧模板外的横档上。当格栅跨度较大时，其中间应加设立柱，立柱上钉通长的杠木。

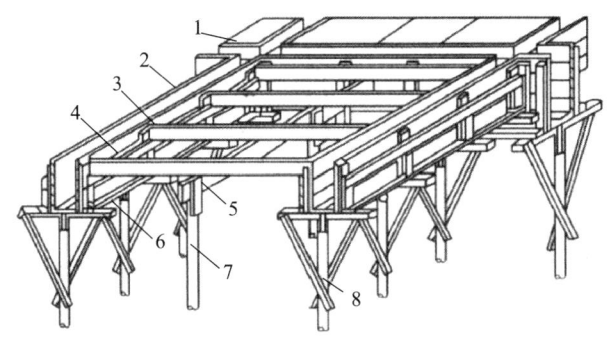

图 4-16 楼板模板

1—底模板；2—梁侧模板；3—格栅；4—横档；5—杠木；
6—夹木；7—立柱；8—顶撑

楼模板的安装一般是在梁模板完成后进行，安装顺序大致为：支设格栅→支设杠木和支柱→铺设底模板→调整验收→进行下道工序。

⑤ 楼梯模板

楼梯模板与楼板模板相似，不同点是楼梯模板要倾斜支设，且要形成踏步，如图 4-17 所示。

图 4-17 楼梯模板

⑥ 墙模板

墙体具有高度大而厚度小的特点，其模板主要承受新浇混凝土的侧压力，因此，必须加强面板的刚度并设置足够的支撑，以确保模板不变形、不发生位移。墙模板通常由两片大模板组成，并用对拉螺栓固定，每片大模板由若干木模板拼成，其安装步骤大致为：根据墙体边线先立一侧模板，临时用支撑撑住，吊线锤校正模板的垂直度，然后用钢管横楞、竖楞和对拉螺栓将模板固定牢，横楞在竖楞的外侧，再用钢管作斜支撑（或平支撑）固定。待墙体钢筋绑扎后，按同样方法安装另一侧模板及支撑等。

（2）模板的拆除

① 拆除时间

模板的拆除时间取决于混凝土的强度、各模板的用途、结构性质、混凝土硬化时的气温等。及时拆除可以提高模板的周转率；但拆除过早，混凝土强度不足，若此时承受荷载，容易造成质量事故。一般模板的拆除时间应遵守以下两点：

a. 非承重的模板（如侧模板），应在混凝土强度能保证其表面及棱角不因拆除模板而受损坏时，方可拆除。

b. 承重模板（如梁、楼板底模板），应在与结构同条件养护的试块达到表 4-1 所示规定的强度后，方可拆除。

表 4-1 承重模板拆除时所需的混凝土强度

| 结构类型 | 结构跨度（m） | 按设计混凝土强度的标准值比率计（%） |
| --- | --- | --- |
| 板 | ≤2 | 50 |
| | 2~8 | 75 |
| | ≥8 | 100 |
| 梁、拱、壳 | ≤8 | 75 |
| | >8 | 100 |
| 悬臂梁构件 | — | 100 |

② 拆除顺序

a. 模板拆除的顺序一般是：先支的后拆，后支的先拆，先拆除非承重部分，后拆除承重部分。重大、复杂模板的拆除，应事先制定拆模方案。

b. 框架结构模板的拆除顺序一般为：首先拆柱模板，然后拆楼板底模板、梁侧模板，最后拆梁底模板。

c. 楼板模板支柱的拆除，应按下列要求进行：上层楼板正在浇筑混凝土时，下一层楼板模板支柱不得拆除，再下一层的楼板模板支柱，仅可拆除一部分。跨度不小于 4m 的梁下均应保留支柱，其间距不得大于 3m。

4. 模板工程的安全技术

模板工程的安全技术要点如下：

（1）进入施工现场人员必须戴好安全帽，高空作业人员必须系安全带。

（2）经医生检查不适宜高空作业的人员，不得进行高空作业。

（3）工作前应先检查使用的工具是否牢固，扳手等工具必须用绳链系挂在身上，以免掉落伤人。传递模板、工具，应用运输工具或绳子系牢后升降，不得乱扔。工作时要思想集中，防止钉子扎脚和空中滑落。

（4）高空、复杂结构模板的安装与拆除，事先应有切实可行的施工方案和可靠的安全措施。

（5）安装与拆除 5m 以上的模板，应搭脚手架，并设防护栏，防止上下在同一垂直面操作，不得在脚手架上堆放大批模板等材料。

（6）支模过程中，若需中途停歇，则应将支撑等钉牢；拆模过程中，若需中途停歇，则应将已活动的模板等运走或妥善堆放，防止因扶空、踏空而坠落。

（7）遇六级以上大风时，应暂停室外的高空作业。雪、霜、雨后，应先清扫施工现场，等略干、不滑时再进行工作。

（8）在拆除楼板模板时，要注意整块模板掉下，拆模人员要站在门窗洞口外拉支撑，防止模板突然全部掉落伤人。人不许站在正在拆除的模板上。

（9）高空拆模时，应有专人指挥，并在下面标出工作区，用绳子和红白旗加以围栏，暂停人员过往。

（10）在组合钢模板上架设电线和使用电动工具时，应用 36V 低压电源。

## 任务 4-2　混凝土工程

**【工作任务】** 混凝土工程包括配料、搅拌、运输、浇筑、振捣、养护等施工工序，在整个施工过程中，各工序紧密联系又相互影响，如其中任意一道工序处理不当，都会影响混凝土工程的最终质量。对混凝土的质量要求，不但要具有正确的外形，而且要获得良好的强度、密实性和整体性，因此在施工中如何确保混凝土工程质量是一个很重要的问题。

**【知识准备】** 混凝土工程的基础是材料，包括水泥、骨料（沙、石）、水和添加剂等。了解每种材料的性质，如强度、耐久性、质量等，对于选择合适的材料和确定适当的配合比至关重要。此外，还需要了解不同类型的水泥和骨料，以及它们之间的相互影响。

**【任务实施】**

1. 混凝土施工配制强度确定

混凝土的施工配合比，应保证结构设计对混凝土强度等级及施工对混凝土耐久性和工作性的要求，并应符合合理使用材料、节约水泥的原则。必要时，还应符合抗冻性、抗渗性等要求。当设计强度等级低于 C60 时，混凝土制备按式（4-1）确定混凝土的配制强度：

$$f_{cu,\sigma} \geqslant f_{cu,k} + 1.645\sigma \tag{4-1}$$

式中：$f_{cu,\sigma}$——混凝土的配制强度（MPa）；

$f_{cu,k}$——混凝土立方体抗压强度标准值（MPa）；

$\sigma$——混凝土强度标准差（MPa）。

当设计强度等级不低于 C60 时，配制强度按式（4-2）确定：

$$f_{cu,\sigma} \geqslant 1.15 f_{cu,k}$$

当具有近期的同一品种混凝土强度的统计资料时，可按下式计算：

$$\sigma = \sqrt{\frac{\sum_{i=1}^{n} f_{cu,i}^2 - n m_{f_{cu}}^2}{n-1}} \tag{4-2}$$

式中：$f_{cu,i}$——统计周期内同一品种混凝土第 $i$ 组试件强度（MPa）；

$m_{fcu}$——统计周期内同一品种混凝土 $n$ 组强度的平均值（MPa）；

$n$——统计周期内相同混凝土强度等级的试件组数，$n$ 值不应小于 30。

强度等级不高于 C30 的混凝土，计算得到的 $\sigma \geqslant 3.0$ MPa 时，应按计算结果取值；计算得到的 $\sigma < 3.0$ MPa 时，$\sigma$ 应取 3.0 MPa。强度等级高于 C30 且低于 C60 的混凝土，计算得到的 $\sigma \geqslant 4.0$ MPa 时，应按计算结果取值；计算得到的 $\sigma < 4.0$ MPa 时，$\sigma$ 应取 4.0 MPa。

对预拌混凝土厂和预制混凝土的构件厂，其统计周期可取为 1 个月；对现场拌制混凝土的施工单位，其统计周期可根据实际情况确定，但不宜超过 3 个月。

施工单位如无近期同一品种混凝土强度统计资料时，$\sigma$ 可按表 4-2 取值。

表 4-2 混凝土强度标准差

| 混凝土强度等级 | ≤C20 | C25～C45 | C50～C55 |
|---|---|---|---|
| $\sigma$/（MPa） | 4.0 | 5.0 | 6.0 |

注：表中 $\sigma$ 值，反映我国施工单位的混凝土施工技术和管理的平均水平，采用时可根据本单位情况作适当调整。

2. 混凝土的施工配料

施工配料必须加以严格控制。因为影响混凝土质量的因素主要有两方面：一是称量不准；二是未按砂、石骨料实际含水率的变化进行施工配合比的换算。这样必然会改变原理论配合比的水灰比、砂石比（含砂率）及浆骨比。当水灰比增大时，混凝土粘聚性、保水性差，而且硬化后多余的水分残留在混凝土中形成水泡，或水分蒸发留下气孔，使混凝土密实性差、强度低。若水灰比减小时，则混凝土流动性差，甚至影响成型后的密实，造成混凝土结构内部松散，表面产生蜂窝、麻面现象。同样，含砂率减小时，则砂浆量不足，不仅会降低混凝土的流动性，更严重的是将影响其粘聚性及保水性，产生粗骨料离析、水泥浆流失，甚至溃散等不良现象。而浆骨比是反映混凝土中水泥浆的用量多少（即每 1m³ 混凝土的用水量和水泥用量），如控制不准，也直接影响混凝土的水灰比和流动性。所以为了确保混凝土的质量，在施工中必须及时进行施工配合比的换算和严格控制称量。

首次使用的混凝土配合比应进行开盘鉴定，其工作性应满足配合比的设计要求，开始生产时应至少留置一组标准养护试件，作为验证配合比的依据。

1) 施工配合比换算

混凝土实验室配合比是根据完全干燥的砂、石骨料制定的，但实际使用的砂、石骨料一般都含有一些水分，而且含水量又会随气候条件发生变化。所以施工时应及时测定现场砂、石骨料的含水量，并将混凝土的实验室配合比换算成在实际含水量情况下的施工配合比。

设实验室配合比为水泥：砂子：石子 $= 1 : x : y$，并测得砂子的含水量为 $w_x$，石子的含水量为 $w_y$，则施工配合比应为 $1 : x(1+w_x) : y(1+w_y)$。

按实验室配合比每 $1m^3$ 混凝土水泥用量为 $C_0$（kg），计算时确保混凝土水灰比 $W/C$ 不变，则换算后材料用量为：

水泥：$C$；

砂子：$S = C_0 x (1+w_x)$；

石子：$G = C_0 y (1+w_y)$；

水：$W=C_0\dfrac{w}{C}-C_0xw_x-C_0yw_y$。

**例 4-1** 设混凝土实验室配合比为 1：2.56：5.50，水灰比为 0.64，每立方米混凝土的水泥用量为 275kg，测得砂子含水量为 4%，石子含水量为 2%，则施工配合比为：

1：2.56×（1+4%）：5.50×（1+2%）=1：2.66：5.61。

每 1m³ 混凝土材料用量为：

水泥：275kg；

砂子：275kg×2.66=731.5kg；

石子：275kg×5.61=1542.8kg；

水：275kg×0.64−275kg×2.56×4%−275kg×5.50×2%=117.6kg。

2）施工配料

求出每 1m³ 混凝土材料用量后，还必须根据工地现有搅拌机出料容量确定每次需用几袋水泥，然后按水泥用量来计算砂石的每次拌用量。如采用 JZ250 型搅拌机，出料量为 0.25m³，则每搅拌一次的装料数量为：

水泥：275kg×0.25=68.75kg（需取用一袋半水泥，即 75kg）；

砂子：731.5kg×75/275=199.5kg；

石子：1542.8kg×75/275=420.8kg；

水：117.6kg×75/275=32.1kg。

为严格控制混凝土的配合比，原料的数量应采用质量（重量）计量，必须准确。其质量（重量）偏差不得超过以下规定：水泥、混合材料为±2%；粗、细骨料为±3%；水、外加剂溶液为±2%。各种衡量器应定期校验，经常保持准确。骨料含水量应经常测定，雨期施工时，应增加测定次数。

3. 混凝土搅拌

混凝土的搅拌，就是将水、水泥和粗、细骨料以及外加剂等进行拌和及混合的过程，同时，通过搅拌可使材料达到强化、塑化的作用。

1）搅拌机的选择

常用的混凝土搅拌机按其搅拌原理主要分为自落式搅拌机和强制式搅拌机两类。

（1）自落式搅拌机

这种搅拌机的搅拌鼓筒是垂直放置的。随着鼓筒的转动，叶片不断将混凝土拌和物提高，并利用物料的自重自由下落，达到均匀拌和的目的。自落式搅拌机多用于搅拌塑性混凝土和低流动性混凝土。筒体和叶片磨损较小，易于清理，但动力消耗大、效率低。搅拌时间一般为 90~120s，目前逐渐为强制式搅拌机所取代。

（2）强制式搅拌机

强制式搅拌机的鼓筒是水平放置的，其本身不转动。筒内有两组叶片，搅拌时叶片绕竖轴旋转，将材料强行搅拌，直至搅拌均匀。这种搅拌机的搅拌作用强烈，适宜于搅拌各种混凝土，具有搅拌质量好、速度快、生产效率高、操作简便及安全等优点。

2）搅拌制度的确定

为了获得均匀优质的混凝土拌和物，除合理选择搅拌机的型号外，还必须正确地确定搅拌制度，包括搅拌机的转速、搅拌时间、装料容积及投料顺序等。

（1）搅拌机转速

对于自落式搅拌机，如果转速过高，混凝土拌和料会在离心力的作用下吸附于筒壁不能自由下落；如果转速过低，既不能充分拌和，又将降低搅拌机的生产率。

对强制式搅拌机，虽不受重力和离心力的影响，但其转速也不能过大，否则将会加速机械的磨损，同时也易使混凝土拌和物产生分层离析现象，所以强制式搅拌机叶片的转速一般为30r/min。

（2）装料容积

装料容积指搅拌一罐混凝土所需各种原材料松散体积之和。一般来说，装料容积是搅拌机拌筒几何容积的1/2~1/3，强制式搅拌机可取上限，自落式搅拌机可取下限。若实际装料容积超过额定装料容积的一定数值，则各种原材料不易拌和均匀，势必延长搅拌时间，反而降低搅拌机的工作效率，而且也不易保证混凝土的质量。当然装料容积也不必过小，否则会降低搅拌机的工作效率。

搅拌完毕混凝土的体积称为出料容积，一般为搅拌机装料容积的0.55~0.75。目前，搅拌机上标明的容积一般为出料容积。

（3）投料顺序

在确定混凝土各种原材料的投料顺序时，应考虑到如何才能保证混凝土的搅拌质量，减少机械磨损和水泥飞扬，减少混凝土的粘罐现象，降低能耗和提高劳动生产率等。

混凝土拌和物可采用人工拌和或机械搅拌。用人工拌和时的加料顺序是先将水泥加入砂中干拌两遍，再加入石子干拌一遍，然后加水湿拌至颜色均匀即可。人工拌和质量差，水泥消耗量大，故只有在工程量很小时才采用人工拌和方式。

机械搅拌时采用的投料顺序有：一次投料法、二次投料法等。

① 一次投料法：一次投料法是目前施工现场广泛使用的一种方法，也就是将砂、石子、水泥等依次放入料斗后再加水一起进入搅拌筒进行搅拌。这种方法工艺简单、操作方便。其投料顺序是：先倒砂子，再倒水泥，然后倒入石子，将水泥夹于砂石之间。这样，生料无论在料斗内或进入筒体，首先接触搅拌机内表面或搅拌叶片的是砂或石，都不会引起黏结，而且水泥不飞扬，最后加水搅拌，也不会使水泥吸水成团，产生"夹生"现象。

由于最初开始搅拌时，筒壁要黏附一部分水泥浆，所以许多工地在拌第一盘混凝土时，往往只加规定石子质量的一半，称为"半石混凝土"。当使用粉状掺和料时，掺和料应和水泥同时进入搅拌机，搅拌时间相应增加50%~100%；当使用外加剂时，为保证混凝土拌和物的匀质性，必须用水先稀释，与水同时间、同方向加入搅拌筒内，搅拌时间也应增加50%~100%。

② 二次投料法：二次投料法又可分为预拌水泥砂浆法和预拌水泥净浆法。预拌水泥砂浆法是指先将水泥、砂和水投入搅拌筒搅拌1~1.5min后，加入石子再搅拌1~1.5min。预拌水泥净浆法是先将水和水泥投入搅拌筒搅拌1/2的搅拌时间，再加入砂、石子搅拌到规定时间。试验表明：由于预拌水泥砂浆或水泥净浆对水泥有一种活化作用，因此搅拌质量明显高于一次投料法。若水泥用量不变，混凝土强度可提高15%左右，或在混凝土强度相同的情况下，减少水泥用量约15%。

当采用强制式搅拌机搅拌轻骨料混凝土时，若轻骨料在搅拌前已经预湿，则合理的加料顺序是：先加粗、细骨料和水泥搅拌 30s，再加水继续搅拌到规定的时间；若在搅拌前轻骨料未经润湿，则先加粗、细骨料和总用水量的 1/2 搅拌 60s 后，再加水泥和剩余水搅拌到规定的时间。

（4）搅拌时间

从原材料全部投入到混凝土拌和物开始卸出所经过的全部时间称为搅拌时间，搅拌时间是影响混凝土质量及搅拌机生产率的重要因素之一。搅拌时间过短，混凝土拌和物不均匀，强度及和易性都将降低；搅拌时间过长，不仅降低了生产率，而且会使混凝土的和易性又重新降低或产生分层离析现象。搅拌时间的确定与搅拌机型号、骨料品种和粒径以及混凝土的和易性等有关。混凝土应搅拌均匀，宜采用强制式搅拌机搅拌。混凝土搅拌的最短时间可按表 4-3 采用。

表 4-3  混凝土搅拌的最短时间　　　　　　　　　　（s）

| 混凝土坍落度（mm） | 搅拌机机型 | 搅拌机出料量（L） | | |
|---|---|---|---|---|
| | | <250 | 250～500 | >500 |
| ≤40 | 强制式 | 60 | 90 | 120 |
| >40，且<100 | 强制式 | 60 | 60 | 90 |
| ≥100 | 强制式 | 60 | | |

注：1. 当掺有外加剂与矿物掺和料时，搅拌时间应适当延长。
　　2. 采用自落式搅拌机时，搅拌时间宜延长 30s。
　　3. 当采用其他形式的搅拌设备时，搅拌的最短时间也可按设备说明书的规定或经试验确定。

4. 混凝土运输

混凝土自搅拌机卸出后应及时送到浇筑地点。混凝土运输方案的选择，应根据建筑结构特点、混凝土工程量、运输距离、地形、道路和气候条件以及现有设备等综合进行考虑。

1）运输混凝土的基本要求

（1）混凝土在运输过程中，应保持其均匀性和工作性，做到不分层、不离析、不漏浆。混凝土运到浇筑地点时，应具有规定的坍落度，并保证具有充足的时间进行浇筑和振捣。若混凝土到达浇筑地点时已经出现离析或初凝时，必须在浇筑前进行二次搅拌，均匀后，方可入模。已经凝结的混凝土应作为废品，不得用于工程中。

（2）运输混凝土的容器应平整光洁、不吸水、不漏浆，装料前应先用水湿润；在炎热天气或风雨天气，容器上应加遮盖，防止进水或减少水分的蒸发，冬季运输应考虑保温措施。

（3）混凝土应以最少的转运次数和最短的时间从搅拌地点运至浇筑现场，使混凝土在初凝之前浇筑完毕。混凝土从搅拌机卸出后到浇筑完毕的延续时间不宜超过表 4-4 和表 4-5 的规定。

表 4-4  运输到输送入模的延续时间　　　　　　　　　　（min）

| 条件 | 气温 | |
|---|---|---|
| | ≤25℃ | >25℃ |
| 不掺外加剂 | 90 | 60 |
| 掺外加剂 | 150 | 120 |

表 4-5　运输、输送入模及其间歇总的时间限值　（min）

| 条件 | 气温 | |
|---|---|---|
|  | ≤25℃ | >25℃ |
| 不掺外加剂 | 180 | 150 |
| 掺外加剂 | 240 | 210 |

（4）混凝土从运输工具中自由倾倒时，由于骨料的重力克服了物料间的粘聚力，大颗粒骨料明显集中于一侧或底部四周，从而与砂浆分离，即出现离析。当自由倾落高度超过 2m 时，这种现象尤其明显，混凝土将严重离析。为保证混凝土的质量，应根据施工实际情况，采取相应预防措施（图 4-18）。混凝土自高处倾落的自由高度不应超过 2m；否则，应使用串筒、溜槽或振动溜管等工具协助下落，并应保证混凝土出口的下落方向垂直。

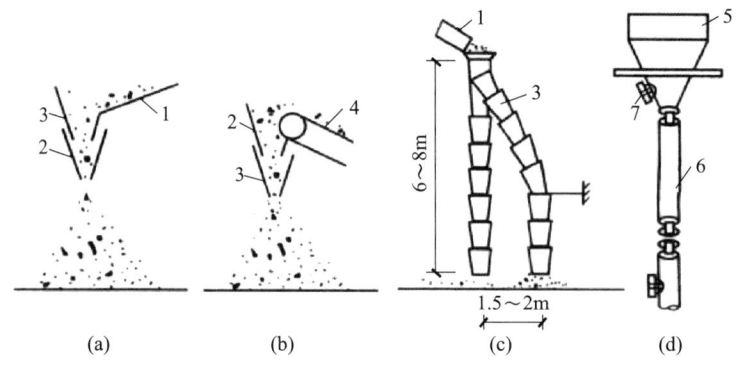

图 4-18　防止混凝土离析的措施
(a) 溜槽运输；(b) 带式运输；(c) 串筒；(d) 振动串筒
1—溜槽；2—挡板；3—串筒；4—带式运输机；5—漏斗；
6—节管；7—振动器

溜槽运输的坡角不宜大于 30°，混凝土移动速度不宜大于 1m/s。如果溜槽的坡度太小，混凝土移动太慢，可在溜槽底部加装小型振动器；当溜槽太斜，或用带式运输机运输，混凝土流动太快时，应在末端设置串筒和挡板，以保证垂直下落和落差高。当混凝土浇筑高度超过 3m 时，应采用成组串筒，串筒的向下垂直输送距离可达 8m。当混凝土浇筑高度超过 8m 时，则应采用带节管的振动串筒，即在串筒上每隔 2~3 根节管安置一台振动器。

2）运输机具

混凝土的运输包括水平运输和垂直运输，运输机具的种类很多，一般可分为间歇式运输机具（如手推车、自卸汽车、机动翻斗车、混凝土搅拌运输车、井架、塔式起重机等）和连续式运输机具（如皮带运输机、混凝土泵等）两类，可根据施工条件进行选用。

（1）手推车和机动翻斗车

二者主要用于短距离水平运输，具有轻巧、方便的特点。手推车容量为 0.07~0.1m³；机动翻斗车容量为 0.4m³，一般与出料容积为 400L 的搅拌机配套使用。

(2) 混凝土搅拌运输车

主要用于长距离运送。它是将搅拌筒安装在汽车底盘上,在运输途中或等候卸料期间,混凝土搅拌筒始终在不停地做慢速转动,从而使混凝土在长途运输后仍不会出现离析现象,以保证混凝土的质量。混凝土搅拌运输车既可以运送拌和好的混凝土拌和料,也可将混凝土干料装入筒内,在运输途中加水搅拌,以减少长途运输引起的混凝土坍落度损失。

(3) 井架和塔式起重机

井架主要用于多层或高层建筑施工中混凝土的垂直运输,由井架、卷扬机、吊盘、自动倾卸吊斗、拔杆和缆风绳组成。其具有构造简单、安拆方便、投资少等优点,起重高度一般为25～40m。塔式起重机是高层建筑施工中垂直和水平运输的主要机械,把它和别的一些浇筑用具配合起来,可很好地完成混凝土的运输任务。

(4) 混凝土泵

利用混凝土泵输送混凝土是混凝土施工中的一项先进技术,也是今后的发展趋势。其工作原理是利用泵体的挤压力将混凝土挤压进管路系统并到达浇筑地点,同时完成水平和垂直运输。它具有可连续浇筑、加快施工进度、缩短施工周期、保证工程质量,适合狭窄施工场所施工,有较高的技术经济效果(可降低施工费用20%～30%)等优点,在高层、超高层建筑,桥梁,水塔,烟囱,隧道和各种大型混凝土结构的施工中应用广泛。

混凝土泵有活塞泵、气压泵和挤压泵等几种类型,而以活塞式应用较多。根据其构造原理不同,活塞泵又分为机械式和液压式两种,常采用液压式。液压式活塞泵按推动活塞的介质不同又分为油压式和水压式两种,而以油压式居多。液压泵可进行逆运转,迫使混凝土在管路中做往返运动,有助于排除管道堵塞和处理长时间停泵等问题。

① 液压活塞泵的工作原理:液压活塞泵基本上是液压双缸式。工作时,将搅拌好的混凝土拌和料装入料斗,吸入端阀门开启,排出端阀门关闭,液压活塞在液压作用下通过活塞杆带动推压混凝土活塞后移,料斗内的混凝土在自重和真空吸力作用下进入混凝土缸。然后,液压系统中压力油的进出方向相反,使活塞向前推压,同时吸入端阀门关闭,排出端阀门打开,混凝土缸中的混凝土在压力作用下通过Y形管进入输送管道,输送到浇筑地点。由于两个缸交替进料和出料,因而能达到混凝土连续输送的目的。

② 活塞式泵的性能:活塞式混凝土泵的规格很多,性能各异,一般以最大泵送距离和单位时间最大输出量作为其主要指标。目前,混凝土泵的最大运输距离:水平运输可达到800m,垂直可达到300m。

③ 移动式混凝土泵:按泵体能否移动,混凝土泵还可分为固定式和移动式。固定式混凝土泵使用时需用其他车辆将其拖至现场,它具有输送能力大,输送高度高等特点。一般最大水平输送距离为250～600m,最大垂直输送高度为150m,输送能力为60m³/h左右,适用于高层建筑的混凝土工程施工。移动式混凝土泵车是将混凝土泵安装在汽车底盘上,根据需要可随时开至施工地点进行作业。此种泵车一般附带装有全回转三段折叠臂架式布料杆,它既可以利用工地配置的管道输送到较远较高的浇筑地点,也可利用随车的布料杆在其回转范围内进行浇筑。移动式混凝土泵车的输送能力一般为80m³/h,在水平输送距离为520m和垂直输送高度为110m时,输送能力为30m³/h。

④ 混凝土输送管道的布置:混凝土输送管道一般用钢管制成,常用的管径主要有

100mm、125mm、150mm等几种;标准管长3m,另有2m和1m长的配套管,并配有90°、45°、30°、15°等不同角度的弯管,以便管道转折处使用。管径选择主要根据混凝土骨料的最大粒径、输送距离、输送高度及其他工程条件来决定。

管道布置时应符合"路线短、弯道少、接头密"的原则。布置水平管道时,应由远到近,先将管道布置到最远的浇筑地点,然后在浇筑过程中逐渐向泵的方向拆管。地面水平管一般是固定的,楼面水平则需每浇筑一层就重新铺设一次。垂直管可以沿建筑物外墙或外柱铺接,也可以利用塔式起重机的塔身设置,垂直管道应在底部设置机座,以防止管道因重力和冲击下沉,并在竖管下部设逆止阀,防止停泵时混凝土倒流。

混凝土泵性能表中标明的垂直与水平距离指的是输送管全为水平管或全为垂直管的最大输送距离,而实际输送管道是由直管、弯管、锥形管、软管等组成,各种管的阻力不同,计算输送距离时,一般需先将这些管道换算成水平直管状态。换算后得到的最大总长度小于该混凝土泵性能表中标明的最大水平输送距离,这样才能满足施工需要,表4-6为参考数据。

表 4-6 输送管水平距离换算

| 项目 | 管径(mm) | 水平换算长度(m) | 项目 | 管径(mm) | 水平换算长度(m) |
|---|---|---|---|---|---|
| 每米垂直管 | 100 | 4 | 每个锥形管 | 125→100 | 20 |
| | 125 | 5 | 90°弯管 | 弯曲半径500 | 12 |
| | 150 | 6 | | 弯曲半径1000 | 9 |
| 每个锥形管 | 175→150 | 4 | 橡胶软管 | 5000~8000 | 30 |
| | 150→125 | 10 | | | |
| | 125→100 | 20 | | | |

5. 混凝土浇筑

1) 浇筑前的准备工作

(1) 根据工程对象、结构特点,结合具体条件,研究制定混凝土浇筑的施工方案。

(2) 准备、检查混凝土施工机具,如搅拌机、运输车、料斗、串筒、振动器等,机具设备要按需要准备充足,并考虑发生故障时的修理时间。

(3) 混凝土浇筑期间,为了防备临时停水停电,事先应在浇筑地点储备一定数量的原材料和人工拌和用的工具,以防止出现意外的施工停歇。

(4) 在混凝土施工阶段,要保证水、电、照明不中断,同时应掌握天气的变化情况,不宜在雨雪天气浇筑混凝土。

(5) 对模板及其支架进行检查,应确保标高、位置尺寸正确,强度、刚度、稳定性及严密性满足要求;模板中的垃圾、泥土和钢筋上的油污等应加以清除;木模板应浇水润湿,但不允许留有积水。

(6) 检查钢筋与预埋件的规格、数量、安装位置以及构件接点连接焊缝是否符合设计和规范要求,并认真做好隐蔽工程记录。

2) 混凝土浇筑的一般要求

(1) 混凝土应在初凝前浇筑,如已有初凝现象,则应再进行一次强力搅拌,恢复流动性后才能入模;如有离析现象,也应重新拌和后才能浇筑。

（2）为防止混凝土浇筑时产生离析，混凝土的自由倾落高度，对于素混凝土或少筋混凝土，由料斗、漏斗进行浇筑时，不应超过2m，对竖向结构（如柱、墙等）浇筑混凝土的高度不超过3m，对于配筋密列或不便捣实的结构，不宜超过600mm，否则应采用串筒、溜槽等下料。

（3）浇筑竖向结构混凝土前，底部应先浇入50～100mm与混凝土成分相同的水泥砂浆，以避免产生蜂窝麻面等缺陷。

（4）混凝土浇筑时的坍落度应符合表4-7中的数值范围，为了使混凝土振捣密实，混凝土必须分层浇筑，其浇筑层的厚度应符合表4-8的规定。

（5）为保证混凝土的整体性，浇筑工作应连续进行。当由于技术或施工组织上的原因必须间歇时，其间歇时间应尽可能缩短，并应在上层混凝土凝结之前，将下层混凝土浇筑完毕。混凝土运输、浇筑和间歇的全部时间应按所用水泥品种及混凝土条件确定，且不超过表4-5的规定，当超过时在该部位应留置施工缝。

**表 4-7　混凝土浇筑时的坍落度**　　　　　　　　　　（单位：mm）

| 结构种类 | 坍落度 |
|---|---|
| 基础或地面等的垫层、无配筋的大体积结构（挡土墙、基础等）或配筋稀疏的结构 | 10～30 |
| 板、梁和大型及中型截面的柱子等 | 30～50 |
| 配筋密列的结构（薄壁、斗仓、筒仓、细柱等） | 50～70 |
| 配筋特密的结构 | 70～90 |

注：1. 本表系采用机械振捣混凝土时的坍落度，当采用人工振捣时，其值可适当增大。
　　2. 当需要配制大坍落度混凝土时，应掺入外加剂。

**表 4-8　混凝土分层振捣的最大厚度**

| 振捣方法 | 混凝土分层振捣最大厚度 |
|---|---|
| 振动棒 | 振动棒作用部分长度的1.25倍 |
| 平板振动器 | 200mm |
| 附着振动器 | 根据设置方式，通过试验确定 |

3）施工缝的设置

由于施工技术和施工组织上的原因，不能连续将结构整体浇筑完成，并且间歇时间预计将超过规定的时间，应预先选定适当的部位设置施工缝。施工缝就是指先浇筑混凝土已凝结硬化、再继续浇筑混凝土的新旧混凝土间的结合面，它是结构的薄弱部位。因此，施工缝的位置应设置在结构受剪力较小且便于施工的部位。受力复杂的结构构件或有防水抗渗要求的结构构件，施工缝留设位置应经设计单位确认。

水平施工缝的留设位置应符合下列规定：

（1）柱、墙施工缝可留设在基础、楼层结构顶面，柱施工缝与结构上表面的距离宜为0～100mm，墙施工缝与结构上表面的距离宜为0～300mm（图4-19）。

（2）柱、墙施工缝也可留设在楼层结构底面，施工缝与结构下表面的距离宜为0～50mm；当板下有梁托时，可留设在梁托下0～20mm（图4-19）。

（3）高度较大的柱、墙、梁以及厚度较大的基础，可根据施工需要在其中部留设水平施工缝；当因改变受力状态而需要调整构件配筋时，应经设计单位确认。

（4）特殊结构部位留设水平施工缝应征得设计单位同意。

垂直施工缝和后浇带的留设位置，应符合下列规定：

（1）有主次梁的楼板施工缝应留设在次梁跨度中间的 1/3 范围内（图 4-20）。

（2）单向板施工缝应留设在平行于板短边的任何位置。

（3）楼梯梯段施工缝宜设置在梯段板跨度端部的 1/3 范围内。

（4）墙的施工缝宜设置在门洞口过梁跨中 1/3 范围内，也可留设在纵横交接处。

（5）后浇带留设位置，应符合设计要求。

（6）特殊结构部位留设垂直施工缝应征得设计单位同意。

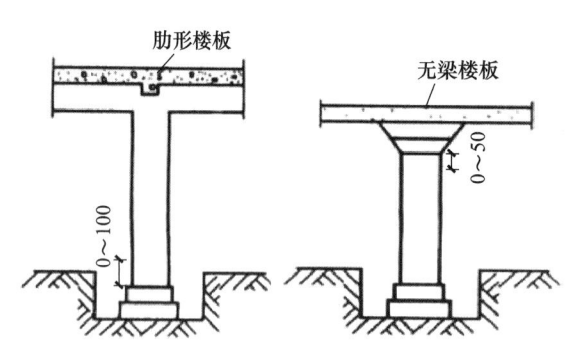

图 4-19 柱施工缝留设位置

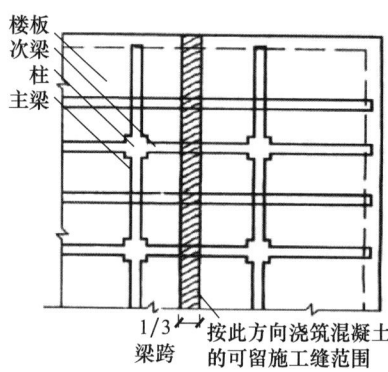

图 4-20 有主次梁楼板施工缝留设位置

（7）承受动力作用的设备基础，不宜留置施工缝，当必须留置时，应征得设计单位同意。

（8）在设备基础的地脚螺栓范围内，水平施工缝必须留在低于地脚螺栓底端处，其距离应大于 150mm；当地脚螺栓直径小于 30mm 时，水平施工缝可以留在不小于地脚螺栓埋入混凝土部分总长度的 3/4 处。垂直施工缝应留在距地脚螺栓中心线大于 250mm 处，并不小于 5 倍螺栓直径。

4）施工缝处混凝土的浇筑

施工缝处开始继续浇筑混凝土的时间不能过早，以免使已凝固的混凝土受到振动而破坏，必须待已浇筑混凝土的抗压强度不小于 1.2MPa 时才可进行。混凝土达到 1.2MPa 强度所需的时间，根据水泥品种、外加剂的种类、混凝土配合比及外界的温度而不同，可通过试块试验确定，也可参照表 4-9。

表 4-9 混凝土达到 1.2MPa 强度所需的时间

| 外界温度（℃） | 水泥品种及强度等级 | 混凝土强度等级 | 时间（h） | 外界温度（℃） | 水泥品种及强度等级 | 混凝土强度等级 | 时间（h） |
|---|---|---|---|---|---|---|---|
| 1～5 | 普通 42.5 | C15 | 48 | 10～15 | 普通 42.5 | C15 | 24 |
| | | C20 | 44 | | | C20 | 20 |
| | 矿渣 32.5 | C15 | 60 | | 矿渣 32.5 | C15 | 32 |
| | | C20 | 50 | | | C20 | 24 |

续表

| 外界温度（℃） | 水泥品种及强度等级 | 混凝土强度等级 | 时间（h） | 外界温度（℃） | 水泥品种及强度等级 | 混凝土强度等级 | 时间（h） |
|---|---|---|---|---|---|---|---|
| 5～10 | 普通42.5 | C15 | 32 | 15以上 | 普通42.5 | C15 | 20以下 |
| | | C20 | 28 | | | C20 | 20以下 |
| | 矿渣32.5 | C15 | 40 | | 矿渣32.5 | C15 | 20 |
| | | C20 | 32 | | | C20 | 20 |

在施工缝处继续浇筑前，为解决新旧混凝土的结合问题，应对已硬化的施工缝表面进行处理，清除表层的水泥薄膜和松动的石子及软弱混凝土层，必要时还要加以凿毛，钢筋上的油污、水泥砂浆及浮锈等杂物也应加以清除；然后用水冲洗干净，并保持充分湿润，且不得积水；在浇筑前，宜先在施工缝处铺一层水泥浆或与混凝土成分相同的水泥砂浆；施工缝处的混凝土振捣时，宜向施工缝处逐渐推进，并于距其80～100cm处停止振捣，细致捣实，使新旧混凝土紧密结合。

5）混凝土结构的浇筑方法

（1）现浇框架结构混凝土浇筑

框架结构的主要构件有基础、柱、梁和楼板等，其中梁、板、柱等构件是沿垂直方向重复出现的，一般按结构层来分层施工。如果平面面积较大，还应分段进行（一般以伸缩缝划分施工段），以便各工序流水作业。在每层每段中，浇筑顺序为先浇筑柱，后浇梁、板。

① 框架柱基础浇筑：柱基础形式多为台阶式，施工时一般按台阶分层一次浇筑完毕，不允许留设施工缝。浇筑时混凝土应先边角后中间，务必使混凝土充满模板，防止一侧倾倒混凝土挤压钢筋造成柱钢筋的位移；各台阶之间最好留有一定时间间隔，以给下面台阶混凝土一段初步沉实的时间，避免上、下台阶之间出现裂缝，也便于上一台阶混凝土的浇筑。

② 柱的浇筑：梁、板模板安装后钢筋未绑扎前浇筑，以便利用梁、板模板做横向支撑和柱子的浇筑操作平台。一排柱子的浇筑应从两端同时向中间推进，以防柱模板在横向推力下向一方倾斜；柱高在3m以下时，可直接从柱顶浇筑混凝土，如果柱高超过3m，断面小于400mm×400mm，并有交叉箍筋时，可在柱模侧面每段不超过2m的高度开口，插入斜溜槽分段浇筑；开始时应先在底部填50～100mm厚与混凝土成分相同的水泥砂浆，以免底部产生蜂窝现象；随着柱子浇筑高度的上升，混凝土表面将积聚大量浆水，因此，混凝土的水灰比和坍落度应随浇筑高度上升予以递减。

③ 梁、板的浇筑：与柱连成整体的梁或板，应在柱浇筑完毕后停歇1～1.5h，使其获得初步沉实，排除泌水，而后再继续浇筑梁或板。

肋形楼板的梁板应同时浇筑，其顺序是先根据梁高分层浇筑成阶梯形，当达到板底位置时即与板的混凝土一起浇筑，而且倾倒混凝土的方向应与浇筑方向相反。当梁的高度大于1m时，可先单独浇梁，并在板底以下20～30mm处留设水平施工缝。

浇筑无梁楼盖时，在柱帽下50mm处暂停，然后分层浇筑柱帽，下料应对准柱帽中心，待混凝土接近楼板底面时再连同楼板一起浇筑。

④ 楼梯的混凝土浇筑：自下而上依次浇筑，当必须留置施工缝时，其位置应在楼梯长度中间的1/3范围内。对于钢筋较密集处，可改用细石混凝土，并加强振捣以保证混凝土密实。应采取有效措施保证钢筋保护层厚度及钢筋位置和结构尺寸的准确，注意施工中不要踩倒负弯矩钢筋。

⑤ 剪力墙浇筑：剪力墙浇筑除按一般规定进行外，还应注意门窗洞口应两侧同时下料，浇筑高差不能太大，以免门窗洞口发生位移或变形。同时，应先浇筑窗台下部，后浇窗间墙，以防窗台下部出现蜂窝孔洞。

(2) 大体积混凝土浇筑

大体积混凝土是指厚度大于或等于1.5m，长、宽较大，施工时水化热引起混凝土内的最高温度与外界温度之差不低于25℃的混凝土结构。一般多为建筑物、构筑物的基础，如高层建筑中常用的整体钢筋混凝土筏板基础、箱形基础、高炉设备基础等。

大体积混凝土结构的施工特点：一是整体性要求较高，一般要求混凝土连续浇筑，不允许留施工缝；二是结构的体量较大，浇筑后的混凝土产生较大的水化热且不易散发，从而形成内外较大的温差，引起较大的温差应力。因此，大体积混凝土施工时，为保证结构的整体性应合理确定混凝土浇筑方案；为保证施工质量应采取有效的技术措施降低混凝土内外温差。

① 浇筑方案的选择：保证混凝土浇筑工作能连续进行，避免留设施工缝，应在下一层混凝土初凝之前将上一层混凝土浇筑完毕。因此，在组织施工时，首先应按式 (4-3) 计算每小时需要浇筑混凝土的数量，也称浇筑强度。

$$V=BLH/(t_1-t_2) \tag{4-3}$$

式中： $V$——每1h混凝土浇筑量 (m³/h)；
 $B$、$L$、$H$——浇筑层的宽度、长度、厚度 (m)；
  $t_1$——混凝土初凝时间 (h)；
  $t_2$——混凝土运输时间 (h)。

根据混凝土浇筑量，计算所需要的搅拌机、运输工具和振动器的数量，并据此拟定浇筑方案和进行劳动组织。大体积混凝土浇筑方案需根据整体性要求、结构大小、钢筋疏密、混凝土供应等具体情况确定，一般有全面分层、分段分层和斜面分层三种浇筑方案（图4-21）。

a. 全面分层：在整个结构内全面分层浇筑混凝土，要做到第一层全面浇筑完毕回来浇筑第二层时，第一层浇筑的混凝土还未初凝，如此逐层进行，直至浇筑完。这种方案适用于结构的平面尺寸不太大的情况，施工时从短边开始，沿长边进行较适宜。必要时也可分两段，从中间向两端或从两端向中间同时进行。

b. 分段分层：如采用全面分层浇筑方案，混凝土的浇筑强度太高，施工难以满足时，则可采用分段分层浇筑方案。它是将结构从平面上分成几个施工段，厚度上分成几个施工层，混凝土从底层开始浇筑，进行一定距离后回来浇筑第二层，如此依次向前浇筑以上各分层。适用于厚度不太大而面积或长度较大的结构。

c. 斜面分层：斜面坡度为1∶3，施工时应从浇筑层的下端开始，逐渐上移，以保证混凝土施工质量。这种方案适用于结构的长度超过厚度3倍的情况。

分层的厚度取决于振动器的长度，也考虑混凝土的供应量大小和可能浇筑量的多少,一般为200～300mm。浇筑混凝土所采用的方法,应使混凝土在浇筑时不发生离析现象。

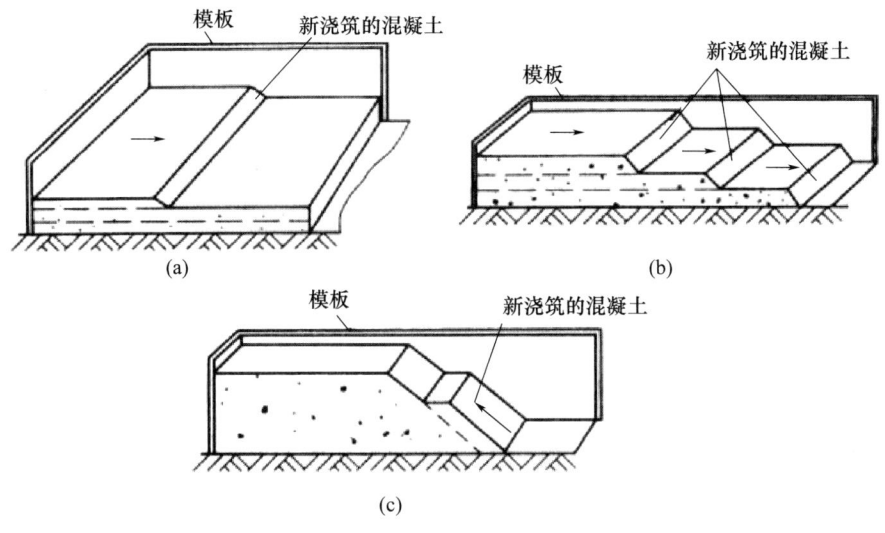

图 4-21 大体积混凝土浇筑方案
(a) 全面分层;(b) 分段分层;(c) 斜面分层

② 防止大体积混凝土产生温差裂缝的措施:大体积混凝土结构截面大,凝结过程中水泥散发的水化热大,因而形成的内外温差较大,易使混凝土产生裂缝。因此,必须采取适当措施:选用水化热较低的水泥;掺缓凝剂或缓凝型减水剂;选择适宜的砂石级配;尽量减少水泥用量;尽量降低每 $1m^3$ 混凝土的用水量;降低混凝土的入模温度;扩大浇筑面和散热面,减小浇筑层厚度和浇筑速度,必要时采用人工导热法,在混凝土内部埋设冷却水管,用循环水来降低混凝土温度;用矿渣水泥或其他泌水性较大的水泥拌制的混凝土,在浇筑完毕后,应及时排除泌水,必要时需要进行二次振捣;加强混凝土保温、保湿养护,严格控制大体积混凝土的内外温差(设计无要求时,温差不宜超过25℃);在混凝土表层以及内部设置若干个温度观测点,加强观测,一旦出现温差大的情况,便于及时处理。

此外,为控制大体积混凝土裂缝的开展,在特殊的情况下可以留后浇带,即在大体积混凝土基础中预留一条后浇的施工缝,将整块混凝土分成两块或若干块浇筑,以有效削减温度收缩应力;待所浇筑的混凝土经一段时间的养护干缩后,再在预留的后浇带中浇筑收缩补偿混凝土,使分块的混凝土连成一个整体。在正常施工条件下,后浇带的间距一般为 20～30m,带宽 1m 左右,混凝土浇筑 30～40d 后用比原结构强度高 5～10MPa 的混凝土填筑,并保持不少于 15d 的潮湿养护。

6. 混凝土的振捣

混凝土入模时呈疏松状,里面含有大量的空洞与气泡,必须采用适当的方法在其初凝前捣实完毕,才能使构件或结构满足使用要求。最常用的方法是振捣法,包括人工振捣和机械振捣。

1) 人工振捣

人工振捣是利用捣棒、插钎等工具的冲击力来使混凝土密实成型。振捣时必须分层浇筑混凝土，每层厚度宜在150mm左右，并应注意布料均匀，每层确保捣实后才能浇筑上一层混凝土；插捣要插匀插全，尤其是主钢筋的下面、钢筋密集处、石子较多处、模板阴角处及施工缝处应特别注意捣实，而且增加振捣次数比加大振捣力效果更好，用木槌敲击模板时，用力要适当，避免造成模板位移。

2）机械振捣

机械振捣是将振动器的振动力以一定的方式传给混凝土，使之发生强迫振动，破坏水泥浆的凝胶结构，降低水泥浆的黏度和骨料之间的摩擦力，提高混凝土拌和物的流动性，使混凝土密实成型。机械振捣混凝土效率高、密实度大、质量好，且能振实低流动性或干硬性混凝土。因此，一般应尽可能使用机械振捣。

混凝土的振捣机械按其工作方式不同，可分为内部振动器、表面振动器、外部振动器和振动台（图4-22）。这些振动机械的构造原理基本相同。

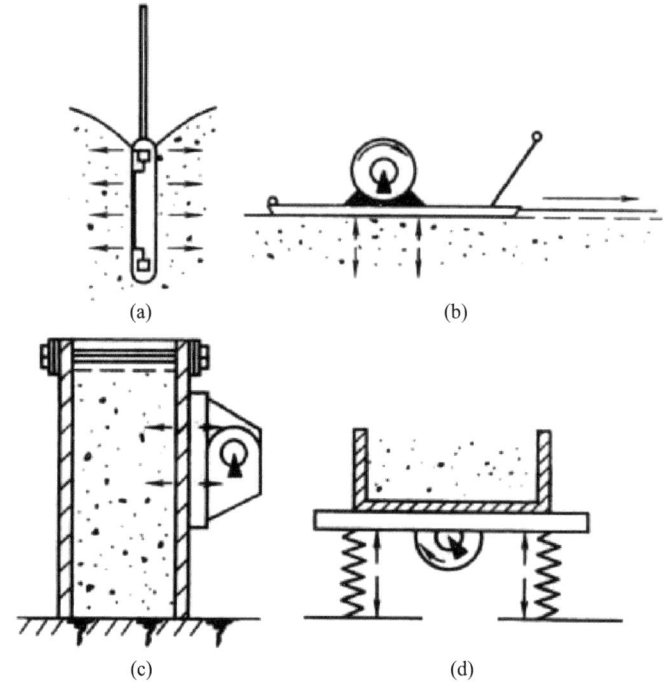

图4-22 振动器原理
(a) 内部振动器；(b) 表面振动器；(c) 外部振动器；(d) 振动台

(1) 内部振动器

内部振动器又称作插入式振动器，它由电动机、软轴和振动棒三部分组成（图4-23），主要是利用偏心锤的高速旋转，使振动设备因离心力而产生振动。工作时依靠振动棒插入混凝土产生振动力而捣实混凝土。插入式振动器是工地用得最多的一种，常用于振实梁、柱、墙等平面尺寸较小而深度较大的构件和体积较大的混凝土。

插入式振动器的振捣方法有垂直振捣和斜向振捣两种，可根据具体情况采用，一般以垂直振捣为多。垂直振捣容易掌握插点距离，控制插入深度（不得超过振动棒长度的1.25倍）；不易产生漏振，不易触及钢筋和模板；混凝土受振后能自然沉实、均匀密实。而斜向振捣是将振动棒与混凝土表面成 40°~45°角插入，操作省力，效率高，出浆快，易于排出空气，不会发生严重的离析现象，振动棒拔出时不会形成孔洞。

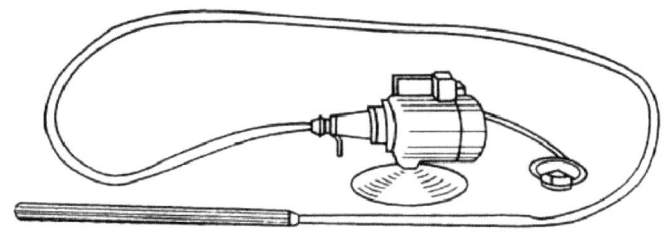

图 4-23　插入式振动器

使用插入式振动器垂直振捣的操作要点是："直上直下，快插慢拔；插点要均布，切勿漏点插；上下要插动，层层要扣搭；时间掌握好，密实质量佳。"

操作要点中，"快插"是为了防止先将混凝土表面振实，与下面混凝土产生分层离析现象；"慢拔"是为了使混凝土填满振动棒抽出时形成的空洞。振动器插点要均匀排列，可采用"行列式"或"交错式"的次序移动，防止漏振（图 4-24）；每次移动两个插点的间距不宜大于振动器作用半径的 1.5 倍（振动器的作用半径一般为 300~400mm）；振动棒与模板的距离不应大于其作用半径的 0.5 倍，并应避免碰撞钢筋、模板、芯管、吊环、预埋件等。为了保证每一层混凝土上下振捣均匀，应将振动棒上下来回抽动 50~100mm；同时还应将振动棒插入下一层未初凝的混凝土中，深度不应小于 50mm。混凝土振捣时间要掌握好，振捣时间过短，不能使混凝土充分捣实；振捣时间过长，则可能产生分层离析；一般每点振捣时间为 20~30s，使用高频振动器时也应大于 10s，以混凝土不下沉、气泡不上升、表面泛浆为准。

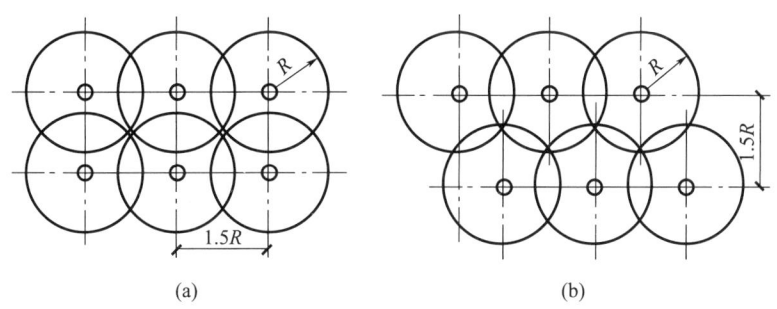

图 4-24　插入式振动器的插点排列
(a) 行列式；(b) 交错式

(2) 表面振动器

表面振动器又称平板振动器，它将一个带有偏心块的电动振动器安置在一块平板上，通过平板与混凝土表面接触而将振动力传给混凝土达到振实的目的。平板可用木板或钢板制成，尺寸依具体需要而定。由于平板振动器是放在混凝土表面进行振捣，其作用深度较小（150~250mm），因此仅适用于表面积大而平整、厚度小的结构构件或预制构件，如楼地面、屋面等。

在振捣中，平板必须与混凝土充分接触，以保证振动力的有效传递。一般在无筋或单筋平板中振实厚度约为200mm，在双筋平板中约为120mm；表面振动器在每一位置应连续振动一定的时间，在正常情况下为25～40s，并以混凝土表面均匀出现浆液为准；移动时应有一定的路线，并保证前后左右相互搭接30～50mm，防止漏振；振动倾斜混凝土表面时，振动应由低向高处推进。

（3）外部振动器

外部振动器又称为附着式振动器，它直接安装在模板外侧的横档或竖档上。利用偏心块旋转时产生的振动力通过模板传递给混凝土，使之振实。附着式振动器体积小、结构简单、操作方便，可以改装成平板式振动器。它的缺点是振动作用的深度小（约250mm），因此仅适用于钢筋较密、厚度较小以及不宜使用插入式振动器的结构和构件，并要求模板有足够的刚度。一般要求混凝土的水灰比也比用内部振动器的大一些。

使用附着式振动器，其间距应通过试验确定，一般间距为1～1.5m；当结构尺寸较大时，可在结构两侧同时安装振动器，待混凝土入模后方可开动振动器，混凝土浇筑高度要高于振动器安装部位；混凝土振成一个水平面并不再出现气泡时，即可停止振动，振动时间必要时应通过试验确定；振动器开动后应随时观察模板的变化，以防移位或漏浆。

（4）振动台

振动台是一个支承在弹性支座上的工作平台，在平台下面装有振动机构。当振动机构运转时，即带动工作台做强迫振动，从而使在工作台上制作构件的混凝土得到振实。振动台是生产效率较高的一种设备，是预制构件常用的振动机械。

7. 混凝土养护

混凝土成型后应及时进行养护，以保证水泥水化作用能正常进行，达到设计要求的强度，并防止收缩裂缝产生。养护的目的是为混凝土硬化创造所需的湿度、温度条件，防止水分过早蒸发或冻结，以及防止混凝土强度降低和出现收缩裂缝、剥皮起砂等现象。混凝土强度达到1.2MPa前，不得在其上踩踏或安装模板及支架，以确保混凝土质量。

混凝土养护方法常用的主要有：自然养护、加热养护和蓄热养护。其中蓄热养护多用于冬期施工，而加热养护除用于冬期施工外，还常用于预制构件养护。

1）自然养护

自然养护是指在自然气温条件下（平均气温高于5℃），对混凝土采取的覆盖、浇水润湿、挡风保温等养护措施。自然养护又分为覆盖浇水养护和塑料薄膜养护两种。

（1）覆盖浇水养护

混凝土浇筑完毕后，根据外界气温，一般应在混凝土浇筑完毕后3～12h内用草帘、芦席、麻袋、锯末、湿土和湿砂等适当材料将混凝土予以覆盖，并经常浇水（当日平均气温低于5℃时不得浇水）保持湿润。混凝土浇水养护的时间，对硅酸盐水泥、普通水泥和矿渣水泥拌制的混凝土不得少于7个昼夜；掺用缓凝型外加剂或有抗渗性要求的混凝土，不得少于14个昼夜；当采用其他品种水泥时，养护时间应根据所采用水泥的技术性能确定；浇水次数以能保持混凝土具有足够的湿润状态为宜，养护用水应与拌制用水相同。一般气温在15℃以上时，在混凝土浇筑后最初3个昼夜中，白天至少每3h浇水一次，夜间也应浇水两次；在以后的养护中，每昼夜应浇水 3 次左右；在干燥气候条件下，浇水次数应适当增加。

对大体积混凝土的养护，应根据气候条件按施工技术方案采取控温措施；对大面积结构，如地坪、楼屋面板等可采用蓄水养护；对于储水池一类工程可于拆除内模、混凝土达到一定强度后注水养护；对于一些地下结构或基础，可在其表面涂刷沥青乳液或用土回填以代替洒水养护。

（2）塑料薄膜养护

此方法以塑料薄膜为覆盖物，使混凝土与空气隔绝，水分不再被蒸发，水泥靠混凝土中的水分完成水化作用而凝结硬化。采用塑料薄膜养护的混凝土，其敞露的全部表面应覆盖或涂刷严密，并应保持塑料布内有凝结水。塑料薄膜养护有两种做法。

① 直接覆盖法是将塑料薄膜直接覆盖在混凝土构件上，最好是用两层薄膜，下层用黑色的，上层用透明的，周围压严，以达到不用浇水也能保持湿度并提高养护温度的目的。这种方法较覆盖浇水养护混凝土，养护温度可提高 10～20℃。

② 喷洒塑料薄膜养护剂法是将塑料溶液喷洒在混凝土表面上，待溶液挥发后，在混凝土表面结合成一层塑料薄膜，使混凝土表面与空气隔绝，封闭混凝土中的水分不再被蒸发，而完成水化作用。这种养护方法一般适用于表面积大的混凝土施工或浇水养护困难的情况。

常用塑料薄膜养护剂有氯乙烯-偏氯乙烯养护剂和过氯乙烯树脂薄膜养护剂。

喷洒主要设备有空压机、高压容罐，喷具可用喷漆枪或农药枪。喷洒时压力以空压机工作压力 0.4～0.5MPa、容罐压力 0.2～0.3MPa 为宜。压力过小不易形成雾状，压力过大则会破坏混凝土表面，喷洒时喷头以离混凝土表面 50cm 为宜。

喷洒时间应视混凝土泌水蒸发情况而定，表面不见浮水，手指轻按无指痕时即可喷洒。若喷洒过早，会影响塑料薄膜与混凝土表面结合；过迟则会影响混凝土强度。喷洒厚度以 $2.5m^2/kg$ 为宜，厚度要均匀一致。薄膜形成后严禁在上面行走或划破表面薄膜，如有损坏应立即补救。

喷洒塑料薄膜养护的缺点是 28d 混凝土强度偏低 8% 左右；同时由于成膜很薄，起不到隔热防冻的作用，故夏季薄膜成型后要加防晒设施（不少于 24h），否则易发生丝状裂缝。

自然养护成本低、效果好，但养护期长。为了缩短养护期，提高模板的周转率和场地利用率，一般生产预制构件时，用加热养护。

2）加热养护

加热养护是通过对混凝土加热来加速其强度的增长。加热养护的方法很多，常用的有蒸汽室养护等。

蒸汽室养护就是将混凝土构件放在充有蒸汽的养护室内，使混凝土在较高温湿度条件下，迅速达到要求的强度。蒸汽养护过程分为静停、升温、恒温和降温四个阶段。

静停阶段是将浇筑成型的混凝土放在室温条件下静停 2～6h，以增强混凝土对升温阶段结构破坏作用的抵抗力，避免蒸汽养护时在构件表面出现裂缝和疏松现象。

升温阶段就是通入蒸汽，使混凝土原始温度上升到恒温温度的过程。升温速度不宜太快，以免混凝土内外温差过大产生裂缝，一般控制在 10～25℃/h。

升温至要求的温度后,保持温度不变的持续养护时间为恒温阶段。恒温阶段是混凝土强度增长最快的阶段。恒温的温度与水泥品种有关,对普通水泥一般不超过80℃,矿渣水泥和火山灰水泥可提高到90~95℃。如温度再高,虽然可使混凝土硬化速度加快,但会降低其后期强度。因此恒温时间一般为5~8h,且应保持90%~100%的相对湿度。

降温阶段是指混凝土构件由恒温温度降至常温的时间。降温速度也不宜过快,否则混凝土会产生表面裂缝。一般情况下,构件厚度在100mm左右时,降温速度为20~30℃/h;构件出室时的温度与室外气温相差不得大于40℃;当室外气温为负温时,不得大于20℃。

目前常用的蒸汽养护室形式有坑式、折线形隧道式和立式等几种。

8. 混凝土强度检验

混凝土质量检查包括施工中检查和施工后检查。施工中检查主要是对混凝土拌制和浇筑过程中所用材料的质量、用量、搅拌地点和浇筑地点的坍落度等的检查。在每一工作班内不少于一次;当混凝土配合比由于外界影响有变动时,应及时检查;对混凝土的搅拌时间也应随时检查。施工后检查主要是对已完工混凝土的外观质量检查及强度检验。对有抗冻性、抗渗性要求的混凝土,还应进行相应性能的检查。以下主要介绍混凝土强度检验。

混凝土强度检验主要是抗压强度的检验。结构混凝土的强度等级必须符合设计要求。因此,混凝土强度检验的主要目的就是将检验结果作为评定结构或构件是否达到设计混凝土强度等级的依据,这时应采用标准试件的混凝土强度;同时,也为结构构件的拆模、出池、出厂、吊装、张拉及施工期间的临时负荷确定混凝土的实际强度,这时应采用与结构构件同条件养护的标准试件的混凝土强度。

1) 试件的留置

用于检查结构构件混凝土强度的试件,应在混凝土的浇筑地点随机抽取;取样与试件留置应符合下列规定:

(1) 每拌制100盘且不超过100m³的同配合比的混凝土,取样不得少于一次。

(2) 每工作班拌制的同一配合比的混凝土不足100盘时,取样不得少于一次。

(3) 当一次连续浇筑超过1000m³时,同一配合比的混凝土每200m³取样不得少于一次。

(4) 每一楼层、同一配合比的混凝土,取样不得少于一次。

(5) 每次取样应至少留置一组标准养护试件,同条件养护试件的留置组数应根据实际需要确定。

2) 每组试件的强度

每组3个试件应在浇筑地点制作,在同盘混凝土中取样,并按下列规定确定该组试件的混凝土强度代表值:

(1) 一般取3个试件强度的算术平均值。

(2) 当3个试件强度中的最大值和最小值之一与中间值之差超过中间值的15%时,取中间值。

(3) 当3个试件强度中的最大值和最小值与中间值之差均超过中间值的15%时,

该组试件作废，不应作为强度评定的依据。

3）同一验收批的强度

混凝土强度应分批进行验收。同一验收批的混凝土应由强度等级相同、生产工艺和配合比基本相同的混凝土组成。对现浇结构构件，还应按单位工程的验收项目划分验收批，每个验收项目应按《建筑工程施工质量验收统一标准》（GB 50300）确定。对同一验收批的混凝土强度，应以同批内标准试件的全部强度代表值来评定。

（1）混凝土的生产条件在较长时间内能保持一致，且同一品种混凝土的强度变异性能保持稳定时，应由连续的 3 组试件代表一个验收批，其强度应同时满足下列要求：

$$m_{f_{cu}} \geqslant f_{cu,k} + 0.7\sigma_0$$
$$f_{cu,min} \geqslant f_{cu,k} - 0.7\sigma_0$$

当混凝土强度等级不高于 C20 时：

$$f_{cu,min} \geqslant 0.85 f_{cu,k}$$

当混凝土强度等级高于 C20 时：

$$f_{cu,min} \geqslant 0.90 f_{cu,k}$$

式中：$m$——同一验收批混凝土强度的平均值（MPa）

$f_{cu,k}$——设计的混凝土强度标准值（MPa）；

$\sigma_0$——验收批混凝土强度的标准差（MPa）

$f_{cu,min}$——同一验收批混凝土强度的最小值（MPa）。

$\sigma_0$ 应根据前一检验期内同一品种混凝土试件的强度数据，按式（4-4）确定：

$$\sigma_0 = \frac{0.59}{m} \sum_{i=1}^{m} \Delta f_{cu,i} \tag{4-4}$$

式中：$\Delta f_{cu,i}$——前一检验期内第 $i$ 验收批混凝土试件中强度最大值与最小值之差；

$m$——前一检验期内验收批总批数。

每个检验期持续时间不应超过 3 个月，且在检验期内验收批总批数不得少于 15 组。

（2）混凝土的生产条件不能满足上述规定，或在前一检验期内的同一品种混凝土无足够的强度数据用以确定验收批混凝土强度标准差时，应由不小于 10 组的试件代表一个验收批，其强度应同时符合下列要求：

$$m_{f_{cu}} - \lambda_1 S_{f_{cu}} \geqslant 0.9 f_{cu,k} \tag{4-5}$$
$$f_{cu,min} \geqslant \lambda_2 f_{cu,k} \tag{4-6}$$

式中：$S$——验收批混凝土强度的标准差（MPa）；

$\lambda_1$、$\lambda_2$——合格判定系数，按表 4-10 取用。

验收批混凝土强度的标准差应按下式计算：

$$S_{f_{cu}} = \sqrt{\frac{\sum_{i=1}^{n} f^2_{cu,i} - n m^2_{f_{cu}}}{n-1}}$$

式中：$f_{cu,i}$——验收批内第 $i$ 组混凝土试件的强度值（MPa）；

$n$——验收批内混凝土试件的总组数。

当 $S_{f_{cu}}$ 的计算值小于 $0.06 f_{cu,k}$ 时，取 $S_{f_{cu}} = 0.06 f_{cu,k}$。

表 4-10　合格判定系数

| 试件组数 | 10～14 | 15～24 | ≥25 |
|---|---|---|---|
| $\lambda_1$ | 1.70 | 1.65 | 1.60 |
| $\lambda_2$ | 0.90 | 0.85 | |

（3）零星生产的预制构件的混凝土或现场搅拌批量不大的混凝土，可采用非统计方法评定。此时验收批混凝土强度必须同时满足下列要求：

$$m_{fcu} \geqslant 1.15 f_{cu,k} \quad (4-7)$$

$$f_{cu,min} \geqslant 0.95 f_{cu,k} \quad (4-8)$$

4）混凝土结构实体检验

对涉及混凝土结构安全的重要部位应进行结构实体检验，检验的内容包括混凝土强度、钢筋保护层厚度以及工程合同约定的项目。对混凝土强度的检验，应以在混凝土浇筑地点制备并与结构实体同条件养护的试件强度为依据。混凝土强度检验用同条件养护试件的留置、养护和强度代表值应符合下述两个要求：

（1）试件留置、养护

同条件养护试件的留置、养护方式和取样数量，应符合以下要求：①同条件养护试件所对应的结构构件或结构部位，应由监理（设计）、施工等各方共同选定；②对应混凝土结构工程中的各混凝土强度等级，均应留置同条件养护试件；③同一强度等级的同条件养护试件，其留置的数量应根据混凝土工程量和重要性确定，不宜多于 10 组，且不应少于 3 组；④同条件养护试件拆模后，应放置在靠近相应结构构件或部位的适当位置，并应采取相同的养护方法。

（2）强度代表值

同条件养护试件应在达到等效养护龄期时进行强度试验。等效养护龄期应根据同条件养护试件强度与在标准养护条件下 28d 龄期试件强度相等的原则确定。

等效养护龄期可取按日平均温度逐日累计达到 600℃·d 时所对应的龄期，0℃ 以下的龄期不计入；等效养护龄期不应小于 14d，也不宜大于 60d。

同条件养护试件的强度代表值应根据强度试验结果按前述方法确定后，乘折算系数取用；折算系数宜取为 1.10，也可根据当地的试验统计结果作适当调整。

当对混凝土试件强度的代表性有怀疑时，可采用非破损检验方法（如回弹法、超声法等）或从结构、构件中钻取芯样的方法，按国家现行有关标准的规定，对结构构件中的混凝土强度进行推定，作为是否应进行处理的依据，但非破损检验绝不能代替混凝土标准试件来做混凝土强度的合格评定。当采用钻芯检验时，其取样应在结构或构件受力较小，避开主筋、预埋件和管线，便于钻芯机安装与操作的部位。对高度和直径均为 100mm 或 150mm 芯样试件抗压强度值，可直接用以作为边长为 150mm 立方体试件的混凝土抗压强度。对薄壁构件及钻取芯样对整个结构物安全有影响时，不能采用此法。

## 任务 4-3　钢筋工程

【工作任务】在钢筋加工阶段，应根据施工图纸和相关规范，对钢筋进行切割、弯

## 项目 4 混凝土结构工程

曲、调直等操作。这个过程中,应确保钢筋加工的尺寸精度和形状符合设计要求,同时也要注意防止钢筋损伤和锈蚀。钢筋连接是钢筋工程的关键环节,常用的连接方式有焊接、机械连接和绑扎等。选择合适的连接方式应根据具体情况而定,比如钢筋的直径、施工条件等。钢筋安装是将加工好的钢筋按照设计要求进行固定和定位的过程。在安装过程中,应严格按照施工图纸和相关规范进行,确保钢筋的位置、间距、数量等符合要求。

**【知识准备】**钢筋材料是钢筋工程的基础,因此,对其质量和规格的检验至关重要。应确保钢筋材料的质量证书齐全,并对钢筋的型号、规格、数量等进行核对,以确保与施工图纸和相关规范相符。同时,还需对钢筋进行力学性能检验,以确保其满足设计要求。

**【任务实施】**

1. 钢筋的种类与验收

1) 钢筋的种类

钢筋的种类很多,按外形分为光圆钢筋、带肋钢筋;按生产工艺分为热轧钢筋、冷加工钢筋(冷轧带肋钢筋、冷轧扭钢筋、冷拉钢筋、冷拔钢丝)、消除应力钢丝、钢绞线、余热处理钢筋等;按强度等级分为 300 级、335 级、400 级、500 级钢筋;按直径分为钢丝($\phi 3 \sim 5$mm)、细钢筋($\phi 6 \sim 10$mm)、中粗钢筋($\phi 12 \sim 20$mm)、粗钢筋($>\phi 20$mm)。

普通混凝土钢筋常采用热轧光圆钢筋、热轧带肋钢筋及热处理钢筋。

热轧钢筋的种类见表 4-11。

**表 4-11 热轧钢筋的种类及符号**

| 牌号 | 公称直径 $d$(mm) | 屈服强度 $f_{yk}$(MPa) |
| --- | --- | --- |
| HPB300 | 6~22 | 300 |
| HRB335<br>HRBF335 | 6~50 | 335 |
| HRB400<br>HRBF400<br>RRB400 | 6~50 | 400 |
| HRB500<br>HRBF500 | 6~50 | 500 |

钢筋牌号中各字母的意义:H 表示生产工艺为热轧(hotrolled);R 表示余热处理(remained heattrea tment);P 表示性质为光圆(plain);B 代表钢筋(bar);R 表示形状为带肋(ribbed);F 表示细晶粒(fine);数字表示屈服强度。

HRB400 级钢筋是我国钢筋混凝土结构的主导种类。HRB400 级钢筋,加入了微合金元素(钒、铌、钛等),采用微合金化处理,屈服点在 400MPa 以上,抗拉强度在 540MPa 以上,比Ⅱ级螺纹钢筋提高了 20%,而价格增加不多。这种钢筋不但强度高,而且性能稳定,有较好的延性,焊接性能好,抗震性能好,施工方便。因此,HRB400 级钢筋已作为高效钢筋被重点推广应用。

2) 钢筋的验收

钢筋进场应具有出厂质量证明书或试验报告,并按品种批号及直径分批验收,每批重量热轧钢筋不超过60t，钢绞线为20t，验收内容包括钢筋标牌和外观检查，并按有关规定取样进行机械性能试验。外观检查要求热轧钢筋表面不得有裂缝、结疤和折叠，表面凸块不得超过横肋的最大高度，外形尺寸应符合规定；钢绞线要求其表面不得有折断、横裂和相互交叉的钢丝，表面无润滑剂、油渍和锈坑；对冷轧扭钢筋要求其表面光滑，不得有裂纹、折叠夹层等，也不得有深度超过0.2mm的压痕或凹坑、轧制规格尺寸应符合规定。做机械性能试验时，热轧钢筋、钢绞线、冷轧扭钢筋应从每批外观尺寸检查合格的钢筋中任选两根，每根取两个试件分别进行拉力试验（包括屈服点、抗拉强度和伸长率的测定）和冷弯或反弯次数试验。如有一项试验结果不符合规定，则应从同一批钢筋另取双倍数量的试件重做各项试验，如果仍有一个试件不合格，则该批钢筋视为不合格品，应不予验收或降级使用。

钢筋在加工使用中如发现焊接性能或机械性能不良，还应进行化学成分分析，检验有害成分如硫（S）、磷（P）、砷（As）的含量是否超过规定范围。

进场后钢筋在运输和储存时，不得损坏标志，应严格按批分等级、牌号、直径、长度等分别挂牌堆放，并标明数量；应避免锈蚀和污染，要进行防潮和防雨处理。

2. 钢筋的加工

钢筋一般在钢筋车间或工地的钢筋加工棚内加工，钢筋加工包括调直、除锈、下料切断、冷拉、冷拔、弯曲成型等工作。

（1）钢筋的调直

钢筋的调直可采用冷拉调直、调直机调直、锤直或扳直等方法。采用冷拉方法调直钢筋时，HPB300级钢筋的冷拉率不宜大于4%，HRB335级、HRB400级、HRB500级、HRBF400级、RRB400级及HRBF500级钢筋的冷拉率不宜大于1%。

（2）钢筋的除锈

钢筋的表面应洁净，油渍、漆污和用锤敲击时能剥落的浮皮、铁锈等应在使用前清除干净。在焊接前，焊点处的水锈应清除干净。钢筋的除锈，一般可通过以下两个途径进行：一是在钢筋冷拉或钢筋调直过程中除锈，对大量钢筋的除锈较为经济、省力；二是用机械方法除锈，如采用电动除锈机除锈，对钢筋的局部除锈较为方便。此外，还可采用手工除锈（用钢丝刷、砂盘）、喷砂除锈，要求较高时还可采用酸洗除锈等。

（3）钢筋下料切断

钢筋下料切断可采用钢筋切断机或手动液压切断器进行切断。钢筋下料切断将同规格钢筋根据不同长度长短搭配，统筹排料，一般应先断长料，后断短料，减少短头，减少损耗。在切断过程中，如发现钢筋有劈裂、缩头或严重的弯头等，必须切除；如发现钢筋的硬度与该钢种有较大的出入，应及时向有关人员反映，查明情况。钢筋的断口不得有马蹄形或起弯等现象。

（4）钢筋冷拉

钢筋冷拉是将钢筋在常温下张拉到超过屈服强度而低于强度极限后卸荷，完成时效后，其强度得到提高，塑性有所降低的过程。

（5）钢筋冷拔

钢筋冷拔就是在常温下将钢筋强力拉过比其直径小0.5~1.0mm的模孔，可以达到大幅度提高强度的目的，但其塑性也显著减低，没有明显的屈服阶段。

(6) 钢筋弯曲

钢筋弯曲时，应按弯曲设备的特点及工地习惯在钢筋上进行画线，以便弯曲为所设计的（外包）尺寸。当弯曲比较复杂的钢筋时，可先放出实样，再进行弯曲。钢筋弯曲宜在弯曲机上进行，有时小直径钢筋也可采用扳钩弯曲。钢筋弯曲机工作盘中心的心轴取决于钢筋的弯曲直径，挡轴外加轴套调节钢筋的间隙，当钢筋按所画标记卡好后，可开动弯曲机进行弯曲。

3. 钢筋的连接

钢筋的连接方式有焊接连接、机械连接和绑扎连接。

1）焊接连接

钢筋采用焊接代替绑扎，可节约钢材，改善结构受力性能，提高工效，降低成本。钢筋焊接常用的方法有对焊、点焊、电弧焊、电渣压力焊和气压焊。

(1) 对焊

对焊是钢筋接触对焊的简称。对焊具有成本低、质量好、工效高，并对各种钢筋均能适用的特点，因而得到普遍的应用。

对焊是利用对焊机使两段钢筋接触，通过低电压强电流，把电能转化为热能，将钢筋加热到一定温度后，施以轴向压力顶锻，使两根钢筋焊合在一起。钢筋对焊常用闪光焊。根据钢筋品种、直径和所用焊机功率不同，闪光焊的工艺又分为连续闪光焊、预热闪光焊、闪光-预热-闪光焊。

① 连续闪光焊。

连续闪光焊的工艺过程包括连续闪光和顶锻过程，即先将钢筋夹在焊机电极钳口上（钢筋与电极接触处应清除锈污，电极内应通入循环冷却水），然后闭合电源，使两端钢筋轻微接触，由于钢筋端部凹凸不平，开始仅有一点或数点接触，接触面很小，故电流密度和接触电阻很大，接触点很快熔化，形成"金属过梁"；过梁进一步加热，产生金属蒸气飞溅，形成闪光现象，而后徐徐移动钢筋，保持接头轻微接触，形成连续闪光过程，同时接头也被加热，直至接头端面烧平、杂质闪掉、接头熔化后，随即施加适当的轴向压力迅速顶锻。在焊接过程中，由于闪光的作用，空气不能进入接头处，同时又闪去接口中原有杂质的氧化膜，通过挤压，把已熔化的氧化物全部挤出，因而接头质量得到保证。

② 预热闪光焊（断续闪光-闪光-顶锻）。

由于连续闪光焊焊接大直径钢筋受到一定限制，为了发挥焊机效用，对于直径为25mm以上且端面较平整的钢筋，则可采用预热闪光焊。这种方法是在连续闪光焊接之前，增加一次预热过程，以扩大焊接热影响区，即在闭合电源后使两钢筋端面交替地接触和分开，这时在钢筋端面的间隙中即发出断续的闪光，而形成预热过程，当钢筋达到预热温度后，随即进行连续闪光和顶锻。

③ 闪光-预热-闪光焊（断续闪光-闪光-顶锻）。

此焊接工艺在预热闪光焊前再增加一次闪光过程，使预热均匀。采用这种工艺焊接钢筋时，其操作要点为：一次闪光，闪平为准；预热充分，频率较高（3～5次/s）；二次闪光，短、稳、强烈；顶锻过程快速有力。闪光-预热-闪光焊比较适合焊接直径大于25mm且端面不够平整的钢筋，这是对焊中最常用的一种方法。

④ 通电热处理。

对于 RRB400 钢筋中焊接效果较差的钢筋，如 44MnSi 及 40Si$_2$V 等高强度钢筋，宜用强电流连续闪光焊、预热闪光焊或闪光-预热-闪光焊，焊后淬硬倾向大还应进行通电热处理，以改善接头金属组织和塑性。

通电热处理的方法是：焊毕松开夹具，将两钳口调至最大距离，重新夹住钢筋，使接头处于中心位置，以利于均匀加热；待接头降至暗黑色（焊后停 20～30s），即进行脉冲式通电热处置（频率 2 次/s）；当加热至 750～850℃，钢筋表面呈橘红色并有微小的气化斑出现时通电结束；随后在空气中自然冷却。

⑤ 焊接参数。

为了获得良好的对焊接头，应合理选择恰当的焊接参数。闪光对焊工艺参数包括调伸长度、闪光留量、闪光速度、顶锻留量、顶锻速度、顶锻压力及变压器级次。采用预热闪光焊时还要包括预热留量与预热频率等参数。

不同直径钢筋焊接时，截面比不宜超过 1.5，钢筋对焊完毕，应对全部接头进行外观检查，并按批切取部分接头进行机械性能试验。

外观检查要求：接头表面无裂纹和明显烧伤；接头应有适当微粗的均匀的毛刺；接头如有弯折，其角度不得大于 4°；接头轴线的偏移不应大于 0.1d，也不应大于 2mm。外观检查不合格的接头，可将距接头左右各 15mm 处切除重焊。

对焊接头机械性能的试验，应按同一类型分批进行，每批切取数为总焊接接头数的 6%，但不得少于 6 个试件，其中 3 个做抗拉试验，3 个做冷弯试验。接头试件抗拉强度实测值不应小于钢筋母材的抗拉强度规定值且断于接头以外处。对于冷弯试验，应做正弯试验和反弯试验。冷弯不应在焊缝处或热影响区断裂，否则不论强度多高均不合格；冷弯也不允许有裂纹出现。

(2) 点焊

在各种预制构件中，利用点焊机进行交叉钢筋焊接，使单根钢筋形成各种网片、骨架，以代替人工绑扎，是实现生产机械化、提高工效、节约劳动力和材料（钢筋端部不需弯钩）、保证质量、降低成本的一种有效措施，而且采用焊接骨架和焊接网，可使钢筋在混凝土中更好地锚固，可提高构件的刚度和抗裂性，因此钢筋骨架成型应优先采用点焊。

点焊的工作原理如图 4-25 所示，就是将已除锈的钢筋交叉点放在点焊机的两电极间，使钢筋通电发热至一定温度后，加压使焊点金属焊合。当圆钢筋交叉点焊时，由于只有一个接触点，而在接触处有较大的接触电阻，因此，在接触的瞬间，全部热量都集中在这一点上，使金属很快受热达到熔化连接的温度。

为了保证点焊质量，必须正确选择点焊工艺规范，其主要参数如电流强度、通电时间、电极压力等。按照电流大小和通电时间长短，焊接参数分为强参数和弱参数两种。强参数的电流较大（120～360A/mm$^2$，指焊接电流与焊接点面积之比，其面积可采用交叉钢筋中小钢筋的断面面积），通电时间极短（0.1～0.5s）；弱参数的电流较低（80～160A/mm$^2$），通电时间长（半秒至数秒）。强参数的经济效果好，但需要大功率的点焊机。故在点焊热轧钢筋时，除钢筋直径大、焊机功率不足、需采用弱参数外，一般宜采用强参数，以提高生产效率。当点焊含碳量高、可焊性差的钢筋时，更宜强参数，以保证焊接质量；点焊冷处理钢筋时，必须用强参数，以免因焊接升温而丧失冷加工获得的强度。

不同直径钢筋点焊时,在小钢筋直径小于 10mm 时,大小钢筋直径之比不宜大于 3;在小钢筋直径为 12~14mm 时,不宜大于 2。同时焊接时应根据小直径钢筋选择焊接参数。为使焊点有足够的抗剪能力,焊点处钢筋互相压入的深度为细钢筋直径的 1/4~2/5。

钢筋焊点的外观检查应无脱落、漏焊、气孔、裂缝、空洞以及明显烧伤现象。焊点处应挤出饱满而均匀的熔化金属,并应有适量的压入深度;焊接网的长、宽及骨架长度的允许偏差为±10mm;焊接骨架高度允许偏差为±5mm;网眼尺寸及箍筋间距允许偏差为±10mm。焊点的抗剪强度不应低于小钢筋的抗拉强度;抗拉试验时,不应在焊点处断裂;弯角试验时,不应有裂纹。

(3)电弧焊

电弧焊的工作原理如图 4-26 所示,即电焊时,电焊机送出低压的强电流,使焊条与焊件之间产生高温电流,将焊条与焊件金属熔化,凝固后形成一条焊缝。电弧焊应用较广,如整体式钢筋混凝土结构中钢筋接长、装配式钢筋接头、钢筋骨架焊接及钢筋与钢板的焊接等。钢筋电弧焊的接头形式主要有搭接接头、帮条接头、坡口(剖口)接头、钢筋与预埋件接头 4 种。

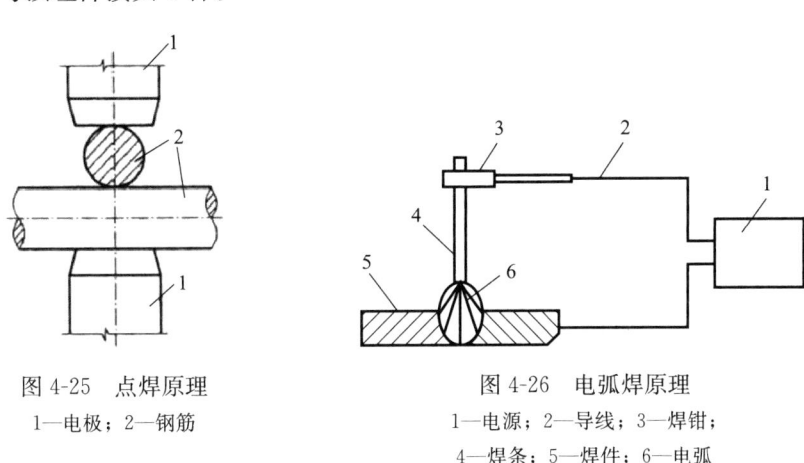

图 4-25 点焊原理
1—电极;2—钢筋

图 4-26 电弧焊原理
1—电源;2—导线;3—焊钳;
4—焊条;5—焊件;6—电弧

① 搭接接头。

焊接时,先将主钢筋的端部按搭接长度预弯,使被焊钢筋与其在同一轴线上,并采用两端点焊定位,焊缝宜采用双面焊,当双面焊有困难时,也可采用单面焊。

② 帮条接头。

帮条钢筋宜与主筋同级别、同直径,如帮条与被焊接钢筋的级别不相同,还应按钢筋的计算强度进行换算。所采用帮条的总截面面积应满足:当被焊接钢筋为 HPB300 级钢筋时,应不小于被焊接钢筋截面的 1.2 倍;当焊接钢筋为 HRB335 级、HRB400 级钢筋时则应不小于 1.5 倍。主筋端面间的间隙为 2~5mm,帮条和主筋间用四点对称定位焊接加以固定。钢筋搭接接头与帮条接头焊接时,焊缝厚度应不小于 $0.3d$,且大于 4mm;或焊缝宽度不小于 $0.7d$,且不小于 10mm。

③ 坡口(剖口)接头。

坡口接头焊接分平焊和立焊,如图 4-27 所示。当焊接 HRB400 级、RRB400 级钢筋时,应先将焊件进行加温处理。坡口接头较前两种接头要节约钢材。

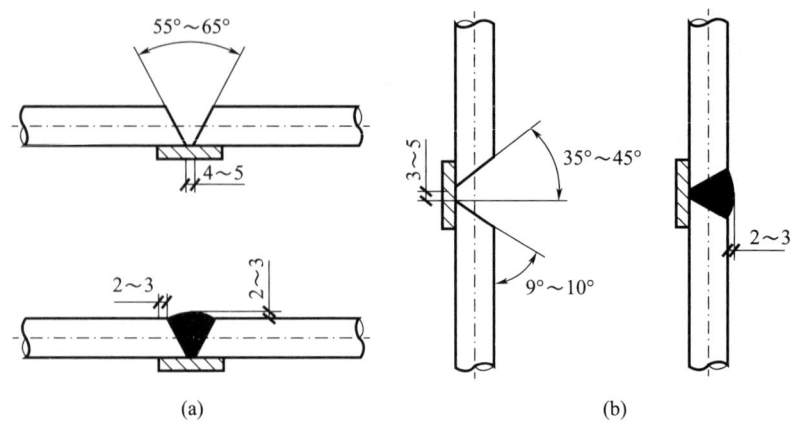

图 4-27 钢筋坡口接头
(a) 坡口平焊；(b) 坡口立焊

④ 钢筋与预埋件接头。

钢筋与预埋件接头可分对接接头和搭接接头两种。对接接头又分为角焊和穿孔塞焊。如图 4-28 所示，当钢筋直径为 6~25mm 时，可采用角焊；当钢筋直径为 20~30mm 时，宜采用穿孔塞焊。对于 HPB300 级钢筋，角焊缝焊脚 $K$ 不小于钢筋直径的 50%~60%。

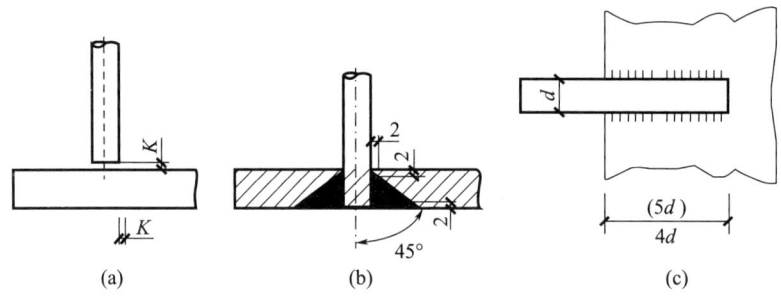

图 4-28 钢筋与预埋件焊接
(a) 角焊；(b) 穿孔塞焊；(c) 搭接焊

电弧焊接头的质量检验主要是外观检查，其要求是：焊缝要平顺，不得有裂纹；没有明显的咬边、凹陷、焊瘤、夹渣及气孔；用小锤敲击焊缝时，应发出与其本金属同样的清脆声；焊缝尺寸与缺陷的偏差不得大于表 4-12 的规定值。

表 4-12 电弧焊钢筋接头尺寸和缺陷的允许偏差

| 项次 | 偏差名称 | 单位 | 允许偏差 | 项次 | 偏差名称 | | 单位 | 允许偏差 |
|---|---|---|---|---|---|---|---|---|
| 1 | 帮条对焊接头中心纵向偏移 | mm | $0.5d$ | 6 | 焊缝长度 | | mm | $-0.5d$ |
| 2 | 接头处钢筋轴线的曲折 | — | 4 | 7 | 咬肉深度 | | mm | $0.05d$ 或 1 |
| 3 | 接头处钢筋轴线的偏移 | mm | $0.1d$ 或 3 | 8 | 焊缝表面上气孔和夹渣 | ① 在 $2d$ 长度上不得多于 | 个 | 2 |
| 4 | 焊缝高度 | mm | $-0.05d$ | | | | | |
| 5 | 焊缝宽度 | mm | $-0.1d$ | | | ②直径不得大于 | mm | 3 |

注：允许偏差值在同一项目内如有两个数值，应按其中要求较严的数值控制。

坡口接头除应进行外观检查和超声波探伤外，还应分批切取1%的接头进行切片观察（焊缝金属部分）。切片经磨平后，内部应没有裂缝和大于表4-12规定的气孔和夹渣。经切片后的焊缝处，允许用相同工艺补焊。

电弧焊所使用的弧焊机有直流与交流之分，常用的交流电弧焊机有BX-300型、BX-500型；直流电弧焊机有AX-300型、AX-500型。电弧焊所用焊条，其直径为1.6～5.8mm，长度为215～400mm。焊条型号可按表4-13的规定选用。

表4-13 焊条型号

| 钢筋级别 | 电弧焊接头形式 | | |
|---|---|---|---|
| | 帮条焊、搭接焊 | 坡口焊、熔槽帮条焊、预埋件穿孔塞焊 | 钢筋与钢板搭接焊、预埋件T形角焊 |
| HPB300 | E4303 | F4303 | E4303 |
| HRB335 | E4303 | E5003 | E4303 |
| HRB400 | E5003 | E5503 | — |

（4）电渣压力焊

电渣压力焊是利用电流通过渣池产生的电阻热将钢筋端部熔化，然后施加压力使钢筋焊合。

其主要用于现浇结构中异径差在9mm内φ14～φ40mm的竖向或斜向（倾斜度在4∶1）钢筋的接长。

这种焊接方法操作简单、工作条件好、工效高、成本低，比电弧焊接头省电80%以上，比绑扎连接和帮条搭接节约钢筋30%，提高工效6～10倍。

电渣压力焊设备包括焊接电源和焊药盒等（图4-29）。焊接电源宜采用BX2-1000型焊接变压器；焊接夹具应具有一定刚度，使用灵巧，坚固耐用，上下钳口同心；焊药盒的内径为90～100mm，与所焊接钢筋的直径相适应。

电渣压力焊焊剂一般采用431焊药，该焊药使用前必须在250℃下烘烤2h，以保证焊剂容易熔化，形成渣池。

电渣压力焊的施工过程如下：①焊前先将钢筋端部120mm范围内的铁锈、污物等杂质清除干净。②将夹具的下夹头夹牢下钢筋，再将上钢筋扶直并夹牢于活动电极中，使上下钢筋在同一轴线。③在上下钢筋间安装引弧导电铁丝圈（可采用12～14号无锈火烧丝，圈高10～12mm）。④安放焊剂盒，用石棉布塞封焊剂盒下口，同时装满焊剂。

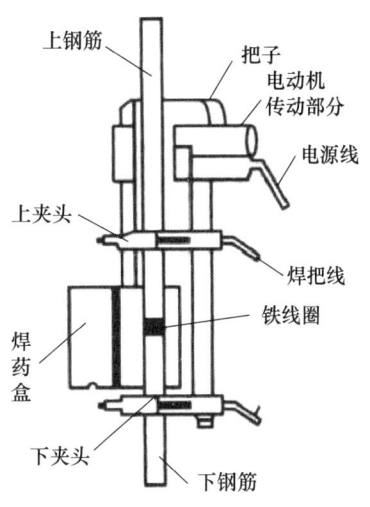

图4-29 电渣压力焊设备头示意

⑤通电后，将上钢筋上提2～4mm引弧，用人工直接引弧继续上提钢筋5～7mm，使电弧稳定燃烧。⑥随着钢筋的熔化，上钢筋逐渐插入渣池中，此时电弧熄灭，转为电渣过程，焊接电流通过渣池而产生大量的电阻热，使钢筋端部继续熔化。⑦待钢筋端部熔化到一定程度后，在切断电流的同时，迅速进行顶压

并持续几秒钟,以免接头偏斜或结合不良。

钢筋电渣压力焊接头应逐个进行,要求接头焊包均匀,凸出部分至少高出钢筋表面4mm,不得有裂纹和明显的烧伤缺陷;接头处钢筋轴线的偏移不超过钢筋直径的10%,同时不得大于2mm;接头弯折不得超过4°。凡不符合外观要求的钢筋接头,应将其切除重焊。

强度检验时,在现浇混凝土结构中,每一楼层以300个同钢筋级别和直径的接头为一批(不足300个接头也作为一批),切取3个接头作为试件,进行静力拉伸试验。其抗拉强度实测值均不得低于该级别钢筋的抗拉强度标准值。如有一个试件的抗拉强度低于规定数值,则要加倍取样;如仍有一个试件不符合要求,则判定该批焊接接头为不合格品。

在钢筋电渣压力焊焊接过程中,如发现未熔合、烧伤等焊接缺陷,可参照表4-14查找原因,采取措施,及时消除。

表4-14 钢筋电渣压力焊接头的缺陷及防止措施

| 焊接缺陷 | 防止措施 |
| --- | --- |
| 偏心 | 矫直钢筋接头,放正钢筋并夹紧,顶压力适当,保证夹具完好无损 |
| 弯折 | 矫直钢筋接头,放正钢筋并延缓松开钢筋夹具的时间 |
| 咬边 | 调小电流,缩短焊接时间,适当加大预压力,及时停机 |
| 未熔合 | 提高下送钢筋速度,延迟断电时间,适当加大焊接电流 |
| 焊包不均匀 | 磨平钢筋端头,放正铁丝圈,适当加大熔化量 |
| 气孔 | 按要求烘烤焊剂,清除铁锈 |
| 烧伤 | 钢筋端部彻底除锈,夹紧钢筋 |
| 焊包下流 | 塞好石棉布 |

(5) 气压焊

气压焊(图4-30)是利用氧气和乙炔气,按一定比例混合燃烧的火焰,将钢筋的端部加热到塑性状态,并施一定压力使两根钢筋焊合。

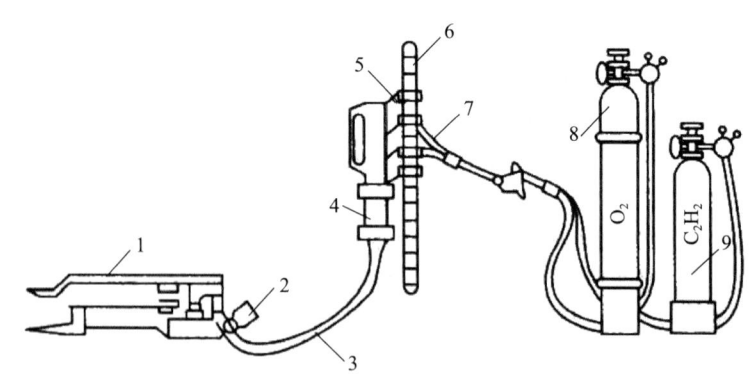

图4-30 气压焊设备示意图
1—脚踏液压泵;2—压力表;3—液压胶管;4—活动油缸;
5—钢筋卡具;6—钢筋;7—焊枪;8—氧气瓶;9—乙炔瓶

2) 机械连接

钢筋机械连接是通过机械手段将两根钢筋进行对接。常用的机械连接接头类型包括挤压套筒接头、螺纹套筒接头、熔融金属充填套筒接头、水泥砂浆灌浆充填接头及受压钢筋端面平接头等。挤压套筒接头与螺纹套筒接头近年来应用十分广泛，它是大直径钢筋现场连接的主要方法。

(1) 钢筋挤压连接

钢筋挤压连接亦称钢筋套筒冷压连接，是先将两根待连接的钢筋插入一个金属套管，然后采用挤压机和压模在常温下对金属套管加压，使两根钢筋紧固成一体。冷挤压连接具有操作简单、对中度高、钢筋连接质量优于钢筋母材、连接速度快、安全可靠、无明火作业、不污染环境等优点。冷挤压连接又分为径向挤压套管连接和轴向挤压套管连接两种。

① 径向挤压套管连接。钢筋径向挤压套管连接是沿套管直径方向从套管中间依次向两端挤压套管，使之冷塑性变形把插在套管里的两根钢筋紧紧咬合成一体。它适用于带肋钢筋连接，可连接 $\varphi$12～40mm 的钢筋。

② 轴向挤压套管连接。钢筋轴向挤压套管连接是沿钢筋轴线冷挤压金属套管，把插入套管里的两根待连接热轧带肋钢筋紧固连成一体。它适用于斜向钢筋和水平钢筋，可连接 $\varphi$20～32mm 的竖向钢筋、斜向钢筋和水平钢筋。

钢筋挤压连接的工艺参数主要是压接顺序、压接力和压接道数。压接顺序应从中间逐道向两端压接。压接力要能保证套筒与钢筋紧密咬合，压接力和压接道数取决于钢筋直径、套筒型号和挤压机型号。

套管的材料和几何尺寸应符合接头规格的技术要求，并应有出厂合格证。套管的标准屈服承载力和极限承载力应比钢筋大 10% 以上，套管的保护层厚度不宜小于 15mm，净距不宜小于 25mm。当所用套管外径相同时，钢筋直径相差不宜大于两个级差。

冷挤压接头的外观检查应符合如下要求：

① 钢筋连接端花纹要完好无损，不准打磨花纹，连接处不准有油污、水泥等杂物；

② 钢筋端头离套管中线不应超过 10mm；

③ 压痕间距宜为 1～6mm，挤压后的套管接头长度为套管原长度的 1.10～1.15 倍，挤压后套管接头外径用量规测量应能通过（量规不能从挤压套管接头外径通过的，更换挤压模重新挤压一次即可），压痕处最小外径为套管原外径的 85%～90%；

④ 挤压接头处不得有裂纹，接头弯折的角度不得大于 4°。

(2) 钢筋螺纹套筒连接

锥形螺纹钢筋连接（图 4-31）是先将两根待接钢筋的端部和套管预先加工成锥形螺纹，然后用手和力矩扳手将两根钢筋端部旋入套筒形成机械式钢筋接头。它能在施工现场连接 $\varphi$16～40mm 的同径或异径的竖向、水平或任何倾角的钢筋，不受钢筋有

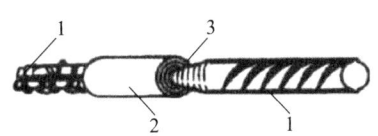

图 4-31 锥形螺纹钢筋连接
1—钢筋；2—套筒；3—锥螺纹

无花纹及含碳量的限制。当连接异径钢筋时，所连接钢筋直径之差不应超过 9mm。锥形螺纹钢筋连接速度快、对中性好、工艺简单、安全可靠、无明火作业、不污染环境、节约钢材和能源、可全天候施工，有利于工业化文明施工，有明显的技术、经济和社会

效益，适用于按一、二级抗震设防的一般工业与民用房屋及构筑物的现浇混凝土结构的梁、柱、板、墙、基础的钢筋连接施工，但不得用于预应力钢筋或经常承受反复动荷载及高应力疲劳荷载的结构。

锥形螺纹加工套筒的抗拉强度必须大于钢筋的抗拉强度。在进行钢筋连接时，先取下钢筋连接端的塑料保护帽，检查丝扣牙形是否完好无损、清洁，钢筋规格与连接规格是否一致；确认无误后，把拧上连接套一头的钢筋拧到被连接钢筋上，并用力矩扳手按规定的力矩值拧紧钢筋接头，当听到扳手发出"咔哒"声时，表明钢筋接头已拧紧，做好标记，以防钢筋接头漏拧。钢筋接头拧紧力矩值可参考表4-15取用。

表4-15 钢筋接头拧紧力矩值

| 钢筋直径（mm） | 16 | 18 | 20 | 22 | 25～28 | 28～32 | 36～40 |
|---|---|---|---|---|---|---|---|
| 拧紧力矩（N·m） | 118 | 145 | 177 | 216 | 275 | 320 | 360 |

3）绑扎连接与安装

单根钢筋经过上述加工后，即可成型为钢筋骨架或钢筋网。钢筋成型应优先采用焊接，并在车间预制好后直接运往现场安装，只有当条件不足时，才在现场绑扎成型。

钢筋绑扎和安装前，应先熟悉图纸，核对钢筋配料单和料牌，研究与有关工种的配合，确定施工方法。钢筋绑扎一般采用2～20号铁丝，要求绑扎位置准确、牢固；在同一截面内，绑扎接头的钢筋面积在受压区中不得超过50%，在受拉区中不得超过25%；不在同一截面中的绑扎接头，中距不得小于搭接长度，搭接长度及绑扎点位置应符合下列规定：

① 同一纵向受力钢筋不宜设置2个或2个以上接头，接头末端至钢筋弯起点处的距离不得小于钢筋直径的10倍，也不宜位于构件最大弯矩处。

② 受拉区域内，HPB300级钢筋绑扎接头的末端应做弯钩，HRB400级钢筋可不做弯钩；受压区域内，HPB300级钢筋不做弯钩。

③ 直径小于等于12mm的受压HPB300级钢筋末端，以及轴心受压构件中，任意直径的受力钢筋末端，可不做弯钩，但搭接长度不应大于钢筋直径的35倍。

④ 钢筋搭接处，应在中心和两端用铁丝扎牢。

⑤ 绑扎接头的搭接长度应符合表4-16的规定。

表4-16 纵向受拉钢筋的最小搭接长度

| 钢筋种类 | 混凝土强度等级 | | | |
|---|---|---|---|---|
| | C25 | C30 | C35 | C40 |
| HPB300 | 41d | 37d | 37d | 31d |
| HRB335 | 40d | 36d | 33d | 30d |
| HRB400 | 48d | 43d | 39d | 36d |
| HRB500 | 58d | 52d | 47d | 43d |

焊接网在非受力方向的搭接长度为100mm；受力钢筋直径$d \geqslant 16$mm时，焊接网沿分布钢筋方向的接头宜辅以附加钢筋网，其每边的搭接长度为分布钢筋直径的15倍，但不小于100mm。

受力钢筋接头位置应相互错开，当采用绑扎接头时在任一搭接长度的区段内或采用焊接接头时在 35d（d 为钢筋直径），且不小于 500mm 的区段内，有接头的钢筋截面积占钢筋总截面积的百分率应遵守表 4-17 的规定。

表 4-17　受力钢筋接头面积允许的百分率

| 项次 | 接头形式 | 接头面积允许百分率（%） | |
|---|---|---|---|
| | | 受拉区 | 受压区 |
| 1 | 绑扎骨架和绑扎网中钢筋的搭接接头 | 25 | 50 |
| 2 | 焊接骨架和焊接网的搭接接头 | 50 | 50 |
| 3 | 受力筋的焊接接头 | 50 | 不限制 |
| 4 | 预应力筋的对焊接头 | 25 | 不限制 |

钢筋在混凝土中保护层的厚度，可用水泥砂浆垫块（或塑料卡），垫在钢筋与模板之间进行控制。垫块应布置成梅花形，其互相间距不大于 1m。上、下双层钢筋之间的尺寸可绑扎短钢筋来控制。

4. 钢筋的配料

钢筋在弯曲加工时，其外皮伸长，内皮缩短，而中心线保持不变。在钢筋的简图或设计图中所标注的尺寸是根据外包尺寸计算的，且不包括端头弯钩长度。显然，外包尺寸大于中心线长度，它们之间存在的差值，称为"量度差值"。因此，钢筋的下料长度应为：

钢筋的下料长度＝外包尺寸＋端头弯钩增长值－量度差值

当钢筋的冷弯直径为 2.5d（d 为钢筋直径）时，半圆弯钩的增加长度和各种弯曲角度的量度差值计算方法如下。

半圆钢筋弯钩的增加长度计算：对半圆弯钩为 6.25d，对直钩为 3.5d，对斜钩为 4.9d。

各种规格钢筋弯钩增加长度见表 4-18。

表 4-18　各种规格钢筋弯钩增加长度参考

| 钢筋直径（mm） | 半圆弯钩（mm） | | 半圆弯钩（mm）（不带平直部分） | | 直弯钩（mm） | | 斜弯钩（mm） | |
|---|---|---|---|---|---|---|---|---|
| | 1 个钩长 | 2 个钩长 | 1 个钩长 | 2 个钩长 | 1 个钩长 | 2 个钩长 | 1 个钩长 | 2 个钩长 |
| 6 | 40 | 75 | 20 | 40 | 35 | 70 | 75 | 150 |
| 8 | 50 | 100 | 25 | 50 | 45 | 90 | 95 | 190 |
| 9 | 60 | 115 | 30 | 60 | 50 | 100 | 110 | 220 |
| 10 | 65 | 125 | 35 | 70 | 55 | 110 | 120 | 240 |
| 12 | 75 | 150 | 40 | 80 | 65 | 130 | 145 | 290 |
| 14 | 90 | 175 | 45 | 90 | 75 | 150 | 170 | 340 |
| 16 | 100 | 200 | 50 | 100 | | | | |
| 18 | 115 | 225 | 60 | 120 | | | | |
| 20 | 125 | 250 | 65 | 130 | | | | |

续表

| 钢筋直径 (mm) | 半圆弯钩 (mm) | | 半圆弯钩 (mm)（不带平直部分） | | 直弯钩 (mm) | | 斜弯钩 (mm) | |
|---|---|---|---|---|---|---|---|---|
| | 1个钩长 | 2个钩长 | 1个钩长 | 2个钩长 | 1个钩长 | 2个钩长 | 1个钩长 | 2个钩长 |
| 22 | 140 | 275 | 70 | 140 | | | | |
| 25 | 160 | 315 | 80 | 160 | | | | |
| 28 | 175 | 350 | 85 | 190 | | | | |
| 32 | 200 | 400 | 105 | 210 | | | | |
| 36 | 225 | 450 | 115 | 230 | | | | |

注：本表以 HPB235 钢筋为例，弯曲直径为 $2.5d$，取尾数 5 或 0 的弯钩增加长度。

如图 4-32 所示，钢筋弯曲的外包尺寸：$A'B'+B'C'=2A'B'=2OA' \mathrm{tg}\alpha/2 = 2(D/2+d)\mathrm{tg}\alpha/2 = 2(5d/2+d)\mathrm{tg}\alpha/2 = 7d\mathrm{tg}\alpha/2$

钢筋弯曲处的中线长度：

$$ABC = \pi R\alpha/180$$
$$= \pi\alpha/180 \cdot (D+d)/2$$
$$= \pi\alpha(d+5d)/360$$
$$= 6d\pi\alpha/360$$
$$= d\pi\alpha/60$$

则弯曲处的量度差值：

$$A'B'+B'C'-ABC = 7d\mathrm{tg}\alpha - d\pi\alpha/60 = (7\mathrm{tg}\alpha - \pi\alpha/60)d$$

当弯折 30°，量度差值为 $0.306d$，取 $0.3d$；

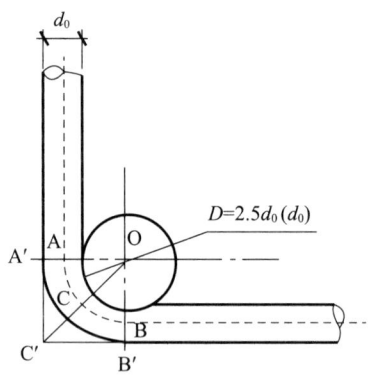

图 4-32 钢筋弯曲量度差计算图

同理，可得其他常见弯曲角度的量度差值，见表 4-19。

表 4-19 钢筋弯曲量度差值

| 钢筋弯曲角度 | 30° | 45° | 60° | 90° | 135° |
|---|---|---|---|---|---|
| 量度差值 | $0.35d$ | $0.5d$ | $0.85d$ | $2d$ | $2.5d$ |
| | $0.3d$ | $0.5d$ | $1.0d$ | $2d$ | $2.5d$ |

为简便计算,将箍筋的量度差值和弯钩增长值合为箍筋调整值,所以箍筋的下料长度为:

$$箍筋下料长度＝箍筋周长＋箍筋调整值$$

箍筋调整值的大小根据箍筋周长计算为内包尺寸或外包尺寸,见表 4-20。

表 4-20 箍筋调整值

| 箍筋量度方法 | 箍筋直径（mm） | | | |
|---|---|---|---|---|
| | 4～5 | 6 | 8 | 10～12 |
| 量外包尺寸 | 40 | 50 | 60 | 70 |
| 量内包尺寸 | 80 | 100 | 120 | 150～170 |

5. 钢筋代换

在施工中钢筋的级别、钢号和直径应按设计要求采用,如遇有钢筋级别、钢号和直径与设计要求不符而需要代换时,应征得设计单位的同意并办理设计变更文件,以确保满足原结构设计的要求,并遵守《混凝土结构工程施工质量验收规范》(GB 50204—2015)的有关规定。

1) 钢筋代换原则

(1) 等强度代换

构件配筋以强度控制时,按抗拉设计值相等的原则代换。代换时应满足式(4-9)要求:

$$A_{s2} f_{y2} \geqslant A_{s1} f_{y1} \tag{4-9}$$

式中:$A_{s1}$——原设计钢筋总面积(mm²);

$A_{s2}$——代换后钢筋总面积(mm²);

$f_{y1}$——原设计钢筋的设计强度(MPa);

$f_{y2}$——代换后钢筋的设计强度(MPa)。

(2) 等面积代换

构件配筋以最小配筋率控制时,应按等面积原则进行代换。代换时应满足式(4-10)要求:

$$A_{s2} \geqslant A_{s1} f \tag{4-10}$$

当结构构件按裂缝宽度或挠度控制时,钢筋代换需进行裂缝宽度或挠度验算。

钢筋代换时,如钢筋直径加大或根数增多,需要增加排数,从而会使构件截面的有效净高度减小,截面强度降低,不能满足原设计抗弯强度要求,此时应对代换后的截面强度进行复核,如不能满足要求,应稍加配筋;予以弥补,使之与原设计抗弯强度相当。对常用矩形截面受弯构件,可按以下复核截面强度。

钢筋代换后应满足式(4-11)要求:

$$f_{y2} A_{s2} \left( h_{o2} - \frac{f_{y2} S_{s2}}{2 f_{cm} b} \right) \geqslant f_{y1} A_{s1} \left( h_{o1} - \frac{f_{y1} S_{s1}}{2 f_{cm} b} \right) \tag{4-11}$$

式中:$f_{y1}$,$f_{y2}$——原设计钢筋和拟代换钢筋的抗拉强度设计值(MPa);

$A_{s1}$,$A_{s2}$——原设计钢筋和拟代换钢筋的计算截面面积(mm²);

$h_{o1}$,$h_{o2}$——原设计钢筋和拟代换钢筋合力点至构件截面受压边缘的距离(mm);

$f_{cm}$——混凝土的弯曲抗压强度设计值,对 C20 混凝土为 11MPa,C25 混凝土为 13.5MPa,C30 混凝土为 6.5MPa;

$b$——构件截面宽度(mm)。

2)钢筋代换的有关规定

① 钢筋代换后,应满足《混凝土结构设计规范》(GB 50010—2010)中所规定的钢筋间距、锚固长度、最小钢筋直径、根数的要求。

② 对重要受力构件(如吊车梁、薄腹梁、屋架下弦等),不宜用 HPB300 级光面钢筋代换变形钢筋。

③ 梁的纵向受力钢筋与弯起钢筋应分别进行代换。

④ 当构件配筋受抗裂裂缝宽度或挠度控制时,钢筋代换后应进行抗裂裂缝宽度或挠度验算。

⑤ 有抗震要求的框架结构,不宜以强度等级较高的钢筋代替原设计中的钢筋。如必须代换其代换的钢筋检验所得的实际强度,尚应符合下列要求:

A. 钢筋的实际抗拉强度实测值与屈服强度实测值的比值不应小于 1.25;

B. 当按一、二级抗震要求设计时,钢筋的屈服强度实测值与钢筋强度标准值的比值不应大于 1.3。

⑥ 预制构件吊环必须采用未经冷拉的 HPB235 级热轧钢筋制作,严禁以其他钢筋代换。

⑦ 不同种类钢筋的代换,应按钢筋受拉承载力设计值相等的原则进行。

**【巩固训练】**

1. 绘图说明各种混凝土结构(构件)的木模板构造。
2. 组合模板由哪几种构件组成?
3. 模板拆除时有何要求?
4. 钢筋连接有哪几类方法?
5. 简述各种钢筋焊接方法的施工工艺要点。
6. 钢筋的机械连接常用的方法有哪几种?
7. 常用的混凝土搅拌机有几种?
8. 混凝土的搅拌制度包括哪些内容?分别应如何控制?
9. 混凝土运输为何会离析?混凝土搅拌运输车运输混凝土为何不会产生离析现象?
10. 混凝土运输设备有哪些?各有何特点?
11. 混凝土浇筑应注意哪些事项?
12. 施工缝留设的原则是什么?柱、深梁、主次梁楼板、楼梯等的施工缝如何留置?

# 项目5 预应力混凝土工程

**【项目情景】**

普通钢筋混凝土结构是现代比较主要的结构形式，但是这种结构本身有无法克服的缺点，如开裂时间过早、刚度较小，无法充分利用高强度材料等。为了克服普通混凝土的上述缺点，对混凝土先施加预压应力，形成预应力混凝土结构，由于预应力混凝土结构的刚度大、截面小、耐久性和抗裂性好，其在世界各国的土木工程领域得到广泛应用。近年来，随着高强度钢材及高强度混凝土的出现和施工技术的不断发展，促进了预应力混凝土结构的迅速发展，也进一步推动了预应力混凝土施工工艺的完善和成熟。

**【学习目标】**

**知识目标**

了解先张法和后张法基本概念，熟悉先张法施工和后张法施工的主要设备，掌握后张法的施工工艺和施工方法，熟悉先张法的施工工艺和施工方法，了解无黏结预应力混凝结构的施工工艺和施工方法。

**技能目标**

了解预应力混凝土工程的特点和工作原理；了解锚（夹）具、张拉机具的构造及使用方法，了解后张法施工工艺；熟悉后张法施工时孔道的留设方法和后张法施工中孔道灌浆的作用和方法；掌握先张法的施工方法和施工工艺，掌握后张法的含义、施工工艺。

**素质目标**

（1）培养学生工程意识。
（2）培养学生规范化设计和标准化操作的意识。
（3）培养学生团队合作的意识。
（4）建立良好的学习方法、资料收集的方法、处理问题的方法。

## 任务5-1 先张法施工

**【工作任务】**

先张法是构件在浇筑混凝土之前，铺设、张拉预应力钢筋，用夹具将其临时锚固于台座或钢模之上，然后浇筑构件的混凝土，待混凝土达到一定强度（一般不低于构件混凝土强度标准值的75%），混凝土与张拉状态的预应力筋之间有足够黏结力时，放松预应力筋，预应力筋发生弹性回缩，借助混凝土与预应力筋间的黏结力，对混凝土产生预压应力。

**【知识准备】**

预应力混凝土与普通钢筋混凝土相比，其优点是：构件刚度大、耐久性好、抗裂性高;可充分利用高强度等级的混凝土和高强度钢筋;可减小构件截面尺寸,降低自重,节省材料;可扩大混凝土结构的使用范围,综合经济效益较好。但是,预应力混凝土的施工过程,需要专门的施工机械设备;工艺相对复杂,要求具有较高的专业技术水平;对原材料要求严格。

**【任务实施】**

1. 先张法及适用范围

先张法是在台座或模板上先张拉预应力筋并用夹具临时固定,再浇筑混凝土,待混凝土达到一定强度后,放张预应力筋,通过预应力筋与混凝土的黏结力,使混凝土产生预压应力的施工方法。

先张法多用于预制构件厂生产定型的预应力中小构件。先张法生产可采用台座法和机组流水法。

台座法是构件在台座上生产,即预应筋的张拉、固定,混凝土浇筑、养护和预应力筋的放松等工序均在台座上进行。机组流水法是利用钢模板作为固定预应力筋的承力架,构件连同模板通过固定的机组,按流水方式完成其生产过程。本节主要介绍台座法生产预应力混凝土构件的施工方法。

2. 先张法施工设备

1) 台座

台座是先张法施工张拉和临时固定预应力筋的支撑结构,它承受预应力筋的全部张拉力,因此要求台座具有足够的强度、刚度和稳定性。台座按构造形式分为墩式(图 5-1)和槽式(图 5-2)。

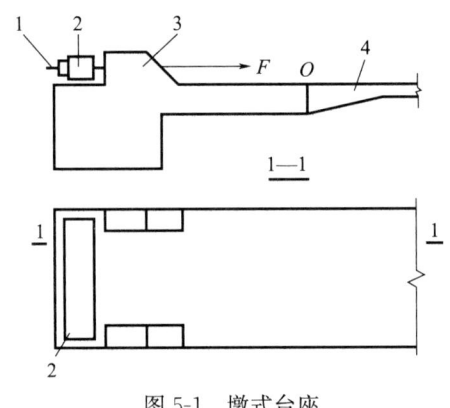

图 5-1 墩式台座

1—预应力筋;2—横梁;3—台墩;4—台面

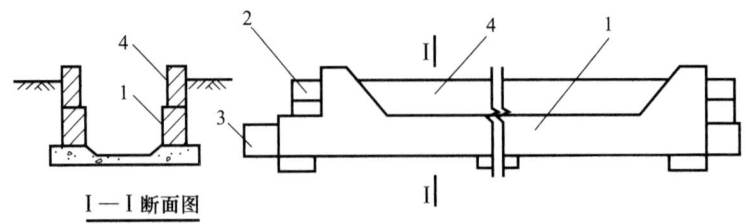

图 5-2 槽式台座

1—传力柱;2—砖墙;3—下横梁;4—上横梁

墩式台座主要由台墩、台面和横梁组成，适用于张拉空心板、平板等构件。目前常用的墩式台座是用现浇钢筋混凝土制成的，由台墩与台面共同受力。

槽式台座适用于张拉吨位较大的构件，如起重机梁（吊车梁）、屋架、薄腹梁等。

2) 夹具

夹具是先张法施工临时固定预应力筋的工具。夹具必须工作可靠、构造简单、装卸方便。按其用途不同，可分为锚固夹具和张拉夹具。

(1) 锚固夹具

锚固夹具是把预应力筋临时固定在台座上的工具，常用的有钢质锥形夹具和镦头夹具。

钢质锥形夹具：主要用来锚固直径为3~5mm的单根钢丝，如图5-3所示。

镦头夹具。镦头夹具是利用预应力钢筋末端镦粗头加以固定的，镦头卡在锚固垫板上。这种镦头夹具用于预应力筋的固定端，如图5-4所示。

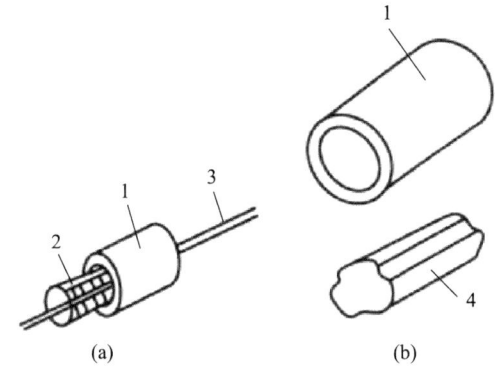
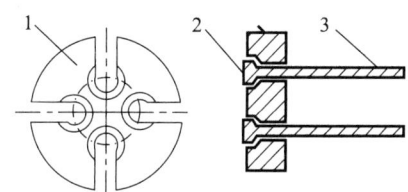

图5-3 钢质锥形夹具
(a) 圆锥齿板式；(b) 圆锥槽式
1—套筒；2—齿板；3—钢丝；4—锥塞

图5-4 固定端镦头夹具
1—锚固板；2—镦粗头；3—预应力筋

(2) 张拉夹具

张拉夹具是将预应力筋与张拉机械连接起来进行预应力张拉的工具，常用的张拉夹具有月牙夹具、偏心式夹具和楔形夹具等，如图5-5所示。

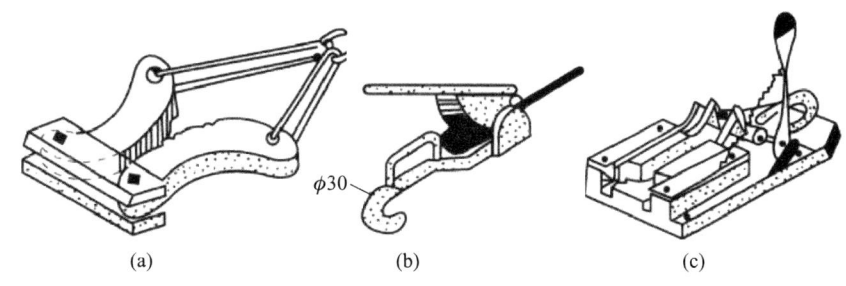

图5-5 张拉夹具
(a) 月牙形夹具；(b) 偏心式夹具；(c) 楔形夹具

3）张拉设备

预应力筋用张拉设备由液压千斤顶、高压油泵和外接油管组成。预应力用液压千斤顶，按机型不同可分为：拉杆式千斤顶、穿心式千斤顶、锥锚式千斤顶和台座式千斤顶等；按使用功能不同可分为：单作用千斤顶和双作用千斤顶；按张拉吨位大小可分为：小吨位（小于或等于250kN）、中吨位（大于250kN且小于1000kN）和大吨位（大于或等于1000kN）千斤顶。此外，还有前置内卡式千斤顶和开口式双缸千斤顶，供单根钢绞线张拉用。

（1）拉杆式千斤顶

拉杆式千斤顶是利用单活塞张拉预应力筋的单作用千斤顶，主要用于张拉带螺丝端杆锚具的冷拉HRB335、HRB400钢筋和带镦头锚具的钢丝束。YL60型千斤顶是一种常用的拉杆式千斤顶。

（2）穿心式千斤顶

穿心式千斤顶具有一个穿心孔，是利用双液压缸张拉预应力筋和顶压锚具的双作用千斤顶。这种千斤顶适应性强，既适用于张拉带JM型锚具的钢筋束或钢绞线束，配上撑杆后，又可作为拉杆式穿心千斤顶。系列产品有YC20D、YC60与YC120型千斤顶。

（3）电动螺杆张拉机

电动螺杆张拉机主要适用于预制厂在长线台座上张拉冷拔低碳钢丝。其工作原理为：电动机正向旋转时，通过减速箱带动螺母旋转，螺母即推动螺杆沿轴向向后运动，张拉钢筋。弹簧测力计上装有计量标尺和微动开关，当张拉力达到要求数值时，电动机能够自动停止转动。锚固好钢丝后，使电动机反向旋转，螺杆即向前运动，放松钢丝，完成张拉操作。DL型电动螺杆张拉机的最大张拉力为10kN，最大张拉行程780mm，张拉速度2m/min；适于$\varphi 3\sim 5$mm的钢丝张拉。为便于张拉和转移，常将其装置在带轮的小车上。

（4）电动卷扬张拉机

电动卷扬机主要用在长线台座上张拉冷拔低碳钢丝，常用的LYZ-1型电动卷扬机最大张拉力10kN，张拉行程5m，张拉速度2.5m/min，电动机功率0.75kW。该机型号分为LYZ-1A型（支撑式）和LYZ-1B型（夹轨式）两种。B型适用于固定式大型预制场地，左右移动轻便、灵活、动作快，生产效率高；A型适用于多处预制场地，移动变换场地方便，其构造如图5-6所示。

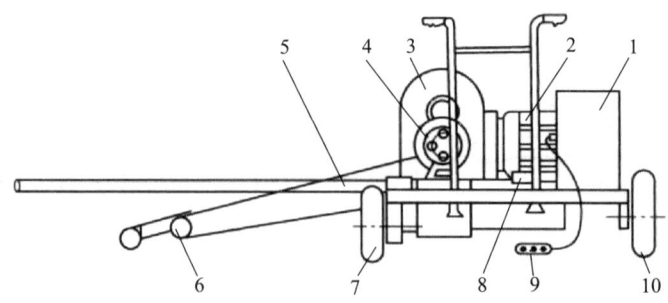

图5-6 LYZ-1A型张拉机

1—电气箱；2—电动机；3—减速箱；4—卷筒；5—撑杆；6—夹钳；
7—前轮；8—测力计；9—开关；10—后轮

## 3. 先张法施工工艺

先张法施工工艺的流程如图 5-7 所示。

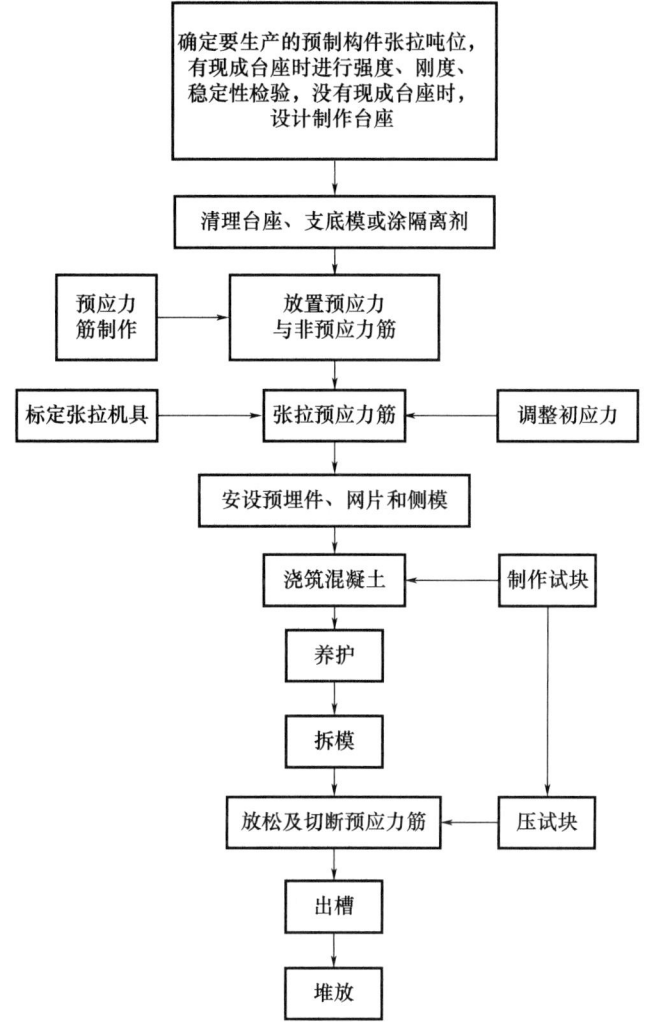

图 5-7 先张法施工工艺流程

1) 预应力筋的铺设

为了便于脱模，在预应力筋的铺设前，对台面及模板应先刷隔离剂；为避免铺设预应力筋时因其自重下垂使隔离剂沾污预应力钢筋，影响预应力筋与混凝土的黏结，应在预应力筋设计位置下面先放置好垫块或定位钢筋后再铺设。

预应力钢丝宜用牵引铺设，如遇钢丝需要接长时，可采用钢丝拼接器，用 20～22 号铁丝将钢丝连接段密排绑扎，如图 5-8 所示。对冷拔低碳钢丝绑扎长度不得小于 $40d$，对高强刻痕钢丝不得小于 $80d$（$d$ 为钢丝直径）。

预应力钢筋铺设时，钢筋接长或钢筋与螺杆连接可采用套筒双拼式连接器。钢筋采用焊接时，应合理布置接头位置，尽可能避免将焊接接头拉入构件中。

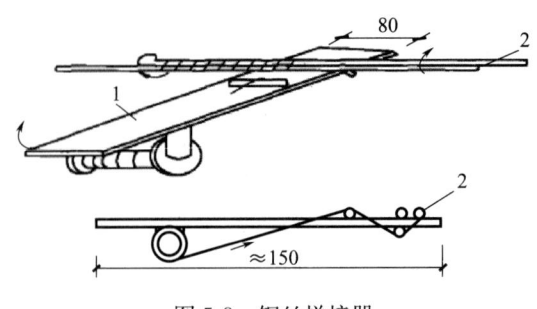

图 5-8 钢丝拼接器
1—拼接器；2—钢丝

2）先张法预应力筋的张拉

(1) 张拉控制应力确定

预应力筋的张拉应根据设计要求进行。当多根钢筋成组张拉时，应先调整各根预应力筋的初应力，初应力值应控制为张拉控制应力的10%，使其长度和松紧一致，以保证张拉后各预应力筋的应力保持一致。预应力筋张拉控制应力的数值影响预应力的效果。控制应力高，建立的预应力值大；但控制应力过高，预应力筋处于高应力状态，使构件出现裂缝的荷载与破坏荷载相对接近，破坏前无明显的前兆，这是不允许的。此外，为减少松弛等原因造成的预应力损失，施工中一般要进行超张拉，如果原定的控制应力过高，再加上超张拉，就可能使钢筋的应力超过流限。因此，预应力筋的最大超张拉应力不得超过表 5-1 的规定。

表 5-1 预应力筋张拉控制应力

| 预应力钢材 | 张拉控制应力 $\sigma_{con}$ |
| --- | --- |
| 消除应力钢丝和钢绞线 | $\leqslant 0.75 f_{ptk}$ |
| 中强度预应力钢丝 | $\leqslant 0.70 f_{ptk}$ |
| 预应力螺纹钢筋 | $\leqslant 0.85 f_{pyk}$ |

注：消除应力钢丝、钢绞线、中强度预应力钢丝张拉控制应力值不应小于 $0.4 f_{ptk}$，预应力螺纹钢筋的张拉应力控制值不宜小于 $0.5 f_{pyk}$。

(2) 张拉力计算

预应力筋张拉力 $P$ 按下式计算：

$$P = (1+m) \sigma_{con} A_p$$

式中：$m$——超张拉百分率（%）；

$\sigma_{con}$——张拉控制应力（MPa）；

$A_p$——预应力筋截面面积（$mm^2$）。

(3) 预应力筋伸长值测定

预应力筋张拉完毕后，一般应测定其伸长值，实际测得的伸长值与计算的伸长值偏差不得超过±6%，若超过，应暂停张拉，查明原因并采取措施予以调整后，方可继续张拉。预应力筋的伸长值 $\Delta L$ 按下式计算：

$$\Delta L = \frac{F_p L}{A_p E_s}$$

式中：$F_p$——预应力筋张拉力（N）；

$L$——预应力筋长度（mm）；

$A_P$——预应力筋截面面积（mm²）；

$E_s$——预应力筋的弹性模量（N/mm²）。

4．混凝土浇筑与养护

1）混凝土浇筑

混凝土浇筑在模板支设后进行，浇筑时应注意以下三点。

（1）混凝土的浇筑应一次完成，不允许留设施工缝。

（2）混凝土的用水量和水泥用量必须严格控制，以减少混凝土由于收缩和徐变而引起的预应力损失。

（3）混凝土浇筑时必须振捣密实（特别是在构件的端部），以保证预应力筋和混凝土之间的黏结力。

2）混凝土养护

混凝土可采用自然养护或蒸汽养护。为减少温差造成的预应力损失，应保证混凝土在达到一定强度之前，温差不能太大（一般不超过 20℃）。

5．预应力筋放张

1）放张要求

当混凝土强度达到设计要求时，即可放张预应力筋；若设计无要求，则混凝土强度不得低于设计强度的 75%。

2）放张顺序

预应力筋的放张顺序应满足设计要求，若设计无要求，则应满足：

（1）对于轴心受预压构件（如压杆、桩等），应使所有预应力筋同时放张；

（2）对于偏心受预压构件（如梁等），应先同时放张预压力较小区域的预应力筋，再同时放张预压力较大区域的预应力筋。

3）放张方法

（1）配筋不多的预应力筋放张方法

配筋不多的预应力钢丝：应采用剪切、割断和熔断的方法，自中间向两侧逐根进行放张，以减少回弹量，利于脱模。

配筋不多的预应力钢筋：应逐根加热熔断或借助预先设置在钢筋锚固端的楔块进行单根放张。

（2）配筋较多的预应力筋放张方法

配筋较多的预应力筋放张，应采用同时放张的方法，同时放张的方法主要有楔块放张法和砂箱放张法。

楔块放张法如图 5-9 所示，台座与横梁之间设置楔块装置，放张时，旋转螺母使螺杆向上运动，带动楔块向上移动，使钢块间距变小，横梁向台座方向移动，从而同时放松预应力筋。

砂箱放张法如图 5-10 所示，钢制套箱内装石英砂或铁砂，放置在台座与横梁之间，放张时，将出砂口打开，砂缓慢流出，横梁逐渐向台座方向移动，从而使预应力筋同时缓慢放张。

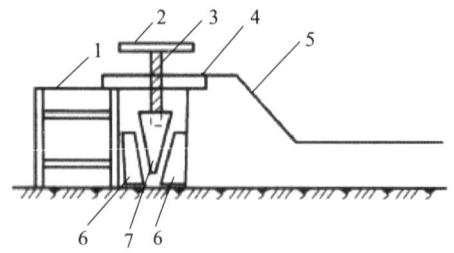
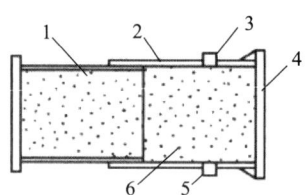

图 5-9 楔块放张法
1—横梁；2—手轮；3—螺杆；4—承力板；
5—台座；6—钢块；7—楔块

图 5-10 砂箱放张法
1—活塞；2—套箱；3—进砂口；
4—套箱底板；5—出砂口；6—砂

## 任务 5-2 后张法施工

**【工作任务】**

后张法有黏结预应力混凝土工程是指先制作混凝土构件，并在混凝土构件内按预应力筋的位置留出相应的孔道，待构件的混凝土强度达到规定的强度后，在预留孔道中穿入预应力筋进行张拉，并利用锚具把张拉后的预应力筋锚固在构件的端部，阻止钢筋回缩，从而使混凝土产生压应力，最后在孔道中灌入水泥浆，使预应力筋与混凝土构件形成整体。

**【知识准备】**

后张法不需要台座设备，大型构件可分块制作，运到现场拼装，利用预应力筋连成整体。因此，后张法灵活性大，但工序较多，锚具耗钢量较大。

**【任务实施】**

后张法是先制作构件（或块体），并在预应力筋的位置预留出相应的孔道（后张预应力成孔管道），待混凝土强度达到设计规定的数值后，穿入预应力筋、张拉预应力筋并用锚具永久固定，最后进行孔道灌浆，张拉力由锚具传给混凝土构件而使之产生预压力。

1. 后张法施工设备

后张法施工常用的设备有锚具和张拉设备。

在后张法施工时，预应力筋、锚具和张拉机具是配套使用的，一般由专门的预应力厂家配套预制。

1) 锚具

锚具是预应力筋张拉和永久固定在预应力混凝土构件上的传递预应力的工具，主要用在后张法中。

常见的锚具种类很多，这里介绍几种典型锚具，以便了解其简单形式和用途。

(1) 螺杆锚具

螺杆锚具由螺杆、螺母和垫板组成，如图 5-11 所示，是单根预应力粗钢筋张拉端常用的锚具。螺杆锚具与预应力筋对焊，首先用张拉设备张拉螺纹端杆，然后用螺母锚固。

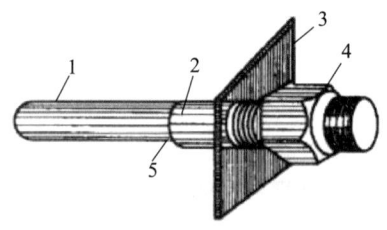

图 5-11 螺纹端杆锚具
1—钢筋；2—螺纹端杆；3—垫板；
4—螺母；5—焊接接头

(2)帮条锚具

帮条锚具由一块方形衬板与三根帮条组成,如图 5-12 所示,衬板采用普通低碳钢板,帮条采用与预应力筋同类型的钢筋。帮条安装时,三根帮条与衬板相接触的截面应在一个垂直平面上,以免受力时产生扭曲。帮条锚具一般用在单根粗钢筋作预应力筋的固定端。

(3)钢质锥形锚具

如图 5-13 所示,钢质锥形锚具由锚塞和锚环组成。钢质锥形锚具一般适用于锚固预应力钢丝束,可锚固 12~24 根钢丝。锚塞和锚环的锥度应严格保持一致,保证对钢丝的挤压力均匀,不致影响摩擦阻力。

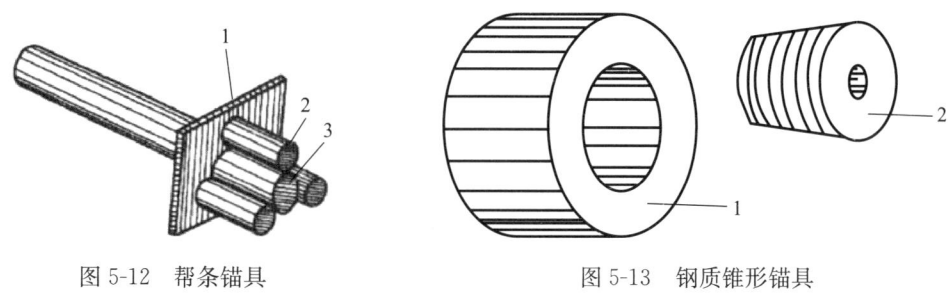

图 5-12 帮条锚具
1—衬板;2—帮条;3—钢筋

图 5-13 钢质锥形锚具
1—锚环;2—锚塞

(4)镦头锚具

镦头锚具由锚环、锚板和螺母组成,如图 5-14 所示。镦头锚具适用锚固 12~24 根预应力钢丝。

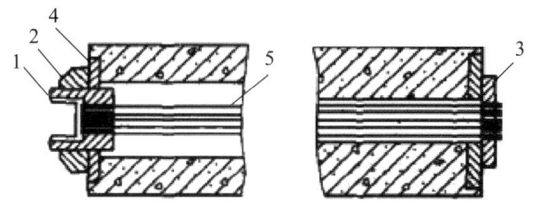

图 5-14 镦头锚具
1—锚环;2—螺母;3—锚板;4—垫板;5—镦头预应力钢丝

(5)锥形螺杆锚具

锥形螺杆锚具是由锥形螺杆、套筒、螺母和垫板组成,如图 5-15 所示。该锚具适用 $\phi 14 \sim 28 \mathrm{mm}$ 预应力钢丝的锚固。

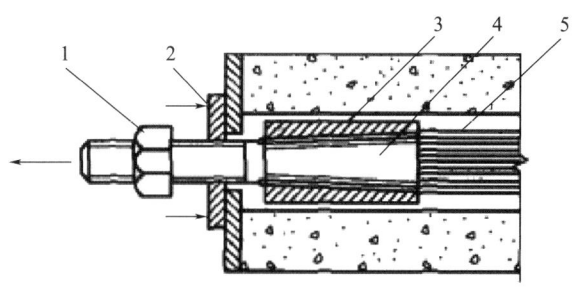

图 5-15 锥形螺杆锚具
1—螺母;2—垫板;3—套筒;4—锥形螺杆;5—预应力钢丝束

(6) 多孔夹片锚具

多孔夹片锚具也称群锚,由多孔的锚板与夹片组成,如图 5-16 所示。在每个锥形孔内装一副夹片,夹持一根钢绞线。这种锚具的优点是每束钢绞线的根数不受限制;任何一根钢绞线锚固失效,都不会引起整束锚固失效。

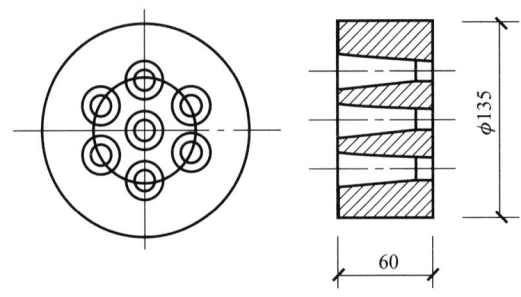

图 5-16 多孔夹片锚具

2) 张拉设备

后张法张拉设备主要有液压千斤顶和高压液压泵。

(1) 拉杆式液压千斤顶（YL 型）

拉杆式液压千斤顶主要用于张拉带有螺纹端杆锚具的粗钢筋、锥形螺杆、锚具钢丝束及镦头锚具钢丝束。

拉杆式液压千斤顶构造如图 5-17 所示,由主缸、主缸活塞、副缸、副缸活塞,连接器、顶杆和拉杆等组成。张拉预应力筋时,首先使连接器与预应力筋的螺纹端杆连接,并使顶杆支承在构件端部的预埋钢板上。当高压液压泵将液压油从主缸油嘴送入主缸时,推动主缸活塞向左移动,带动拉杆和连接在拉杆末端的螺纹端杆,预应力筋即被拉伸。当达到张拉力后,拧紧预应力筋端部的螺母,使预应力筋锚固在构件端部。锚固完毕后,改用副缸油嘴进油回到泵中。工地上常用的为 600kN 拉杆式液压千斤顶,其主要技术性能见表 5-2。

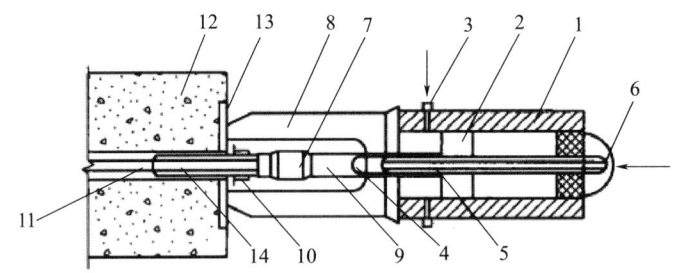

图 5-17 拉杆式液压千斤顶构造示意图

1—主缸；2—主缸活塞；3—主缸油嘴；4—副缸；5—副缸活塞；6—副缸油嘴；7—连接器；
8—顶杆；9—拉杆；10—螺母；11—预应力筋；12—混凝土构件；13—预埋钢板；14—螺纹端杆

表 5-2 拉杆式液压千斤顶主要技术性能

| 项目 | 技术性能 |
| --- | --- |
| 最大张拉力（kN） | 600 |
| 张拉行程（mm） | 150 |

续表

| 项目 | 技术性能 |
| --- | --- |
| 主缸活塞面积（cm$^2$） | 152 |
| 最大工作压力（MPa） | 40 |
| 质量（kg） | 68 |

（2）穿心式千斤顶

穿心式千斤顶是一种具有穿心孔，利用双液压缸张拉预应力筋和顶压锚具的双作用千斤顶，它适应性强，既可张拉用夹片式锚具锚固的钢绞线束，又可张拉用钢制锥形锚具锚固的钢丝束。常用的穿心式千斤顶是 YC60 型，其行程为 150mm，拉力为 600kN。

穿心式千斤顶的构造如图 5-18 所示，其工作过程分四步，分别是张拉、顶压、张拉回程和顶压回程。张拉时，张拉缸油嘴进油，顶压油缸和其他部件连成一体，右移顶住锚环，张拉油缸和其他部件连成一体带动工具锚左移张拉预应力筋；顶压锚固时，在保持张拉力稳定的条件下，顶压油缸油嘴进油，顶压活塞和其他部件连成一体，右移将夹片强力顶入锚环内；张拉回程时，张拉缸油嘴回油、顶压缸油嘴进油；顶压回程时，张拉缸油嘴和顶压缸油嘴同时回油，顶压活塞在弹簧力作用下回程复位。

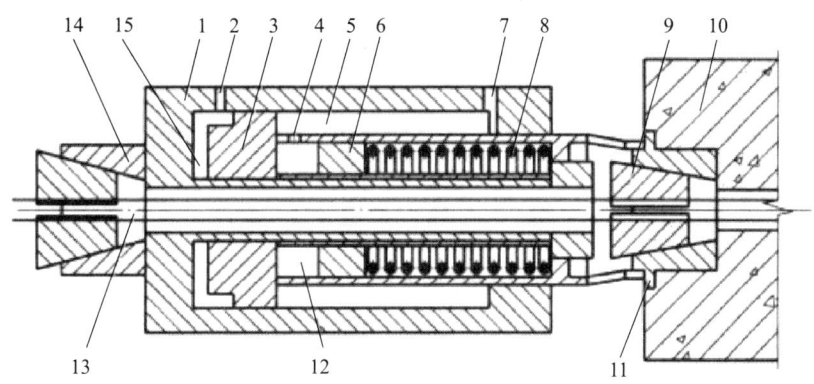

图 5-18 穿心式千斤顶构造

1—张拉油缸；2—张拉缸油嘴；3—顶压油缸；4—油孔；5—张拉回程油室；6—顶压活塞；
7—顶压缸油嘴；8—回程弹簧；9—夹片；10—构件；11—锚环；12—顶压工作油室；
13—预应力筋；14—工具锚；15—张拉工作油室

（3）锥锚式千斤顶

锥锚式千斤顶是一种具有张拉、顶锚和退楔功能的三用途千斤顶，仅可用于张拉带锥形锚具的钢丝束。常用的锥锚液压千斤顶是 YZ85 型，其行程为 250mm，拉力为 850kN。锥锚式千斤顶构造如图 5-19 所示。张拉预应力筋时，主缸进油，主缸被压移，使固定在其上的钢筋被张拉。钢筋张拉后，改由副缸进油，随即由副缸活塞将锚塞顶入锚环中。最后，主缸、副缸借助设置在主缸和副缸中弹簧的作用同时回油复位。

2. 预应力筋的制作

1）单根预应力筋制作

单根预应力筋一般用预应力螺纹钢筋，其制作包括配料、对焊、冷拉等工序。

为保证质量，宜采用控制应力的方法进行冷拉；钢筋配料时应根据钢筋的品种测定冷拉率，如果在一批钢筋中冷拉率变化较大时，应尽可能把冷拉率相近的钢筋对焊在一起进行冷拉，以保证钢筋冷拉力的均匀性。钢筋对焊接长在钢筋冷前进行。钢筋的下料长度由计算确定（图 5-20）。

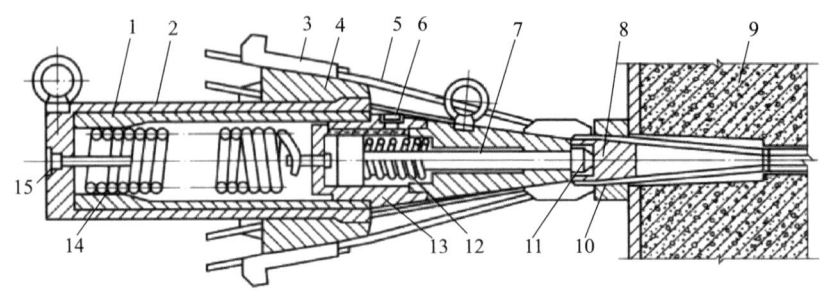

图 5-19　锥锚式千斤顶构造图

1—主缸活塞；2—主缸；3—楔块；4—锥形卡环；5—预应力筋；6—副缸油嘴；
7—副缸活塞；8—锚塞；9—构件；10—锚环；11—顶压头；12—副缸拉力弹簧；
13—副缸；14—主缸拉力弹簧；15—主缸油嘴

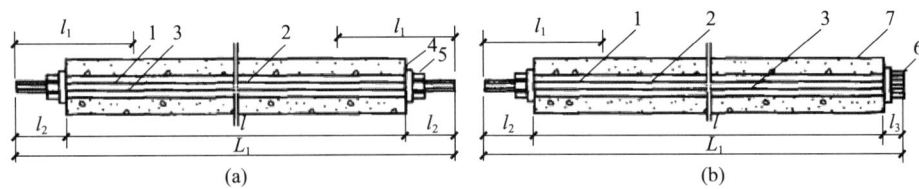

图 5-20　预应力钢筋的下料长度计算图

(a) 两端用螺纹端杆锚具；(b) 一端用螺纹端杆锚具

1—螺纹端杆；2—预应力钢筋；3—对接焊头；4—垫板；5—螺母；
6—帮条锚具；7—混凝土构件

当构件两端均采用螺纹端杆锚具时，预应力筋下料长度为

$$L = (l + 2l_2 - 2l_1) / (1 + \gamma - \sigma) + n\Delta$$

当一端采用螺纹端杆锚具，另一端采用帮条锚具或镦头锚具时，预应力筋下料长度为

$$L = (l + l_2 + l_3 - 2l_1) / (1 + y - \sigma) + n\Delta$$

式中：$l$——构件的孔道长度（mm）；

$l_1$——螺纹端杆长度（mm），一般为 320mm；

$l_2$——螺纹端杆伸出构件外的长度，一般为 120～150mm 或按下计算：张拉端，$l_2 = 2H + h + 5$mm，锚固端，$l_2 = H + h + 10$mm，$H$ 为螺母高度，$h$ 为垫板厚度（mm）；

$l_3$——帮条锚具或镦头锚具所需钢筋长度（mm）；

$y$——预应力筋的冷拉率（由试验定，%）；

$\sigma$——预应力筋的冷拉回弹率（%），一般为 0.4%～0.6%；

$n$——对焊接头数量（个）；

$\Delta$——每个对焊接头的压缩量，取一个钢筋直径（mm）。

2）钢筋束及钢绞线束制作

钢筋束由直径为 10mm 的热处理钢筋编束而成，钢绞线束由直径为 12mm 或 15mm 的钢绞线编束而成。

钢筋束及钢绞线束的制作一般包括开盘冷拉（预拉）、下料和编束等工序。

钢筋下料前要进行冷拉；钢绞线比较长，一般卷成盘运到现场，在下料前，为了减少构造变形和应力松弛损失，需要进行预拉。

钢筋和钢绞线的下料长度计算如下：

一端张拉时，钢筋和钢绞线的下料长度为

$$L=l+a+b$$

两端张拉时，钢筋和钢绞线的下料长度为

$$L=l+2a$$

式中：$l$——构件的孔道长度（mm）；

$a$——张拉端留量，与锚具和张拉千斤顶尺寸有关（mm）；

$b$——固定端留量，一般为 80mm（mm）。

为了保证钢筋或钢绞线穿入构件孔道和张拉时不发生扭结，应对其进行编束。编束时，一般把钢筋或钢绞线理顺后，用 18～22 号铁丝每隔 1m 左右绑扎一道，形成束状，如图 5-21 所示。

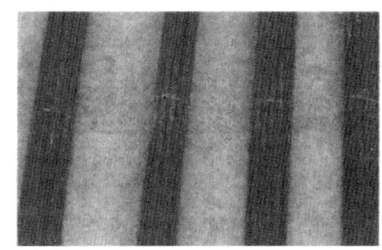

图 5-21　编束

3）钢丝束的制作

钢丝束的制作随着锚具的不同而异，但一般都要经过调直、下料、编束和安装锚具等工序。下面以用墩头锚具为例，介绍钢丝束的下料、编束和安装锚具等工序。

当用墩头锚具时，一端张拉，钢丝下料长度 $L$ 可按下式计算：

$$L=L_0+2a+2b-0.5(H-H_1)-\Delta L-C$$

式中：$L_0$——构件的孔道长度（mm）；

$a$——锚板厚度（mm）；

$b$——钢丝墩头留量（mm），一般为钢筋直径的 2 倍；

$H$——锚环高度（mm）；

$H_1$——螺母高度（mm）；

$\Delta L$——张拉时钢丝伸长值（mm）；

$C$——混凝土弹性压缩（mm）（若很小时可略不计）。

当用墩头锚具时，钢丝编束应考虑钢丝分圈布置的特点，编束时首先将内圈和外圈钢丝分别用铁丝顺序编扎，然后将内圈钢丝放在外圈钢丝内扎牢。钢丝编束好后，先在一端安装锚环并完成墩头工作；另一端的墩头，待钢丝束穿过孔道安装上锚板后再进行。

3. 后张法施工工艺流程及施工主要工艺

后张法施工工艺与预应力施工有关的主要是孔道留设、预应力筋张拉和孔道灌浆三部分，图 5-22 所示为后张法施工工艺流程。

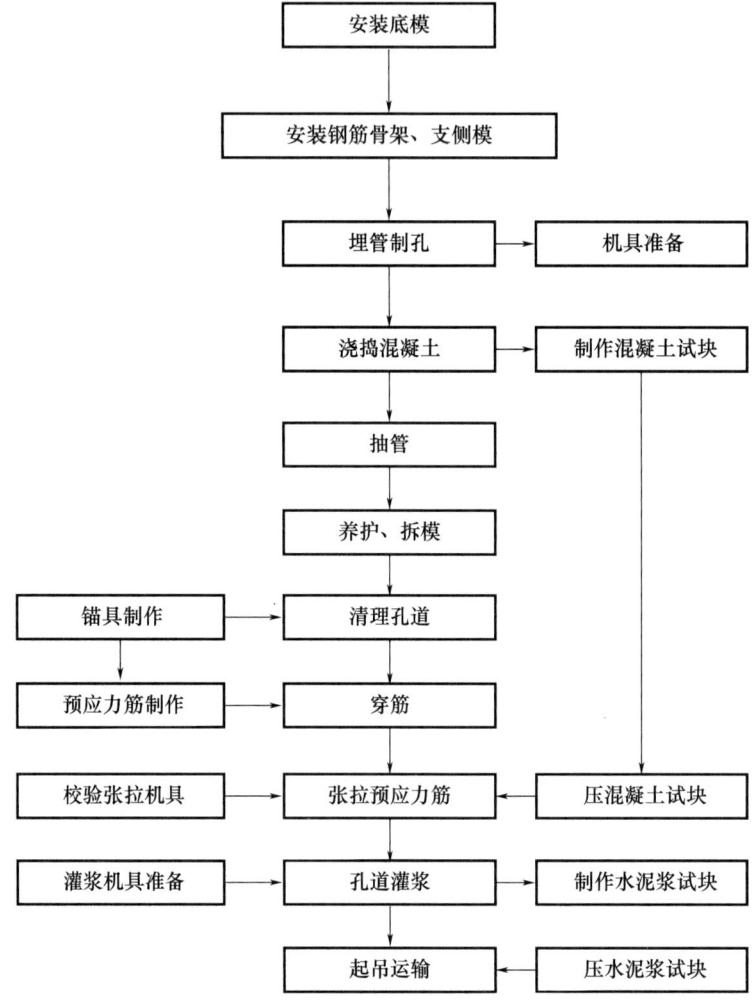

图 5-22　后张法施工工艺流程

后张法构件中孔道留设一般采用钢管抽芯法、胶管抽芯法、预埋管法。预应力筋的孔道形状有直线、曲线和折线三种。钢管抽芯法只适用于直线孔道，胶管抽芯法和预埋管法适用于直线、曲线和折线孔道。

孔道留设是后张法构件制作的关键工序之一。所留孔道的尺寸与位置应正确，孔道要平顺，端部的预埋钢板应垂直于孔中心线。孔道直径一般应比预应力筋的外径或需穿入孔道的外径大 10～15mm，以利于穿入预应力筋。

（1）钢管抽芯法。钢管抽芯用于直线孔道。钢管表面必须圆滑，预埋前应除锈、刷油，如用弯曲的钢管，转动时会沿孔道方向产生裂缝，甚至塌陷。钢管在构件中用钢筋井字架(图 5-23)固定位置,井字架每隔 1.0~1.5m 一个,与钢筋骨架扎牢。两根钢管接头处可用 0.5mm 厚薄钢板做成的套管连接(图 5-24),套管内表面要与钢管外表面紧密贴合,以防漏浆堵塞孔道。钢管一端钻 16mm 的小孔,以备插入钢筋棒,转动钢管。抽管前每隔 10~15min 应转管一次。如发现表面混凝土产生裂纹,应用铁抹子压实抹平。

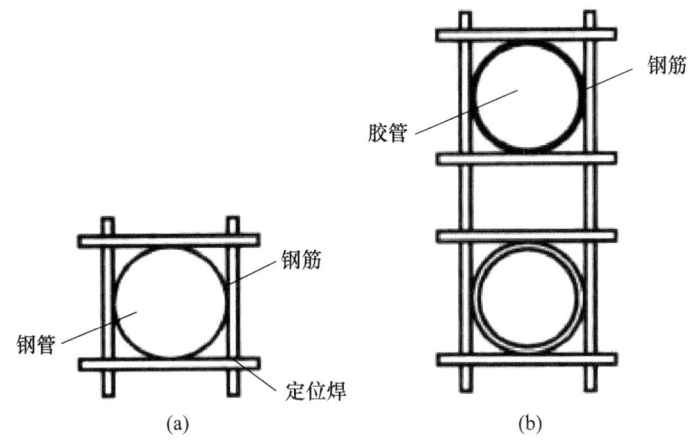

图 5-23 固定钢管或胶管位置用的井字架
(a) 单孔井字架;(b) 双孔井字架

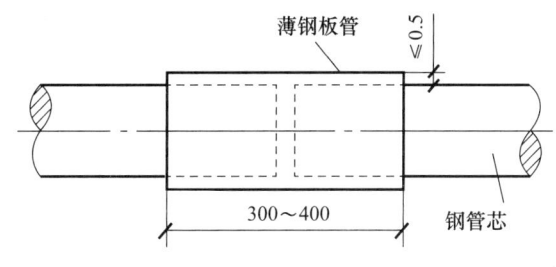

图 5-24 薄钢板套管

抽管时间与水泥的品种、气温和养护条件有关。抽管宜在混凝土初凝之后、终凝以前进行,以用手指按压混凝土表面不显指纹时为宜。抽管过早,会造成坍孔事故;太晚,混凝土与钢管黏结牢固,抽管困难,甚至抽不出来。常温下抽管时间在混凝土灌注后 3~5h。抽管顺序宜先上后下。抽管可用人工或卷扬机。抽管时必须速度均匀、边抽边转,并与孔道保持在同一直线上。抽管后,应及时检查孔道情况,并做好孔道清理工作,防止以后穿筋困难。采用钢丝束镦头锚具时,张拉端的扩大孔也可用钢管抽芯成型(图 5-25)。留孔时应注意,端部扩大孔应与中间孔道同心。抽管时先抽中间钢管,后抽扩孔钢管,以免碰坏扩孔部分并保持孔道清洁和尺寸准确。

(2) 胶管抽芯法。留设孔道用的胶管一般有五层或七层夹布管和供预应力混凝土专用的钢丝网橡皮管两种。前者必须在管内充气或充水后才能使用;后者质硬,且有一定弹性,预留孔道时与钢管一样使用。

胶管先采用钢筋井字架固定,间距不宜大于 0.5m,并与钢筋骨架绑扎牢,然后充水(或充气)加压到 0.5~0.8MPa,此胶管直径可增大 3mm。待混凝土初凝后,放出压缩空气或压力水,胶管直径缩小并与混凝土脱离,以便抽出胶管而形成孔道。

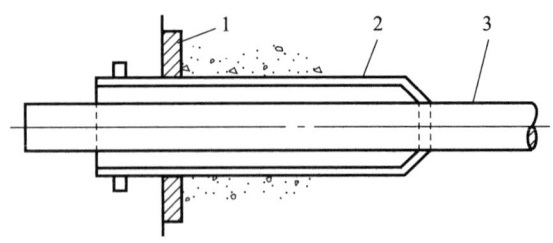

图 5-25　张拉端扩大孔用钢管抽芯成型
1—预埋钢板；2—端部扩大孔的钢管；3—中间孔的钢管

为了保证留设孔道质量，使用应注意以下几个问题：

① 胶管必须有良好的密封装置，无漏水、漏气。密封的方法是先将胶管一端外表削去 1～3 层胶皮及帆布，然后将外表面带有粗丝扣的钢管（钢管一端用铁板密封焊牢）插入胶管端头孔内，再用 20 号铅丝与胶管外表面密缠牢固，铅丝头用锡焊牢。胶管另一端接上阀门，其方法与密封端基本相同。

② 胶管接头处理，如图 5-26 所示为胶管接头方法。图中 1mm 厚钢管由无缝钢管加工而成，其内径等于或略小于胶管外径，以便于打入硬木塞后起到密封作用。铁皮套管与胶管外径相等或稍大（约 0.5mm），以防止在振捣混凝土时胶管受振外移。

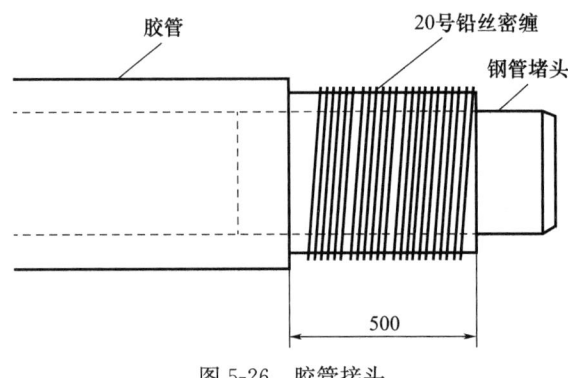

图 5-26　胶管接头

③ 抽管时间和顺序。抽管时间比钢管略迟，一般气温和浇筑后的小时数的乘积达 200℃·h 左右时可抽管。抽管顺序一般为先上而下，先曲后直。

（3）预埋管法

预埋管法可采用薄钢管、镀锌钢管与金属螺旋管（波纹管）、塑料波纹管等。

金属螺旋管具有质量轻、刚度好、弯折方便、连接容易、与混凝土黏结良好等优点，可做成各种形状的预应力筋孔道，是现代后张预应力筋孔道成型用的理想材料，镀锌钢管仅用于施工周期长的超高竖向孔道或有特殊要求的部位。

4．后张法预应力筋的张拉

1）张拉前的准备工作

张拉前的准备工作主要包括对构件的强度、几何尺寸和孔道畅通情况进行检查，以及对张拉设备进行校验等。

2）张拉控制应力确定

张拉控制应力应不得超过表 5-1 的规定。

3) 张拉程序确定

后张法有黏结预应力筋的张拉程序应根据构件类型、锚固体系、预应力筋的松弛等因素来确定，一般可按下列情况来选用。

（1）当采用低松弛钢丝或钢绞线时，可采用张拉程序：$0 \to \sigma_{con}$

（2）当采用普通松弛预应力筋时，可采用张拉程序：$0 \to 1.05\sigma_{con} \xrightarrow{\text{持荷 2min}} \sigma_{con}$

（3）当采用夹片式锚具时，可采用张拉程序：$0 \to 1.03\sigma_{con}$

4) 张拉顺序

张拉顺序应考虑使构件不扭转或侧弯，不产生过大偏心力等。一般预应力筋应同时张拉，若不能同时张拉，则应分批、分段对称张拉。

5) 张拉端设置

为了减少预应力筋与预留孔壁摩擦引起的预应力损失，后张法有黏结预应力筋应根据设计和专项施工方案的要求采用一端张拉或两端张拉。当设计无要求时，张拉端可按下列规定设置：

（1）有黏结预应力筋长度不大于 20m 时，可一端张拉；

（2）有黏结预应力筋长度大于 20m 时，宜两端张拉。

6) 预应力筋伸长值测定

在张拉过程中，应测定预应力筋的实际伸长值，用以校核预应力值，实际测得的伸长值与计算的伸长值偏差不得超过±6%，若超过，应暂停张拉，待查明原因及采取措施调整后，方可重新张拉。

5. 孔道灌浆

预应力筋张拉完毕后，应进行孔道灌浆。灌浆的目的是防止钢筋锈蚀，增加结构的整体性和耐久性，提高结构抗裂性和承载力。

灌浆用的水泥浆应有足够强度和黏结力，且应有较好的流动性、较小的干缩性和泌水性，水灰比控制在 0.4～0.45，搅拌后 3h 泌水率宜控制在 2%，最大不得超过 3%，对孔隙较大的孔道，可采用砂浆灌浆。

为了提高孔道灌浆的密实性，在水泥浆或砂浆内可掺入对预应力筋无腐蚀作用的外加剂。如掺入占水泥质量 0.25% 的木质素磺酸钙，或掺入占水泥质量 0.05% 的铝粉。灌浆用的水泥浆或砂浆应过筛，并在灌浆过程中不断搅拌，以免沉淀析水。灌浆前用压力水冲洗和湿润孔道。用电动或手动灰浆泵进行灌浆。灌浆工作应连续进行，不得中断，并应防止空气压入孔道而影响灌浆质量。灌浆压力以 0.5～0.6MPa 为宜。灌浆顺序应先下后上，以避免上层孔道漏浆时堵塞下层孔道。

当灰浆强度达到 15MPa 时，方能移动构件，灰浆强度达到 100% 设计强度时，才允许吊装。

## 任务 5-3 无黏结预应力施工

【工作任务】

在后张法预应力混凝土中，预应力可分为有黏结和无黏结两种。预应力筋张拉后浇筑混凝土与预应力筋黏结称为有黏结预应力筋。凡是张拉后允许预应力筋其与周围的混凝土产生相对滑动的预应力筋，称为无黏结预应力筋。无黏结预应力混凝土是近年发展起来的一项新技术。

**【知识准备】**

无黏结预应力混凝土的施工方法是在预应力筋的表面刷防腐润滑脂并包塑料管后，铺设在模板内的预应力筋设计位置处，然后浇筑混凝土，待混凝土达到要求的强度后，进行预应力筋的张拉和锚固。该工艺的优点是不需要留设孔道、穿筋、灌浆，施工简单，摩擦力小，预应力筋易弯成多跨曲线形状等，但预应力筋强度不能充分发挥（一般要降低10%～20%），对锚具要求高。根据其特点，无黏结预应力筋在双向连续平板和密肋板中比较经济，在大跨度连续梁中也有较大发展。

**【任务实施】**

无黏结预应力混凝土工程无须留孔灌浆，具有施工简便、摩擦损失小、预应力筋易弯成多跨曲线形状等优点，适用于大跨度的单、双向连续多跨曲线配筋梁板结构和屋盖。

1. 无黏结预应力束的制作及锚具

1）原材料预应力束的制作

无黏结预应力筋一般是由钢绞线或 $7\phi5$ 高强钢丝组成的钢丝束，通过专用设备涂外包层的防腐油脂和塑料套管而构成的一种新型预应力筋，其截面如图5-27所示。

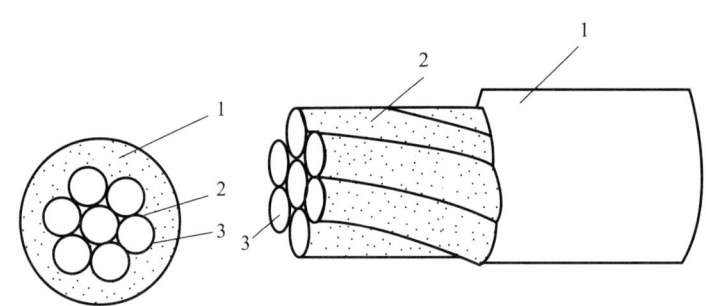

图5-27　无黏结预应力筋
1—塑料外包层；2—防腐润滑脂；3—钢绞线（或碳素钢丝束）

涂料层的作用：一是使预应力筋与混凝土隔离，减少张拉时的摩擦力损失；二是阻止预应力筋的锈蚀。这就要求涂料具有以下四个特点：①不流淌，不变脆产生裂缝，润滑性能好；②化学成分稳定，防腐性能好；③对周围材料无腐蚀；④不透水，不吸潮。外包层具有以下三个特点：①高温时，化学性能稳定；低温时，不变脆；②韧性和耐磨性强；③对周围材料无腐蚀作用。

预应力束制作工艺如下：

编束放盘→涂上涂料层→覆裹塑料套→冷却→调直→成型。

2）锚具

无黏结预应力构件中，锚具是把预应力束的张拉力传递给混凝土的工具，外荷载引起的预应力束的变化全部由锚具承担。因此，无黏结预应力束的锚具不仅受力比有黏结预应力筋的锚具大，而且承受的是重复荷载。因此，无黏结预应力束的锚具应有更高的要求。预应力钢筋为高强钢丝时用镦头锚具，为钢绞线时用XM、QM锚具。

## 2. 无黏结预应力混凝土的施工工艺流程及主要施工工艺

### 1) 无黏结预应力混凝土的施工工艺流程

无黏结预应力混凝土的施工工艺流程如图 5-28 所示。

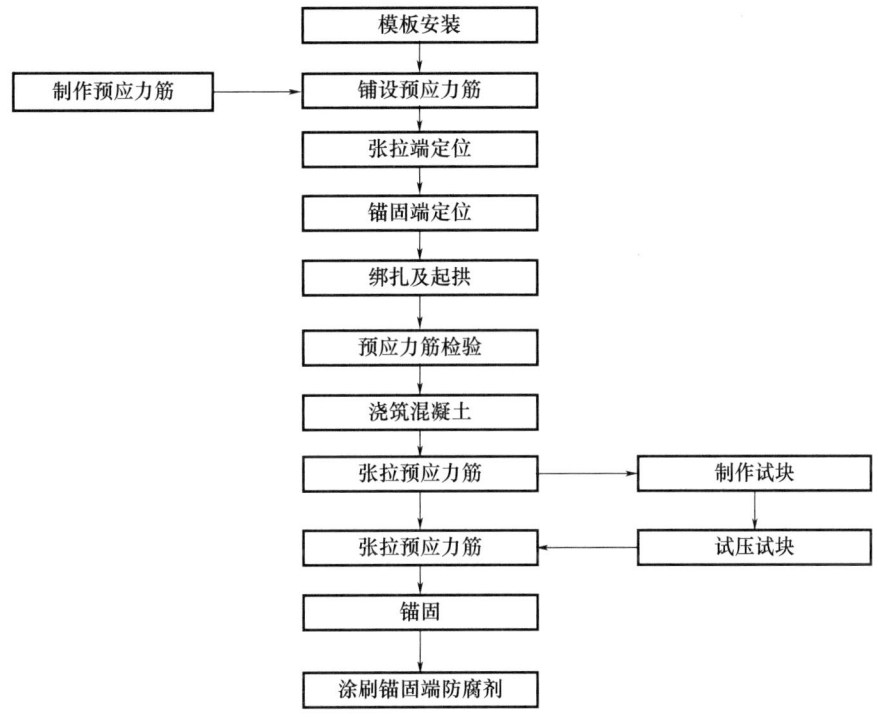

图 5-28 无黏结预应力混凝土的施工工艺流程

### 2) 无黏结预应力混凝土的主要施工工艺

（1）预应力筋的铺设

铺设之前，仔细检查钢丝束或钢绞线的规格，若其外层有轻微破损，应符合下列要求：

① 预应力的绑扎与其他普通钢筋一样，用钢丝绑扎。

② 双向预应力筋的铺设对各个交叉点要比较其标高，先铺设下面的预应力筋，再铺设上面的预应力筋。总之，不要使两个方向的预应力筋相互穿插编结。

③ 控制预应力筋的位置。在定位预制应力筋时，为使位置准确，不要单根配置，而要成束或先拧成钢绞丝线再铺设；在配置时，为严格竖向环形螺旋形的位置，还应设支架，以固定预应力筋的位置。

（2）预应力筋的端部处理

根据锚具而定，如图 5-29、图 5-30 所示。采用镦头锚具时，锚环被拉出后，塑料套管会产生空隙，必须注满防腐润滑脂。当采用夹片式锚具时，张拉后，切除多余外露的预应力筋，只保留 200～300mm 的长度，并分散弯折在混凝土的圈梁内，以加强锚固。

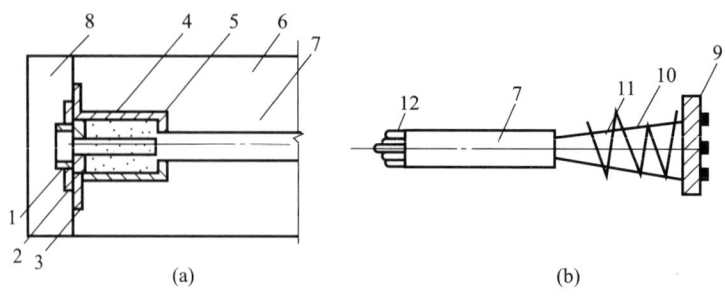

图 5-29 无黏结钢丝束镦头锚具
(a) 张拉端；(b) 锚固段
1—锚杯；2—螺母；3—预埋件；4—塑料套筒；5—防腐润滑脂；6—构件；
7—软塑料管；8—C30混凝土封头；9—锚板；10—钢丝；
11—螺旋钢筋；12—钢丝束

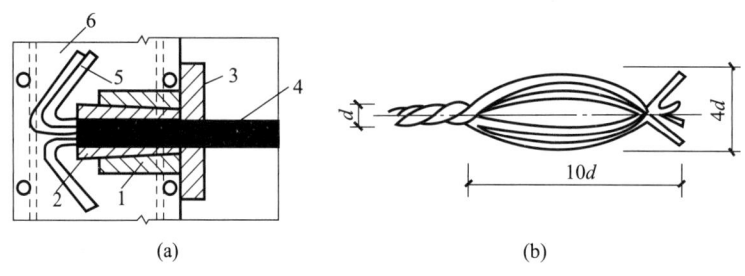

图 5-30 无黏结钢绞线夹片式锚具
(a) 张拉端；(b) 锚固段
1—锚环；2—夹片；3—预埋件；4—软塑料管；5—散开打弯钢丝；6—圈梁

为保证预应力混凝土结构的耐久性，《混凝土结构设计标准》（GB/T 50010—2010）提出了端部锚具封闭保护要求。

后张预应力混凝土外露金属锚具，应采取可靠的防腐及防火措施，并应符合下列规定：

（1）无黏结预应力筋外露锚具应采用注有足量防腐润滑脂的塑料帽封闭锚具端头，并应采用无收缩砂浆或细石混凝土封闭。

（2）采用混凝土封闭时，混凝土强度等级宜与构件混凝土强度等级一致，封锚混凝土与构件混凝土应可靠黏结，如锚具在封闭前应将周围混凝土界面凿毛并冲洗干净，且宜配置1~2片钢筋网，钢筋网应与构件混凝土拉结。

（3）采用无收缩砂浆或混凝土封闭保护时，其锚具及预应力筋端部的保护层厚度：一类环境时不应小于20mm，二a、二b类环境时不应小于50mm，三a、三b类环境时不应小于80mm。

3）无黏结预应力筋的张拉

张拉前的准备：检查混凝土的强度，达到设计强度的100%时，才开始张拉；此外，还要检查机具、设备。

张拉要点：张拉中，严防钢丝被拉断，要控制同一截面的断裂不得超过2%，最多只允许1根，当预应力筋的长度小于25m时，宜采用一端张拉，若长度大于25m时，宜采用两端张拉。张拉伸长值，按设计要求进行。

## 【巩固训练】

1. 预应力混凝土的主要优点是什么？
2. 常见的预应力混凝土的锚具、夹具都有哪些？
3. 什么是先张法？什么是后张法？试比较它们的异同点。
4. 先张法所用夹具有何要求？
5. 先张法和后张法的张拉程序如何？
6. 超张拉的作用是什么？有什么要求？
7. 后张法常用的锚具有哪些？对锚具有何要求？
8. 后张法孔道留设有哪几种？各适用于什么情况？
9. 后张法的张拉顺序如何确定？
10. 孔道灌浆的作用是什么？对灌浆材料有何要求？
11. 如何计算预应力钢筋的伸长值？
12. 施加预应力的方法有几种？
13. 试述先张法、后张法和无黏结预应力混凝土的工艺流程。

# 项目 6　结构安装工程

## 【项目情景】

结构安装工程是指用各种起重机械将预制的结构构件安装到设计位置的施工过程。在现场施工过程中,要根据房屋结构的特点、现场机械设备条件和施工工期的要求,合理地选择起重机械、确定吊装方案,在保证安全生产的前提下,达到缩短工期、保证工程质量、降低工程成本的目的。

## 【学习目标】

**知识目标**

了解起重机械和索具设备,掌握钢筋混凝土排架结构单层工业厂房结构吊装,熟悉钢筋混凝土装配式结构吊装和钢结构单层工业厂房的安装。

**技能目标**

能够掌握起重机械的参数计算与选型,会编制混凝土结构单层工业厂房的施工方案。

**素质目标**

(1) 深刻认识结构安装施工的重要性,引导学生树立社会责任感。
(2) 培养学生乐于奉献的孺子牛精神和精益求精的大国工匠精神。

## 任务 6-1　起重机械与索具设备

【工作任务】起重机械与索具设备是结构安装工程中的主要设备,合理地选择和使用,对于减小劳动强度、提高劳动效率、加速工程进度、降低工程造价,起着十分重要的作用。

【知识准备】了解桅杆式起重机的构造,履带式起重机的稳定性验算,履带式起重机起重臂接长的计算,汽车式起重机、轮胎式起重机和塔式起重机的特点,滑轮组的绳索拉力,卷扬机的构造与使用;熟悉独脚拔杆的竖立方法、熟悉钢丝绳构造与种类、计算及使用要求;掌握履带式起重机构造。

【任务实施】

1. 起重机械

起重机械是建筑施工中广泛使用的起重运输设备,它的合理选择和使用,对于减小劳动强度、提高劳动效率、加速工程进度、降低工程造价,起着十分重要的作用。

结构吊装工程常用的起重机械有桅杆式起重机、自行式起重机和塔式起重机。

1) 桅杆式起重机

桅杆式起重机的优点是构造简单、装拆方便、起重能力较大(可达 1000kN 以上),

它适合在以下几种情况中应用：
(1) 场地比较狭窄的工地；
(2) 缺少其他大型起重机械或不能安装其他起重机械的特殊工程；
(3) 没有其他相应起重设备的重大结构工程；
(4) 在无电源情况下，可使用手推绞磨起吊。

其不足之处是服务半径小、移动困难、施工速度较慢，且需要设置较多的缆风绳，因而仅适用于安装工程量比较集中的工程。

桅杆式起重机分为独脚桅杆、悬臂桅杆、人字桅杆和牵缆式桅杆起重机。

(1) 独脚桅杆

独脚桅杆由桅杆、起重滑轮组、卷扬机、缆风绳等组成（图6-1）。独脚桅杆可用木料或金属制成。在使用时，桅杆的顶部应保持一定的倾角（$\beta \leqslant 10°$），使吊装的构件不与桅杆顶部碰撞。桅杆的稳定主要依靠桅杆顶端的缆风绳。缆风绳在安装前必须经过计算，还要用卷扬机或倒链施加初拉力进行试验，合格后方可安装。缆风绳常采用钢丝绳，数量一般为6～12根。缆风绳与地面夹角$\alpha$为30°～45°。木独脚桅杆的梢径为200～300mm，起升高度小于15m，起升荷载小于100kN；钢管独脚桅杆的起升高度小于30m，起升荷载小于300kN；金属格构式独脚桅杆的起升高度可达70～80m，起升荷载可达1000kN以上。金属格构式独脚桅杆根据设计长度均匀地制成若干节，以方便运输。在桅杆上焊接吊环，用卡环把缆风绳、滑轮组、桅杆连接在一起（图6-2）。

① 独脚桅杆的竖立

独脚桅杆的竖立可以采用下列几种方法：

a. 滑行法：先将桅杆就地捆扎好，使桅杆的重心位于竖立地点，再将辅助桅杆立在竖立桅杆位置的附近，用辅助桅杆的滑车组吊在竖立桅杆重心以上1～1.5m处，然后开动卷扬机，桅杆的顶端即上升，桅杆底端沿着地面滑到竖立地点，当桅杆即将垂直时，收紧缆风绳就可竖立好桅杆（图6-3）。辅助桅杆高度约为桅杆高的2/3。

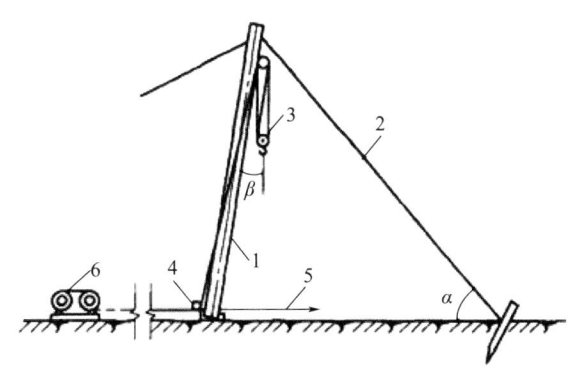

图6-1 独脚桅杆
1—桅杆；2—缆风绳；3—起重滑轮组；4—导向装置；
5—拉索；6—卷扬机

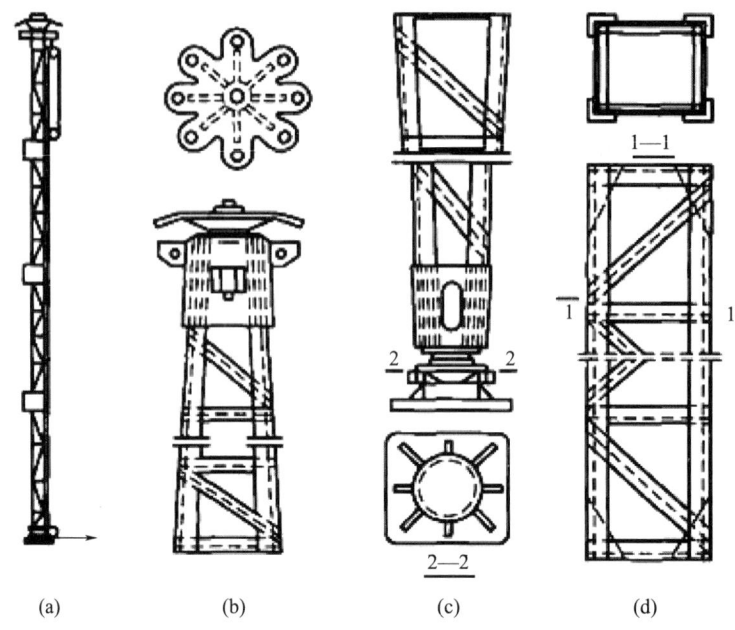

图 6-2 格构式钢独脚桅杆
（a）全貌；（b）顶部构造；（c）支座构造；（d）中间节构造

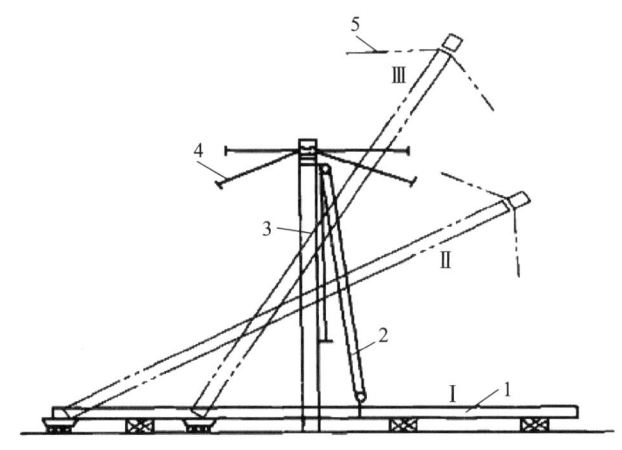

图 6-3 滑行法竖立桅杆
1—桅杆；2—滑车组；3—辅助桅杆；4—辅助桅杆缆风绳；5—桅杆缆风绳

b. 旋转法：将桅杆脚放在将要立起的地点，并将桅杆顶部垫高。在桅杆将要立起的地点附近，立一根辅助桅杆，将辅助桅杆的滑车组吊在距离桅杆顶部约 1/4 的地方。开动卷扬机，桅杆即绕底部旋转竖立起来，当桅杆与水平线成 60°～70°时，收紧缆风绳将桅杆拉直（图 6-4）。辅助桅杆高度约为桅杆高度的 1/2。

c. 起扳法：将辅助桅杆立在竖立桅杆的底端，与竖立桅杆垂直，并将其连接牢固。在两桅杆之间，用滑轮组连接。同时把起扳的动滑车绑于辅助桅杆的顶端，把定滑车绑在木桩上，并使重钢丝通过导向滑车引到卷扬机上，开动卷扬机，辅助桅杆绕着支座旋转而向后倾斜，桅杆就被扳起，当桅杆与水平线成 60°～70°时，收紧缆风绳将桅杆拉直（图 6-5）。辅助桅杆高度约为桅杆高度的 1/2。

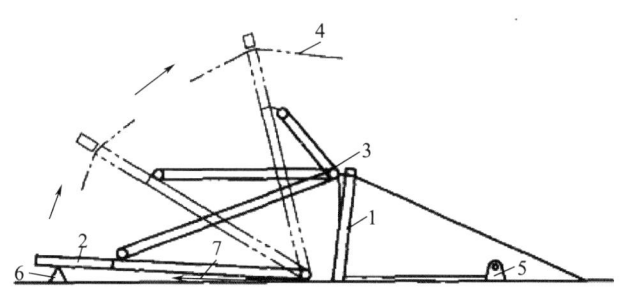

图 6-4 旋转法竖立桅杆

1—辅助桅杆；2—桅杆；3—滑车组；4—缆风绳；
5—卷扬机；6—支垫；7—反牵力

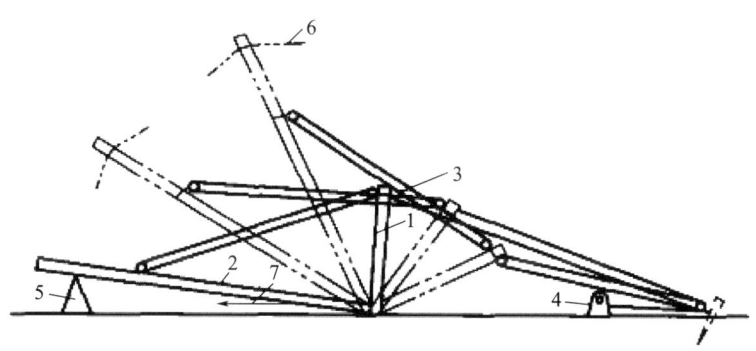

图 6-5 起扳法竖立桅杆

1—辅助桅杆；2—桅杆；3—滑车组；4—卷扬机；
5—支垫；6—缆风绳；7—反牵力

② 独脚桅杆的移动

独脚桅杆的移动。先将后揽风绳慢慢放松，同时收紧前揽风绳，使桅杆向一侧倾斜，倾斜角度一般不超过 10°，然后用卷扬机拖拉桅杆下部，将桅杆下部向前移动到桅杆向后倾斜 10°，按此反复动作，即可将桅杆移动到所需要的位置（图 6-6）。

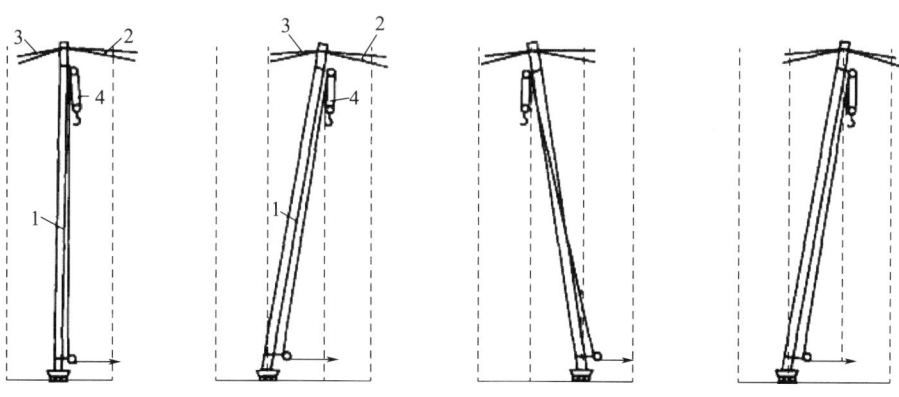

图 6-6 独脚桅杆的移动

1—桅杆；2—前缆风绳；3—后缆风绳；4—滑车组

(2) 人字桅杆

人字桅杆一般用两根木杆或钢杆以钢丝绳或铁件铰接而成（图6-7），其两根杆件夹角以30°为宜，在桅杆顶部交叉处悬挂滑轮组。上部应有缆风绳，一般不少于5根。底部应设拉杆或钢丝绳以平衡其水平推力。底部两脚间的距离为高度的1/3～1/2。人字桅杆的特点是起升荷载大、稳定性好，但构件吊起后活动范围小，适用于吊装重型柱子等构件。人字桅杆的竖立可利用起重机械吊立，也可另立一副小的人字桅杆起扳。人字桅杆的移动方法与独脚桅杆的方法基本相同，如图6-8所示。

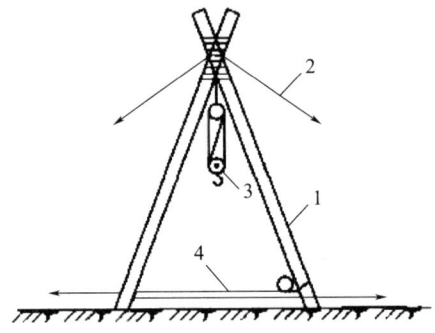

图6-7 人字桅杆
1—桅杆；2—缆风绳；3—起重滑轮组；4—拉索

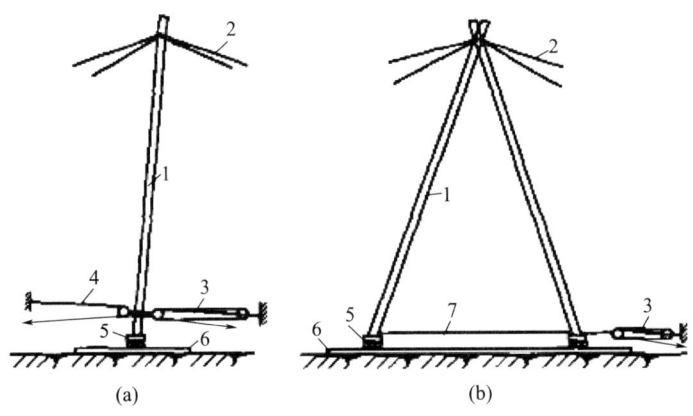

图6-8 人字桅杆的移动
(a) 平移；(b) 横移
1—人字桅杆；2—缆风绳；3—移动滑车组；4—保险溜绳；5—滚动支座；6—枕木；7—拉索

(3) 悬臂桅杆

在独脚桅杆中部或2/3高处安装一根起重臂即成悬臂桅杆（图6-9），其特点是有较大的起重高度和工作幅度，起重臂能起伏和左右摆动（120°～270°）。悬臂桅杆适用于吊装屋面板、檩条等小型构件。

起伏的吊杆即成为牵缆式桅杆起重机（图6-10）。牵缆式桅杆起重机的特点是起重臂可以起伏；整个机身可作360°回转，能在服务范围内灵活地将构件吊装到设计位置，其起升荷载（150～600kN）和起升高度（25m）都较大，适用于构件多而集中的建筑物吊装。缆风绳必须牢固，至少6根。

## 项目 6 结构安装工程

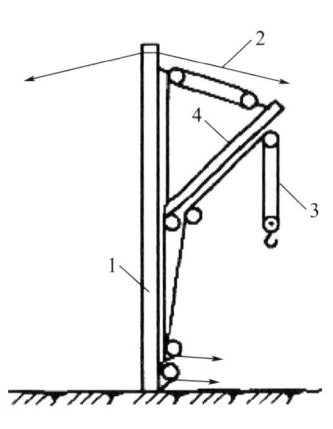

图 6-9 悬臂桅杆
1—桅杆；2—缆风绳；3—起重滑轮组；4—起重臂

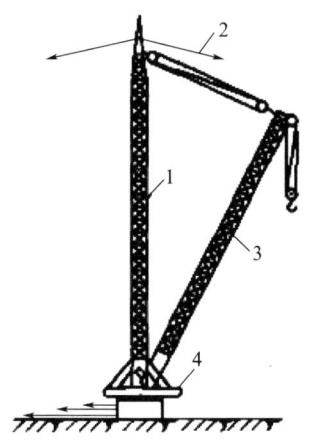

图 6-10 牵缆式桅杆
1—桅杆；2—缆风绳；3—起重臂；4—导向装置

2）自行式起重机

自行式起重机有履带式起重机、轮胎式起重机和汽车式起重机三类。

（1）履带式起重机

履带式起重机由行走部分、回转部分、机身及起重臂等部分组成（图 6-11）。履带式起重机的特点是操纵灵活，本身能作 360°回转，在平坦坚实的地面上能负荷行驶。由于履带的作用，可在松软、泥泞的地面上作业，且可以在崎岖不平的场地行驶。目前，在装配式结构施工中，特别是单层工业厂房结构安装中，履带式起重机得到广泛的使用。履带式起重机的缺点是稳定性较差，不应超负荷吊装，行驶速度慢且履带易损坏路面，因而，转移时多用平板拖车装运。

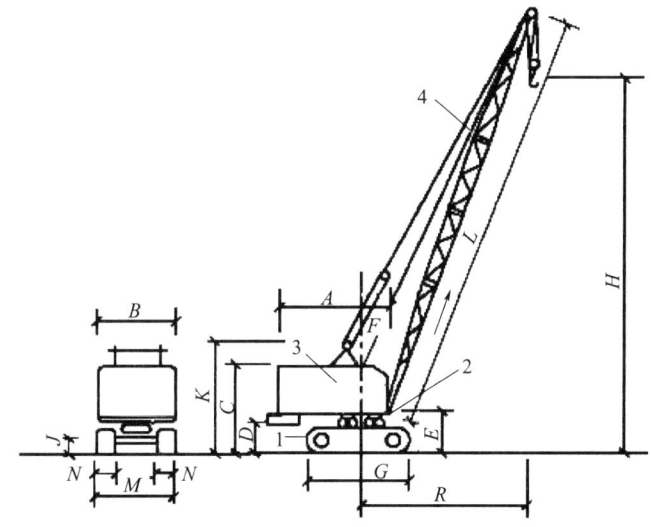

图 6-11 履带式起重机
1—行走装置（履带）；2—回转装置；3—机身；4—起重臂
$H$—起重高度；$R$—起重半径；$L$—起重杆长度

① 履带式起重机的常用型号及性能

国产履带式起重机的起升荷载有 50~750kN，起重臂长 10~40m。常用的型号有 $W_1$-50、$W_1$-100、$W_1$-200。

a. $W_1$-50 型最大起重量为 100kN（10t），液压杠杆联合操纵，吊杆可接长到 18m。这种起重机车身小、自重轻、速度快，可在较狭窄的场地工作，适用于吊装跨度在 18m 以下，安装高度在 10m 左右的小型厂房和做一些辅助工作，如装卸构件等。

b. $W_1$-100 型最大起重量为 150kN（15t），液压操纵。与 $W_1$-50 型相比，这种起重机车身较大，速度较慢，但由于有较大的起重量和接长的起重臂，适用于吊装跨度在 18~24m 的厂房。

c. $W_1$-200 型最大起重量为 500kN（50t），主要机构由液压操纵，辅助机械用杠杆和电气操纵，吊杆可接长到 40m。这种起重机车身特别大，适用于大型工业厂房安装。

② 履带式起重机的稳定性验算

履带式起重机超载吊装时或由于施工需要而接长起重臂时，为保证起重机的稳定性，保证在吊装中不发生倾覆事故，需进行整个机身在作业时的稳定性验算。验算后，若不能满足要求，则应采用增加配重等措施。在图 6-12 所示的情况下（起重臂与行驶方向垂直），起重机的稳定性最差。此时，以履带中心点为倾覆中心，验算起重机的稳定性。

起重机的稳定性是指起重机在自重和外荷载作用下抵抗倾覆的能力。目前起重机的稳定性指标采用稳定性安全系数，它是相对于倾覆中心的稳定力矩和倾覆力矩之比值。

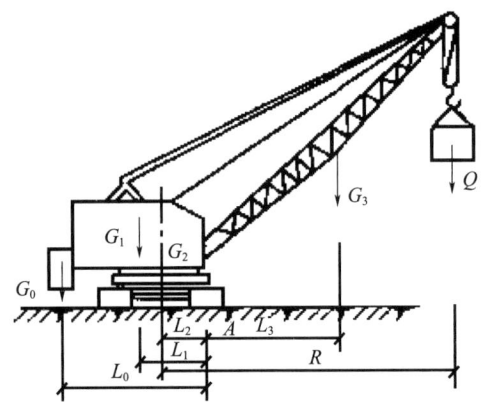

图 6-12 履带式起重机受力简图

履带式起重机验算稳定性时应选择最不利位置，以负重侧的中心点 $A$ 为倾覆中心；其安全条件为

$$K = M_1/M_2 \tag{6-1}$$

式中：$K$——稳定性安全系数；

$M_1$——稳定力矩（N·m）；

$M_2$——倾覆力矩（N·m）。

为简化计算，验算起重机的稳定性时，一般不考虑附加荷载，即

$$K = (G_1L_1 + G_2L_2 + G_0L_0 - G_3L_3)/Q(R-L_2) \geqslant 1.4 \tag{6-2}$$

式中：$G_0$——机身平衡重力（kN）；

$G_1$——起重机机身可转动部分的重力（kN）；

$G_2$——起重机机身不可转动部分的重力（kN）；

$G_3$——起重臂的重力（kN）；

$Q$——吊装荷载（包括构件和索具）（kN）；

$L_0$、$L_1$、$L_2$、$L_3$ 为 $G_0$、$G_1$、$G_2$、$G_3$ 重心至 $A$ 点的距离（m）；

$R$——工作幅度（m）。

考虑附加荷载时，$K \geqslant 1.15$。

③ 履带式起重机技术性能

履带式起重机主要技术性能包括三个参数：起重量 $Q$、起重半径 $R$ 及起重高度 $H$。其中，起重量 $Q$ 是指起重机安全工作所允许的最大起重量，起重半径 $R$ 是指起重机回转轴线至吊钩中心的水平距离；起重高度 $H$ 是指起重吊钩中心至停机地面的垂直距离。

起重量 $Q$、起重半径 $R$、起重高度 $H$ 这三个参数之间存在着相互制约的关系，其数值的变化取决于起重臂的长度及其仰角的大小。每一种型号的起重机都有几种臂长，当臂长 $L$ 一定时，随重臂仰角 $\alpha$ 的增大，起重量 $Q$ 和起重高度 $H$ 增大，而起重半径 $R$ 减小。当起重臂仰角 $\alpha$ 一定时，随着起重臂长 $L$ 增加，起重半径 $R$ 及起重高度 $H$ 增加，而起重量 $Q$ 减小。

履带式起重机主要技术性能可查起重机手册中的起重机性能表或性能曲线。表 6-1 为 $W_1$-50 型履带式起重机性能，图 6-13 所示为 $W_1$-50 型履带式起重机工作性能曲线。

表 6-1 $W_1$-50 型履带式起重机性能

| 臂长 10m | | | 臂长 18m | | | 臂长 18m（带鸟嘴） | | |
| --- | --- | --- | --- | --- | --- | --- | --- | --- |
| 起重半径（m） | 起重量（kN） | 起重高度（m） | 起重半径（m） | 起重量（kN） | 起重高度（m） | 起重半径（m） | 起重量（kN） | 起重高度（m） |
| 3.7 | 100 | 9.2 | 4.5 | 75 | 17.28 | 20 | 20 | 17.3 |
| 4 | 87 | 9 | 5 | 62 | 17 | 8 | 15 | 16 |
| 5 | 62 | 8.6 | 7 | 41 | 16.4 | 10 | 10 | 14 |
| 6 | 50 | 8.1 | 9 | 30 | 15.5 | | | |
| 7 | 41 | 7.5 | 11 | 23 | 14.4 | | | |
| 8 | 35 | 6.5 | 13 | 18 | 12.8 | | | |
| 9 | 30 | 5.4 | 15 | 14 | 10.7 | | | |
| 10 | 26 | 3.7 | 17 | 10 | 7.6 | | | |

④ 履带式起重机起重臂接长的计算

当起重机的起重高度或工作半径不能满足构件安装要求时，在起重臂强度和稳定得到保证的前提下，可将起重臂接长。接长后的起重量 $Q'$ 可根据图 6-14 按照接长前后力矩相等的原则进行计算。由 $\sum M_A = 0$ 可列出

$$Q' = \left(R' - \frac{M}{2}\right) + G'\left(\frac{R'+R}{2} - \frac{M}{2}\right) = Q\left(R - \frac{M}{2}\right) \tag{6-3}$$

简化后得

$$Q' = \frac{Q(2R-M) - G'(R'+R-M)}{2R'-M} \tag{6-4}$$

式中：$R'$——起重臂接长后的最小工作半径（m）；

$C$——起重臂接长部分的重量（kN）；

$Q$、$R$——起重机原有最大起重臂长时的最小起重量和最小工作半径（m）。

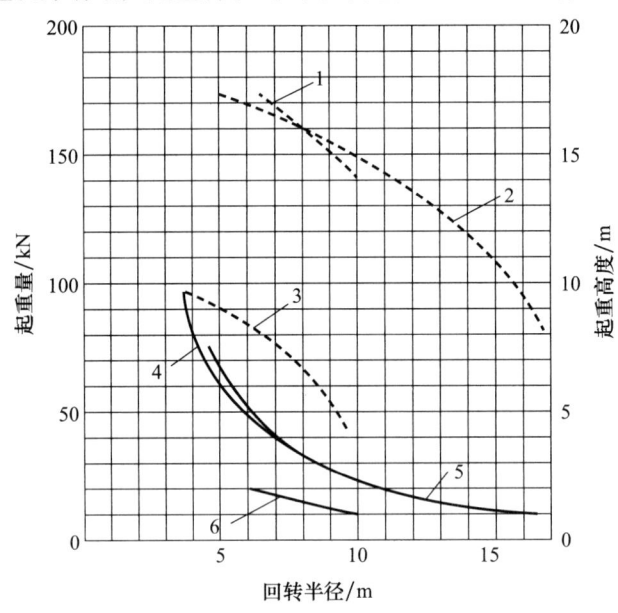

图 6-13 $W_1$-50 型履带式起重机工作性能曲线

1—起重臂长 18m（带鸟嘴）时的起重高度曲线；2—起重臂长 18m 时的起重高度曲线；
3—起重臂长 10m 时的起重高度曲线；4—起重臂长 10m 时的起重量曲线；
5—起重臂长 18m 时的起重量曲线；6—起重臂长 18m（带鸟嘴）时的起重量曲线

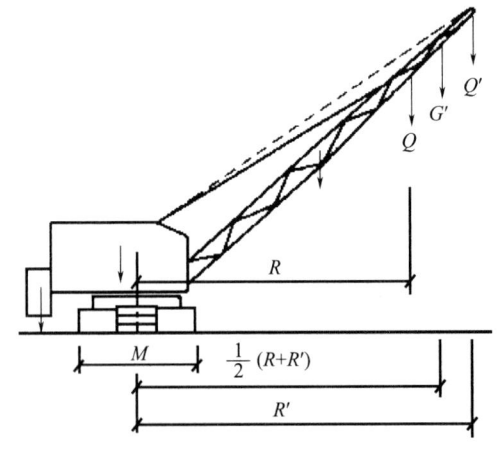

图 6-14 接长起重臂受力图

（2）汽车式起重机

汽车式起重机是一种自行式全回转起重机（图 6-15），起重机构安装在汽车底盘上。它具有行驶速度高、机动性好、对地面破坏性小等优点；其缺点是起吊时必须支腿落地，不能负载行驶，故使用上不及履带式起重机灵活。

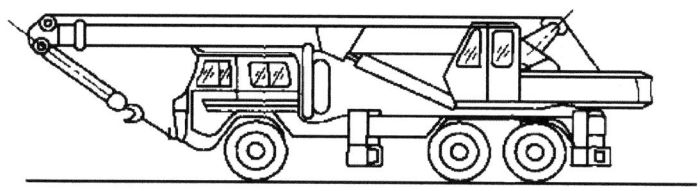

图 6-15 汽车式起重机

汽车式起重机按起重量大小分为轻型、中型和重型。起重量在 200kN（20t）以内的为轻型，起重量为 200~500kN 的为中型，起重量为 500kN（50t）及以上的为重型；轻型汽车式起重机主要用于装卸作业，重型汽车式起重机可用于一般单层或多层房屋的结构吊装。汽车式起重机按起重臂形式分为桁架臂和箱形臂两种，按传动装置形式分为机械传动、电力传动、液压传动三种。

（3）轮胎式起重机

轮胎式起重机是把起重机构安装在由加重型轮胎和轮轴组成的专用底盘上的全回转起重机（图 6-16）。轮胎式起重机的特点是行驶时不会损伤路面，行驶速度快，起重量较大，使用成本低；起吊时必须支腿落地，灵活性较差。

3）塔式起重机

塔式起重机具有竖直的塔身，其起重臂安装在塔身顶部与塔身组成"⊥"形，使塔式起重机具有较大的工作空间。它的安装位置能靠近施工的建筑物，有效工作半径较其他类型起重机大。塔式起重机种类繁多，广泛应用于多层及高层建筑工程施工中。

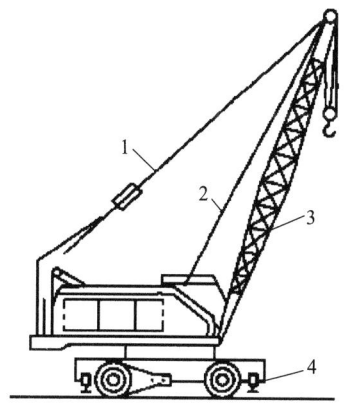

图 6-16 轮胎式起重机
1—变幅索；2—起重索；3—起重杆；4—支腿

塔式起重机按起重能力大小可分为轻型、中型和重型塔式起重机。其中，轻型塔式起重机起重量为 5~30kN，一般用于六层以下民用建筑施工；中型塔式起重机起重量为 30~150kN，适用于一般工业建筑与高层民用建筑施工；重型塔式起重机起重量为 200~400kN，一般用于重工业厂房的施工和高炉等设备的吊装。塔式起重机按有无行走机构可分为固定式和移动式两种，移动式又可分为履带式、汽车式、轮胎式和轨道式四种行走装置。按其回转形式可分为上回转和下回转两种。按其变幅方式可分为水平臂架小车变幅和动臂变幅两种。按其安装形式可分为自升式、整体快速拆装和拼装式三种。

2. 索具设备

1）钢丝绳

（1）钢丝绳的种类和用途

钢丝绳是吊装工艺中的主要绳索，具有强度高、韧性好、耐磨损等优点。在结构吊装中，常用 6 股的钢丝绳，每股可能由 19 根、37 根或 61 根组成，习惯上用两个数字来表示钢丝绳的型号,并在其后加一个"1"字,是表示绳的中间置有 1 根麻芯,以增加其柔韧性,如 6×19+1、6×37+1、6×61+1 等型号。在相同的直径时,每股钢丝绳越多,则其柔韧性越好。上述三种钢丝绳可分别适用于缆风绳、滑轮组、起重机械。

(2) 钢丝绳的允许拉力计算

在结构吊装过程中,钢丝绳处于复杂的受力状态之中。为了保证在使用中的安全可靠,就必须加大安全系数,以便使它具有足够的储备能力。钢丝绳的允许拉力应满足式(6-5)要求

$$[P] \leqslant \alpha P_{破}/K \qquad (6-5)$$

式中:$[P]$——钢丝绳的允许拉力(kN);
  $\alpha$——钢丝绳破断拉力换算系数,可查表 6-2;
  $K$——钢丝绳安全系数,可查表 6-3;
  $P_{破}$——钢丝绳破断拉力和(kN),可查相关《建筑施工手册》钢丝绳的主要数据表。

表 6-2 钢丝绳破断拉力换算系数 α 值

| 钢丝绳规格 | α |
|---|---|
| 6×19 | 0.85 |
| 6×37 | 0.82 |
| 6×61 | 0.8 |

表 6-3 钢丝绳安全系数

| 用途 | K | 用途 | K |
|---|---|---|---|
| 作缆风绳 | 3.5 | 作吊索(无弯曲时) | 6~7 |
| 作手动起重设备 | 4.5 | 作捆绑吊索 | 8~10 |
| 作机动起重设备 | 5~6 | 作载人升降机 | 14 |

2) 滑轮组

滑轮组由若干个定滑轮和动滑轮以及绳索组成。它既可以省力,又可以根据需要改变用力方向(图 6-17)。滑轮组可用作简单的起重工具,也是起重机械不可缺少的组成部分。滑轮组的绳索拉力为

$$P = KQ \qquad (6-6)$$

式中:$P$——绳索拉力(kN);
  $Q$——构件自重(kN);
  $K$——滑轮组的省力系数,$K = f^n(f-1)/f^n-1$,$f$ 为单个滑轮组的阻力系数(滚珠轴承 $f=1.02$,青铜轴套轴承 $f=1.04$,无轴套轴承 $f=1.06$),$n$ 为工作线数。

若绳索从定滑轮引出,则 $n$=定滑轮数+动滑轮数+1;若绳索从动滑轮引出,则 $n$=定滑轮数+动滑轮数。

起重机的滑轮组,常用青铜轴套轴承,其滑轮组的省力系数 $K$ 值可直接查表 6-4。

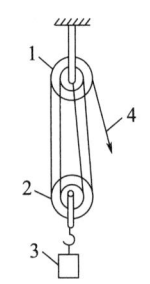

图 6-17 滑轮组
1—定滑轮;2—动滑轮;
3—重物;4—绳索

表 6-4 青铜轴套滑轮组省力系数

| 项目 | | $K=f^n(f-1)/f^n-1$ ($f=1.04$) | | | | | | | | |
|---|---|---|---|---|---|---|---|---|---|---|
| 1 | 工作线数, $n$ | 1 | 2 | 3 | 4 | 5 | 6 | 7 | 8 | 9 | 10 |
| | 省力系数, $K$ | 1.04 | 0.529 | 0.36 | 0.275 | 0.224 | 0.19 | 0.166 | 0.148 | 0.134 | 0.123 |
| 2 | 工作线数, $n$ | 11 | 12 | 13 | 14 | 15 | 16 | 17 | 18 | 19 | 20 |
| | 省力系数, $K$ | 0.114 | 0.106 | 0.1 | 0.095 | 0.09 | 0.086 | 0.082 | 0.079 | 0.076 | 0.074 |

3）卷扬机

卷扬机又称绞车，按驱动方式分为手动和电动两种。因手动卷扬机起重牵引力小，劳动强度大，只有在小规模的起重牵引工作中才使用，常用的是电动卷扬机。

（1）电动卷扬机

电动卷扬机主要由电动机、减速机、卷筒和电磁抱闸等组成。按其牵引速度可分为快速卷扬机（钢丝绳牵引速度为 25～50m/min）和慢速卷扬机（钢丝绳牵引速度为 7～13m/min）两种。快速卷扬机主要用于垂直和水平运输，以及打桩作业等；慢速卷扬机主要用于结构吊装、钢筋冷拉等作业。电动卷扬机的牵引力较大（一般为 10～100kN），操作轻便，使用安全，因而被广泛使用。

图 6-18 所示是 JJKD1 型卷扬机，主要由 7.5kW 电动机、联轴器、圆柱齿轮减速器、光面卷筒、双瓦块式电磁制动器、机座等组成。

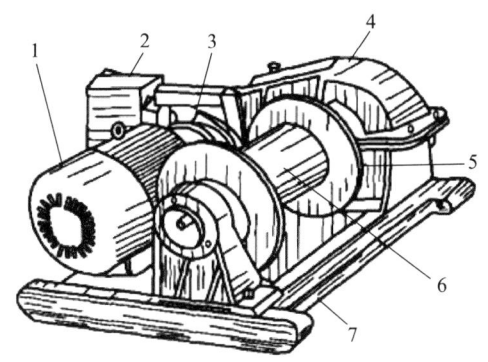

图 6-18 JJKD1 型卷扬机
1—电动机；2—制动器；3—弹性联轴器；
4—圆柱齿轮减速器；5—十字联轴器；6—光面卷筒；7—机座

图 6-19 所示是 JJKX1 型卷扬机，主要由电动机、传动装置、离合器、制动器、机座等组成。

（2）使用注意事项

① 卷扬机的安装位置应距第一个定向滑轮的距离为 15 倍卷筒长度，以便使钢丝绳能自行在卷筒上缠绕。

② 卷扬机使用时必须有可靠的固定，常用压重、锚桩等固定，以防使用中滑移或倾覆。

③ 缠绕在卷筒上的钢丝绳至少应保留两圈的安全储备长度，不可全部拉出，以防绳松脱钩发生事故。

④ 钢丝绳引入卷筒时应接近水平，并应从卷筒的下面引入，以减少卷扬机的倾覆力矩。

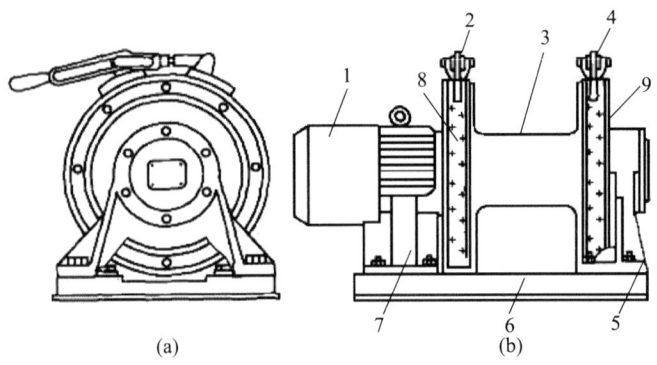

图 6-19 JJKX1 型卷扬机
(a) 立面图；(b) 平面图
1—电动机；2—制动手柄；3—卷筒；4—启动手柄；5—轴承支架；
6—机座；7—电动机托架；8—带式制动器；9—带式离合器

4）吊具及锚碇
（1）吊具
吊具主要包括卡环、吊索、横吊梁，是吊装时的重要工具。
① 吊索（千金绳）是用于绑扎和起吊构件的工具，分为环状吊索（万能索）和开口吊索两种类型［图 6-20 (a)］。
② 卡环（卸甲）用于吊索之间或吊索与构件之间的连接［图 6-20 (b)］。
③ 横吊梁（铁扁担）用于承受吊索对构件的轴向压力和减少起吊高度，分为钢板横吊梁和铁扁担两种类型［图 6-20 (c)、(d)］。

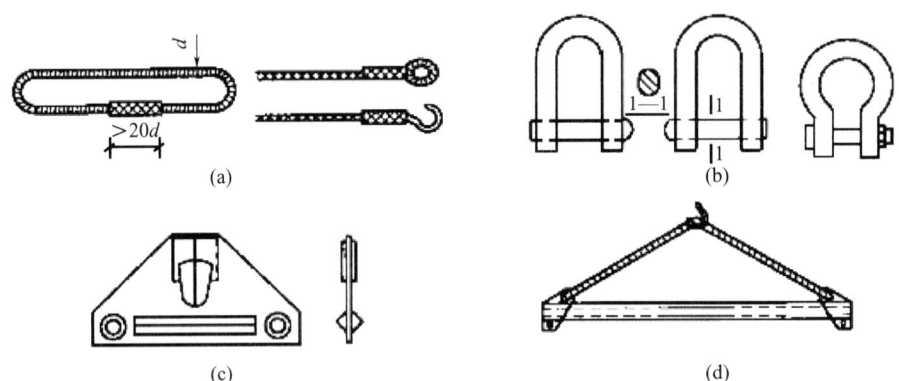

图 6-20 吊具
(a) 吊索；(b) 卡环；(c) 钢板横吊梁；(d) 铁扁担

（2）锚碇
锚碇又称地锚，是用以固定缆绳和卷扬机的承力装置，一般分为桩式锚碇和水平锚碇。
① 桩式锚碇：桩式锚碇是把圆木打入土中而成（图 6-21），受力可达 10～50kN，

木桩的根数、圆木尺寸及入土深度（一般应不小于1.2m）应根据作用力的大小而定。

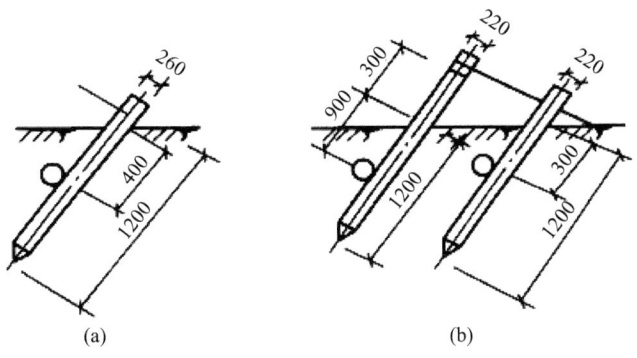

图 6-21 桩式锚碇
(a) 一根木桩；(b) 两根木桩

② 水平锚碇：水平锚碇是由一根或几根圆木捆绑在一起，横放在挖好的土坑内（一般埋深不小于1.5m），并把钢丝绳系在横木上，成30°～45°斜度引出地面，然后用土石回填夯实而成（图6-22），受力可达150kN。

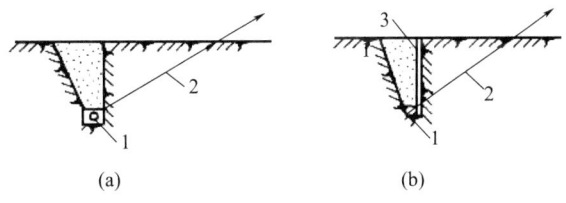

图 6-22 水平锚碇
(a) 无板栅锚碇；(b) 有板栅锚碇
1—横梁；2—钢丝绳；3—板栅

## 任务6-2 钢筋混凝土排架结构单层工业厂房结构吊装

【工作任务】钢筋混凝土结构单层工业厂房的构件有基础、柱、吊车梁、屋架、天窗架及屋面板等。除基础现浇外，其余构件都是预制构件，在现场吊装。本任务主要介绍钢筋混凝土结构单层工业厂房安装的一些相关内容，包括构件吊装前的准备工作、构件的吊装工艺、结构吊装方案等。

【知识准备】了解单层工业厂房结构安装前的准备工作，掌握构件的吊装工艺和结构吊装方案。

【任务实施】
1. 单层工业厂房结构安装的准备工作

单层工业厂房的结构安装，主要包括安装柱、起重机梁（吊车梁）、连系梁、屋架、天窗架、屋面板、基础梁及支撑系统等。

为了开展现场有节奏的文明施工，提高企业管理水平，保证吊装质量和施工进度，必须重视和做好吊装前的准备工作。结构吊装准备工作包括两大内容：一是内业准备，即技术资料准备（如熟悉图样、图样会审、计算工程量、编制施工组织设计等）；二是外业准备，即施工现场的准备工作。现场准备工作包括如下内容：

1) 场地清理与起重机行走道路的铺设

在构件吊装之前，先设计好施工现场平面布置图，标出起重机械行走的路线。在清理路线上杂物的基础上，将其平整压实，并做好排水。如遇松软土或回填土，而压实难以达到要求者，则铺设枕木或厚钢板。

2) 检查并清理构件

对所有构件需要进行全面检查，以保证施工质量。

(1) 检查构件的强度。当混凝土的强度达到设计强度70%以上才能运输；在安装之前，混凝土构件必须达到设计强度的100%；对于预应力构件，孔道所灌砂浆的强度不低于15MPa。

(2) 检查构件的外形尺寸、钢筋的搭接、预埋件的位置及大小。

(3) 检查构件的表面有无损伤、缺陷、变形、裂缝等。

(4) 检查吊环的位置有无变形。

3) 构件的运输与堆放

从预制厂将构件运到施工现场，要根据构件的大小、重量、数量及运距来选择运输方案。一般多采用汽车或平板拖车运输。在运输过程中，必须保证构件不变形、不损伤，这就要求构件在运输过程中必须固定牢靠，支垫位置要正确，装卸吊点应符合设计要求。合理组织运输工作，根据吊装顺序，先吊装的构件先运，一定要为吊装配套提供构件。

构件堆放场地要平整压实，并采取有效的排水措施；构件应根据设计的受力情况搁置在垫木或支架上，重叠的构件之间应设垫木，上、下层垫木应垫在同一垂直线上；各堆构件之间应留有不小于200mm的间距，以免碰撞损坏构件。

4) 对构件弹线并编号

构件在安装前应尽量就位。所谓就位，就是把它吊到要安装的基础附近，其放置方法以有利于安装为准。采用层叠式方法预制的构件一定要单根摆放。

在每个构件上弹出安装中心线，作为安装、就位、校正的依据。具体要求是：

(1) 柱子：每根柱子按轴线位置进行编号，并检查柱子尺寸是否符合图样要求，如柱长、断面尺寸、柱底到牛腿面的尺寸、牛腿面到柱顶的尺寸等，检查无误后，方可进行弹线。所谓弹线，就是在柱身三面用墨线弹出安装准线。对矩形柱，弹出几何中心线；对工字形柱，除弹出中心线外，还应在工字形柱的两翼部位各弹出一条与中心线平行的准线，以便于观测和克服视觉差；每个面在中心线上画出上、中、下三点水平标记，并精密量出各标记间距离。在柱顶要弹出截面中心线，以便于安装屋架。

(2) 屋架：在屋架上弦弹出几何中心线，并从跨中间向两端弹出天窗架、屋面板的吊装准线，在屋架的两端弹出安装准线。

(3) 梁：在梁的两端及梁的顶面弹出安装中心线。

5) 基础的准备

(1) 钢筋混凝土杯形基础在浇筑混凝土时，应使定位轴线及杯口尺寸准确；在吊装柱子之前，要对基础中心线及其间距、基础顶面和杯底标高进行复核，符合设计要求后，才可以进行安装工作。如不相符，对杯底标高要以各柱牛腿面标高、柱顶标高符合设计要求为准则，按柱子的编号根据柱底到牛腿面的尺寸以及与柱相对应的基础杯底标高进行复核，按实际数据对基础进行调整。具体做法是：先在杯口内壁测设某一标高线；然后根据牛腿面设计标高，用钢直尺在柱身上量出±0.000mm 及某一标高线的位置，并涂上标志；分别量出杯口内某一标高线至杯底高度及柱身上某一标高线至柱底高度，并进行比较，以修整杯底。柱子较小时，只在杯底中间测一点，若柱子比较大，则要测杯底四个角点。若杯底的标高不够，则用水泥砂浆或细石混凝土将杯底填平至设计标高（在浇筑杯底混凝土时通常要较设计标高低 50mm，以作调整之用），若杯底偏高，则要凿去，允许误差为±5mm。在杯口顶面要弹出纵横轴线及吊装柱子的准线，作为校正的依据。杯口基础准备工作完成后，应将杯口盖好，以防止污物落入。接近基础的地面应低于杯口，以免泥土和地面水流入杯内。

(2) 钢柱基础施工时，要保证顶面标高准确，其误差要在±2mm 以内；基础要垂直，其倾斜度要小于 1/1000；锚栓位置也要准确，误差在支座范围内 5mm；施工时，不要将锚栓固定在基础模板上，要另用固定架，锚栓安设在固定架上，这样，才能保证锚栓的位置准确。

6) 构件吊装应力复核与临时固定

由于构件吊装时与使用时的受力状况不同，可能导致构件吊装损坏。因此，在吊装前需进行必要的构件应力验算，并采取适当的临时加固措施。

7) 选择吊装机械与吊装方法

根据建筑物的跨度、高度、构件的重量及结构特点等合理地选择吊装机械与吊装方法。

2. 结构吊装工艺

单层工业厂房的构件种类繁杂，重量大，且长度不一。其吊装工艺过程主要有绑扎、起吊、对位、临时固定、校正、最后固定等几道工序。

1) 柱子的吊装

吊装柱的方法，按吊起后柱身是否垂直，有直吊法和斜吊法两种；按柱子在吊升过程中的运动特点，有旋转法和滑行法。

(1) 柱的绑扎：对柱子的绑扎，要避免空中脱钩，并尽量用活络式卡环。为了吊索不磨损柱子的表面，一般在吊索与柱子之间垫以麻袋等物。常用的绑扎方法有：

① 一点绑扎斜吊法。如图 6-23 所示，这种绑扎方法不需要翻动柱身，但要求柱子的抗弯能力满足吊装要求。由于吊索在柱的一侧边，起重钩可低于柱顶，所以起重高度相对较小，但就位较困难，需辅以人工插入杯口。

② 一点绑扎直吊法。当柱子的宽度方向抗弯能力不足时，可在吊装前先将柱子翻身后再吊起。这时，柱子在起吊时的抗弯能力强，但要求起重机的起重高度和起重臂长都比斜吊法大。采用这种方法起吊后，柱身呈直立状态，便于垂直插入杯口（图 6-24）。

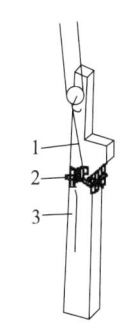

图 6-23 一点绑扎斜吊法
1—吊索；2—卡环；
3—卡环插销拉绳

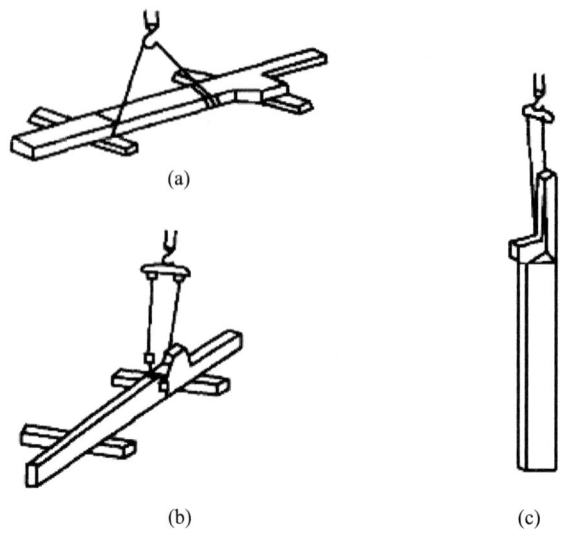

图 6-24 一点绑扎直吊法
(a) 将柱翻身时的绑扎；(b) 直吊时的绑扎方法；(c) 柱的吊升

③ 两点绑扎法。当柱身较长时，若采用一点绑扎法，柱的抗弯能力不足，可采用两点绑扎起吊。绑扎点位置应选在使下绑扎点距柱重心的距离小于上绑扎点至柱重心的距离，以保证将柱起吊后能自行旋转直立，如图 6-25 所示。

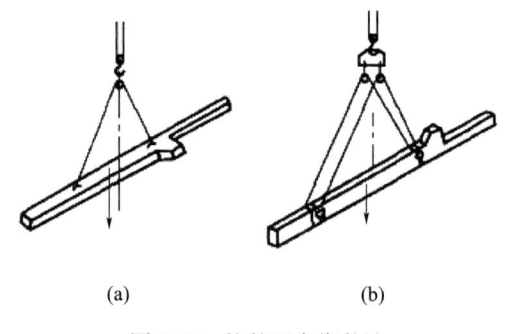

图 6-25 柱的两点绑扎法
(a) 斜吊；(b) 直吊

(2) 柱的起吊：柱的起吊方法有旋转法和滑行法两种。根据柱子的重量、长度、起重机的性能和施工现场条件，又分单机起吊和双机起吊。

① 单机旋转法起吊。这种方法是起重机一边起钩，一边回转起重杆，使柱子绕柱脚旋转而起吊，直至插入杯口。采用这种方法，要使绑扎点、柱脚中心与基础杯口中心三点同弧。在起吊柱子时，柱脚应尽量靠近基础，以提高生产效率（图 6-26）。采用旋转法吊装时，柱在吊装过程中所受振动较小，生产率高，但对起重机的机动性要求较高。

② 单机滑行法起吊。采用此法吊装时，柱的绑扎点宜靠近基础，且绑扎点、基础杯口中心两点同弧。这样，起重臂不动，起重钩及柱顶上升，柱脚沿地面向基础滑行，直至把柱竖直。为减少滑行时柱脚与地面的摩擦力，在柱脚下设置托木、滚筒或敷设滑行道等。

滑行法与旋转法相比，前者柱身受振动大，耗费滑行材料多；只有当柱子较重、柱身较长、起重机的回转半径不够，或施工现场狭窄，以及使用桅杆式起重机时，才采用滑行法，如图 6-27 所示。

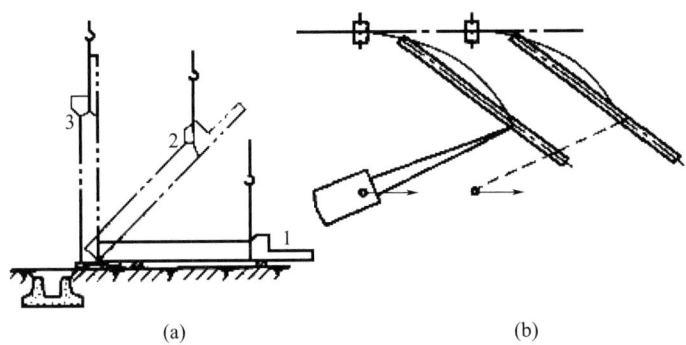

图 6-26　旋转法吊装柱
（a）旋转过程；（b）平面布置
1—柱平放时；2—起吊中途；3—直立

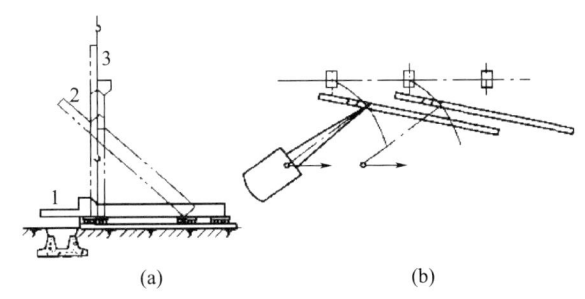

图 6-27　滑行法吊装柱
（a）滑行过程；（b）平面布置
1—柱平放时；2—起吊中途；3—直立

③双机抬吊旋转法。对于重型柱子，一台起重机吊不起来，可采用两台起重机抬吊，如图 6-28 所示。图 6-28（a）所示为两点绑扎的柱，一台起重机抬上吊点，另一台起重机抬下吊点；图 6-28（b）所示为将柱抬起平行离开地面 $D+300$mm；图 6-28（c）所示为上吊点的起重机将柱上部逐渐提升，下吊点不需要提升；图 6-28（d）所示为两台起重机将柱抬成垂直并在杯口就位。

④双机抬吊滑行法。柱为一点绑扎，且绑扎点靠近基础，起重机在柱基的两侧，两台起重机在柱的同一绑扎点抬吊（图 6-29）。

（3）柱的对位和临时固定：在基础杯底铺 2～3cm 水泥砂浆，将吊起的柱子插入杯口后，进行对位，并使柱身基本垂直，由两个人在柱的两个对面各放入两个楔块，共八个楔块，并用撬棍撬动柱脚，进行微动，使柱子的安装中心线对准杯口的准线后，两人从相对的两个面，面对面地打紧四周的八个楔块。这时，再加设斜撑及缆风绳临时固定。

（4）柱的平面位置和垂直度校正：柱的安装要求是保证平面与高程位置符合设计要求，柱身垂直。柱插入杯口后，应使柱底三面的中心线与杯口中心线对齐，并用木楔或钢楔作临时固定。校正时，如发现柱在平面位置上有所走动，可用一侧打紧楔块而另一侧放松楔块的方法进行校正。柱子的垂直度校正，通常采用两台经纬仪安置在纵横轴线上，离柱子的距离约为柱高的 1.5 倍，先照准柱底中线，再渐渐仰视到柱顶，如中线偏离视线，表示柱子不垂直，可用调节拉绳或支撑、敲打楔子、手动液压千斤顶等方法使柱子垂直（图 6-30）。经校正后，其偏差要在允许范围以内，即柱高 $H \leqslant 5m$ 时，为 5mm；柱高 $H > 5m$ 时，为 10mm；柱高 $H > 10m$ 时，为 1/1000 柱高，且最大不超过 20mm；在没有经纬仪时，也可使用线锤检查。

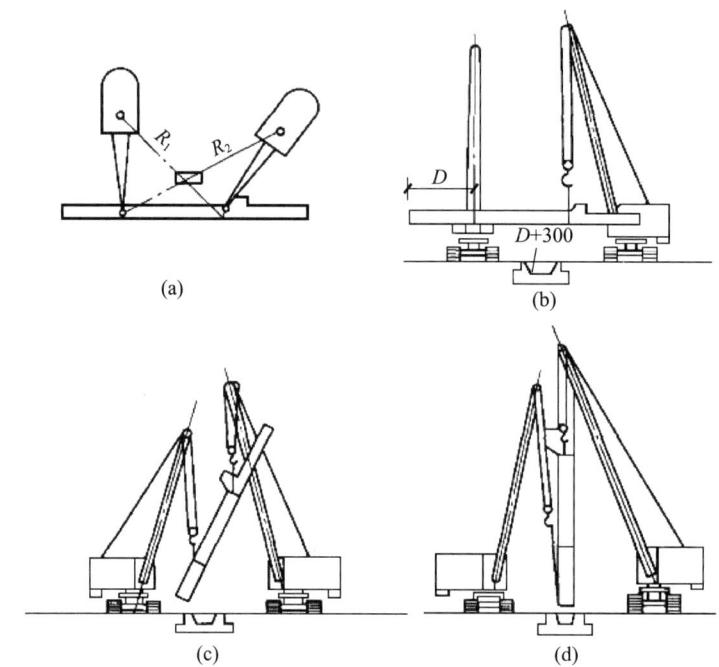

图 6-28 双机抬吊旋转法
（a）顶视图；（b）侧视图；（c）吊装；（d）就位

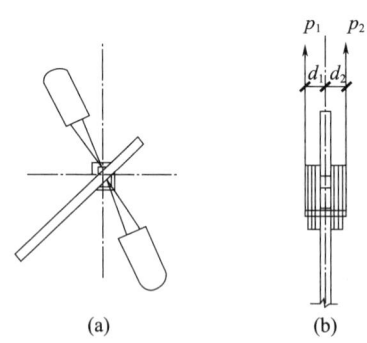

图 6-29 双机抬吊滑行法
（a）顶视图；（b）侧视图

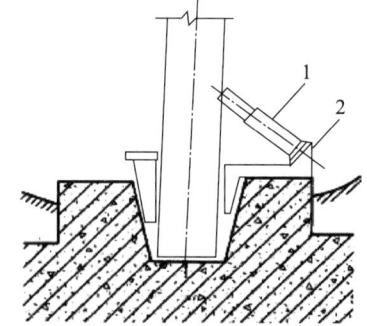

图 6-30 螺旋液压千斤顶校正器
1—螺旋液压千斤顶；2—液压千斤顶支座

（5）柱的最后固定：柱的最后固定是将柱子与杯口的空隙用细石混凝土浇筑密实。浇筑前，将杯口清扫干净，并用水湿润柱脚和杯壁，再分两次浇筑比原强度高一个等级细石混凝土，第一次先浇筑至楔尖的部分，待达到设计强度的 25% 时，拔去楔块，浇筑第二批混凝土,直至浇筑满杯口为止。

2)吊车梁的吊装

常见的吊车梁有矩形、T形、鱼腹式等几种。当柱子与杯口二次浇筑的细石混凝土强度达75%设计强度等级之后,就可以进行吊车梁的吊装。

(1)吊车梁的绑扎、吊升、对位与临时固定:安装吊车梁,采用两点对称绑扎,吊钩对准重心,水平起吊,并使吊车梁端部的吊装准线与牛腿顶面的吊装准线对准。吊车梁断面的高宽比小于4时,稳定性好,对位后,只要用垫铁垫平即可;当高宽比大于4时,稳定性就差些,对位后,除用垫铁垫平外,还要用8号铅丝将吊车梁临时固定在柱子上。

(2)校正与最后固定:吊车梁的校正有平面位置、标高和垂直度校正等几项内容。吊车梁平面位置校正常用通线法和平移轴线法。

① 通线法。根据柱的定位轴线,在柱列两端地面定出吊车梁定位轴线的位置,并设木桩;用经纬仪先将两端的四根吊车梁中心线(即吊车轨道中心线)投射到牛腿上,并弹以墨线,投点误差±3mm。位置校正准确,并检查两列吊车梁之间的跨距是否符合要求。然后在四根已校正的吊车梁端部设置支架(或垫块),约高200mm,并根据吊车梁的定位轴线拉钢丝通线。最后根据通线逐根拨正(用撬杠)吊车梁的吊装中心线(图6-31)。

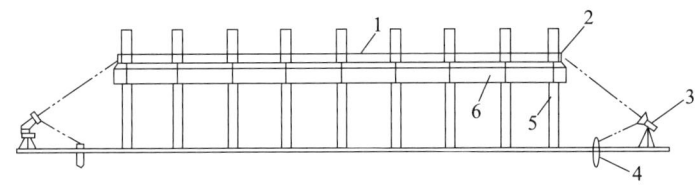

图6-31 通线法校正吊车梁示意

1—通线;2—支架;3—经纬仪;4—柱基础;5—柱;6—吊车梁

② 平移轴线法。在柱列边设置经纬仪,逐根将杯口上柱的吊装中心线投影到吊车梁顶面处的柱身上,并做出标志。若柱安装中心线到定位轴线的距离为 $a$,则标志到吊车梁定位轴线的距离应为 $\lambda-a$($\lambda$ 为柱定位轴线到吊车梁定位轴线之间的距离,一般 $\lambda=750mm$),可据此来逐根拨正吊车梁的吊装中心线,并检查两列吊车梁之间的距离是否符合要求(图6-32)。

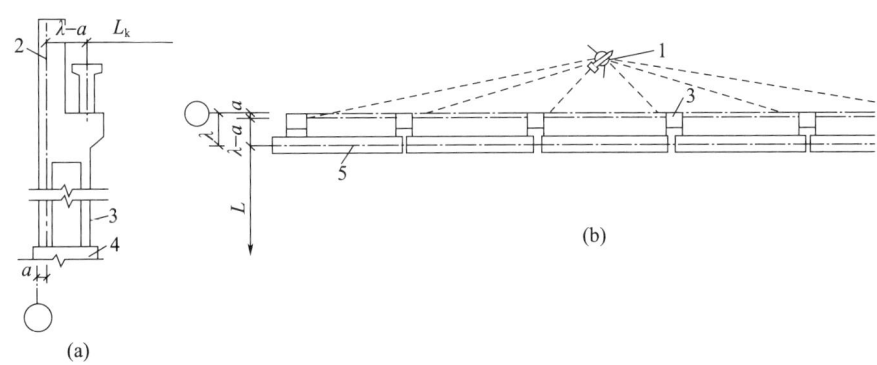

图6-32 平移轴线法校正吊车梁

(a)立面图;(b)平面图

1—经纬仪;2—标志;3—柱;4—柱基础;5—吊车梁

吊车梁的标高应符合设计要求。根据±0.000mm标高线,沿柱子侧面向上量取一段距离,在柱身上定出牛腿面的设计标高点,作为整平牛腿面及加垫板的依据。同时在柱子上端比梁面高5~10cm处测设一标高点,据此修平梁面。梁面整平后,应置水平仪于吊车梁上,检测梁面的标高是否符合设计要求,误差应不超过±3~±5mm。

吊车梁垂直度的校正常用挂线锤法。若有偏差,可在梁底垫以薄钢板。

3) 屋架的安装

屋架是屋盖系统中的主要构件,除屋架之外,还有屋面板、天窗架、支撑天窗挡板及天窗端壁板等构件。在屋盖系统中,屋架安装质量的好坏将影响下道工序的进行。

(1) 屋架的扶直与就位

① 屋架的扶直方法。屋架的扶直,根据起重机和屋架的相对位置不同,可分为正向扶直和反向扶直。

正向扶直:起重机位于屋架下弦一侧,首先以吊钩对准屋架中心,收紧吊钩;然后略略起臂使屋架脱模;接着起重机升钩并起臂,使屋架以下弦为轴,缓缓转为直立状态[图6-33(a)]。

反向扶直:起重机位于屋架上弦一侧,首先以吊钩对准屋架中心,收紧吊钩;接着起重机升钩并降臂,使屋架以下弦为轴,缓缓转为直立状态[图6-33(b)]。

正向扶直和反向扶直最大的不同点,是在扶直过程中,前者为升臂,后者为降臂。由于起重机升臂比降臂易于操作且较安全,因此宜首选正向扶直法。

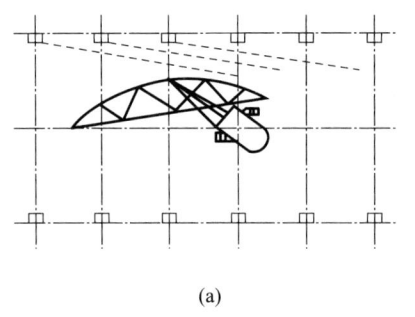
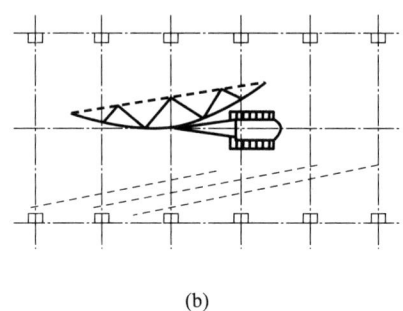

(a) (b)

图6-33 屋架的扶直
(a) 正向扶直;(b) 反向扶直
(虚线表示屋架就位的位置)

② 屋架的就位。屋架扶直后,应立即就位。屋架就位的位置与屋架安装方法和起重机性能有关。其原则是少占地,便于吊装,且应考虑到屋架的安装顺序、两端朝向等问题。一般靠柱边斜放或以3~5榀屋架为一组,平行柱边就位(图6-34)。屋架就位后,应用铁丝、支撑等与已安装的柱或已就位的屋架相互拉牢撑紧,以保持稳定。

(2) 绑扎

屋架的绑扎点应选在上弦节点处或附近500mm区域内,左右对称,并高于屋架重心,使屋架起吊后基本保持水平,不晃动,不倾翻;屋架吊点的数目、位置与屋架的形式、跨度有关,通常由设计确定。绑扎时吊索与水平线的夹角不宜小于45°,以免屋架承受过大的横向压力。一般当跨度≤18m时,为两点绑扎;当跨度>18m而<30m时,为四点绑扎;当跨度≥30m时,宜采用横吊梁(也称铁扁担),如图6-35所示。

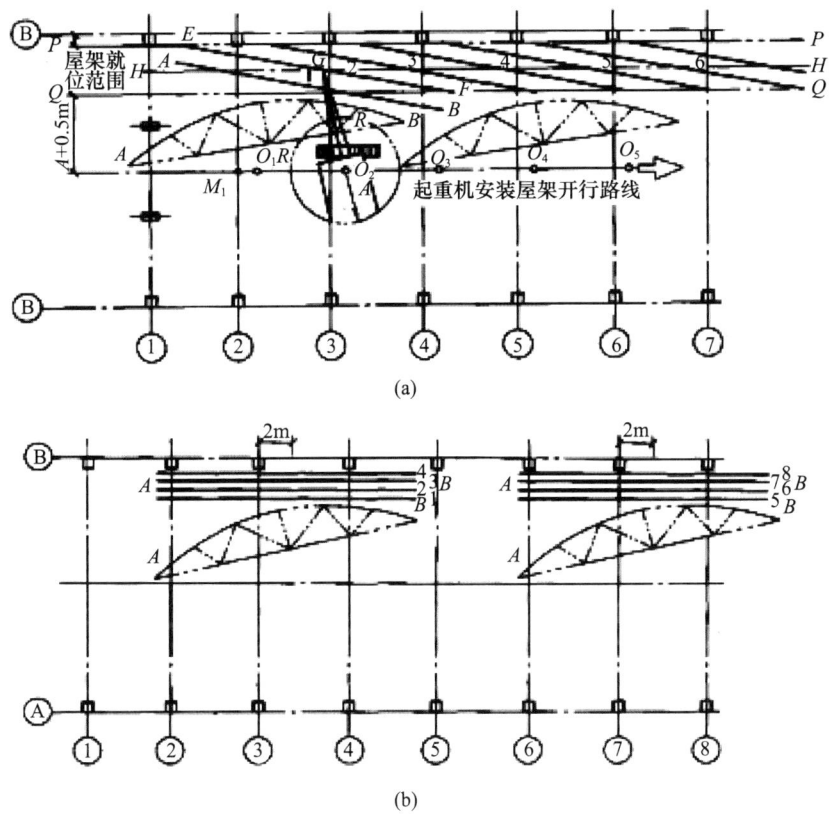

图 6-34 屋架就位位置
(a) 屋架的斜向排放；(b) 架的成组纵向排放
注：虚线表示屋架预制时的位置

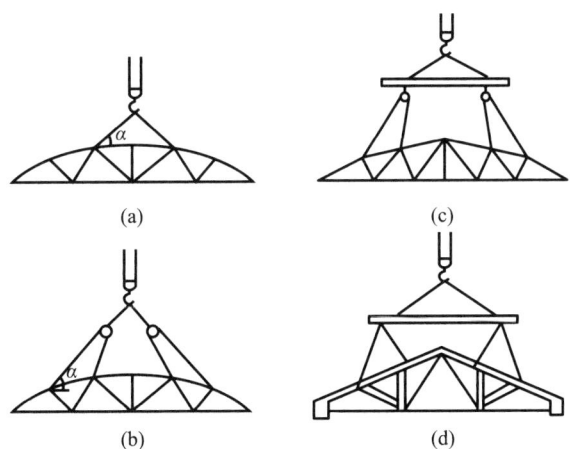

图 6-35 屋架的绑扎
(a) 屋架跨度小于等于 18mm 时；(b) 屋架跨度大于 18mm 时；
(c) 屋架跨度大于 30mm 时；(d) 三角形组合屋架

## （3）吊升、对位和临时固定

屋架吊升是先将屋架吊离地面约 300mm，并将屋架转运至吊装位置下方，然后再升钩，将屋架提升超过柱顶约 300mm，利用屋架端头的溜绳，将屋架调整对准柱头，缓缓降落至柱头。

屋架的对位应以建筑物的定位轴线为准。因此，在吊装屋架前，应先在柱顶确定定位轴线。如柱顶截面中线与定位轴线偏差过大，可逐间调整。

屋架对位后，应立即临时固定，然后起重机才可脱钩。第一榀屋架的临时固定必须可靠，因为此时它是单片结构，无处依托，而且还是第二榀屋架临时固定的支撑点。通常用四根缆风绳在屋架两侧拉紧固定，也可将屋架与抗风柱连接作为临时固定。第二榀屋架的临时固定是用工具式支撑撑牢在第一榀屋架上；以后的屋架的临时固定均采用此方法（图6-36）。

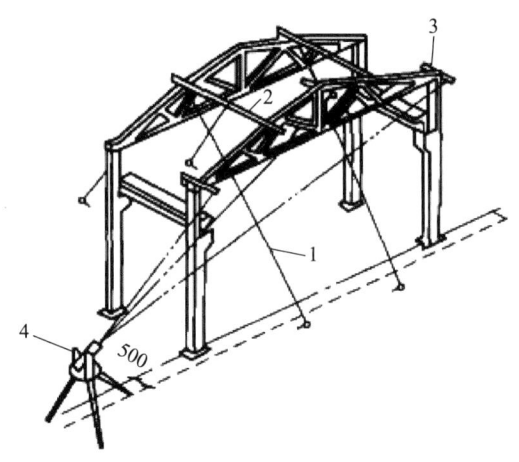

图 6-36 屋架的校正与临时固定
1—缆风绳；2—屋架校正器；3—卡尺；4—经纬仪

## （4）校正与最后固定

屋架的校正主要是垂直度校正，一般用经纬仪或垂球检查，用屋架校正器校正。当屋架校正垂直后，应立即焊接固定。焊接时，先焊接屋架两端成对角线的两侧边，再焊另外两边，以避免两端同侧施焊而影响屋架的垂直度。

### 4）天窗架和屋面板的吊装

天窗架可以单独吊装，也可以在地面上先与屋架拼装成整体后同时吊装，后者可以减少高空作业，但对起重机的起重量和起重高度要求较高。目前采用单独吊装方式的较多。天窗架单独吊装法的吊装过程与屋架基本相同。

屋面板一般埋有吊环，用带钩的吊索勾住吊环即可吊装。根据屋面板的平面尺寸大小，吊环的数目为 4~6 个，施工中应注意保证各吊索的受力均匀。

为充分发挥起重机的起重能力，提高生产率，也可采用叠吊的方法（图6-37）。

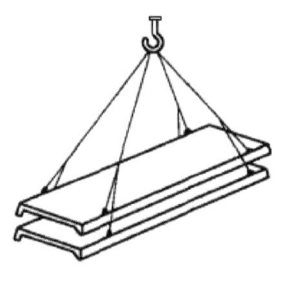

图 6-37 屋面板叠吊

屋面板的吊装顺序,应自两边檐口左右对称地逐块吊向屋脊,避免屋架承受半边荷载。屋面板对位后,应立即焊接固定,一般情况下每块屋面板可焊三点。

3. 单层工业厂房结构吊装方案

单层工业厂房结构的特点:平面尺寸大,承重结构的跨度与柱距大,构件类型少,构件重量大,厂房内还有各种设备基础(特别是重型厂房)等。因此,在拟定结构吊装方案时,应着重解决结构吊装方法、起重机的选择、起重机开行路线与构件平面布置等问题。确定施工方案时应根据厂房的结构形式、跨度,构件的重量及安装高度,吊装工程量及工期要求,并考虑现有起重设备条件等因素综合研究决定。

1)起重机械选择

(1)根据构件重量、尺寸和安装高度选择起重机械。

(2)所选用的起重机械的起重量必须大于安装最大构件重量与索具重量之和,即

$$Q \geqslant Q_1 + Q_2 \tag{6-7}$$

式中:$Q$——起重机械的起重量(kN);

$Q_1$——构件的重量(kN);

$Q_2$——索具重量(kN)。

(3)所选用起重机械的吊装高度必须高于所安装构件高度和索具高度之和,如图6-38所示。

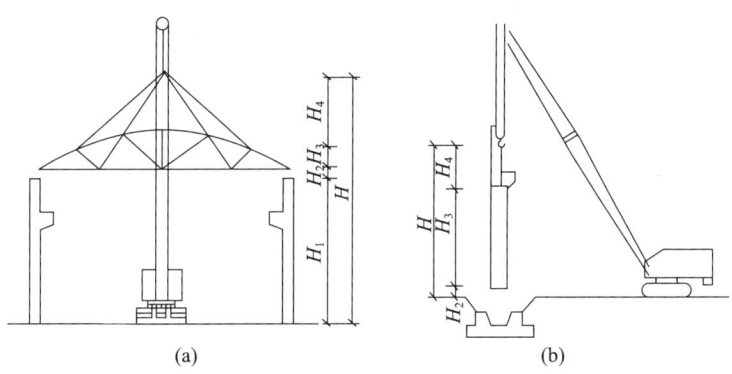

图 6-38 起重高度计算简图
(a)安装屋架;(b)安装柱子

无阻碍影响直接吊装按式(6-8)计算

$$H \geqslant H_1 + H_2 + H_3 + H_4 \tag{6-8}$$

式中:$H$——起重机械的吊装高度(m),从地面起至吊钩中心;

$H_1$——安装支点表面高度(m),从地面算起;

$H_2$——安装活动高度(m),视安装条件确定,一般取0.2m;

$H_3$——构件高度(m);

$H_4$——索具高度(m)。

对于安装屋面板,由于是在相邻两榀屋架安装完毕后才进行安装,起重臂不能与屋架相碰撞,所以还需进一步求出起重臂的最小长度。安装有阻碍影响吊装按式(6-9)计算或按图解法计算(图6-39)。

$$L = l_1 + l_2 = h/\sin\alpha + (a+g)/\cos\alpha$$
$$\alpha = \arctan\sqrt[3]{h/(a+g)}, \quad H = h_1 + C + b + d - E \tag{6-9}$$

式中：$L$——吊杆的最小长度（m）；

　　　$a$——阻碍影响点至安装构件中心距离（m）

　　　$h_1$——阻碍影响最高点高度（m）；

　　　$C$——安装活动高度（m），一般取 0.2m；

　　　$b$——所安装的构件厚度（m）；

　　　$d$——吊杆轴线与吊装构件间高度（按实际取定）；

　　　$E$——吊杆底铰与地面距离（m）；

　　　$g$——起重臂轴线与已安装好结构之间的水平距离（m），至少取 1m。

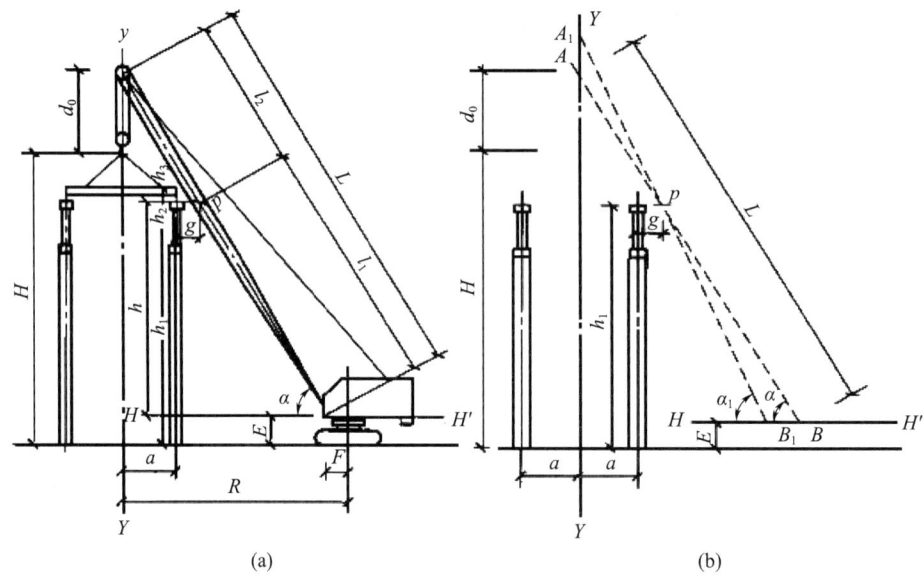

图 6-39　吊装屋面板时起重机最小臂长计算简图
(a) 数解法；(b) 图解法

图解法具体方法如下：

① 按比例绘出构件的安装标高、柱距中心线和停机地面线，注意所用比例不能过小，以免误差太大，比例不小于 1:200。

② 在柱距中心线上定出臂杆顶端位置 $A$。

③ 根据 $g=1$m 定出 $P$ 点位置。

④ 根据起重机的 $E$ 值，绘出平行于停机面的直线 $HH'$。

⑤ 连接点 $AP$ 并延长使之与 $HH$ 相交于一点 $B$（此点即为起重臂根的铰心）。

⑥ 高于点 $A$ 得到点 $A_1$ 等，连接点 $A_1$ 等与点 $P$，并延长交 $HH'$ 于点 $B_1$ 等点，量出 $AB$、$A_1B_1$ 等线段中最小长度，即为所求起重臂最小长度近似值。

为了尽量减少起重机移动次数，使之在一个停点能起吊尽可能多的同类构件，起重臂长度还应满足起重机工作半径的要求。例如，当起重机跨中开行起吊柱子时，其工作半径 $R$ 应为

$$R=\sqrt{\left(\frac{l}{2}\right)^2+\left(\frac{a}{2}\right)^2} \tag{6-10}$$

所需的起重杆长度 $L'$ 为

$$R'=(R-r)/\cos\alpha \tag{6-11}$$

式中：$l$——车间跨度（m）；

$a$——厂房纵向柱距（m）；

$R$——起重机工作半径（m）；

$r$——起重机回转中心至起重臂根铰心的距离（m）；

$\alpha$——吊杆倾角（°）。

只有当 $L\geqslant L'$ 时，起重臂才能够同时满足起吊高度和工作半径的要求。此外，还须核算在 $L$ 和 $\alpha$ 下的起重量。

起重高度和作用半径满足后，还需复核起重机相应的安全起重量 $Q'$。如果起重机起重量 $Q'$ 大于被吊构件的重量 $Q_1$ 及索具重量 $Q_2$ 之和时，则问题就算得到解决，否则还要进行调整。

2）结构安装方法

单层工业厂房结构吊装方法有分件吊装法和综合吊装法。

（1）分件吊装法：分件吊装法是在厂房结构吊装时，起重机每开行一次仅吊装一种或两种构件。例如，第一次开行吊装柱，并进行校正和最后固定，第二次开行吊装吊车梁、连系梁及柱间支撑，第三次开行时以节间为单位吊装屋架、天窗架及屋面板等（图6-40）。

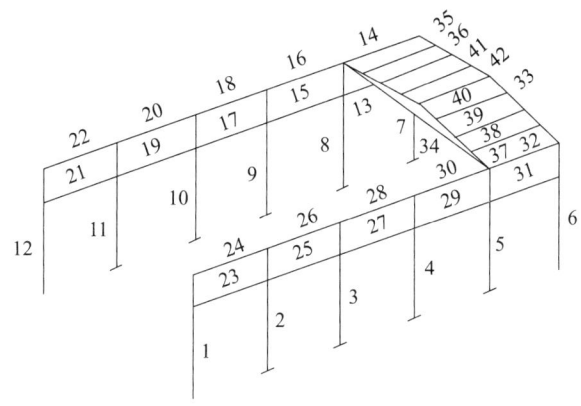

图 6-40　分件吊装时的构件吊装顺序

注：图中数字表示构件吊装顺序。其中 1～12 为柱；13～32 中单数为吊车梁，双数为连系梁；33、34 为屋架；35～42 为屋面板。

采用分件吊装法，起重机每次开行基本上吊装一种或一类构件，起重机可根据构件的重量及安装高度来选择，能充分发挥起重机的工作性能，而且在吊装过程中索具更换次数少，工人操作熟练，吊装进度快，起重机工作效率高。此外，该方法还具有构件校正时间充分，构件供应及平面布置比较容易等特点。因此，分件吊装法是装配式单层工业厂房结构安装经常采用的方法。

（2）综合吊装法：综合吊装法是在厂房结构安装过程中，起重机一次开行，以节间为单位安装所有的结构构件的吊装方法。这种吊装方法具有起重机开行路线短、停机次数少的优点。但是综合吊装法要同时吊装各种类型的构件，起重机的性能不能充分发挥；索具更换频繁，影响生产率的提高；构件校正要配合构件吊装工作进行，校正时间短，给校正工作带来困难；构件的供应及平面布置也比较复杂。所以，在一般情况下，不宜采用这种吊装方法，只有在轻型车间（结构构件重量相差不大）结构吊装时，或采用移动困难的起重机（如桅杆式起重机）吊装时才采用综合吊装法。

3）起重机开行路线及构件的平面布置

起重机开行路线及构件的平面布置与结构的吊装方法、构件尺寸及重量、构件的供应方式等因素有关。构件的平面布置除考虑上述因素外，现场预制构件还要考虑其预制位置。一般柱的预制位置即为吊装前就位的位置；而屋架则要考虑预制阶段及吊装阶段（扶直就位）构件的平面布置；吊车梁、屋面板等构件，要按其供应方式，确定其堆放位置。

（1）吊装柱时起重机开行路线：吊装柱子时，视厂房的跨度大小、柱的尺寸、柱的重量及起重机性能，可沿跨中开行或跨边开行（图 6-41）。

当柱布置在跨内时，有以下四种情况：①若 $R>L/2$ 时，起重机可沿跨中开行，每个停机位置可吊装 2 根柱 [图 6-41（a）]；②若 $R=L/2$ 时，起重机可沿跨中开行，每个停机位置可吊装 4 根柱 [图 6-41（b）]；③若 $R<L/2$ 时，起重机沿跨边开行，每个停机位置可吊装 1 根柱 [图 6-41（c）]；④若 $R<L$，起重机沿跨边开行，每个停机位置可吊装 2 根柱 [图 6-41（d）]。

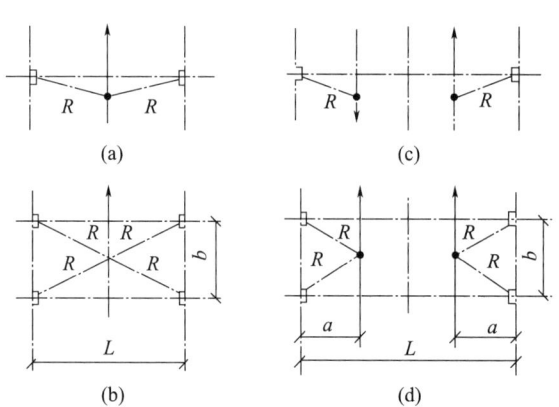

图 6-41 吊装柱时起重机开行路线

注：$R$ 为起重机的起重半径（m）；$L$ 为厂房的跨度（m）；$b$ 为柱的间距（m）；$a$ 为起重机开行路线到跨边的距离（m）。

当柱布置在跨外时，起重机一般沿跨外开行，停机位置与跨边开行类似。

采用分件吊装法时，其起重机的开行路线及停机位置如图 6-42 所示，起重机自 $A$ 轴线进场，沿跨外开行吊装 $A$ 列柱，继沿 $B$ 轴线跨内开行吊装 $B$ 列柱；再转到 $A$ 轴扶直（跨内）屋架及将屋架就位，然后转到 $B$ 轴吊装 $B$ 列柱上的吊车梁、连系梁等，继而转到 $A$ 轴吊装 $A$ 列柱上的吊车梁、连系梁等构件；最后再转到跨中吊装屋架、天窗架、支撑、托架及屋面板等屋盖系统构件。

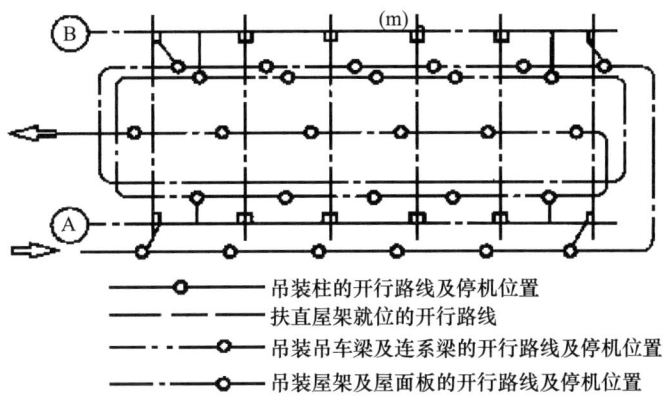

图 6-42 起重机的开行路线及停机位置

当单层工业厂房面积比较大，或具有多跨结构时，为加速工程进度，可将建筑物划分为若干区段，选用多台起重机同时进行施工。每台起重机可以独立作业，负责完成一个区段的全部吊装工作，也可以选用不同性能的起重机协同作业，有的专门吊装柱子，有的专门吊装屋盖结构，组织大流水施工。

当建筑物具有多跨并列，且有纵横跨时，可先吊装各纵向跨，然后吊装横向跨，以保证在各纵向跨吊装时起重机械、运输车辆的畅通。当建筑物各纵向跨具有高低跨时，则应先吊装高跨，然后逐步吊装两边低跨。

（2）吊装屋架时起重机开行路线：吊装屋架时，起重机大多沿跨中开行。

（3）预制阶段柱的平面布置

① 柱的斜向布置位置确定。柱如用旋转法起吊，可按三点共弧的作图法确定其斜向布置的位置（图 6-43），其步骤如下：

首先，确定起重机开行路线到柱基中线的距离 $a$。起重机开行路线到柱基中线的距离 $a$ 与基坑大小、起重机的性能、构件的尺寸和重量有关。$a$ 的最大值不要超过起重机吊装该柱时的最大起重半径；$a$ 的最小值也不要取过小，以免起重机太近基坑边而致失稳。此外，还应注意检查当起重机回转时，其尾部不致与周围构件或建筑物相碰。综合考虑这些条件后，就可定出 $a$ 值（$R_{min} < a \leqslant R$），并在图上画出起重机的开行路线。

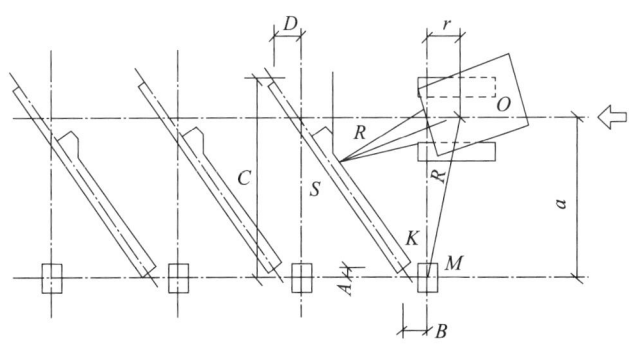

图 6-43 柱的斜向布置

然后，确定起重机的停机位置。确定起重机的停机位置是以所吊装柱的柱基中心 $M$ 为圆心，以所选吊装该柱的起重半径 $R$ 为半径，画弧交起重机开行路线于 $O$ 点，则 $O$ 点即为起重机的停机点位置。标定 $O$ 点与横轴线的距离为 $r$。

最后，确定柱在地面上的预制位置。按旋转法吊装柱的平面布置要求，使柱吊点、柱脚和柱基三者都在以停机点 $O$ 为圆心，以起重机起重半径 $R$ 为半径的圆弧上，且柱脚靠近基础。据此，以停机点 $O$ 为圆心，以吊装该柱的起重半径 $R$ 为半径画弧，在靠近基础杯的弧上选一点 $K$，作为预制时柱脚的位置。又以 $K$ 为圆心，以绑扎点至柱脚的距离为半径画弧，两弧相交于 $S$。再以 $KS$ 为中心线画出柱的外形尺寸，此即为柱的预制位置图。标出柱顶、柱脚与柱列纵横轴线的距离（$A$、$B$、$C$、$D$），以其外形尺寸作为预制柱的支模的依据。

布置柱时还需注意牛腿的朝向问题，要使柱吊装后，其牛腿的朝向符合设计要求。因此，当柱布置在跨内预制或就位时，牛腿应朝向起重机；若柱布置在跨外预制或就位时，则牛腿应背向起重机。

在布置柱时有时由于场地限制或柱过长，很难做到三点共弧，则可安排两点共弧，有两种做法：一种是将柱脚与柱基安排在起重机起重半径 $R$ 的圆弧上，而将吊点放在起重机起重半径 $R$ 之外［图 6-44（a）］。吊装时先用较大的起重半径 $R'$ 吊起柱子，并升起起重臂。当起重半径由 $R'$ 变为 $R$ 后，停升起重臂，再按旋转法吊装柱；另一种是将吊点与柱基安排在起重半径 $R$ 的同一圆弧上，而柱脚可斜向任意方向［图 6-44（b）］。吊装时，柱可用旋转法吊升，也可用滑行法吊升。

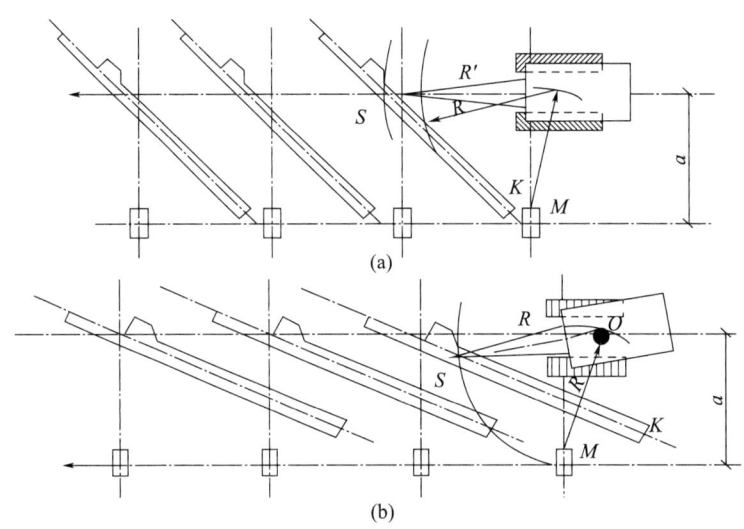

图 6-44 柱的两点共弧布置

② 柱的纵向布置位置的确定。当柱采用滑行法吊装时，可以纵向布置。若柱长小于 12m，为节约模板及施工场地，两柱可以叠浇，排成一行；若柱长大于 12m，则需排成两行叠浇。起重机宜停在两柱基的中间，每停机一次可吊装两根柱子。柱的吊点应考虑安排在起重半径 $R$ 为半径的圆弧上（图 6-45）。

柱叠浇时应注意采取隔离措施，防止两柱黏结。上层柱由于不能绑扎，预制时要加设吊环。

(4) 屋架预制阶段的平面布置：为节省施工场地，屋架一般安排在跨内平卧叠浇预制，每叠 3～4 榀。屋架的布置方式有斜向布置、正反斜向布置及正反纵向布置三种（图 6-46）。在上述三种布置形式中，应优先考虑采用斜向布置方式，因为它便于屋架的扶直就位。只有当场地受限制时，才考虑采用其他两种形式。

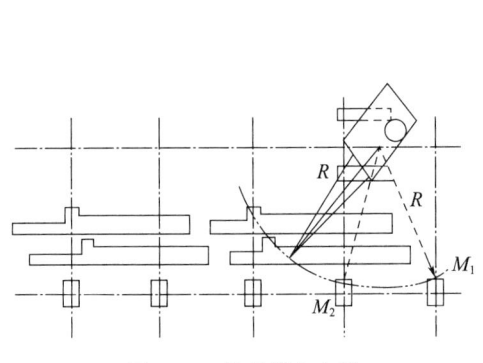

图 6-45 柱的纵向布置

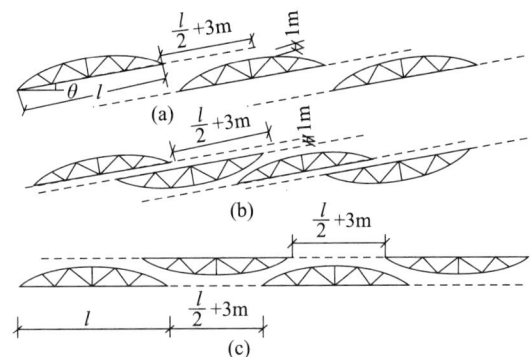

图 6-46 屋架预制时的三种布置方式
(a) 斜向布置；(b) 正反斜向布置；(c) 正反纵向布置

若为预应力混凝土屋架，在屋架一端或两端需留出抽管及穿筋所必需的长度。其预留长度：若屋架采用钢管抽芯法预留孔道，当一端抽管时需留出的长度为屋架全长另加抽管时所需工作场地 3m；当两端抽管时需留出的长度为二分之一屋架长度另加抽管时所需工作场地 3m；若屋架采用胶管抽芯法预留孔道，则屋架两端的预留长度可以适当减少。每两垛屋架之间的间隙，可取 1m 左右，以便支模板及浇筑混凝土用。屋架之间互相搭接的长度视场地大小及需要而定。

在布置屋架的预制位置时，还应考虑到屋架扶直就位要求及屋架扶直的先后次序，先扶直者放在上面（层）；对屋架两端间的朝向也要注意，要符合屋架吊装时对朝向的要求；对屋架上预埋铁件的位置也要特别注意，不要搞错，以免影响结构吊装工作。

(5) 吊车梁预制阶段的平面布置：当吊车梁安排在现场预制时，可靠近柱基顺纵向轴线或略作倾斜布置，也可插在柱子的空档中预制。如具有运输条件，也可另行在场外集中布置预制。

(6) 吊装阶段构件的就位布置及运输堆放：由于柱在预制阶段即已按吊装阶段的就位要求进行布置，当预制柱的混凝土强度达到吊装所需要求的强度后，即可先行吊装，以便空出场地供布置其他构件。故吊装阶段的就位布置一般是指柱已吊装完毕，其他构件如屋架的扶直就位、吊车梁和屋面板的运输就位等。

① 屋架的扶直就位。屋架扶直后应立即进行就位。按就位的位置不同，可分为同侧就位和异侧就位两种（图 6-47）。同侧就位时，屋架的预制位置与就位位置均在起重机开行路线的同一侧。异侧就位时，需将屋架由预制的一边转至起重机开行路线的另一边就位。此时，屋架两端的朝向已有变动。因此，在预制屋架时，对屋架就位的位置事先应加以考虑，以便确定屋架两端的朝向及预埋件的位置等问题。

屋架斜向就位在吊装时跑车不多，节省吊装时间。但屋架支点过多，支垫木、加固支撑也多。屋架靠柱边斜向就位（图 6-48）可按下述作图方法确定其就位位置。

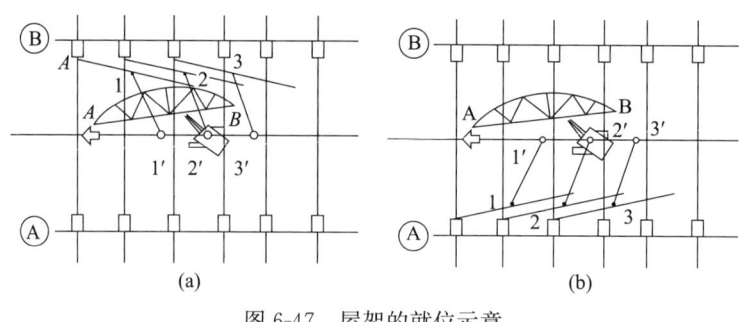

图 6-47 屋架的就位示意
(a) 同侧就位；(b) 异侧就位

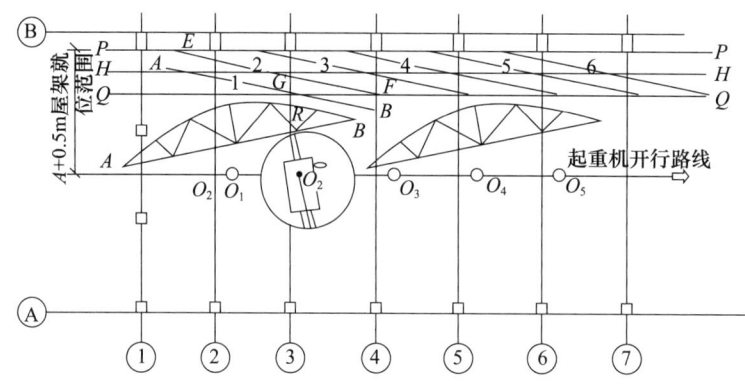

图 6-48 屋架的斜向就位

首先，确定起重机吊装屋架时的开行路线及停机位置。起重机吊装屋架时一般沿跨中开行，也可根据吊装需要稍偏于跨度的一边开行，在图上画出开行路线，然后以欲吊装的某轴线（如②轴线）的屋架中点为圆心，以所选择吊装屋架的起重半径 $R$ 为半径画弧交开行路线于 $O_2$，$O_2$ 即为吊②轴线屋架的停机位置。

其次，确定屋架就位的范围。屋架一般靠柱边就位，但屋架离开柱边的净距不小于 200mm，并可利用柱作为屋架的临时支撑。这样，可定出屋架就位的外边线 $P—P$。另外，起重机在吊装屋架及屋面板时需要回转，若起重机尾部至回转中心的距离为 $A$，则在距起重机开行路线 $A+0.5$m 的范围内也不宜布置屋架及其他构件；以此画出线 $Q—Q$，在 $P—P$ 及 $Q—Q$ 两线的范围内可布置屋架就位。但屋架就位宽度不一定需要这样大，应根据实际需要定出屋架就位的宽度 $P—Q$。

最后，确定屋架的就位位置。当根据需要定出屋架实际就位宽度 $P—Q$ 后，在图上画出 $P—P$ 与 $Q—Q$ 的中线 $H—H$。屋架就位后之中点均应在此 $H—H$ 线上。因此，以吊②轴线屋架的停机点 $O_2$ 为圆心，以吊屋架的起重半径 $R$ 为半径，画弧交 $H—H$ 线于 $G$ 点，则 $G$ 点即为②轴线屋架就位之中点。再以 $G$ 点为圆心，以屋架跨度的一半为半径，画弧交 $P$ 及 $Q$ 两线于 $E$、$F$ 两点。连 $E$、$F$ 点即为②轴线屋架就位的位置。其他屋架的就位位置均平行此屋架，端点相距 6m（即柱距）。由于①轴线屋架已安装了抗风柱，需要后退至②轴线屋架就位位置附近就位。

屋架成组纵向就位较为方便，支点用道木比斜向就位减少，但吊装时部分屋架要负荷行驶一段距离，故吊装费时，且要求道路平整。屋架的成组纵向就位一般以 4~5 榀为一组，靠柱边顺轴线纵向就位。屋架与柱之间、屋架与屋架之间的净距不小于 200mm，相互间用铁丝及支撑拉紧撑牢。每组屋架间应留 3m 左右的间距作为横向通道。应避免在已吊装好的屋架下面去绑扎吊装屋架。屋架起吊应注意不要与已吊装的屋架相碰。因此，布置屋架时，每组屋架的就位中心线，可大致安排在该组屋架倒数第二榀吊装轴线之后约 2m 处（图 6-49）。

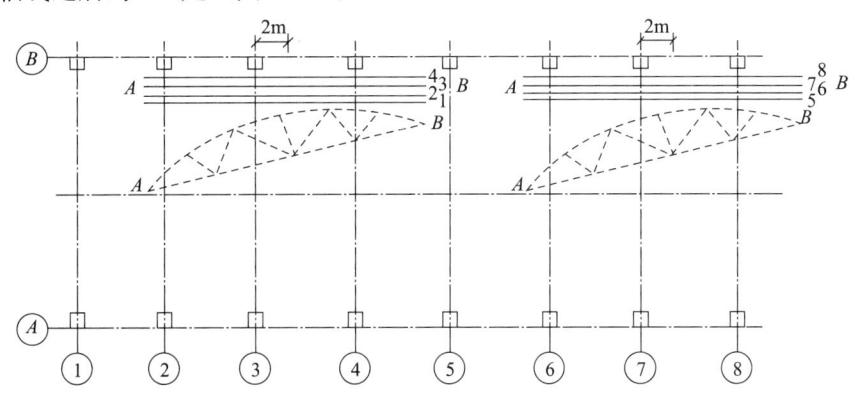

图 6-49 屋架的成组纵向就位
注：虚线表示屋架预制时位置。

② 吊车梁、连系梁、屋面板的运输、堆放与就位。单层工业厂房除了柱和屋架一般在施工现场制作外，其他构件，如吊车梁、连系梁、屋面板等，均在预制厂或附近的露天预制场所制作，然后运至工地吊装。

构件运至现场后，应按施工组织设计所规定的位置，按编号及构件吊装顺序就位或集中堆放。吊车梁、连系梁的就位位置一般在其吊装位置的柱列附近，跨内跨外均可，有时也可不用就位，而从运输车辆上直接吊至牛腿上。

屋面板的就位位置，可布置在跨内或跨外，主要根据起重机吊装屋面板时所需的起重半径而定。当屋面板在跨内就位时，应向后退 3~4 个节间开始堆放；当屋面板在跨外就位时，应向后退 1~2 个节间开始堆放。

若吊车梁、屋面板等构件在吊装时已集中堆放在吊装现场附近，也可不用就位，而采用随吊随运的办法。

4) 构件安装工程的技术措施

(1) 构件安装前，要认真熟悉图样，按结构配件图核验构件的型号、规格、数量及构件的外观质量和构件的强度。核验依据是同批产品的出厂合格证及结构性能试验报告。

(2) 构件安装就位前，应先在准备安装的构件上标出各个方向的中心线，并对支撑构件的结构尺寸、标高、平面位置和强度检查一遍，确认均符合规定，再用仪器校核支撑结构和预埋件的标高和平面位置，最后在支撑结构上画出准备安装构件的中心线。

(3) 构件的起吊点必须根据计算决定。如设计图上已标明起吊点，则应按设计要求。

(4) 起吊绳索如与构件水平面形成的夹角小于 45°，应对构件内力进行验算。

(5) 对大型构件应在加固后方可起吊，以防止构件产生变形。

(6) 在构件安装就位后和吊机脱钩前，必须有稳妥的临时固定措施，固定牢靠后，方可脱钩。如无临时固定措施，只能等到接头或接缝连接牢固后才能脱钩。

(7)构件安装后必须校正,检查构件的标高、中心线的位置、锚固长度是否与设计要求相一致。校正后,将构件相互焊接或在接头、接缝处浇筑混凝土。构件接头焊牢后,再进行复查。

(8)装配式框架结构的接头,浇筑的混凝土坍落度宜小,务必振捣密实。待接头混凝土强度达到10MPa,或采取足够的临时稳定措施后,才能吊装上一层构件。

(9)大板接缝,浇筑的混凝土坍落度不宜过小,宜掺加减水剂。待接缝混凝土强度达到3MPa,即可吊装上一层大板。

## 任务6-3　钢筋混凝土装配式结构吊装

【工作任务】装配式钢筋混凝土框架结构以其工业化程度高、施工速度快、便于机械化施工、节约建筑用地的特点,得到了广泛应用;其施工特点是:建筑物高度高(相对于吊装高度)、构件类型多、数量大、连接构造和施工技术复杂等。本任务主要介绍钢筋混凝土装配式结构的吊装。

【知识准备】了解装配式框架结构的结构特点及吊装方法,熟悉装配式框架结构构件接头的基本形式。

【任务实施】

1. 装配式框架结构的结构特点及吊装方法

1)结构特点

多层工业厂房通常为轻工业厂房,大多采用装配式结构,主要分为梁板式和无梁式两种。梁板式结构由柱子、主梁、次梁和楼板组成;无梁式结构由柱、柱帽、柱间板和跨间板组成。

2)吊装方法

根据建筑物的结构类型、安装的最大高度、安装工程量、安装工期和现场环境等因素拟定吊装方案。

(1)起重机的选择

建筑物在5层以内,或建筑物的高度在18m以下,可选用履带式起重机;若建筑物在6~9层范围内,可选用轨道式起重机。

(2)轨道式起重机的布置

轨道式起重机有两种布置形式,即单侧布置和双侧环形布置(图6-50)。若采用单侧布置,其起重半径应满足式(6-12)。

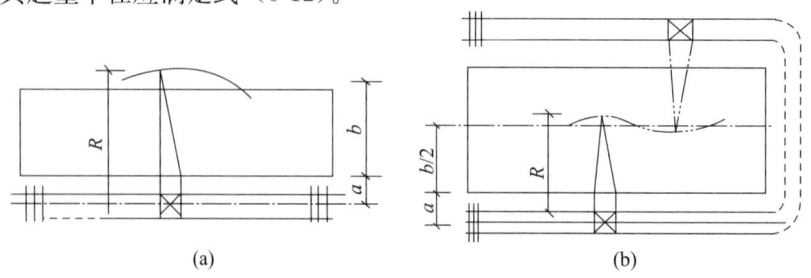

图6-50　轨道式塔式起重机布置方案
(a)单侧布置;(b)双侧环形布置

$$R \geqslant b+a \tag{6-12}$$

式中：$R$——起重机的最大起重半径（m）；

$b$——建筑物的宽度（m）；

$a$——建筑物外侧至起重机轨道中心线的距离（m），约 3m。

若采用双侧环形布置，则起重半径应满足：

$$R \geqslant b/2+a \tag{6-13}$$

2. 柱的吊装

当柱的长度小于 10m 时，多采用一点绑扎旋转法起吊；当柱的长度在 14~20m 时，采用两点绑扎起吊。

底层柱一般都是插入基础杯口。起吊时，应先装好保护根部外伸主筋的钢管三角架（图 6-51），在起吊过程中，外伸钢筋不因受力而弯曲；使用时，钢管三角架倾斜向上，套在主筋上并顶住其根部；当柱子起吊离开地面后，钢管三角架会自行脱落。

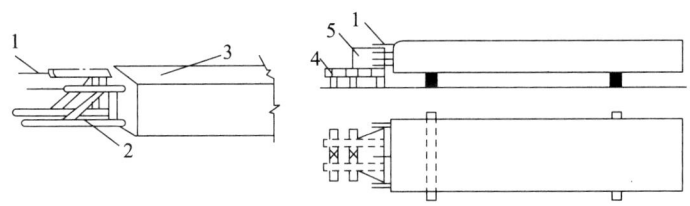

图 6-51 钢管三角架示意

1—外伸钢筋；2—钢管三角架；3—柱根部；4—垫木；5—榫头

3. 构件的接头

对于装配式框架结构构件的接头，既要保证结构的整体性，满足其强度和刚度的要求，又要考虑制作简单、方便固定及节约材料。

1）柱的接头

柱的接头形式有榫式接头、插入式接头、浆锚式接头三种（图 6-52）。

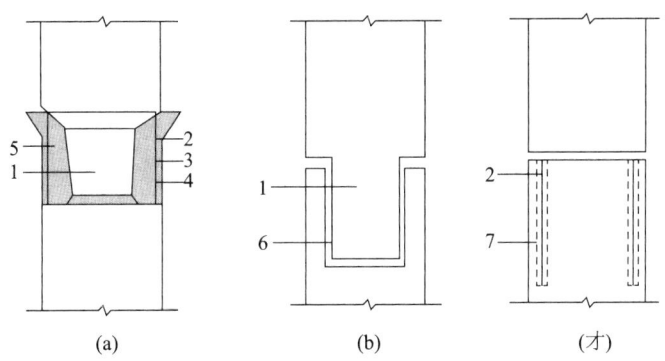

图 6-52 柱与柱的接头

(a) 榫式接头；(b) 插入式接头；(c) 浆锚式接头

1—榫头；2—上柱外伸钢筋；3—剖口焊；4—下柱外伸钢筋；

5—后浇接头混凝土；6—下柱杯口；7—下柱预留孔

(1) 榫式接头

榫式接头即上柱留一个榫头，以承受施工荷载。上柱和下柱外露受力钢筋，采用剖口焊接，并配以箍筋，用混凝土浇筑成一体。这种接头方式耗钢量少，整体性好，安装、校正方便。

(2) 插入式接头

将上柱做成榫头，下柱顶部做成杯口，当上柱榫头插入下柱杯口后，再用水泥砂浆灌满填实。灌浆的压力在 0.2～0.5MPa。

(3) 浆锚式接头

将上柱伸出的钢筋插入下柱的预留孔中，然后用水泥浆锚固，以形成整体。采用此种接头方式，柱子的截面一般不小于 400mm×400mm，伸出的钢筋为 4 根，下柱预留孔的直径为 $4d$（$d$ 为钢筋直径）且不少于 80mm。

2) 梁与柱的接头

在装配式结构中，梁与柱的接头有明牛腿式刚性接头、齿槽式接头和浇筑整体式接头三种（图 6-53）。

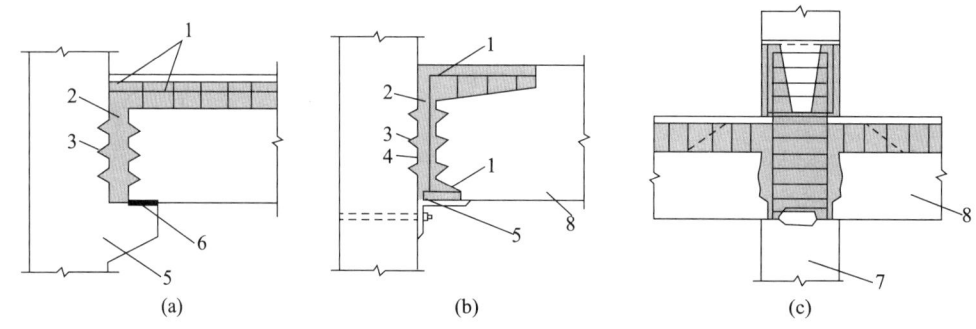

图 6-53 梁与柱的接头
(a) 明牛腿式刚性接头；(b) 齿槽式接头；(c) 浇筑整体式接头
1—剖口焊钢筋；2—浇捣细石混凝土；3—齿槽；4—附加钢筋；
5—牛腿；6—垫板；7—柱；8—梁

(1) 明牛腿式刚性接头

在梁端和牛腿上分别预埋一块钢板，焊接好后，起重机方可脱钩，再将梁、柱的钢筋用剖口焊接，然后浇筑混凝土，使之成为刚度大、受力可靠的刚性接头。

(2) 齿槽式接头

在梁柱接头处设以角钢，作临时牛腿，以支撑梁。角钢支撑面积小，不太安全，只有在将钢筋配上箍筋后，浇上混凝土，且混凝土强度达到 10MPa 时，方可吊装上柱。

(3) 浇筑整体式接头

该接头方式的施工程序是：先吊装下节柱，然后将梁搁在柱上，梁底钢筋按锚固长度要求弯上或焊接，加箍筋后，浇筑节点混凝土至楼板面，待混凝土强度达到 10MPa 后，再安装上柱，将上、下节柱搭接钢筋焊接后，第二次浇筑混凝土到上柱榫头上方。此方法整体性好、梁柱制作较简单，但其交接处钢筋密，工序多，施工复杂。

## 任务 6-4　钢结构单层工业厂房安装

**【工作任务】** 钢结构是指由型钢、钢板等制成的钢柱、钢吊车梁及钢屋架等构件，通过焊接连接、螺栓连接或铆钉连接等方式制成的整体结构。本任务主要介绍钢结构单层工业厂房安装的一些相关内容，包括构件吊装前的准备工作、构件的吊装工艺、钢结构的连接等。

**【知识准备】** 了解钢结构构件吊装前的准备工作，掌握构件的吊装工艺，熟悉钢结构的连接等。

**【任务实施】**

1. 构件吊装前的准备工作

钢结构单层工业厂房构件吊装前的准备工作主要包括施工组织方案的编制、基础的准备、构件的检查与弹线及构件的运输与堆放等。

1) 施工组织方案的编制

为保证钢结构安装质量、加快施工进度，安装前应编制施工组织方案，其内容主要包括：计算钢结构构件和连接件数量；选择起重机械；确定构件吊装方法；确定吊装流水程序；编制进度计划；确定劳动组织；确定构件的平面布置；确定质量保证措施、安全措施等。

2) 基础的准备

钢柱通过地脚螺栓与基础连成整体。钢柱基础的准备主要包括检查建筑物的定位轴线、基础顶面标高及垂直度、地脚螺栓位置等。基础顶面标高允许偏差为±2mm；基础顶面要垂直，倾斜度应小于1/1000；在支座范围内，地脚螺栓位置的允许偏差为±5mm。

为保证基础顶面标高的准确，施工时可采用一次浇筑法或二次浇筑法。

(1) 一次浇筑法

基础一次浇筑时，先将基础混凝土浇筑到低于设计标高40～60mm处，然后用细石混凝土精确找平至设计标高，以保证基础顶面标高的准确，如图6-54所示。这种方法要求钢柱制作尺寸十分准确，且要保证细石混凝土与下层混凝土的紧密黏结。

(2) 二次浇筑法

基础分两次浇筑时，第一次将混凝土浇筑到比设计标高低40～60mm处，待混凝土有一定强度后，上面放钢垫板，精确调整钢垫板的标高，然后安装钢柱；钢柱校正完毕后，在柱底钢板下浇筑细石混凝土，如图6-55所示。这种方法容易校正柱子，常用于重型钢柱基础的浇筑。

3) 构件的检查与弹线

在吊装钢构件之前，应检查构件的外形和几何尺寸，如有偏差，应在吊装前设法消除。为了便于校正钢柱的平面位置和垂直度、钢吊车梁和钢屋架的标高等，需在钢柱下部和上部标出两个方向的轴线，在钢柱下部适当高度处标出标高准线。另外，对于不易辨别上下、左右的构件，应在构件上加以标明，以免吊装时搞错。

4) 构件的运输与堆放

钢构件运输时，应根据构件的长度、重量选择车辆；构件在运输车辆上的支点、两端伸出的长度及绑扎方法均应保证构件不产生变形，不损伤涂层。

钢构件堆放时，应确保场地平整坚实、无积水；应按构件的种类、型号、安装顺序分区存放；钢结构底层应设有垫枕，并且应有足够的支撑面，以防支点下沉；相同型号的钢构件叠放时，各层钢构件的支点应在同一垂直线上，并应防止钢构件被压坏和变形。

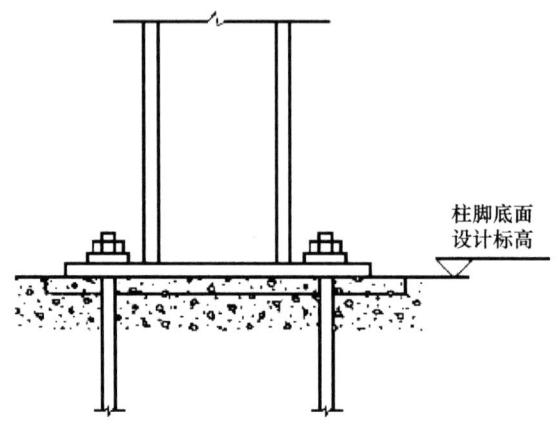

图 6-54　一次浇筑法

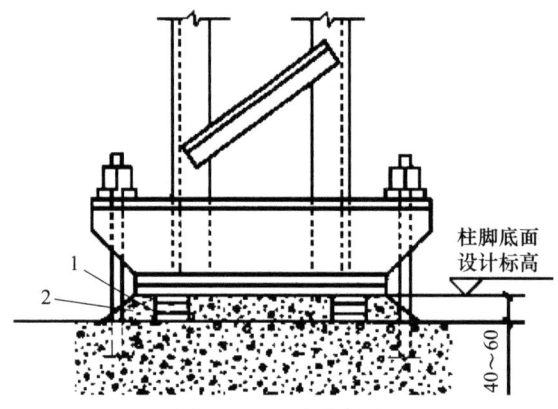

图 6-55　二次浇筑法
1—钢垫板；2—细石混凝土

2. 构件的吊装工艺

钢结构单层工业厂房的构件有柱、吊车梁、屋架、天窗架、檩条、支撑及墙架等，下面主要介绍柱、吊车梁及屋架的吊升与校正工艺。

1) 钢柱的吊升与校正

(1) 钢柱的吊升

钢柱的吊升可采用自行式起重机或塔式起重机，用旋转法或滑行法吊升。当钢柱较重时，可采用双机抬吊的方法进行吊升，如图 6-56 所示。

(2) 钢柱的校正

钢柱的校正主要包括平面位置、标高及垂直度的校正。

① 平面位置校正：应用经纬仪从两个方向检查钢柱的安装准线。

② 标高校正：在吊升前安放标高控制块以控制钢柱底部标高。

③ 垂直度校正：用经纬仪检验，若超过允许偏差，则用千斤顶进行校正。在校正过程中，随时观察柱底部和标高控制块之间是否脱空，以防校正过程中造成水平标高的误差。

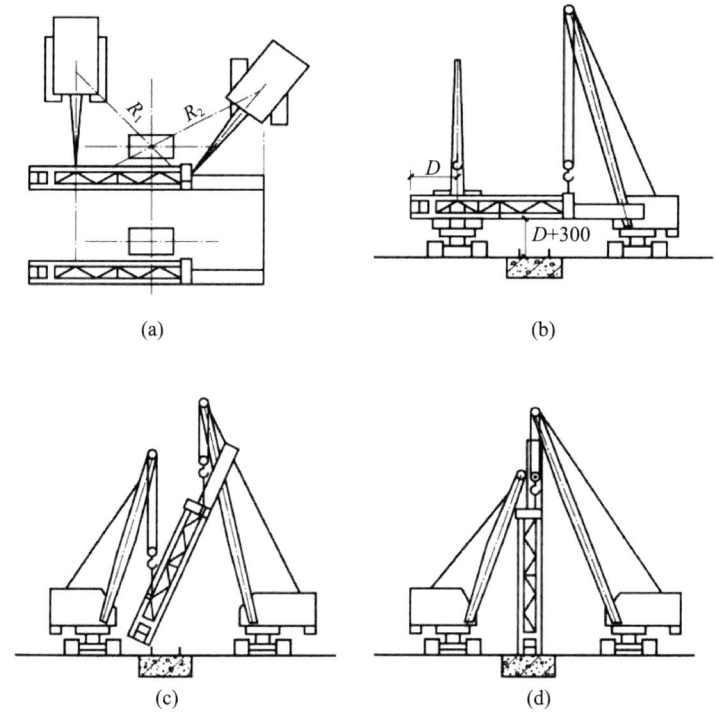

图 6-56 双机抬吊吊装重型钢柱
(a) 柱的平面布置及起重机就位图；(b) 两机同时将柱吊升；
(c) 两机协调旋转，并将柱调直；(d) 将柱插入杯口

2) 钢吊车梁的吊升与校正

(1) 钢吊车梁的吊升

钢吊车梁可用自行式起重机吊升，也可以用塔式起重和桅杆式起重机等进行吊升。对重量很大的吊车梁，可用双机抬吊。

(2) 钢吊车梁的校正

钢吊车梁校正主要包括标高、垂直度、轴线及跨距的校正。

① 标高校正：可在屋盖吊装前进行，因为屋盖的吊装可能引起钢柱变位，其他校正可在屋盖安装完成后进行。

② 垂直度校正：用千斤顶或起重机对梁作竖向移动，并垫钢板，使其偏差在允许范围内。

③ 轴线及跨距校正：轴线校正可用通线法和平移轴线法；跨距的检验用钢尺测量，跨度大的车间用弹簧秤拉测，若跨距超过允许偏差，则可用撬棍、钢楔、花篮螺栓或千斤顶等纠正。

3) 钢屋架的吊升与校正

(1) 钢屋架的吊升

钢屋架的吊升可采用自行式起重机、塔式起重机或桅杆式起重机等，应根据屋架的

跨度、重量和安装高度，选用不同的起重机械和吊装方法。

钢屋架的侧向稳定性较差，如果起重机的起重量及起重臂的长度允许，则应先拼装两榀屋架及其上部的天窗架、檩条和支撑等成为整体，然后再吊升。这样既可以保证吊升稳定性，又可提高吊升效率。

（2）钢屋架的校正

钢屋架的校正内容主要包括垂直度和弦杆的正直度，垂直度用垂球检验，弦杆的正直度用拉紧的测绳进行检验。

3. 钢结构的连接

钢结构连接方法通常有三种：焊接连接、螺栓连接及铆钉连接。

1）焊接连接

钢结构常用的焊接方法有手工电弧焊焊接和气体保护电弧焊焊接两种。

手工电弧焊焊接是指手工操作焊条，通过电弧的热量进行焊接的方法，如图 6-57 所示。该方法是工地钢结构焊接中最常用的一种方法。

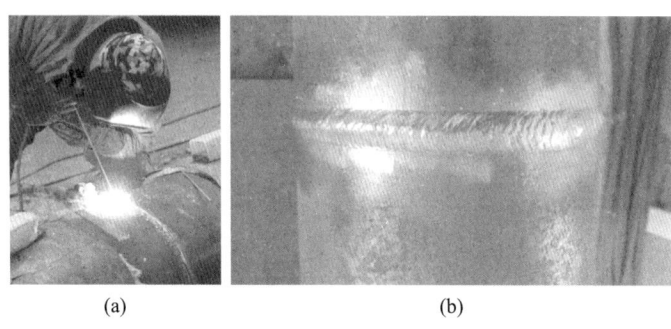

图 6-57　手工电弧焊焊接
（a）焊接过程；（b）焊接后的构件

气体保护电弧焊焊接是指以焊丝和焊件作为两极，两极之间产生电弧热来熔化焊丝和焊件，同时向焊接区送入保护气体（如 $CO_2$），使焊接区与周围的空气隔开，以防氧化或氮化，焊丝自动送进，在电弧作用下不断熔化，并与焊件融合。这种方法是工厂制作钢构件的常用焊接方法，如图 6-58 所示。

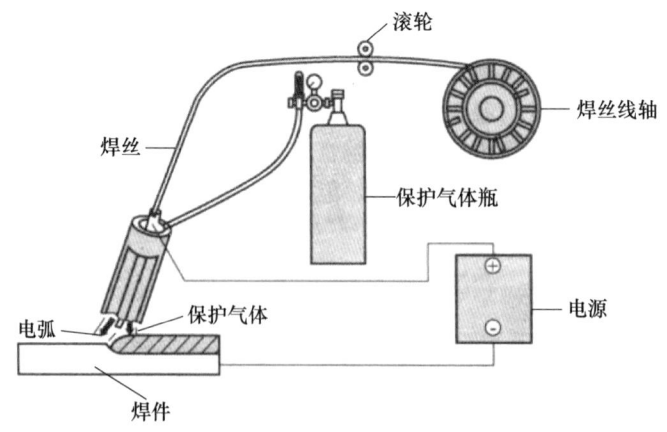

图 6-58　气体保护电弧焊焊接

2）螺栓连接

螺栓连接有普通螺栓连接和高强度螺栓连接两种,如图6-59所示。

普通螺栓的连接件包括螺栓杆、螺母和垫圈,由普通碳素结构钢或低合金结构钢制成。连接时,凭手感使连接的接触面紧密贴合、无明显间隙即可。这种方法的紧固性较差,只用于次要构件的连接或工地临时固定。

图6-59 螺栓

(a) 普通螺栓;(b) 高强螺栓

高强度螺栓的连接件也包括螺栓杆、螺母和垫圈,由强度较高的钢经过热处理制成。连接时,用特殊扳手拧紧高强度螺栓,对其施加规定的预拉力。这种方法的紧固性较强,在钢结构连接方面应用较为广泛。

3）铆钉连接

铆钉连接是指利用铆钉将两个以上的钢构件连接为一个整体的连接方法(图6-60)。

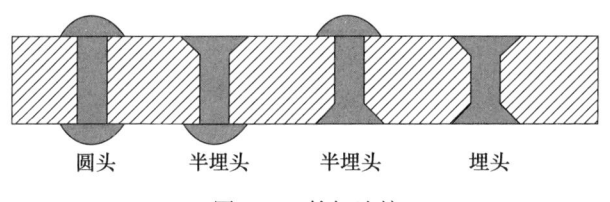

图6-60 铆钉连接

连接时,先在被连接的构件上,制成比钉径大1.0~1.5mm的孔,然后将一端有半圆钉头的铆钉加热到呈樱桃红色,塞入孔内,再用铆钉枪或铆钉机进行铆合,使铆钉填满钉孔,并打成另一铆钉头。铆钉连接的韧性和塑性都比较好,但比螺栓连接费工,比焊接费料,只用于承受较大动力荷载的大跨度钢结构连接。

【巩固训练】

1. 试述桅杆式起重机的分类、构造及特点。
2. 常用的钢丝绳有哪几种规格?其允许拉力如何计算?
3. 自行式起重机有哪几种类型?各有什么特点?
4. 结构吊装前应做好哪些工作?
5. 钢筋混凝土柱吊装时有哪几种绑扎方法?各有何特点?
6. 钢筋混凝土柱如何进行对位、临时固定和最终固定?
7. 如何检查和校正柱的垂直度?
8. 装配式框架结构吊装时,如何选择起重机械?

# 项目 7  防水工程

**【项目情景】**

防水工程是一项系统工程，它涉及防水材料、防水工程设计、施工技术、建筑物的管理等各个方面。其目的是保证建筑物不受水侵蚀，内部空间不受危害，提高建筑物使用功能和生产、生活质量，改善人居环境。防水工程包括屋面防水、地下室防水、卫生间防水、外墙防水、地铁防水等。

**【学习目标】**

**知识目标**

理解防水材料的定义、分类及其在建筑和工程中的重要性。了解防水材料的分类，了解防水材料的主要原材料、生产工艺和质量控制标准。掌握防水材料的基本性能参数，如耐水性、耐候性、抗渗性等。

**技能目标**

通过试验和案例分析，掌握防水材料的性能测试和评价方法。学会如何选择合适的防水材料，进行防水方案设计。提升防水施工的实践能力，包括施工准备、施工工艺、施工质量控制等。

**素质目标**

（1）培养学生工程质量和安全意识。
（2）培养学生规范化设计和标准化操作的意识。
（3）培养学生团队合作的意识。
（4）建立良好的学习方法、资料收集的方法、处理问题的方法。

## 任务 7-1  防水材料识别

**【工作任务】**

防水工程是房屋建筑中非常重要的组成部分，其质量的优劣，不但关系建筑物的使用寿命，而且直接影响使用者的生产环境、生活质量及卫生条件，选择合适的防水材料对工程质量至关重要。防水工程材料可分为卷材防水材料、涂膜防水材料、刚性防水材料和建筑密封材料。熟悉防水材料的类型、特点和适用范围等。

**【知识准备】**

了解防水材料的基本性能，如固体含量、耐热度、柔韧性、不透水性、延伸性等。

**【任务实施】**

1. 卷材防水材料

卷材防水材料是建筑工程防水材料的重要品种之一。目前防水工程上常用的卷材防水材料，主要包括合成高分子防水卷材、高聚物改性沥青防水卷材和石油沥青基防水卷材三大类。各类卷材防水材料的性能不同，其适用的场合也不相同。但无论是何种防水卷材，要满足建筑防水工程的要求，都必须具备耐水性、温度稳定性、机械强度（延伸性和抗断裂性）、柔韧性、大气稳定性。

1）合成高分子防水卷材

合成高分子防水卷材是一种新型防水材料，它以合成橡胶、合成树脂为主要基料，加入适量的化学助剂和填充料等，经过特殊工艺加工而成。这种材料具有优良的防水性能，广泛应用于建筑、土木、水利等工程领域。

根据基料的不同，合成高分子防水卷材可分为橡胶类、树脂类和橡塑共混类。其中，橡胶类防水卷材包括三元乙丙橡胶防水卷材、丁基橡胶防水卷材、再生胶防水卷材等；树脂类防水卷材包括氯化乙烯防水卷材、聚氯乙烯防水卷材、聚乙烯防水卷材、氯磺化聚乙烯防水卷材等；橡塑共混类防水卷材包括氯化聚乙烯-橡胶共混防水卷材、三元乙丙橡胶-聚乙烯共混防水卷材等。

合成高分子防水卷材的特点包括：

（1）质量轻：相比传统防水材料，合成高分子防水卷材质量较轻，便于运输和施工。

（2）延伸率大：合成高分子防水卷材具有良好的柔韧性，能够适应基层的变形和开裂。

（3）抗拉强度高：合成高分子防水卷材具有较高的抗拉强度，能够承受较大的水压力。

（4）抗裂强度高：合成高分子防水卷材的抗裂性能优异，能有效防止裂缝的产生。

（5）低温柔性好：合成高分子防水卷材在低温条件下仍具有良好的柔韧性，适用于寒冷地区。

（6）耐热性好：合成高分子防水卷材具有较好的耐热性能，能承受较高的温度。

（7）耐腐蚀、耐老化：合成高分子防水卷材具有较强的耐腐蚀和耐老化性能，使用寿命较长，减少了维修次数。

（8）防水性能优良：合成高分子防水卷材的防水性能优于传统防水材料，能确保工程的防水效果。

（9）可冷施工：合成高分子防水卷材具有优异的冷施工性能，无需加热即可进行施工，降低了施工难度和能耗。

（10）可单层结构防水：合成高分子防水卷材采用单层结构即可实现优良的防水效果，降低了工程成本。

综上所述，合成高分子防水卷材是一种性能优异、施工简便、使用寿命长的防水材料，在我国防水工程中具有广泛的应用前景。

2）高聚物改性沥青防水卷材

采用纤维织物或纤维毡作为基础材料，通过浸涂技术合成高分子聚合物改性沥青，并在其表面撒上粉状、粒状、片状或薄膜作为覆盖材料，从而制作出可卷曲的片状防水材料，这种材料被称为高聚物改性沥青防水卷材。高聚物改性沥青防水卷材不仅在耐高温性、耐寒冷性、弹性和耐疲劳性方面表现出较好的改进，而且在一定程度上也延长了屋顶的使用寿命。目前，国内常用的高聚物改性沥青卷材的品种有 SBS 改性沥青防水卷材、APP 改性沥青防水卷材、APAO 改性沥青防水卷材、再生橡胶改性沥青防水卷材、铝箔面石油沥青防水卷材、自黏结改性沥青防水卷材等。

(1) APP 改性沥青防水卷材

APP 改性沥青防水卷材是由无规聚丙烯（APP）改性沥青作为覆盖材料，并以高质量的聚酯毡或玻纤毡作为基底，其上表面撒有细砂或绿页岩片，而下表面则撒有细砂制成的。由于 APP 的加入，沥青得到了改良，进一步增强了其软化的温度、硬度以及在低温下的柔韧性。这种防水卷材具有抗拉强度大、延伸率高、弹塑性好、抗老化强、使用方便、易于修补等优良性能。聚酯胎卷材具有很高的抗拉强度、延伸率、抗穿刺和抗撕裂能力；无纺玻纤毡卷材具有成本低、耐细菌腐蚀性和尺寸稳定的优点，但抗拉强度和延伸率较低。

APP 改性沥青防水卷材集防水、密封、黏结于一体，其适用范围非常广泛，不仅适用于各种屋面、墙体、地面、地下室、水池、桥梁、公路、机场跑道和水坝的防水、防潮、防护工程，而且也适用于各种金属容器、管道的防腐保护，是一种防水、防潮、防腐的理想材料。

由于这种卷材具有 $-15 \sim 130℃$ 的温度适应范围，耐紫外线能力很强，所以特别适用于有强烈太阳辐射的地区。

(2) 铝箔面石油沥青防水卷材

铝箔面石油沥青防水卷材是由玻璃纤维毡作为基材，涂有氧化石油沥青，并在其表面使用压纹铝箔覆盖，再撒上由细颗粒矿物或覆盖聚乙烯（PE）膜制成的防水卷材。这款防水卷材融合了防水、热反射以及装饰的多重功能，被认为是一种具有出色防水和装饰性能的优质材料。

(3) APAO 改性沥青防水卷材

APAO 改性沥青防水卷材是采用非晶体性烯烃聚合物 APAO 改性沥青作为涂层，用聚酯无纺布作为胎基而制成的防水卷材。这种防水卷材属于中低档产品，价格比较适中，具有良好的耐热、耐寒、耐腐蚀、抗老化、塑性好、抗拉强度高等特性，还具有施工简单，可低温施工等特点。由于 APAO 改性沥青防水卷材集防水、黏结、密封为一体，并具有良好的耐腐蚀性能，因此是一种用途广泛的防水防腐材料，APAO 改性沥青防水卷材适用于工业与民用建筑、桥梁、水渠等防水工程。

(4) 自黏结改性沥青防水卷材

自黏结改性沥青防水卷材以自黏性沥青为涂盖材料，以无纺玻纤毡、加纺玻纤毡、天然聚酯毡为胎体，在浸涂胎基后，下表面用隔离纸覆盖，上表面用具有自动保护功能的隔离材覆盖，使用时只需揭开隔离纸即可铺贴，稍加压力就能黏结牢固。我国生产的自黏结改性沥青防水卷材，面层抗老化性能好，中层耐穿刺性强，底层为蠕性大的压敏胶，具有较强的黏结性、灵活性和适应性，这样可以充分发挥材料的特性。自黏结防水卷材与液体涂料防水系统不同，它能保证在整个覆盖面上都有均匀的厚度。自黏结施工在常温下进行，其使用范围更广泛。

自黏结改性沥青防水卷材由于是常温自粘贴施工，不需要加热焙化沥青，所以其使用范围非常广泛，不仅可用于地下防水工程，而且更适用于墙面的防水、防潮。

3）石油沥青基防水卷材

以原纸、纤维织物、纤维毡等作为胎体材料，将其两面浸涂沥青胶，表面涂撒粉状、粒状或片状等隔离材料制成的可卷曲片状防水材料，称为石油沥青基防水卷材。

2. 涂膜防水材料

涂膜防水材料也称为防水涂料，是一种流态或半流态物质，将其均匀涂布基层的表面，经溶剂或水分挥发或各组分间的化学反应，形成有一定弹性和一定厚度的连续性薄膜，使基层的表面与水隔绝，起到防水、防潮的作用。

防水涂料固化成膜后的防水薄膜，具有良好的防水性能，特别适用于各种形状复杂、不规则部位的防水，并能形成无接缝的完整防水膜。防水涂料大多数采用冷涂施工方法，不需要加热熬制，既减少了环境污染，改善了劳动条件，又便于施工操作，加快了施工进度。采用防水涂料这种材料，既是防水层的主体，又是黏结剂，因而施工质量容易保证，进行维修也比较简单。但是，防水涂料施工是采用刷涂、刮涂或喷涂等方法的，故防水膜的厚度很难做到均匀一致。

防水涂料根据成膜物质的主要成分，可分为沥青基防水涂料、高聚物改性沥青防水涂料和合成高分子防水涂料三种。施工时可根据具体情况，在涂膜防水层中增设胎体增强材料。

1）沥青基防水涂料

以沥青为基料配制而成的水乳型或溶剂型防水涂料，如石灰乳化沥青涂料、膨润土乳化沥青涂料和石棉乳化沥青涂料等。涂膜厚度在Ⅲ级屋面或类似标准要求的防水工程上单独使用时，应不小于8mm；在Ⅳ级屋面或类似标准要求的防水工程上或是与其他材料复合使用时，不宜小于4mm。

2）高聚物改性沥青防水涂料

以沥青为基料，用合成高分子聚合物进行改性配制而成的水乳型、溶剂型或热熔型防水涂料，如氯丁橡胶改性沥青涂料、丁基橡胶改性沥青涂料、丁苯橡胶改性沥青涂料、SBS改性沥青涂料和APP改性沥青涂料等。单独使用时其涂膜厚度不宜小于3mm；与其他防水材料（包括嵌缝材料）复合或配合使用时，其厚度不宜小于1.5mm。

3）合成高分子防水涂料

以合成橡胶或合成树脂为主要成膜物质配制而成的水乳型或溶剂型防水涂料。因成膜机理不同，其分为反应固化型、挥发固化型和聚合物水泥防水涂料三类，如丙烯酸防水涂料、聚氨酯防水涂料、硅橡胶防水涂料、聚合物水泥防水涂料等。单独使用时其涂膜厚度应不小于2mm；与其他防水材料复合使用时，其厚度不宜小于1mm。

3. 刚性防水材料

为了实现防水效果，刚性防水材料主要依赖于混凝土本身的紧实度或使用收缩补偿混凝土，并结合特定的结构措施，如配筋、隔离层的设置、混凝土的分缝和油膏的嵌入等。刚性防水主要有普通细石混凝土防水、预应力混凝土防水、补偿收缩混凝土防水、钢纤维混凝土和块体刚性防水。它主要适用于房屋屋面防水工程和地下防水工程。

由于刚性防水伸缩具有较低的弹性，因此对于地基不均匀沉降、构件微小变形、房屋的振动和温度变化都表现出极高的敏感性。如果工程设计存在缺陷或施工方法不恰当，那么很容易出现渗水或漏水的情况。因此，在施工过程中，我们必须对所使用的材料和操作流程设定严格的标准，以确保防水工程达到预期的质量标准。

1) 细石混凝土防水材料

细石混凝土防水层主要通过调整混凝土的配合比、掺外加剂等方法提高其密实性和抗渗性，来达到防水目的。其防水层厚度不宜小于 40mm，强度等级不应低于 C20。防水层混凝土内配置直径为 4~6mm、间距为 150~200mm 的双向钢筋网片，钢筋网片在分格缝处应断开。钢筋保护层厚度不宜小于 10mm。房屋四角宜加配 $\phi 6$ 放射筋或 $\phi 4@100$ 的网片，网片尺寸以不小于 800mm×800mm 为宜。

2) 补偿收缩混凝土防水材料

补偿收缩混凝土是一种由膨胀水泥或膨胀剂混合而成，具备微膨胀特性的混凝土材料。自从 1985 年中国建筑材料科学研究院成功研发了 UEA 混凝土膨胀剂（也称为 U 型膨胀剂）、AEA 和 CEA 胀剂之后，安徽省建筑科学研究设计院同样也成功地研制出了明矾石膨胀剂（EA－L）。这三种新型膨胀剂都已在工程实践中应用并取得良好效果。UEA、AEA 和 CEA 都是硫铝酸钙型的膨胀剂，它们是由特定的硫铝酸盐熟料或将硫铝酸盐熟料与明矾石、石膏等材料混合研磨制成的。在普通硅酸盐水泥中掺加适量的上述三种膨胀剂，可以使其成为膨胀性较好的复合型膨胀剂。这些物质被加入水泥中进行水化，形成了具有膨胀性的结晶体——钙矾石。这种针状和柱状的结晶被填充在混凝土的细小孔隙中，从而优化了孔隙结构并增强了混凝土的防渗性能。

3) 预应力混凝土防水材料

预应力混凝土防水主要是应用预应力技术增强混凝土的抗裂性，以提高防水层的抗渗能力。预应力钢筋采用冷拔低碳钢丝组成的双向钢丝网，钢丝间距一般为 150~250mm。防水层采用强度等级不低于 C30 的细石混凝土。

4) 钢纤维混凝土防水材料

钢纤维混凝土是将适量的钢纤维掺入混凝土拌和物中而成的一种复合材料，其用于屋面防水层时称为钢纤维混凝土刚性防水屋面，主要用于无保温层的装配式或整体现浇的钢筋混凝土屋面。为加强钢纤维混凝土防水效果，可掺入适量膨胀剂做成钢纤维膨胀混凝土防水层。膨胀剂掺量应通过试验确定，膨胀率宜控制在 0.02%~0.04%。钢纤维膨胀混凝土防水层与结构层之间可不设隔离层。混凝土中不得掺加含有氯离子的外加剂。

5) 水泥砂浆防水材料

水泥砂浆防水层适用于小面积屋面防水、墙面防水及水池、地下工程等的防水，分为普通水泥砂浆防水和聚合物水泥砂浆防水两类。普通水泥砂浆防水层一般要交替抹压两道防水砂浆和一至两道防水净浆，砂浆中宜掺入防水剂，主要有氯化物金属盐类防水剂、金属皂类防水剂、无机铝盐防水剂和氯化铁防水剂等。聚合物水泥砂浆防水则是在水泥砂浆中掺入氯丁胶乳、丙烯酸酯共聚乳液、有机硅等作为防水层。

4. 建筑密封材料

土木工程用的防水密封材料，是嵌填于建筑物的接缝、门窗框四周、玻璃镶嵌部位及建筑裂缝等地方，能起到水密、气密性作用。其主要用于建筑屋面、地下工程、其他部位的嵌缝密封防水。土木工程用的防水密封材料，可分为不定形密封材料和定形密封材料两大类。

不定形密封材料指膏糊状材料，如腻子、各类嵌缝密封膏、胶泥等；

定形密封材料指根据工程要求制成的带、条、垫等形状的密封材料，如止水条、止水带、防水垫、遇水自膨胀橡皮等。

随着我国化学建材的发展，新型防水密封材料的品种不断增多，除原来比较成熟的聚氯乙烯建筑防水接缝材料、沥青防水接缝材料外，现在又出现了许多性能优良的高分子防水密封材料，如丙烯酸酯密封膏、聚硫密封材料、聚氨酯密封材料、硅酮密封材料等。今后，我国将大力发展和推广新型高分子防水密封材料。

## 任务 7-2　屋面防水材料

【工作任务】

屋面防水材料在建筑中起着至关重要的作用。它们被用于保护建筑物的屋顶免受雨水、湿气和其他自然因素的侵蚀。有效的屋面防水材料可以防止水分渗透到建筑结构内部，从而避免漏水、潮湿和霉菌等问题的发生。同时，良好的屋面防水还能延长建筑物的使用寿命，提高其耐久性和稳定性。此外，屋面防水材料的选择和施工质量直接影响着建筑物的能源效率和室内舒适度。因此，正确选择和安装优质的屋面防水材料对于保护建筑物的结构完整性和功能性具有重要意义。

【知识准备】掌握防水屋面的种类及各种屋面的施工要点。

【任务实施】

1. 卷材防水屋面

根据建筑物的类别和防水层耐用年限，屋面防水等级可分为Ⅰ、Ⅱ、Ⅲ、Ⅳ级。现行国家规范《屋面工程技术规范》（GB 50345—2012）中规定的"屋面防水等级和设防要求"，见表 7-1。本节将根据现行国家标准规范，对各种防水材料的屋面防水工程，予以逐一介绍。

表 7-1　防水等级和设防要求

| 项目 | 屋面防水等级 | | | |
| --- | --- | --- | --- | --- |
| | Ⅰ | Ⅱ | Ⅲ | Ⅳ |
| 建筑物类别 | 特别重要或对防水有特殊要求的建筑 | 重要的建筑和高层建筑 | 一般的建筑 | 非永久性的建筑 |
| 防水层合理使用年限 | 25 年以上 | 15 年以上 | 10 年以上 | 5 年以上 |
| 防水层选用材料 | 宜选用合成高分子防水卷材、高聚物改性沥青防水卷材、金属板材、合成高分子防水涂料、细石防水混凝土等材料 | 宜选用高聚物改性沥青防水卷材、合成高分子防水卷材、金属板材、合成高分子防水涂料、高聚物改性沥青防水涂料、细石防水混凝土、平瓦、油毡瓦等材料 | 宜选用高聚物改性沥青防水卷材、合成高分子防水卷材、高聚物改性沥青防水涂料、合成高分子防水涂料、"三毡四油"沥青防水卷材、金属板材、细石防水混凝土、平瓦、油毡瓦等材料 | 可"二毡三油"沥青防水卷材、高聚物改性沥青防水涂料等材料 |

续表

| 项目 | 屋面防水等级 | | | |
|---|---|---|---|---|
| | Ⅰ | Ⅱ | Ⅲ | Ⅳ |
| 设防要求 | 三道或三道以上防水设防 | 两道防水设防 | 一道防水设防 | 一道防水设防 |

注：1. 本表中规定的沥青材料均为石油沥青，不包括煤沥青和煤焦油等材料。
2. 石油沥青油毡（纸胎）和沥青复合胎柔性防水卷材，是限制使用的材料。
3. 在Ⅰ、Ⅱ级屋面防水设防中，如仅做一道金属板材时，应符合有关技术规定。

卷材作为屋面防水的主要技术手段，在众多的工业和民用建筑项目中得到了广泛的应用。卷材防水屋面的常见方法是使用胶结材料，将沥青防水卷材、高聚物改性沥青防水卷材、合成高分子防水卷材等柔性防水材料黏合成一条完整的防水屋面覆盖层。胶结材料的选择受卷材种类的影响，如果选用沥青卷材，那么通常会用沥青胶结材料作为粘贴层，并一般采用热铺方式；如果选择使用高分子改性的沥青防水卷材或者合成高分子防水卷材，那么通常会采用专门设计的胶粘剂作为粘贴层，并一般采用冷铺方式。

1）卷材防水屋面的构造

卷材防水屋面的构造如图7-1所示。

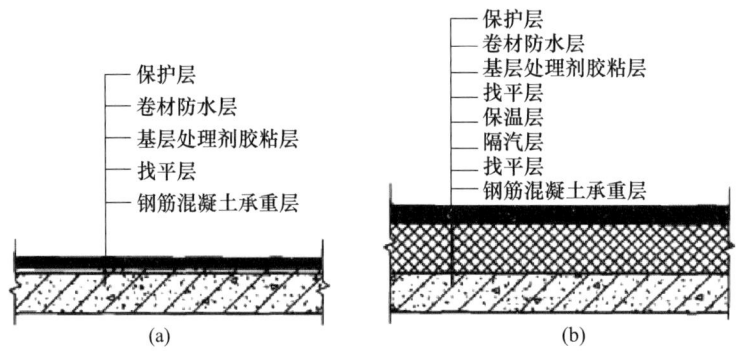

图7-1 卷材防水屋面构造层次示意图
(a) 不保温卷材屋面；(b) 保温卷材屋面

2）卷材防水屋面的施工

（1）基层处理

找平层是铺贴卷材防水层的基层，可采用水泥砂浆、细石混凝土或沥青砂浆。沥青砂浆找平层适合于冬季、雨季、采用水泥砂浆有困难和抢工期时采用。在水泥砂浆的找平层中，建议加入膨胀剂，这样可以增强找平层的紧密性，并减少或避免因裂缝导致的防水层拉裂。细石混凝土的找平层特别适合于松散的保温层之上，目的是提高找平层的硬度和稳固性。

找平层的厚度和技术要求应符合表7-2的规定。找平层的排水坡度应符合设计要求。平屋面采用结构找坡不应小于3%，采用材料找坡宜为2%。

表 7-2 找平层的厚度和技术要求

| 类别 | 基层类型 | 厚度（mm） | 技术要求 |
|---|---|---|---|
| 水泥砂浆找平层 | 整体混凝土 | 15～20 | 1:2.5～1:3（水泥砂）体积比，水泥强度等级不低于32.5级 |
| | 整体或板状材料保温层 | 20～25 | |
| | 装配式混凝土板、松散材料保温层 | 20～30 | |
| 细石混凝土找平层 | 松散材料保温层 | 30～35 | 混凝土强度等级不低于C20 |
| 沥青砂浆找平层 | 整体混凝土 | 15～20 | 1:8（沥青:砂）质量比 |
| | 装配式混凝土板、整体或板状材料保温层 | 20～25 | |

基层与凸出屋面结构（女儿墙、山墙、天窗壁、变形缝、烟囱等）的交接处和基层的转角处，找平层均应做成圆弧形，圆弧半径应符合表 7-3 的要求。内部排水的水落口周围的找平层应做成略低的凹坑。

表 7-3 找平层圆弧半径

| 卷材类型 | 圆弧半径（mm） |
|---|---|
| 沥青防水卷材 | 100～150 |
| 高聚物改性沥青防水卷材 | 50 |
| 合成高分子防水卷材 | 20 |

为了避免或减少找平层开裂，找平层宜留设分格缝，缝宽为20mm，并嵌填密封材料或空铺卷材条。分格缝应留设在板端缝处，其纵横缝的最大间距：水泥砂浆或细石混凝土找平层，不宜大于6m；沥青砂浆找平层，不宜大于4m。

铺设屋面隔汽层和防水层前，基层必须干净、干燥。干燥程度的简易检验方法是将$1m^2$卷材平坦地干铺在找平层上，静置3～4h后掀开检查，找平层覆盖部位与卷材上未见水印即可铺设。

（2）喷、涂基层处理剂

对于基层处理剂的施工，可以选择喷涂法或涂刷法，确保喷涂的均匀性，并在其完全干燥后迅速铺设卷材。在进行基层处理剂的喷洒或涂抹之前，应先使用毛刷在屋顶的节点、边缘和转角等位置进行涂抹。

（3）节点附加层

为保证防水效果，在铺贴大面积防水卷材前，应在女儿墙、檐沟墙、天窗壁、变形缝、烟囱根、管道根与屋面的交接处及檐口、天沟、雨水口、屋脊等部位，按设计要求先作卷材附加层。

（4）卷材施工一般要求

① 卷材铺贴方向。卷材铺贴方向应符合下列规定：屋面坡度小于3%时，卷材宜平行屋脊铺贴；屋面坡度为3%～15%时，卷材可平行或垂直屋脊铺贴；屋面坡度大于15%或屋面受振动时，沥青防水卷材应垂直屋脊铺贴，高聚物改性沥青防水卷材和合成高分子防水卷材可平行或垂直屋脊铺贴；上下层卷材不得相互垂直铺贴。

② 卷材铺贴顺序。屋面防水层施工时，应先做好节点、附加层和屋面排水比较集

中等部位的处理,然后由屋面最低处向上铺贴。铺贴天沟、檐沟卷材时宜顺天沟、檐沟方向,减少卷材的搭接。铺贴多跨或有高低跨的屋面时,应按先高后低、先远后近的顺序进行,如图 7-2 所示。

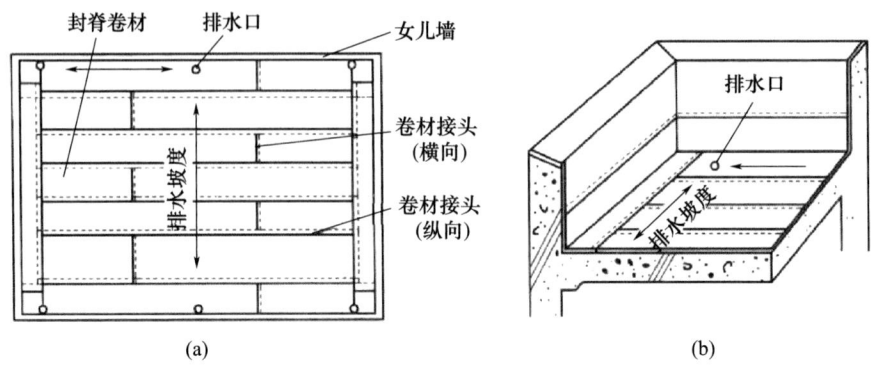

图 7-2 卷材铺贴示意
(a)平面图;(b)剖面图

③ 卷材搭接要求。铺贴卷材应采用搭接法。平行于屋脊的搭接缝,应顺流水方向搭接;垂直于屋脊的搭接缝,应顺主导风向搭接。叠层铺设的各层卷材,在天沟与屋面的连接处,应采用叉接法搭接,搭接缝应错开,宜留在屋面或天沟侧面,不宜留在沟底。上、下层及相邻两幅卷材的搭接缝应错开。各种卷材搭接宽度应符合表 7-4 的要求。

表 7-4 卷材搭接宽度

| 搭接方向 | | 短边搭接宽度(mm) | | 长边搭接宽度(mm) | |
| --- | --- | --- | --- | --- | --- |
| 铺贴方法 | | 满粘法 | 空铺法<br>点粘法<br>条粘法 | 满粘法 | 空铺法<br>点粘法<br>条粘法 |
| 卷材种类 | 沥青防水卷材 | 100 | 150 | 70 | 100 |
| | 高聚物改性沥青防水卷材 | 80 | 100 | 80 | 100 |
| | 合成高分子防水卷材 黏结法 | 80 | 100 | 80 | 100 |
| | 合成高分子防水卷材 焊接法 | 50 | | | |

(5)卷材铺贴

卷材卷材与基层之间的黏结技术可以被分为满粘法、点粘法、条粘法以及空铺法等多种方式,其中以满粘法为主。

满粘法:在铺设防水卷材的过程中,确保卷材与基层完全黏合在一起的施工技术。

点粘法:在铺设防水卷材的过程中,卷材与基层使用点状的黏结方式,确保每平方米的黏结面积不低于 5 点,每个点的面积约为 100mm×100mm。

条粘法:在铺设防水卷材的过程中,卷材应与基层使用条状方式进行黏结,黏结的面应不少于两条,且每条的宽度应不少于 150mm。

空铺法:在铺设防水卷材的过程中,卷材与基层应在一定宽度范围内进行黏结,而其他区域则不应发生粘连。

在大多数情况下，满粘法是常用的，但条粘法、点粘法和空铺法更适合于防水层上有重物覆盖或基层变形较大的场合，它们均可克服基层变形拉裂卷材防水层的问题，在设计过程中，我们应当明确地设定并选择合适的工艺手段。

在施工过程中，无论是使用空铺、条粘还是点粘的方法，都需要特别注意：距离屋顶800mm范围内的防水层必须是满粘的，以确保防水层四周与基层之间的黏结是牢固的；卷材和卷材之间的连接应该是完全粘合的，以确保紧密的搭接。

(6) 保护层施工

保护层施工卷材铺设完毕，经检查合格后，应立即进行保护层的施工，及时保护防水层免受损伤，从而延长卷材防水层的使用年限。

2. 涂膜防水屋面

涂膜防水屋面是在屋面基层上涂刷防水涂料，经固化后形成一层有一定厚度和弹性的整体涂膜，从而达到防水目的的一种防水屋面形式。这种屋面具有施工操作简便、无污染、冷操作、无接缝、能适应复杂基层、防水性能好、温度适应性强、容易修补等特点。涂膜防水屋面适用于防水等级为Ⅲ级、Ⅳ级的屋面防水；也可作为Ⅰ级、Ⅱ级屋面多道防水设防中的一道防水层。

1) 涂膜防水屋面的构造

涂膜防水屋面构造如图7-3所示。

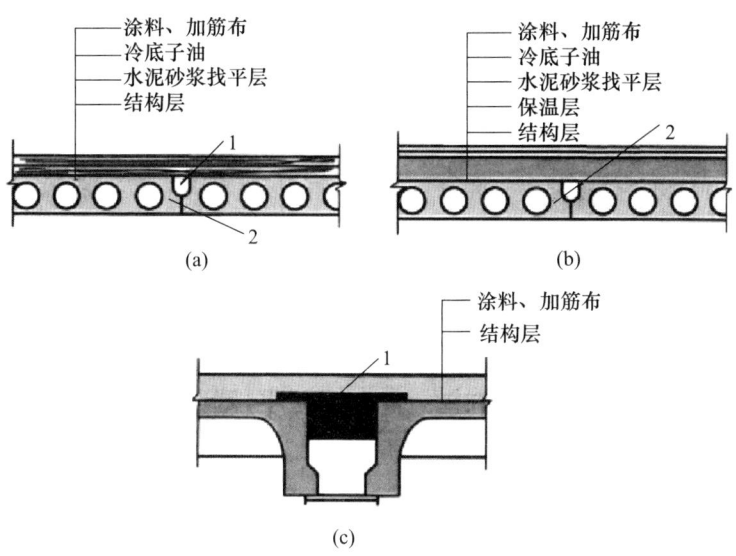

图7-3 涂膜防水屋面构造

(a) 无保温涂料防水屋面；(b) 有保温涂料防水屋面；(c) 槽型板涂料防水屋面

1—嵌缝油膏；2—细石混凝土

2) 涂膜防水屋面的施工

(1) 基层表面处理、修补

涂膜防水层要求基层的刚度较大，因此找平层应有一定的强度，表面要平整、密实，不应有起砂、起壳、龟裂、爆皮等现象。表面平整度应用2m直尺检查，基层与直尺的最大间隙不应超过5mm，间隙仅允许平缓变化。基层与凸出屋面结构连接处及基层转角处应做成圆弧形或钝角。按设计要求做好排水坡度，不得有积水现象。施工前应将分格缝清理干净，不得有异物和浮灰，并嵌填密封材料。屋面基层的干燥程度，应视选用的涂料特性而定。当采用溶剂型改性沥青防水涂料、合成高分子防水涂料时，屋面基层应干燥、干净。

（2）喷、涂基层处理剂

基层处理剂常在用涂膜防水材料稀释后使用，其配合比应准确、搅拌充分、喷涂均匀、覆盖完全，干燥后方可进行涂膜施工。

（3）特殊部位附加增强处理

板面涂膜前，在天沟、檐口、檐沟、泛水等部位应先铺有胎体增强材料的附加层。水落口周围与屋面交接处应作密封处理，并加铺两层有胎体增强材料的附加层。

（4）板面涂膜施工

涂料的涂布顺序为：先高跨后低跨，先远后近，先立面后平面。同一屋面上先涂布排水较集中的水落口、天沟、檐口等节点部位，再进行大面积涂布。涂层应厚薄均匀、表面平整，不得有露底、漏涂和堆积现象。

防水涂膜应多遍涂布，其总厚度应达到设计要求，每道涂膜防水层厚度选用应符合表7-5的规定。

两涂层施工间隔时间不宜过长，否则易形成分层现象。涂层中夹铺增强材料时，宜边涂边铺胎体。胎体增强材料长边搭接宽度不得小于50mm，短边搭接宽度不得小于70mm。当屋面坡度小于15%时，可平行屋脊铺设。屋面坡度大于15%时，应垂直屋脊铺设。采用两层胎体增强材料时，上、下层不得互相垂直铺设，搭接缝应错开，其间距不应小于幅宽的1/3。找平层分格缝处应增设胎体增强材料的空铺附加层，其宽度以200～300mm为宜。涂膜防水层收头应用防水涂料多遍涂刷或用密封材料封严。在涂膜未干前，不得在防水层上进行其他施工作业。涂膜防水屋面上不得直接堆放物品。

表7-5 涂膜防水层厚度选用

| 屋面防水等级 | 设防道数 | 高聚物改性沥青防水涂料 | 合成高分子防水涂料和聚合物水泥防水涂料 |
| --- | --- | --- | --- |
| Ⅰ级 | 三道或三道以上设防 | — | 不应小于1.5mm |
| Ⅱ级 | 两道设防 | 不应小于3mm | 不应小于1.5mm |
| Ⅲ级 | 一道设防 | 不应小于3mm | 不应小于2mm |
| Ⅳ级 | 一道设防 | 不应小于2mm | — |

（5）保护层施工

高聚物改性沥青防水涂膜屋面保护层材料可采用细砂、云母、蛭石、水泥砂浆、块体材料或细石混凝土等。当选用细砂、云母、蛭石作保护层时，应在涂布最后一遍涂料时，边涂布边撒布均匀，不得露底，然后碾压粘牢，待干燥后将多余的撒布材料清除。当采用水泥砂浆作保护层时，表面应抹平压光，并应设分格缝，每格面积宜为1m²。当采用块体材料作保护层时，宜留设分格缝，其纵横间距不宜大于10m，分格缝宽度不宜小于20mm。当采用细石混凝土作保护层时，混凝土应捣实，表面抹平压光，并应留设分格缝，其纵横缝间距不宜大于6m。分格缝用密封材料嵌填严密。水泥砂浆、块体材料或细石混凝土保护层与涂膜层之间应设置隔离层。

合成高分子和聚合物水泥防水涂膜屋面保护层材料可采用浅色涂料、水泥砂浆、块体材料或细石混凝土等。当采用浅色涂料作保护层时，应在涂膜固化后进行喷涂。当采用水泥砂浆、块体材料或细石混凝土作保护层时，施工要求同高聚物改性沥青防水涂膜屋面。

3. 刚性防水屋面

刚性防水屋面是指利用刚性防水材料作防水层的屋面，主要有普通细石混凝土防水屋面、补偿收缩混凝土防水屋面、块体刚性防水屋面、预应力混凝土防水屋面等。刚性防水屋面主要适用于防水等级为Ⅲ级的屋面防水，也可用作Ⅰ、Ⅱ级屋面多道防水设防中的一道防水层，不适用于设有松散材料保温层的屋面以及受较大振动或冲击和坡度大于15%的建筑屋面。

1）刚性防水屋面的构造

刚性防水屋面构造如图7-4所示。

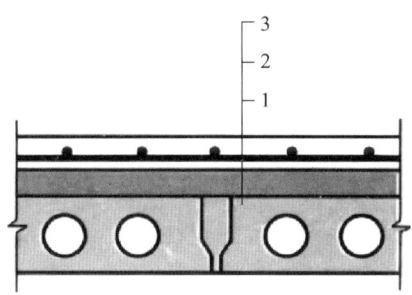

图7-4 刚性防水屋面构造
1—预制板；2—隔离层；3—细石混凝土防水层

2）刚性防水屋面的施工

（1）基层要求

刚性防水屋面的结构层宜为整体现浇的钢筋混凝土。当屋面结构层采用装配式钢筋混凝土板时，应用强度等级不小于C20的细石混凝土灌缝，灌缝的细石混凝土宜掺膨胀剂。当屋面板板缝宽度大于40mm或上窄下宽时，板缝内必须设置构造钢筋，板端缝应进行密封处理。

（2）隔离层设置

为了缓解基层变形对刚性防水层的影响，在基层与防水层之间宜设置隔离层。依据设计可采用低强度等级砂浆、卷材、塑料薄膜等材料作隔离层。采用低强度等级的砂浆作隔离层时，砂浆以干稠为宜，铺抹的厚度为10～20mm，要求厚薄一致、表面平整、压实、抹光，待砂浆基本干燥并具有一定的强度后，方可进行下道工序施工。采用卷材作隔离层时，先用1∶3水泥砂浆将结构层找平，并压实抹光养护，再在干燥的找平层上铺一层3～8mm干细砂滑动层，在其上铺一层卷材，搭接缝用热沥青胶胶结，也可以在找平层上直接铺一层塑料薄膜。做好隔离层继续施工时，要注意对隔离层加强保护。混凝土运输不能直接在隔离层表面进行，应采取垫板等措施；绑扎钢筋时不得扎破表面，浇捣混凝土时更不能振疏隔离层。

（3）分格缝设置

为了防止大面积的刚性防水层由于温度变化、混凝土收缩等影响而产生裂缝，应按设计要求设置分格缝。分格缝应设在变形较大和较易变形的屋面板的支承端、屋面转折处、防水层与凸出屋面结构的交接处，并应与板缝对齐。其纵横间距应控制在 6m 以内。分格缝的宽度宜为 5～30mm，分格缝内应嵌填密封材料，上部应设置保护层，如图 7-5 所示。

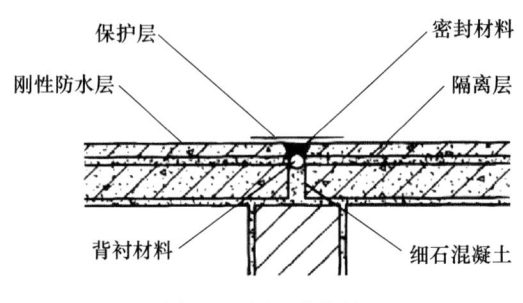

图 7-5 屋面分格缝

分格缝的一般做法是在施工刚性防水层前，先在隔离层上定好分格缝位置，再安放分格条（木条、聚苯板或定型聚氯乙烯塑料条），然后按分隔板块浇筑混凝土，待混凝土初凝后，将分格条取出即可。分格缝处可采用嵌填密封材料并加贴防水卷材的办法进行处理，以增加防水的可靠性。

（4）防水层施工

混凝土浇筑应按先远后近、先高后低的原则进行。一个分格缝内的混凝土必须一次浇筑完毕，不得留施工缝。混凝土的质量要严格保证，加入外加剂时，应准确计量，投料顺序得当，搅拌均匀。混凝土搅拌应采用机械搅拌，搅拌时间不少于 2min，混凝土运输过程中应防止漏浆和离析。混凝土浇筑时，先用平板振动器振实，再用滚筒滚压至表面平整、泛浆，然后用铁抹子压实抹平，并确保防水层的设计厚度和排水坡度。抹压时严禁在表面洒水、加水泥浆或撒干水泥。待混凝土初凝收水后，应进行二次表面压光，或在终凝前三次压光成活，以提高其抗渗性。混凝土浇筑 12～24h 后应进行养护，养护时间不应少于 14d。养护初期屋面不得上人。施工时的气温宜为 5～35℃，以保证防水层的施工质量。

【知识扩展】

防水卷材的施工工艺主要有冷粘法、热熔法、自粘法和热风焊接法等。

（1）冷粘法施工。

冷粘法施工是指利用毛刷将胶粘剂涂刷在基层或卷材上，然后直接铺贴卷材，使卷材与基层、卷材与卷材黏结的方法。施工时，胶粘剂涂刷应均匀、不露底、不堆积。铺贴卷材时应平整顺直、搭接尺寸准确，接缝应满涂胶粘剂，辊压黏结牢固，不得扭曲，溢出的胶粘剂应随即刮平封口。

（2）热熔法施工。

热熔法施工是指利用火焰加热器熔化热熔型防水卷材底层的热熔胶进行粘贴的方法。施工时，在卷材表面热熔后（以卷材表面熔融至光亮黑色为度）应立即滚铺卷材，使之平展，并辊压黏结牢固。当搭接缝处溢出热熔的改性沥青胶时，应随即刮封接口。加热卷材时应均匀，不得过热而烧穿卷材。

（3）自粘法施工。

自粘法施工是指采用带有自粘胶的防水卷材，不用热施工，也不需涂胶结材料，而进行黏结的方法。铺贴前，基层表面应均匀涂刷基层处理剂，待干燥后及时铺贴卷材时，应先将自粘胶底面隔离纸完全拼净，排除卷材下面的空气，并辊压黏结牢固，不得空鼓。搭接部位必须采用热风焊枪加热后粘贴牢固，溢出缝口用不小于10mm宽的密封材料封严。

（4）热风焊接法。

热风焊接法施工是指采用热空气焊枪加热卷材搭接缝进行黏结的方法。焊接前，卷材应铺放平整、顺直，搭接尺寸要正确。施工时焊接缝应清扫干净，其表面无水滴、油污及附着物，先焊长边搭接缝，后焊短边搭接缝，焊接处不得有漏焊、缺焊、焊焦或焊接不牢的现象，也不得损害非焊接部位的卷材。

## 任务7-3 地下防水工程

【工作任务】

地下防水工程应根据工程的水文地质情况、结构形式、地形条件、防水标准、技术经济指标、施工工艺等情况综合确定。其应采取"以防为主，防排结合，刚柔并用，多道设防"的思路进行设计和施工。

【知识准备】

了解地下防水的相关方法；掌握地下防水的施工要点。

【任务实施】

地下防水工程按围护结构允许渗漏水量划分为四级，见表7-6。对于受振动、易受到腐蚀介质侵蚀的地下防水工程，应采用防水混凝土自防水结构，并设置柔性防水卷材或涂料等附加防水层。附加防水层通常有防水卷材防水层、防水砂浆防水层和防水涂料防水层等。

表7-6 地下工程防水等级标准

| 防水等级 | 标准 |
| --- | --- |
| 一级 | 不允许渗水，结构表面无湿渍 |
| 二级 | 不允许漏水，结构表面可有少量湿渍；<br>工业与民用建筑：湿渍总面积不大于总防水面积的1‰，单个湿渍面积不大于0.1m²，任意100m²防水面积不超过1处；<br>其他地下工程：湿渍总面积不大于总防水面积的6‰，单个湿渍面积不大于0.2m²，任意100m²防水面积不超过4处 |
| 三级 | 有少量漏水点，不得有线流和漏泥砂；<br>单个湿渍面积不大于0.3m²，单个漏水点的漏水量不大于2.5L/d，任意100m²防水面积不超过7处 |
| 四级 | 有漏水点，不得有线流和漏泥砂；<br>整个工程平均漏水量不大于2L/（m²·d），任意100m²防水面积的平均漏水量不大于4L/（m²·d） |

目前,地下工程的防水方案有下列三种:

(1) 结构自防水:依靠防水混凝土本身的抗渗性和密实性来进行防水。它既是防水层,又是承重围护结构。因此,该方案具有施工简便、工期较短、改善劳动条件、造价低等优点,是解决地下防水的有效途径,因而被广泛采用。

(2) 附加防水层:即在地下结构的表面附加防水层,以达到防水的目的。常用的防水层有水泥砂浆、卷材、沥青胶结料和金属防水层等,可根据不同的工程对象、防水要求及施工条件选用。

(3) 渗排水措施:利用盲沟、渗排水层等措施来排除附近的水源以达到防水目的,适用于形状复杂、受高温影响、地下水为上层滞水且防水要求较高的地下建筑。

在进行地下工程防水设计时,应遵循"以防为主,防排结合,刚柔并用,多道防水"的综合治理原则,并根据建筑物的使用功能及使用要求,结合地下工程的防水等级,选择合理的防水方案。

1. 混凝土结构自防水

1) 防水混凝土的种类

防水混凝土一般可分为普通防水混凝土、外加剂防水混凝土和膨胀水泥防水混凝土。

(1) 普通防水混凝土

普通防水混凝土是指通过调整和控制混凝土的配合比配制而成的防水混凝土。混凝土是一种非均质材料,可通过孔隙和裂缝进行渗水,因此通过控制混凝土的水灰比、水泥用量和砂率,可防止孔隙和裂缝的形成,切断混凝土毛细管渗水通路,从而提高混凝土的密实性和抗渗性,如图7-6所示。

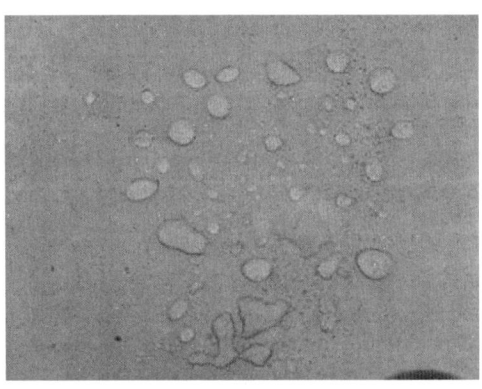

图7-6 防水混凝土

(2) 外加剂防水混凝土

外加剂防水混凝土是指掺入适量外加剂配制而成的防水混凝土。外加剂的种类很多,应根据地下防水要求和施工条件,选择合理、有效的外加剂。常用的外加剂防水混凝土有三乙醇胺防水混凝土、加气剂防水混凝土、减水剂防水混凝土、氯化铁防水混凝土等。

(3) 膨胀水泥防水混凝土

膨胀水泥防水混凝土是指用膨胀水泥为胶结料配制而成的防水混凝土。它在凝结硬化过程中能形成大量钙矾石，会产生一定的体积膨胀，一方面可增加混凝土的密实性；另一方面因受到外界或钢筋内部的约束而产生预压应力，使混凝土的抗裂性和抗渗性增强。

2) 防水混凝土施工

(1) 地下防水混凝土结构的施工

① 关于模板

模板应表面平整、拼缝严密不漏浆、吸水性小、有足够的承载力和刚度。一般情况下模板固定仍采用对拉螺栓，为防止在混凝土内形成引水通路，应在对拉螺栓或套管中部加焊（满焊）$\varphi 70\sim 80mm$ 的止水环或方形止水片。如模板上钉有预埋小方木，则拆模后将螺栓贴底割去，再抹膨胀水泥砂浆封堵，效果更好。

② 关于混凝土浇筑

混凝土应严格按配料单进行配料，为了增强均匀性，应采用机械搅拌，搅拌时间至少 2min，运输时防止漏浆和离析。混凝土应分层连续浇筑，其自由倾落高度不得大于 1.5m，并采用机械振捣，不得漏振、欠振。

③ 关于养护

防水混凝土的养护条件对其抗渗性影响很大，终凝后 4～6h 即应覆盖草袋，12h 后浇水养护，3d 内浇水 4～6 次/d，3d 后 2～3 次/d，养护时间不少于 14d。

④ 关于拆模

防水混凝土不能过早拆模，一般在混凝土浇筑 3d 后，将侧模板松开，在其上口浇水养护 14d 后方可拆除，拆模时混凝土必须达到 70% 的设计强度，应控制混凝土表面温度与环境温度之差小于或等于 15℃。

⑤ 施工缝处理

施工缝是防水混凝土的薄弱环节，施工时应尽量不留或少留。底板混凝土必须连续浇筑，不得留施工缝；墙体一般不应留垂直施工缝，如必须留应设在变形缝处，水平施工缝应留在距底板面不小于 200mm 的墙身上。墙体有孔洞时，施工缝距离孔洞边缘不宜小于 300mm；不应留在剪力与弯矩最大处或底板与侧壁交接处。施工常用接缝形式有凸缝、凹缝或平直缝加止水带等。继续浇筑混凝土前，应将施工缝处松散的混凝土凿去，清理浮粒和杂物，用水冲净并保持湿润，先铺一层 20～25mm 厚与混凝土中砂浆相同的水泥砂浆后再浇混凝土。水泥砂浆所用的材料和灰砂比应与混凝土的材料和灰砂比相同。

(2) 水泥砂浆防水层施工

水泥砂浆防水层是一种刚性防水层，主要依靠特定的施工工艺要求或掺加防水剂来提高水泥砂浆的密实性或改善其抗裂性，从而达到防水抗渗的目的。水泥砂浆防水层分为刚性多层抹面的水泥砂浆防水层和掺外加剂的水泥砂浆防水层两大类。

① 刚性多层抹面的水泥砂浆防水层

刚性多层抹面的水泥砂浆防水层是利用不同配合比的水泥砂浆和水泥浆分层分次施工，相互交替抹压密实，以充分切断各层次刚性水泥凝结中的毛细孔网，以达到防水的目的。通常在工程实践中，刚性防水层的背水面基层的防水层采用四层抹面法施工，向水面采用五层做法。五层做法如图 7-7 所示，背水面用四层做法（少一道水泥浆）。

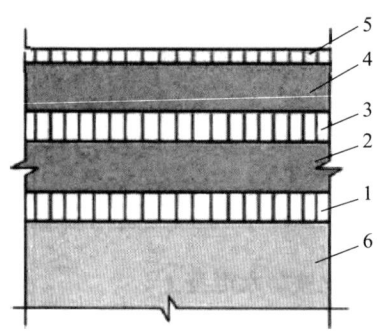

图 7-7 五层做法构造
1、3—素灰层 2mm；2、4—砂浆层 4～5mm；5—水泥浆 1mm；6—结构层

施工应连续进行，尽可能不留施工缝。一般顺序为先平面后立面。分层做法如下：第一层，在浇水湿润的基层上先抹 1mm 厚素灰（用铁抹子用力刮抹 5～6 遍），再抹 1mm 找平。第二层，在素灰层初凝后终凝前进行，使砂浆压入素灰层 0.5mm 并扫出横纹。第三层，在第二层凝固后进行，做法同第一层。第四层，同第二层做法，抹后在表面用铁抹子抹压 5～6 遍，最后压光。第五层，在第四层抹压两遍后刷水泥浆一遍，随第四层压光。

养护可防止防水层开裂并提高不透水性，一般在终凝后 8～12h 盖湿草包浇水养护 14d。

② 掺外加剂的水泥砂浆防水层

掺防水剂水泥砂浆又称防水砂浆，是在水泥砂浆中掺入占水泥质量的 3%～5% 的各种防水剂配制而成的，常用的防水剂有氯化物金属盐类防水剂和金属皂类防水剂。氯化物金属盐类防水剂又称防水浆，主要的外加剂为氯化钙、氯化铝、氯化铁等金属盐类，通过发生化学反应生成含水氯硅酸钙、氯铝酸钙、氢氧化铁等胶体或化合物，以达到填充砂浆空隙、密实砂浆的作用，从而达到防水的目的。金属皂类防水剂又称避水浆，是采用碳酸钠或氢氧化钾等碱金属化合物、氨水、硬脂酸和水混合加热皂化配制而成的乳白色浆状液体。它具有塑化作用，可降低水灰比，使水泥质点和浆料间形成憎水化吸附层并生成不溶性物质，起填充砂浆中微小空隙和堵塞毛细通道、切断和减少渗水孔道作用，增加砂浆的密实性，从而起到防水作用。

水泥砂浆防水层适用于埋深不大，不会因结构沉降、温度和湿度变化及受振动等产生有害裂缝的地下防水工程。

2. 防水层防水

1）水泥砂浆防水层施工

水泥砂浆防水层是在建（构）筑物的向水面或背水面，用水泥砂浆、素灰（纯水泥浆）交替涂刷四层或五层抹面的一种防水层，如图 7-8 所示。一般向水面采用五层抹面的做法，背水面采用四层抹面的做法（少一道水泥浆）。

水泥砂浆防水层属于一种刚性防水层，抵抗变形能力差，不适用于受侵蚀或持续振动的环境，也不适用于温度高于 80℃ 的地下防水工程。

图 7-8 水泥砂浆防水层

(1) 材料要求

水泥宜用强度等级为 32.5 以上的硅酸盐水泥、普通硅酸盐水泥或特种水泥。砂宜用中砂，粒径应在 3mm 以下，含泥量不得大于 1%，硫化物或硫酸盐的含量不得大于 1%。

水泥砂浆的灰砂比宜用 1∶2.5，其水灰比为 0.60~0.65，稠度宜控制在 7~8cm，若掺外加剂或采用膨胀水泥，其配合比应按专门的技术规定执行。

(2) 施工工艺

① 基层处理

水泥砂浆防水层施工前，必须对基层表面进行严格细致的处理。基层表面应坚实、平整、粗糙、洁净，并充分湿润、无积水，以保证防水层和基层表面牢固结合；基层表面的孔洞、缝隙应用与防水层相同的砂浆填塞抹平；水泥砂浆铺抹前，基层的混凝土和砌筑砂浆强度应不低于设计值的 80%。

② 水泥砂浆防水层施工

表 7-7 所示为四层抹面水泥砂浆防水层施工做法。五层抹面时，前 4 层的做法与四层抹面做法相同，只是多了一道水泥浆。

表 7-7 四层抹面水泥砂浆防水层施工做法

| 层次 | 操作要求 | 作用 |
| --- | --- | --- |
| 第一层素灰层<br>（厚 2mm） | (1) 分两次抹压：基层浇水湿润后，先均匀刮抹 1mm 厚的素灰作为结合层，并用铁抹子用力往返刮抹 5~6 遍，使素灰填满基层空隙，增加防水层的黏结力；然后再均匀刮抹 1mm 厚的素灰找平层；<br>(2) 两次抹完后，用湿毛刷或排笔蘸水在素灰层表面一次均匀涂刷一遍，以堵塞或填平毛细孔道，增强其不透水性 | 防水层的第一道防线 |
| 第二层水泥砂浆层<br>（厚 4~5mm） | 待第一层素灰层初凝后（能用手指按入素灰层 1/4~1/2），抹第二层水泥砂浆层。抹压要轻，以免破坏素灰层，但也要使水泥砂浆层压入素灰层 1/4 左右，以使第一、二层牢固结合；<br>水泥砂浆层初凝前，需用扫帚将表面扫成横条纹 | 起骨架和保护素灰层的作用 |

续表

| 层次 | 操作要求 | 作用 |
|---|---|---|
| 第三层素灰层（厚2mm） | 待第二层凝固并具有一定强度后（一般隔24h）适当浇水湿润即可进行第三层操作，其方法和作用与第一层相同 | 防水作用 |
| 第四层水泥砂浆层（厚4~5mm） | 第四层的操作方法与第二层基本相同，只是抹完后不扫条纹，而是在水泥砂浆凝固前、水分蒸发过程中，分次用铁抹子抹压5~6遍，增加其密实性，最后再压光 | 起骨架、保护素灰层和防水的作用 |

2) 卷材防水层施工

卷材防水层是用胶粘剂粘贴卷材而形成的一种防水层。它是一种柔性防水层，具有良好的韧性和延伸性，能适应一定的结构振动和微小变形，常用于地下防水工程。

(1) 基本要求

卷材防水层是由多层卷材在基层上铺贴而成的，因此基层要坚固、平整、干燥。为保证正常施工，卷材铺贴温度应不宜低于5℃，冬期施工时应采取保温措施。

(2) 施工工艺

按照防水层与建筑结构施工先后顺序的不同，卷材防水层一般有两种施工方法，即外防外贴法（简称外贴法）和外防内贴法（简称内贴法）。

① 外贴法

外贴法（图7-9）施工时，先浇筑底板的垫层，在垫层周围砌筑保护墙，保护墙下干铺油毡条，永久性保护墙采用水泥砂浆砌筑，临时性保护墙采用石灰砂浆砌筑，垫层上面及永久性保护墙内侧抹1:3水泥砂浆找平层，临时性保护墙内侧抹石灰砂浆找平层，并刷一道石灰浆。在找平层干燥后，按照要求铺贴防水卷材。铺贴大面之前，在垫层与保护墙转角处应加铺一层卷材附加层，铺贴时先铺平面，再铺立面。在垫层和永久性保护墙上应将卷材空铺。在临时保护墙上将卷材临时铺贴，并将卷材分层固定在保护墙顶部。

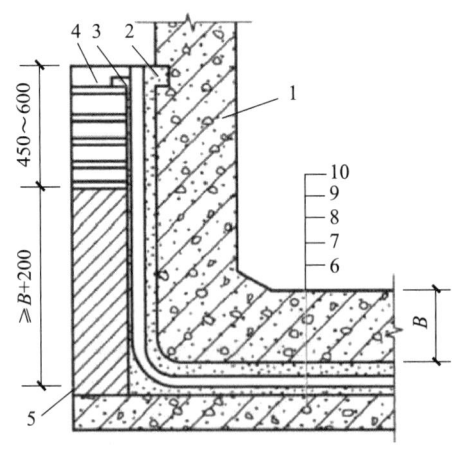

图7-9 外贴法

1—需防水的结构墙体；2—永久性木条；3—临时性木条；4—临时性保护墙；
5—永久性保护墙；6—垫层；7—找平层；8—卷材防水层；9—保护层；10—底板

浇筑混凝土底板和墙体时不得损坏已经做好的防水卷材。墙体施工完毕、铺贴立面卷材之前,应将保护墙顶部的卷材整理好,将其表面清理干净,接着铺贴里面的防水卷材,采用高聚物改性沥青卷材时搭接长度不小于150mm,采用合成高分子卷材时搭接长度不小于100mm。

外贴法的优点是建筑物与保护墙有不均匀沉陷时,对防水层影响较小;防水层做好后即可进行漏水试验;便于修补。缺点是工期长,占地面积大;底板与墙身接头处卷材容易受损。

② 内贴法

内贴法(图7-10)施工时,在混凝土底板垫层做好后,在四周砌筑铺贴卷材防水层用的永久性保护墙(保护墙下干铺油毡条),在底板垫层和保护墙内表面抹1:3水泥砂浆找平层,待找平层干燥后,涂刷基层处理剂,待处理剂干燥后,铺贴保护墙内表面和底板垫层面的卷材防水层。为保护已经铺好的防水层,宜先铺立面,再铺平面,在铺贴大面之前,在垫层与保护墙转角处加铺一层卷材附加层,要求附加层粘贴紧密。

卷材铺贴完毕、经验收合格后,应尽快在卷材防水层上做保护层,内侧立面保护层一般采用抹水泥砂浆、贴塑料板、石油沥青纸胎油毡等方法,平面保护层可抹水泥砂浆、浇筑厚度50mm以上的细石混凝土。

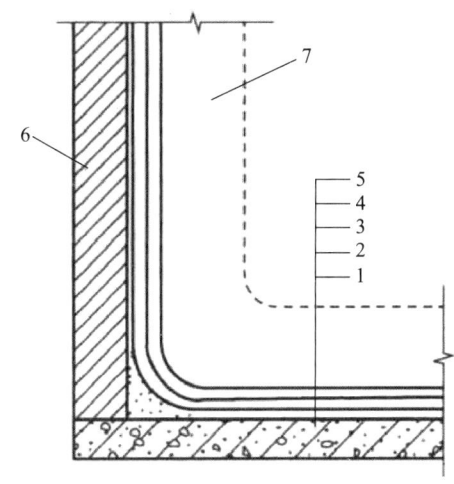

图7-10 内贴法
1—垫层;2—找平层;3—卷材防水层;4—保护层;5—底板;
6—永久性保护墙;7—尚未施工的建筑物

## 任务7-4 室内其他部位防水工程

【工作任务】

厕浴、厨房防水需要排水和防水双管齐下,特别是厕浴防水工程不仅对防水层有较高的要求,而且对室内排水也有较高的要求。一般厨房的防水要求低于厕浴,防水的重点是排水。从目前常见的防水事故来看,厨房、厕浴的防水事故的发生率高于其他防水工程,因此在厨房、厕浴防水施工时应严格按照设计要求和规范进行施工。

**【知识准备】**

了解厨房、厕浴的地面构造；掌握厨房、厕浴防水施工要点。

**【任务实施】**

1. 厕浴、厨房的地面构造

由于厕浴空间小、管道多，施工和维修的难度都比较大，为了达到较好的防水要求和防水结构的耐久性要求，在防水施工中一般采用加胎体增强材料的涂膜防水；为了方便厕浴间排水，防水层必须向排水管方向设置找坡层，以便于能够快速地将室内的积水排出。

厨房的防水要求低于厕浴间，厨房防水的重点是排水，因此厨房防水工程中需要注意的是地面以及用水器具的排水处理。目前厨房的地面防水多采用涂膜防水施工。常见的厨房和厕浴地面构造如图 7-11 所示。

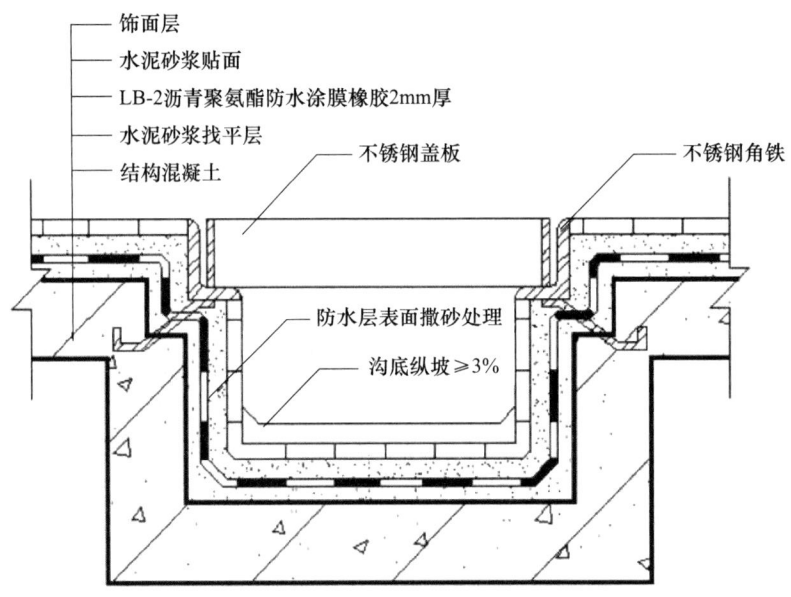

图 7-11 厨房和厕浴地面构造

与其他防水工程相比，厕浴和厨房的施工面积小、分散，外角、内角、立管等较多，维修和施工条件都非常困难，同时室内防水工程出现问题的概率也大于其他防水工程。因此，施工时要对这些部位特别加以注意。厕浴和厨房防水施工完毕后要进行蓄水试验，以确认无漏水现象。

2. 厨房、浴室防水施工

1) 厨房、厕浴常用防水材料

(1) 主体材料

厕浴间与厨房防水工程中常用的防水涂料有聚氨酯防水涂料、氯丁胶防水涂料、硅橡胶防水涂料等。氯丁胶乳沥青防水涂料是水乳型防水涂料，是以聚氯乙烯乳状液与乳化石油沥青在一定条件下均匀掺和乳化而成，呈深棕色。SBS 橡胶改性沥青防水材料是以沥青、橡胶、合成树脂为主要原料制成的水乳型弹性沥青防水涂料。氯丁胶乳沥青防水涂料和 SBS 橡胶改性沥青防水涂料在使用前，都必须经复试合格后方可使用。

（2）主要辅助材料

厕浴间防水常采用玻璃纤维布作为附加的增强胎体材料。如设计无特殊要求，常采用中碱涂膜玻璃纤维布或无纺布。此外，选用的砂粒直径为2mm左右，含泥量不大于1％，水泥宜选用32.5级硅酸盐水泥、普通硅酸盐水泥或矿渣硅酸盐水泥。

2）厨房、厕浴防水施工过程

（1）基层处理

厕浴的楼面结构层应采用现浇混凝土或整块预制混凝土板，其混凝土的强度等级不应低于C30，楼面上的孔洞一般采用芯模留孔的施工方法。楼面结构层四周支承处除门洞外，应设置向上翻的边梁，高度不应小于120mm，宽度不应小于100mm。

厕浴一般采用1∶3水泥砂浆进行找平，找平层大约20mm厚，应向地漏处找2％排水坡度，地漏处坡度为3％～5％，不得有积水现象。找平层应平整坚实，所有转角应做成半径为10mm的均匀一致的平滑小圆角。处理好的基层应尽量地平整密实，不得有酥松、起砂现象。若有裂缝应预先修补、找平。有渗漏的部位，应先补漏后做加强防水层。

当穿过厨房和厕浴地面及楼面的所有立管、套管已完成，并已固定牢固，经过验收，管周围缝隙用豆石混凝土填塞密实（楼板底需吊模板）后，便可以进行防水施工。

（2）防水施工

一般地，厨房和厕浴的防水包括地面防水、墙面防水、穿板管道防水、地漏防水以及用水器具防水等多个子工程。其中地面防水、墙面防水与采用加胎体增强材料的涂膜防水施工方法的地下防水一样处理。需要注意的是，厕浴间地面防水层四周应高出地面面层250mm，墙面的防水层高度不小于1800mm，蹲坑部位防水高度应超过蹲台地面800mm，浴盆临墙防水层高度应超过浴盆400mm，厨房地面防水层四周应高出地面面层250mm。

厨房和厕浴防水施工中，应特别注意管道的防水处理。穿过楼面管道四周处，防水材料应向上铺设，并超过套管上口；在靠近墙面处，防水材料应按设计高度向上铺涂。穿过楼板的管件定位后，对管道孔洞、套管周围的缝隙用掺膨胀剂的豆石混凝土浇灌严实，孔洞较大的应吊底模浇灌，对于管根处应用密封材料进行封闭并向上刮涂30～50mm，如图7-12所示。

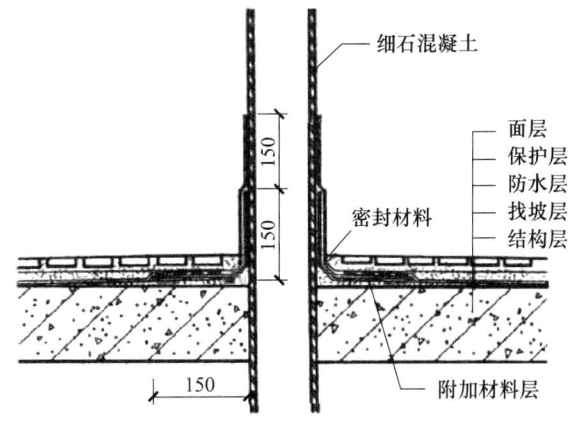

图7-12 穿板管道防水处理

阴阳角和凸出基面结构连接处，应做成半径不小于20mm的圆弧或钝角，连接处应增加铺涂防水材料。防水材料的选择可根据工程情况及设计标准决定。变形缝、施工缝和新旧结构接头处应沿缝隙剔成宽度和深度为30～50mm、表面粗糙的凹槽，沿凹槽两侧将表面尽可能凿成锯齿状，先用清水冲洗，然后用嵌缝材料嵌填压实，再用防水涂料涂刷一遍，随之铺贴无纺布一层，布上再涂刷防水涂料一遍。

厨房和厕浴防水施工时，应特别注意地漏的防水处理，常见的地漏防水处理如图7-13所示。

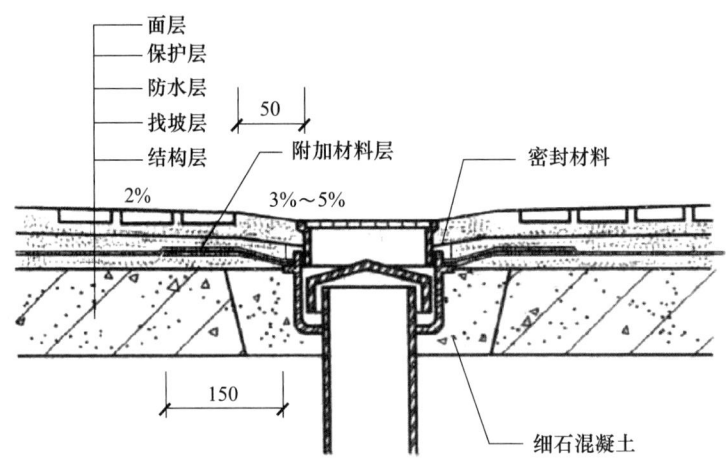

图7-13 地漏的防水处理

用水器具应安放平稳，安放位置要准确，用水器具周围必须用高档密封材料进行封闭，两种材料接合处必须加软垫，用聚氨酯嵌缝材料封严。尤其应注意坐便器安装打孔时不能打透防水层。

（3）蓄水试验与面层处理

防水层施工完毕进行蓄水试验。灌水高度应达到找坡最高点水位20mm以上，蓄水时间不小于24h，如果发现渗漏，修补后再做蓄水试验，不渗漏方为合格。

在蓄水试验合格后，且防水层实干后，再加盖25mm厚1:2的水泥砂浆保护层，并对保护层进行保湿养护。

在水泥砂浆保护层上可铺贴地砖或者其他面层装饰材料，铺贴面层材料所用的水泥砂浆宜加建筑胶粘剂，同时要充填密实，不得有空鼓和高低不平的现象。施工时要注意厕浴内的排水坡度和坡向，在地漏附近50mm处，排水坡度可适当增大。

厕浴间所有装饰工程都完成以后可以进行第二次蓄水试验，以检验防水层完工后是否被水电或其他装饰工程损坏，第二次蓄水试验合格后，厕浴间的防水施工完成。

3．厨房和厕浴的防漏处理

由于厨房和厕浴的防水事故较多，因此需要特别注意厨房和厕浴的防漏处理。常见的厨房和厕浴渗漏主要有三种情况：第一，楼地面裂缝、楼地面与墙面交接部位渗漏引起渗漏；第二，管道穿板部位渗漏；第三，厕浴洁具与给排水管连接处渗漏。

1）楼面渗漏处理

当楼地面裂缝引起渗漏时，对大于2mm的裂缝，应沿裂缝局部清除面层和防水层，沿裂缝剔凿出宽度与深度均不小于10mm的沟槽，清除杂物、嵌填密封材料，铺设带胎体增强材料的涂膜防水层，并与原防水层搭接封严。对于小于2mm的裂缝，可沿裂缝剔出40mm宽面层，暴露裂缝部位，清除裂缝杂物，并铺设涂膜防水层。对于小于0.5mm的裂缝，可不铲除面层，在清理裂缝表面后，沿裂缝走向涂刷两遍宽度不小于100mm的无色或浅色合成高分子涂膜防水层即可。对裂缝修补后，均应做蓄水检查，无渗漏后方可修复面层。

当管道与楼面间出现裂缝时，应将裂缝部位清除干净，绕管道及管道根部地面涂刷两遍高分子防水涂料，涂刷的高度及宽度均不应小于100mm，厚度不应小于1mm。

2) 管道穿板部位渗漏

管道穿板处引起渗漏的原因主要有管根积水、管道与楼地面间裂缝和穿过楼地面的套管损坏三种情况。对于管根积水渗漏，应沿管根部轻剔凿出宽度和深度不小于10mm的沟槽，清理浮灰和杂物后，槽内嵌填密封材料，并在管道与地面交接处涂刷管道及地面水平宽度均不小于100mm、厚度不小于1mm的无色或浅色高分子防水涂料。

对于因管道损坏引起的渗漏，应更换管套，对于所更换的管套要封口，并高出楼地面20mm以上，根部进行密封处理。

3) 给排水设施渗漏处理

厨房厕浴给排水设施的渗漏主要发生在用水器具与给排水管道连接处。当便器与排水管道连接处漏水引起渗漏，应凿开地面，拆下便器，重新安装。安装前应用防水砂浆或防水涂料做好便池底部的防水层。当便器进水口漏水，应凿开便器与进水口处的地面进行检查。用水器具在更换、安装、修理完毕，经检查无渗漏后，方可进行其他恢复工序。

【巩固训练】

1. 常用的防水卷材有哪些种类？
2. 试述涂膜防水屋面施工工艺流程。
3. 卷材防水屋面施工时基层应该如何处理？
4. 试述地下卷材防水层的构造及铺贴方法，各自特点是什么？
5. 试述防水混凝土的防水原理、配制方法及其适用范围。
6. 地下防水工程有哪几种防水方案？
7. 简述地下防水工程卷材防水层铺贴方法。
8. 水泥砂浆防水层的施工特点是什么？
9. 简述防水混凝土施工要点。

# 项目 8  装饰工程

**【项目情景】**

建筑装饰工程是设置于建筑物或构筑物表面的饰面层,包括抹灰、门窗、吊顶、轻质隔墙、饰面板(砖)、幕墙,涂饰、裱糊与软包及其他细部工程等内容。建筑装饰工程不但可以体现出建筑物的艺术性,美化环境,满足使用功能要求,而且可以保护建筑结构,增强其耐久性,延长建筑物的使用寿命。按建筑装饰施工的阶段划分,可分为有工程主体结构完工初期时所必须进行的简单装饰装修和主体结构验收合格之后进行的精装修两个阶段。建筑精装修施工阶段要由具有专业装饰施工资质的施工单位来完成,如何完成装饰装修工程是施工单位和作业人员必须面对的重要问题。

**【学习目标】**

**知识目标**

掌握楼地面工程、吊顶工程的施工工艺和施工方法;熟悉门窗工程、轻质隔墙和幕墙工程的施工工艺和施工方法;了解抹灰工程、涂饰和裱糊工程的施工工艺和施工方法。

**技能目标**

能够应用专业知识分析和解决建筑装饰施工中的一般技术问题;基本掌握建筑装饰施工的工艺流程。

**素质目标**

(1)掌握装饰工程的施工技术和质量,改善生活环境和居住条件。

(2)培养增强建筑物的美观和艺术形象基本意识,保护结构构件免受大自然的侵蚀,提高结构的耐久性。

## 任务 8-1  抹灰工程

**【工作任务】** 抹灰工程指用抹面砂浆涂抹基底材料的表面,具有保护基层和增加美观的作用,为建筑物提供特殊功能的系统施工过程。通过抹灰施工:一是保护墙体不受风、雨、雪的侵蚀,增加墙面防潮、防风化、隔热的能力,提高墙身的耐久性能、热工性能;二是改善室内卫生条件,净化空气,美化环境,提高居住舒适度。掌握抹灰工程基本施工工艺,这对主体结构的保护至关重要。

**【知识准备】** 掌握抹灰工程分类、施工工艺流程、施工操作要点等相关内容。

**【任务实施】**

1. 抹灰工程分类

抹灰工程按使用材料和装饰效果不同,分为一般抹灰、装饰抹灰及特种砂浆抹灰三种。

1）一般抹灰

一般抹灰又分为室内抹灰和室外抹灰。按部位分为墙面抹灰、顶棚抹灰和地面抹灰。按等级分为普通抹灰和高级抹灰。抹灰所用的灰浆为石灰砂浆、水泥混合砂浆、水泥砂浆、聚合物水泥砂浆、麻刀灰、纸筋石灰、石膏灰及玻璃纤维灰和杜拉纤维灰等。

2）装饰抹灰

装饰抹灰又分为砂浆装饰抹灰和石渣装饰抹灰。砂浆装饰抹灰按其所用材料和施工操作方法及装饰效果不同分为拉毛灰、甩毛灰、搓毛灰、扫毛灰、拉条灰、装饰线灰、斩假石、假面砖、喷涂、滚涂和弹涂等。石渣装饰抹灰按其所用材料和施工操作方法及装饰效果不同，分为水刷石、干粘石、水磨石、假石、仿蘑菇石等石渣装饰抹灰。

3）特种砂浆抹灰

特种砂浆抹灰又分为保温砂浆（珍珠岩保温砂浆、蛭石保温砂浆及硅酸铝保温砂浆）抹灰、防水砂浆抹灰、耐酸砂浆抹灰及重晶石砂浆抹灰等。

随着建筑业的发展及人民生活水平的提高，有些装饰抹灰已不适应今天发展的需要。因此，本任务只着重介绍一般抹灰工程的施工方法。

2. 抹灰饰面的组成

抹灰饰面一般由底层灰、中层灰和面层灰组成，其总厚度一般为15～35mm。抹灰工程施工需分层操作，以便保证抹灰表面平整，各层之间黏结牢固，避免裂缝出现，抹灰层的组成及作用见表8-1。

表8-1 抹灰层的组成及作用

| 灰层 | 作用 | 基层材料 | 一般做法 |
| --- | --- | --- | --- |
| 底层灰 | 与基层黏结作用，并初步找平 | 砖墙基层 | 1. 内墙一般采用石灰砂浆、石灰炉渣浆找底；<br>2. 外墙、勒脚、屋檐以及室内有防水防潮要求时，可采用水泥砂浆打底 |
| | | 混凝土和加气混凝土基层 | 1. 宜先刷掺加建筑胶的水泥浆一道，采用水泥砂浆或混合砂浆打底；<br>2. 高级装饰工程的预制混凝土板顶棚宜用聚合物水泥砂浆打底 |
| | | 木板条、苇箔、钢丝网基层 | 1. 宜用混合砂浆或麻刀灰、玻璃丝灰打底；<br>2. 须将灰浆挤入基层缝隙内，以加强拉结 |
| 中层灰 | 找平作用 | — | 1. 所用材料基本与底层相同；<br>2. 根据施工质量要求，可以一次抹成，也可分遍进行 |
| 面层灰 | 装饰作用 | — | 1. 要求大面平整，无裂痕，颜色均匀；<br>2. 室内一般采用麻刀灰、纸筋灰、玻璃丝灰，高级墙面也有用石膏灰浆和水砂面层等，室外常用水泥砂浆、水刷石、斩假石等 |

3. 一般抹灰工程施工

抹灰工程根据其施工部位可分为墙面抹灰、顶棚抹灰和地面抹灰。因顶棚抹灰容易出现抹灰层脱落等质量问题,许多现浇混凝土楼板工程中已取消了顶棚抹灰。目前,在现浇混凝土楼板施工时,首先严格控制楼板模板和混凝土的施工质量,保证楼板底面的光滑度、平整度,然后直接在混凝土楼板底面上做涂饰装饰,这种方法既消除了顶棚抹灰易脱落的隐患,又节省了材料,降低了造价。

因各部位抹灰工程的施工质量控制基本相同,这里只介绍墙面抹灰中的内墙抹灰。

4．施工工艺流程

施工工艺流程为：基层处理→找规矩→贴灰饼→设标筋→做护角→抹底灰→抹中层灰→抹窗台、阳台→踢脚板（或墙裙）→抹罩面灰→清理→保护。

5．施工操作要点

1) 基层处理

为保证抹灰砂浆与基体表面黏结牢固,防止出现裂缝、空鼓和脱落等现象,抹灰前应对基层进行处理,将基层表面灰尘、灰渣和油污清除干净,将墙面湿润;混凝土基层表面如有蜂窝麻面、孔洞等缺陷,首先要剔凿至实处,然后刷素水泥浆(内掺转型建筑胶)一道;混凝土基层表面抹灰施工前,应凿毛、甩毛,也可刷一道界面处理剂;不同材料相接处,铺设金属网,搭缝宽度从缝边起每边不得小于100mm。

2) 找规矩

根据设计图纸及抹灰质量等级要求为依据+500mm水平基准线,用房间某一墙面作基准,用方尺规方,房间面积较大时应先在地上弹出十字中心线,然后按基层面平整度弹出阴角线。随即在距阴角100mm处吊垂线,并弹出铅垂线,再按地上弹出的墙角线往墙上翻引出阴角两面墙上的墙面抹灰层厚度控制线。室内抹灰层的厚度(平均总厚度)不得大于以下规定:普遍抹灰为18～20mm;高级抹灰为20～25mm。经检查确定抹灰厚度,但一般最薄处不应小于7mm;当墙面凹度较大时,应分层抹灰,每遍厚度宜控制在7～9mm,并压实、抹平。

3) 贴灰饼,设标筋

套方找规矩做好后,以此为根据做灰饼打墩,操作时先贴上灰饼,再贴下灰饼。操作时注意保证下灰饼的位置准确,要用靠尺板找好垂直与平整位置。灰饼用1:3水泥砂浆做成大小5cm左右,方形、圆形均可。如图8-1所示。

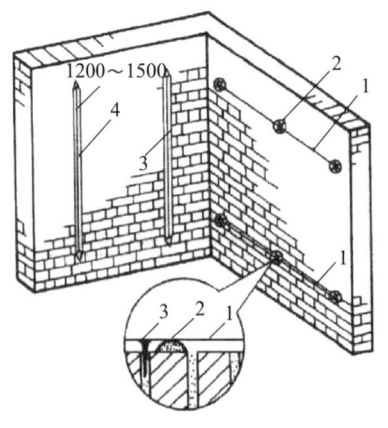

图 8-1 灰饼、竖向标筋
1—引线；2—灰饼；3—钉子；4—标筋

设标筋又称冲筋,是在灰饼间抹灰,厚度、宽度与灰饼相同。设标筋时注意上下、水平的冲筋应在同一铅垂平面内。水平标筋应连起来,并应互相垂直。冲完筋后待稍干再抹墙面底灰。

4）做护角

窗内墙面、柱面和门洞口的阳角做法应符合设计要求。设计无要求时,应采用1∶2水泥砂浆做暗护角,其高度不应低于2m,每侧宽度不应小于50mm。护角用阳角抹子推出小圆角,用靠尺板在阳角两边500mm以外位置,以40°斜角将多余砂浆切除,并修整干净,如图8-2所示。

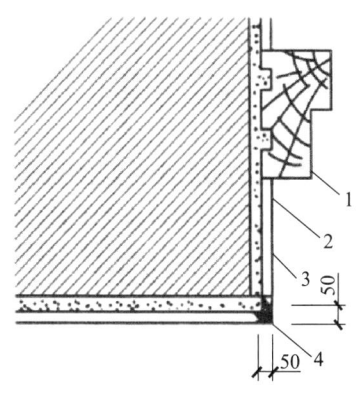

图8-2 护角
1—窗口；2—面层；3—墙面底、中层灰；4—水泥砂浆扩角

5）抹阳台、踢脚板（或墙裙）

用1∶3水泥砂浆打底分层抹灰,其表面划毛,养护1d,刷素水泥浆一道涂抹1∶2.5水泥砂浆罩面灰,原浆压光。踢脚板（或墙裙）应根据+50mm水平基准线测准高度,并控制好水平、垂直和厚度,上口切齐压实、抹光。

预留洞、配电箱、槽、盒等部位的抹灰十分重要,这些部位是最易出现空鼓和裂缝的地方。抹灰前应设专人把墙面上的预留孔洞、槽、盒边5cm宽的砂浆渣清除干净并洒水湿透,然后用1∶1∶4水泥石灰混合砂浆把孔洞、箱、槽、盒抹方正、光滑、平顺,抹时必须分层分遍压实、抹平。

6）抹罩面灰

当底灰有六七成干时,开始抹罩面灰,如底灰过于干燥应充分浇水湿润。罩面灰宜两遍成活,控制灰厚度不大于3mm,宜两人同时操作,一人先薄抹刮平一遍,另一人随后抹平压光,按先上后下的顺序用钢抹子通压一遍,最后用塑料抹子顺抹纹压光,并随即用毛刷蘸水将罩面灰污染处清理干净。施工时不应甩槎子,但遇到预留的施工洞,宜甩下整面墙,最后处理。

## 任务8-2 饰面工程

【工作任务】饰面工程就是将人造的、天然的块料镶贴于基层表面形成装饰层。块料的种类很多,可分为：饰面砖,如釉面砖、外墙面砖、陶瓷锦砖；天然石饰面板,如大理石、花岗岩；人造石饰面板，如预制水磨石、水刷石、人造大理石、玻璃幕墙。掌握饰面工程施工工艺，有助于形成具有保护和装饰功能的饰面层。

**【知识准备】** 掌握饰面砖施工工艺、基层处理、贴灰饼、设标筋等相关内容，了解并区分饰面板施工和饰面砖施工的区别。

**【任务实施】**

1. 饰面砖施工工艺

釉面砖用于室内墙面装饰，属于精陶质制品，吸水率较大，其坯体比较疏松，如果将其用于室外恶劣气候条件下，就易出现釉坯剥落。外墙面砖是指适合外墙装饰使用的陶瓷砖，大体可分为器质（半瓷半陶）和瓷质两大类，有有釉和无釉之别，这类饰面砖吸水率较低，耐候性和抗冻性较好。陶瓷锦砖又称"马赛克"，是以优质瓷土烧制而成的小块瓷砖，出厂前工厂按各种图案组合将陶瓷锦反贴在护面纸上，可作为室内外墙面的饰面材料。

饰面砖应颜色均匀、尺寸一致、边缘整齐，无缺角、脱釉、裂纹和夹心及扭曲凹凸不平等现象，在施工之前应经过挑选使规格、颜色保持一致。

饰面砖一般的施工工艺流程：基层处理→规方、贴标块→设标筋→抹底子灰→排砖→弹线、拉线、贴标准砖→垫底尺→铺贴釉面砖→铺贴边角→擦缝。

1）基层处理

粘贴饰面砖的基层应清洁、湿润。先将表面多余的砂浆、灰尘、油污等清理干净，再将基层浇水湿润，用1:3水泥砂浆打底，找平划毛，养护。

2）找方、排砖

铺贴前墙面找方，按设计要求弹线分格。按砖实际尺寸弹出横竖控制线，定出水平标注与皮数。按分格排砖。排列方法有直缝排列和错缝排列，接缝宽度一般为1～1.5mm。尽量避免切砖，在同一墙面上的横竖排列中不宜有一行以上的非整砖，非整砖应安排在次要部位或阴角处。

3）贴灰饼，设标筋

在找平层上用废面砖按镶贴厚度用混合砂浆上下左右做灰饼。上、下用托线板校正垂直；横向用线绳拉平。在灰饼之间做宽度为100mm左右的水泥砂浆标筋，垂直方向为竖筋，水平方向为横筋。

4）贴砖

可用1:1水泥砂浆、聚合物水泥砂浆、饰面砖专用胶粘剂和水泥素浆等铺贴釉面砖。镶贴时先浇水湿润底层，根据弹线稳好平尺板作为镶贴第一皮瓷砖的依据。贴时一般从阳角开始，由下向上逐层粘贴。先贴阳角大面，再贴阴角、凹槽等较难部位，如墙面有凸出的管线、灯具等，应用整砖套割吻合，不得用非整砖拼凑镶贴。铺贴前，要注意将砖浸水不小于2h，晾干表面浮水后，在饰面鼓背面均匀地抹满灰浆，灰浆一般为6～10mm厚的1:2～1:1.5的水泥灰浆，以线为标准，贴于润湿的找平层上，用小灰铲的木把轻轻敲实，使灰挤满，黏结牢固，并用靠尺随时检查平直方正情况。如发现空鼓、缺灰、不平直等问题，应取下瓷砖重新粘贴。

铺贴顺序为自下而上。从缝隙中挤流出的灰浆要及时用抹布、棉纱擦净。贴墙裙时应凸出墙面5mm，上口线要平直。

5）清理、擦缝

镶贴完毕后，用棉纱及时擦拭表面余浆。室外应用聚合物水泥浆或水泥砂浆嵌缝；室内宜用同色石灰膏或水泥砂浆嵌缝。勾缝材料硬化后用盐酸溶液刷洗，再用清水冲洗干净。

对所铺贴的砖面层应进行自检，如发现空鼓、不平直的问题，应立即整改；然后用清水将砖面冲洗干净，用棉纱擦净；最后用与砖颜色一致的素水泥擦缝，最后清洁砖面。

2. 饰面板施工工艺

饰面板多用于重要建筑物的墙面、柱面等高级装饰。小规格饰面板（一般搭边长度小于400mm，安装高度小于1m）通常用与饰面板相同的粘贴方法安装（湿作业法）；大规格饰面板多采用连接件的固定方式安装（干挂法）。

干挂法施工又分为钢针式干挂工艺和卡片式干挂工艺，其施工方法基本相同。相比之下，卡片式干挂工艺的作业工艺较复杂，它是将挂件改为弧形卡片挂件，将石材与挂件的连接由点式连接改为面的连接，大大提高了外墙饰面的抗震能力，如图8-3所示。

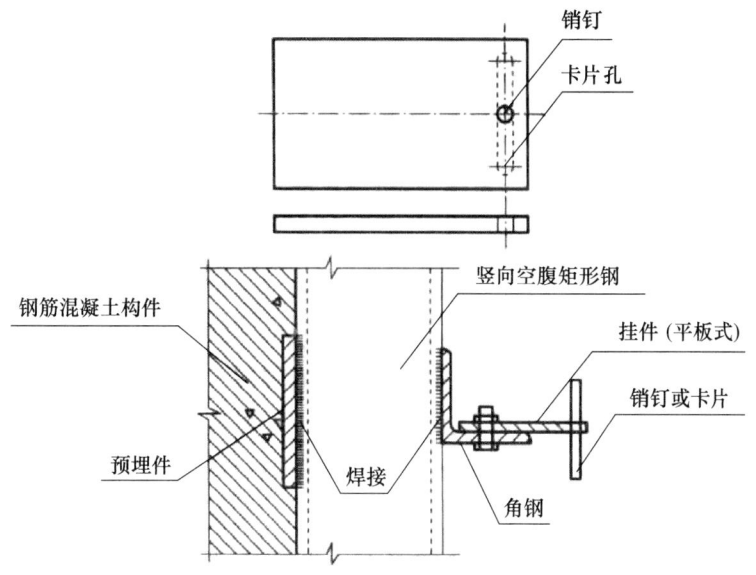

图8-3 卡片式干挂工艺饰面板构造

钢针式干挂工艺石材饰面板的施工，如图8-4所示。

钢针式干挂工艺是利用高强螺栓和耐腐蚀、强度高的柔性连接件将石材饰面板挂在建筑物主体结构的表面。石材与结构表面之间留出40～50mm的空腔，寒冷地区的外墙饰面板还可填入保温材料。连接挂件具有三维空间的可调性，增强了石材饰面板安装的灵活性，易于使饰面平整。

1）安装前准备

外墙整体表面应坚实、平整，凸出物应凿去，清扫干净。

依据设计要求及实际结构尺寸完善分格设计、节点设计，并做出翻样详图，按照翻样详图提出加工计划。

2）工艺操作要点

（1）钻孔

根据设计详图尺寸，对石材进行钻孔。钻孔时应将钻头对准孔的中心，把稳钻柄并扶直钻身，由慢到快，以达到孔位准确、孔眼规整的目的。

根据设计连接件（挂件）与石材和基体结构相互间的尺寸，确定并标出孔的位置，用电锤在结构上用膨胀螺栓将竖向槽钢与主体结构连接面钻孔，钻孔位置应准确。

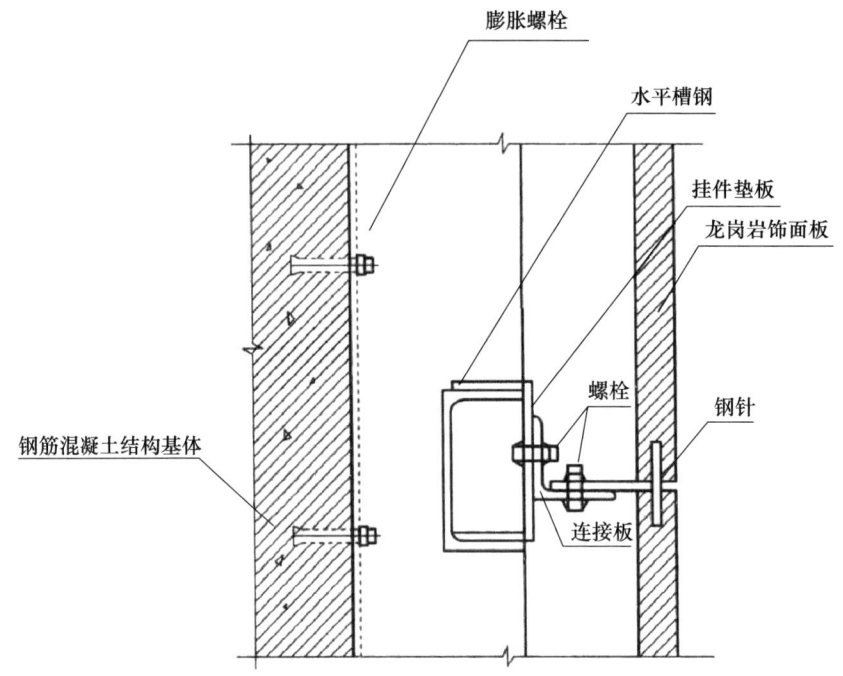

图 8-4　钢针式干挂工艺饰面板构造

（2）测量挂线

按照大样详图要求，用经纬仪测出大角两个面的竖向控制线，在大角上下两端固定挂线的角钢，用 22 号钢丝挂竖向控制线，并在控制线的上、下做出标记。以轴线及标高线为基线，弹出花岗岩饰面板竖向分格控制线后，再以各层标高线为基线放出板材横向分格控制线。根据翻样详图及挂件形式，确定钻孔的位置。

（3）支底层石材板托架

按已确定的水平基准线，先支设支撑托架。托架应支设牢固、水平、顺直，然后放置花岗岩饰面板（底层板），调节并临时固定。安装时，先试挂每块板，对石材板之间缝宽和销钉位置，适当调整。

（4）固定螺栓

将连接螺栓插入已钻好的孔内并固定，镶不锈钢固定件，调正位置，用靠尺找平后，再正式挂板和最后固定牢固。

（5）嵌缝

用嵌缝膏嵌入下层饰面板上部孔眼，并按设计插连接钢针，插钢针前先将环氧胶粘剂注入板销孔内，要拨正插实，然后嵌上层饰面板的下孔。嵌缝要严密、干净，不得污染石材饰面。

（6）固定

临时固定上层饰面板，钻孔插膨胀螺栓，镶不锈钢固定件。重复上述工序，直至完成全部饰面板的安装,最后镶顶层饰面板。经项目质量监理工程师检查合格后,在挂件与膨胀螺栓连接处点焊或加双帽并拧紧固定,以防挂件因受力松动而下滑。

(7) 清理

清理石材饰面,贴防污胶条,嵌缝,刷罩面涂料。

## 任务 8-3　楼地面工程

【工作任务】地面是人们日常生活、工作、生产时必须接触到的部分,也是建筑中直接承受荷载、承受摩擦、清扫和冲洗的部分。通过楼地面工程,保护地面在外力作用下不易被磨损、破坏,且表面平整、光洁,同时能防潮湿、不透水。掌握基本的楼地面工程施工技术知识。

【知识准备】掌握水泥砂浆地面施工、水磨石地面施工、镶铺类地面施工,了解木地板地面的铺设。

【任务实施】

地面装饰分类

地面的设计应根据房间使用的功能,选择有针对性的材料,提出适宜的构造措施。根据面层所用的材料和施工工艺不同,地面的类型可分为以下四类:

(1) 整体类地面,包括水泥砂浆、水磨石地面等;

(2) 镶铺类地面,包括地板砖、人造石板、天然石板及木地板等;

(3) 粘贴类地面,包括油地毡、橡胶地毡、塑料地毡、无纺织地毯等地面;

(4) 涂料类地面,包括各种高分子合成涂料所形成的地面。

1) 整体类地面

(1) 水泥砂浆地面

水泥砂浆地面构造简单、坚固耐磨、防潮防水、造价低廉,是目前使用最普遍的一种低档地面。但是水泥砂浆地面热导率大,吸水性差,容易返潮,易起灰,不易清洁。

水泥砂浆地面有双层和单层。双层做法分为面层和底层,构造上常以15～20mm厚、1:3水泥砂浆打底,找平,再以5～10mm厚、1:1.5或1:2的水泥砂浆抹面。单层构造是在结构层上抹水泥砂浆结合层一道后,直接抹15～20mm厚、1:2或1:2.5水泥砂浆,抹平后待其终凝前,再用铁板压光。

(2) 水磨石地面

水磨石地面表面光洁,不易起灰,易返潮,常用作公共建筑的大厅、走廊、楼梯的地面。底层通常为1:3的水泥砂浆,厚度约为18mm,用于找平。面层则由水泥石碴和水泥砂浆组成,石碴粒径为8～10mm,面层厚度约为12mm。水磨石有水泥本色和彩色两种,后者采用彩色水泥或白水泥加入颜料构成。颜料含量以水泥质量的4%为宜,太多则影响地面强度。面层一般是先在底层上按图案嵌固玻璃条或铜条进行分格。分格可以把大面分格成小块,以防面层开裂,如果局部损坏,亦可方便维修。可按设计图案分区,定出不同颜色,增添美观效果。

分格的形状有正方形、矩形及多边形。尺寸有400～800mm,分格条高10mm,先用1:1水泥砂浆嵌固,然后将拌和好的石渣浆浇入,石渣浆比分格条高出2mm,浇水养护7d后用磨石机磨光，最后打蜡保护。

2) 镶铺类地面

(1) 预制水磨石、大瓷砖、花岗岩、大理石地面的铺设

清扫基层并用水刷净，在房间地面取中点，拉十字线，铺30mm厚干硬性水泥砂浆。根据标准线确定铺砌顺序和标准块位置并编号。根据试铺结果，在房间主要部位弹上互相垂直的控制线，并引至墙上。检查试铺时砂浆的平整、密实并浇上一层水灰比为0.4～0.5的水泥浆，将石块四角同时平稳下落，对准纵横缝后，用橡皮锤轻敲振实，并用水平尺找平。铺完养护1～2d后，开始灌缝，待缝内的水泥凝结后，再将面层清洗干净，3d内禁止上人走动。交工时，先用草酸洗干净，后上蜡保护。

(2) 陶瓷锦砖地面的铺设

对于厕所、浴室地面，常铺设陶瓷锦砖。先清理好楼地面，做好泛水；用200m厚的1:3水泥砂浆抹平，再撒上一层水泥面，弹出横竖十字线，洒水；铺上陶瓷锦砖，养护4d即可，交工时用草酸洗干净，后上蜡保护。铺设陶瓷锦砖，宜一天铺设一整间，如果铺不完，须将接槎切齐，余灰清理干净。

3) 木地板地面

(1) 空铺木地板

空铺木地板由木格栅、剪刀撑、垫木和企口板等组成。木格栅架置在垫木上，格栅上面铺设企口板，企口板与木格栅相互垂直。如果地垄墙或基础墙间距大于2000mm，则应在木格栅之间加剪刀撑，剪刀撑的截面一般为38mm×50mm或50mm×50mm，空铺木地面应通风良好，通风口设在地垄墙及外墙上，使空气保持对流，可以有效地防止木地板因受潮湿而腐朽。另外，木格栅、垫木和沿缘木等也都做防腐处理。空铺木地板一般采用松木或杉木，其宽度不大于120mm，厚度为20～30mm，拼缝可加工成企口或错口，直接铺钉在木龙骨上，并保证接头相互错开。木地板铺完后，经过一段时间木板变形稳定后，再进行刨光、清扫和刷地板漆。

空铺木地板的施工流程：弹线→找出地面设计标高→地垄墙砌筑→固定垫木→安装木格栅→固定剪刀撑→钉固毛地板→钉固面板。

(2) 实铺木地板

实铺木地板的木格栅直接卧在垫层或楼面板上。木格栅的截面一般为梯形，宽面在下面，截面尺寸及间距（一般为400mm）应符合设计要求。企口板与木格栅相互垂直，并钉固在木格栅上。为了防潮、防腐，木地板面层底面和木格栅都应均匀涂刷两道焦油沥青。

实铺木地板的施工流程：设埋件→做防潮层→弹线→设木垫块和木格栅→填保温、隔声材料→钉毛板→做地面→刨平、刨光→油漆、打蜡。

在首层地面或钢筋混凝土楼板上埋设镀锌铅丝用来将木格栅固定在楼板上，预埋件的中距为800mm，可满刷一层冷底子油或热沥青一道，防止潮气侵蚀面层木地板，以防止木格栅变形或腐蚀。

从四周墙上的500mm线下返找出地面面层的标高控制线，作为垫木和木格栅的安装高度基准。格栅与格栅之间的空隙内，可填充一些轻质、保温、隔声材料，如炉渣或珍珠岩等，其厚度不得高出木格栅的上表面。实铺木地板一般都采取钉固法固定面板，

该法又分为单层板铺钉和双层板铺钉。双层板铺钉包括毛板铺钉和面板铺钉。

单层条形木地板面层钉接前，顶面先刨平，侧面加工好企口，板宽应不大于120mm，钉时条形木板要顺进门方向垂直地钉在木格栅上。接缝应留在木格栅的中心部位，并要间隔错开，板与板之间个别地方的空隙应不大于1mm。钉子的长度应为板厚的2~2.5倍，要从板的侧面斜向钉入，面板与格栅相交处至少要钉一枚钉子，不准漏钉。面板钉到最后一块，无法从板侧斜向着钉时，可将钉帽砸扁后明钉钉牢，但要用冲头将顶帽冲入板内3~5mm。面板铺钉完毕，应立即清扫干净并进行刨光。刨光时要先按垂直木纹方向粗刨，后按顺木纹方向细刨，然后磨光。对刨、磨的要求是去掉的面层厚度应不超过1.5mm，刨、磨完毕后面层应无刨痕、磨迹。最后进行油漆和打蜡。

（3）木地板的质量要求和检验方法

木地板施工所选用木材的含水率应不大于18%；木格栅、毛板和垫木必须做防腐处理；木格栅（地龙骨）安装必须牢固、平直。在混凝土基层上铺设木格栅时，其间距和稳固方法必须符合设计要求。各种木质板面层必须铺钉牢固、无移动，黏结牢固、无空鼓。

木板面层接缝应严密，接头位置应错开；接缝应对齐，粘、钉严密，缝隙应宽窄均匀一致，表面清洁，无溢出胶迹。面层刨光或磨光后应不显刨痕，无毛刺；图案要清晰；油漆面层颜色应均匀一致。

## 任务 8-4　吊顶和隔墙工程

【工作任务】近年来，各种新型吊顶材料的不断涌现促进了吊顶工程的发展，传统的木龙骨吊顶已被新型吊顶所取代，新型吊顶按其结构形式分为活动式装配吊顶、隐蔽式装配吊顶、金属装饰板吊顶、开敞式吊顶四种类型。

隔墙是室内装修工程的重要组成部分。随着新材料的不断涌现，各种具有不同功能隔墙出现在装饰工程中。常见的新材料隔墙有石膏空心条板隔墙、轻钢龙骨隔墙等。

隔墙和吊顶因材料不同而具有多样性，但其施工工艺接近。掌握一些基本的施工技术，能够满足日常项目施工的需要。

【知识准备】了解吊顶和隔墙的基本组成，掌握不同类型吊顶、隔墙的施工工艺。

【任务实施】

1. 吊顶的定义

吊顶棚又称吊顶。吊顶具有保温、隔热、隔声、吸声、装饰等作用，根据所采用材料不同，吊顶分为木质骨架吊顶与金属（新型）骨架吊顶两类。

2. 吊顶的基本组成

吊顶由吊杆、龙骨骨架和装饰面板三大部分组成。

1）吊杆

吊杆又称吊筋，其作用是将整个吊顶系统与结构构件连接，将整个吊顶荷载传递给结构构件承受。此外还可用其调整吊顶的空间高度，以适应不同场合、不同艺术处理的需要。

2）龙骨骨架

吊顶龙骨骨架由各种大小的龙骨组成，其作用是支撑并固定顶棚的罩面板，以及承受作用在吊顶上的其他附加荷载。按骨架的承载能力可分为上人龙骨骨架和不上人龙骨骨架；按龙骨在骨架中所起作用可分为承载龙骨、覆面龙骨与边龙骨。承载龙骨是主龙骨，其与吊杆连接，是骨架中的主要受力构件；覆面龙骨又称次龙骨，在骨架中起连系杆件的构造作用，并作为罩面板搁置或固定的支撑件；边龙骨又称封口角铝，主要用于吊顶与四周墙相接处，支撑该交接处的罩面板。

3）装饰面板

吊顶用装饰面板品种繁多，按尺寸规格大小一般可分为两大类：一类是幅面较大的板材，规格一般为（600～1200）mm×（1000～3000）mm；另一类是幅面较小成正方形的吊顶装饰板材，规格一般为（300～600）mm×（300～600）mm。

3. 活动式装配吊顶的施工

活动式装配吊顶是指装饰面板明摆浮搁在龙骨上、更换方便的一种吊顶形式。通常与铝合金吊顶龙骨或轻钢吊顶龙骨配套使用，龙骨一般外露。对于不上人吊顶，吊顶除自重外不承受附加荷载，通常只需采用 T 形、L 形吊顶并与铝合金龙骨组成不上人吊顶龙骨骨架。如果是上人吊顶还需承受附加荷载，则要采用 T 形、L 形吊顶铝合金龙骨和 U 形吊顶轻钢龙骨组装成上人吊顶龙骨骨架，U 形吊顶轻钢龙骨的规格选择要根据附加荷载的大小而定。采用 T 形、L 形吊顶铝合金龙骨和 U 形吊顶轻钢龙骨组装成的上人吊顶构造，如图 8-5 所示；采用 T 形、L 形吊顶铝合金龙骨组成的不上人吊顶构造，如图 8-6 所示。常用的装饰板品种有矿棉板、装饰石膏板、钙塑板、泡沫塑料板等轻质板材。

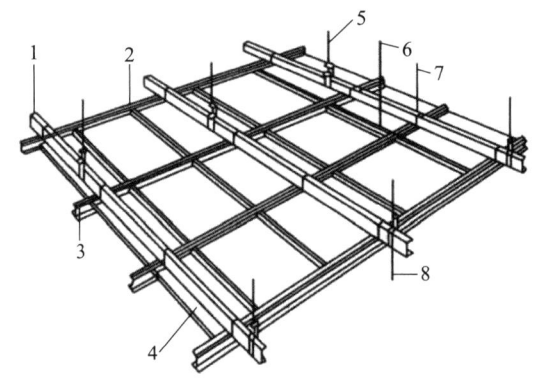

图 8-5 T 形、L 形吊顶、铝合金龙骨上人吊顶构造示意
1—主龙骨；2—丁型龙骨挂件；3—丁型龙骨（纵向）；4—吊顶板材；
5—吊杆；6—丁型龙骨（横向）；7—丁型龙骨挂件；8—吊件

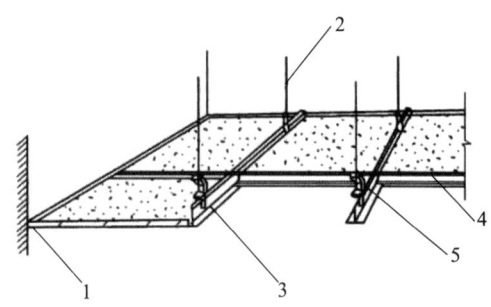

图 8-6 T 型、L 型吊顶、铝合金龙骨不上人吊顶构造示意
1—T 型龙骨（边龙骨）；2—吊杆；3—T 型龙骨（纵向）；4—T 型龙骨（横向）；5—L 型龙骨挂件

吊顶的施工工艺过程为：弹线定位→安装吊杆→安装与调平龙骨→安装装饰面板。

4. 隐蔽式装配吊顶的施工

隐蔽式装配吊顶是指龙骨不外露，吊顶装饰面板表面呈现整体效果的一种吊顶形式。装饰面板固定到龙骨上的方式有三种，即用螺钉固定在龙骨上、用胶粘剂黏结在龙骨上和将装饰面板加工成企口形式用龙骨将装饰面板连接成整体。常用的装饰面板有胶合板、普通及耐火纸面石膏板、吸声用穿孔石膏板、矿棉板、钙塑板等，普通及耐火纸面石膏板具有块大、面平、易于安装、防火性好等一系列优点，故获得广泛应用。

隐蔽式装配吊顶的施工工艺过程为：弹线→固定吊杆→安装与调平龙骨→安装装饰面板→板面的饰面处理。

对于上人吊顶，U形、C形、L形轻钢吊顶龙骨的布置方式有两种，一种是布置横向龙骨，其构造示意如图8-7所示；另一种是无横向龙骨，其构造示意如图8-8所示。前者的优点是吊顶的稳定性好，纸面石膏板的长边可用自攻螺钉固定在横向龙骨上，使板缝严密，吊顶牢固可靠，缺点是龙骨及龙骨支托件的数量增多，增加吊顶工程费用和施工时间。后者可节省龙骨及龙骨支托件，降低工程费用，加快施工进度，但吊顶稳定性较差。对于不上人吊顶，轻钢龙骨骨架一般只采用次龙骨，吊顶设在通长的纵向次龙骨上，其构造示意如图8-9所示。其特点是节省了大量龙骨及吊挂件，较多地降低了工程费用，也加快了施工进度。

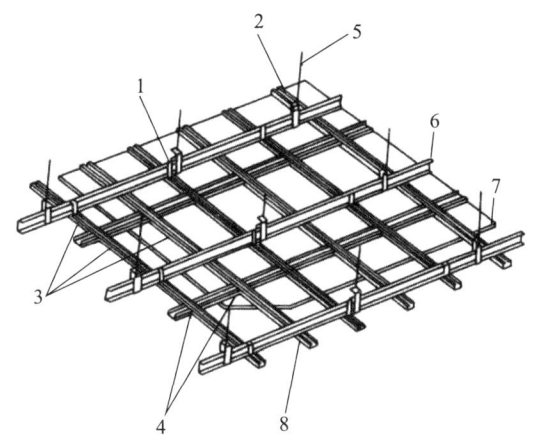

图8-7 有横向龙骨的轻钢龙骨
骨架上人吊顶构造示意

1—龙骨挂件；2—龙骨吊件；3—龙骨连接件；
4—龙骨支托；5—吊杆；6—主龙骨；
7—吊顶板材；8—次龙骨

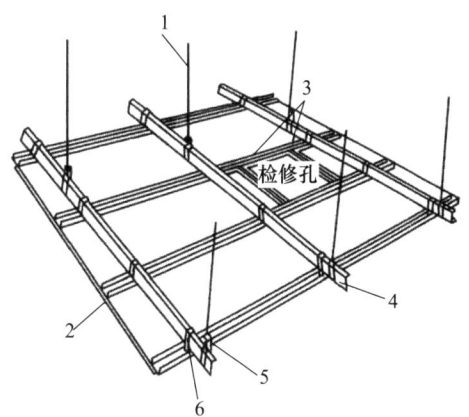

图8-8 无横向龙骨的轻钢龙骨
骨架上人吊顶构造示意

1—吊杆；2—吊顶板材；3—龙骨支托；
4—主龙骨；5—龙骨吊件；6—龙骨挂件

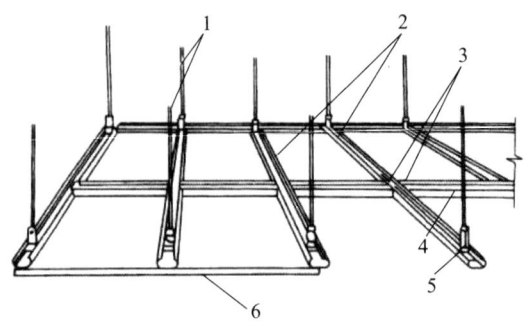

图 8-9 不上人吊顶轻钢龙骨骨架构造示意
1—吊杆；2—纵向龙骨；3—龙骨支托；
4—横向龙骨；5—龙骨吊挂件；6—纸面石膏板

5. 金属装饰板吊顶的施工

金属装饰板吊顶是以金属材料制成的吊顶板材配合新颖的金属龙骨材料组装成的一种风格独特的吊顶形式，具有强度高、重量轻、结构简单、拆装方便、防火、防潮、耐腐蚀、装饰性好等特点。金属装饰板有条形板（板条）和方形板（正方形和长方形）。金属装饰板按材质分有铝合金吊顶板、镀锌钢板吊顶板和彩色镀锌钢板吊顶板等；按其表面有无冲孔分有冲孔金属吊顶板和无冲孔金属吊顶板。金属装饰板吊顶的施工工艺过程与前述吊顶的施工工艺过程基本相似。

6. 石膏空心条板隔墙施工

本工艺标准适用于住宅工程及与之相类似的一般民用建筑中的石膏空心条板隔墙工程，不适用于厨房、卫生间等温度较高的房间。

1）材料

(1) 材料准备。增强石膏空心条板、门框板、窗框板、门上板、窗上板、空下板及异形板。标准板用于一般隔墙。其他的板按工程设计确定的规格进行加工。增强石膏空心条板的规格按普通住宅用的板和公用建筑用的板区分。普通住宅用的板规格为：长 2400~3000mm，宽 590~595mm，厚 60~90mm；公用建筑用的板规格为：长 2400~3900mm，宽 590mm，厚 90mm。

(2) 胶粘剂。采用 SG791 建筑胶粘剂，是以醋酸乙烯为单位的高聚物胶料，与其他原材料配制而成的，为无色透明胶液。本胶液与建筑石膏粉调制成胶粘剂，适用于石膏条板黏结，石膏条板与砖墙、混凝土墙黏结。石膏与石膏黏结抗剪强度不低于 2.5MPa。施工中也可用类似的专用石膏胶粘剂，但应经试验确认可靠后才能使用。

(3) 其他。建筑石膏粉，应符合三级以上标准。玻纤布条，条宽 50mm，用于板缝处理；条宽 200mm，用于墙面转角附加层。涂塑中碱玻璃纤维网格布，断裂强度：布条经纱≥300N、纬纱≥150N；石膏腻子，抗压强度＞2.0MPa，抗折强度＞1.0MPa，黏结强度＞0.2MPa。

2）工具准备：扫帚、木工手锯、钢丝刷、小灰槽、2mm 靠尺、开刀、2mm 托线板、专用撬棍、钢直尺、橡胶锤、木楔、钻、扁铲、射钉枪等。

3）工艺流程：结构墙面、顶面、地面清理和找平→放线、分档→安 U 形卡（有抗震要求时）→配板、修补→配制胶粘剂→安装隔墙板→铺设电线管、稳接线盒、安装管卡、埋件→安门窗框→板缝处理→板面装修。

① 清理隔墙板与顶面、地面、墙面的接合部，凡凸出墙面的砂浆、混凝土块等必须剔除并扫净，接合部尽力找平。

② 放线、分档。在地面、墙面及顶面根据设计位置，弹好隔墙边线及门窗洞边线，并按板宽分档。

③ 配板、修补。板的长度应按楼面结构层净高尺寸减小 20～30mm。计算并测量门窗洞口上部及窗口下部的隔板尺寸，并按此配板。当板的宽度与隔墙的长度不相适应时，应将部分隔墙板预先拼接加宽（或锯窄）成合适的宽度，并放置在阴角处。有缺陷的板应修补。有抗震要求时，应按设计要求用 U 形钢板卡固定条板的顶端。在两块条板顶端拼缝之间用射钉将 U 形钢板卡固定在梁或板上，一边安装板一边固定 U 形钢板卡。

④ 配制胶粘剂。将 SG791 胶与建筑石膏粉配制成胶泥，石膏粉：SG791＝1：0.6～0.7（质量比）。胶粘剂的配制量以一次不超过 20min 使用时间为宜。配制的胶粘剂超过 30min 凝固后则不得再加水加胶重新调制使用，以避免板缝因黏结不牢而出现裂缝。

⑤ 安装隔墙板。隔墙板安装顺序应从与墙的接合处或门洞边开始，依次顺序安装。板侧清刷浮灰，在墙面、顶面、板的顶面及侧面（相拼合面）先刷 SG791 胶液一道，再满刮 SG791 胶泥，按弹线位置安装就位，用木楔顶在板底，再用手平推隔板，使板缝冒浆，一人用特制的撬棍在板底向上顶，另一人打木楔，使隔墙板挤紧顶实，然后用开刀（腻子刀）将挤出的胶粘剂刮平。按以上操作办法依次安装隔墙板。隔墙板上可安装碗柜、设备和装饰物，每一块板可设两个吊点，每个吊点吊重不大于 80kg。在安装隔墙板时，一定要注意使条板对准预先在顶板和地板上弹好的定位线，并在安装过程中随时用 2m 靠尺及塞尺测量墙面的平整度，用 2m 托线板检查板的垂直度。黏结完毕的墙体，应在 24h 以后用 C20 干硬性细石混凝土将板下口堵严，当混凝土强度达到规定强度时，撤去板下木楔，并用同等强度的干硬性砂浆灌实。

⑥ 敷设电线管、稳接线管。按电气安装图找准位置画出定位线，敷设电线管、稳住接线盒。所有电线管必须顺石膏板板孔铺设，严禁横铺和斜铺。稳接线盒，先在板面钻孔扩孔（防止猛击），再用扁铲扩孔，孔的大小要适度，要方正。孔内清理干净，先刷 SG791 胶液一道，再用 SG791 胶泥稳住接线盒。

⑦ 安水暖、煤气管道卡。按水暖、煤气管道安装图找准标高和竖向位置，画出管卡定位线，在隔墙板上钻孔扩孔（禁止剔凿），将孔内清理干净，先刷 SG791 胶液一道，再用 SG791 胶泥固定管卡。

⑧ 安装吊挂埋件。先在隔墙板上钻孔扩孔（防止猛击），孔内应清理干净，先刷 SG791 胶液一道，再用 SG791 胶泥固定埋件，待干后再吊挂设备。

⑨ 安门窗框。一般采用先留门窗洞口，后安门窗框的方法。钢门窗框必须与门窗口板中的预埋件焊接。木门窗框用 T 形连接件连接，一边用木螺钉与木框连接，另一边与门窗口板中预埋件焊接。门窗框与门窗口板之间缝隙不宜超过 3mm，超过 3mm 时应加木垫片过渡。将缝隙浮灰清理干净，先刷 SG791 胶液一道，再用 SG791 胶泥嵌缝。嵌缝要严密，以防止门窗开关时碰撞门框造成裂缝。

⑩ 板缝处理。隔墙板安装后 10d 检查所有缝隙是否黏结良好，有无裂缝，如出现

裂缝，应查明原因后进行修补。已黏结良好的所有板缝、阴角缝，先清理浮灰，再刷 SG791 胶液粘贴 50mm 宽玻纤网格带，转角隔墙在阳角处粘贴 200mm 宽（每边各 100mm 宽）玻纤布一层。干后刮 SG791 胶泥，略低于板面。

⑪ 板面装修。一般居室墙面，直接用石膏腻子刮平，打磨后再刮第二道腻子（要根据饰面要求选择不同强度的腻子），再打磨平整，最后做饰面层。隔墙踢脚，一般板应先在根部刷一道胶液，再做水泥、水磨石踢脚；如做塑料、木踢脚，可不刷胶液，先钻孔打入木楔，再用钉钉在隔墙板上。墙面贴瓷砖前须将板面打磨平整，为加强黏结，先刷 SG791 胶水（SG791 胶：水＝1：1）一道，再用 SG791 胶调水泥（或类似的瓷砖胶）粘贴瓷砖。如遇板面局部有裂缝，在做喷浆前应先处理，才能进行下一工序。

7. 轻钢龙骨隔墙施工

1）材料准备：轻钢龙骨主件、支撑卡、卡托、角托、连接件、固定件、附墙龙骨、压条、射钉、膨胀螺栓、镀锌自攻螺钉、木螺钉等。

2）机具准备：直流电焊机、电动无齿锯、手电钻、螺钉旋具、射钉枪、线坠、靠尺等。

3）工艺流程：放线→安装门洞口框→安装沿顶龙骨和沿地龙骨→竖向龙骨分档→安装竖向龙骨→安装横向卡档龙骨→安装石膏罩面板→施工接缝做法→面层施工。

（1）放线。据设计施工图，在已做好的地面或地枕带上，放出隔墙位置线、门窗洞口边框线，并放好顶龙骨位置边线。

（2）安装门洞口框。放线后按设计先将隔墙的门洞口框安装完毕。

（3）安装沿顶龙骨和沿地龙骨。按已放好的隔墙位置线安装顶龙骨和地龙骨，用射钉固定于主体上，其射钉钉距为 600mm。

（4）竖向龙骨分档。根据隔墙放线门洞口位置，在安装顶地龙骨后，按罩面板的规格 900mm 或 1200mm 板宽，分档规格尺寸为 450mm，不足模数的分档应避开门洞框边第一块罩面板位置，使破边石膏罩面板不在靠洞框处。

（5）安装竖向龙骨。按分档位置安装竖向龙骨，竖向龙骨上下两端插入，沿顶龙骨及地龙骨，调整垂直及定位准确后，用抽心铆钉固定；靠墙、柱边龙骨用射钉或木螺钉与墙、柱固定，钉距为 1000mm。

（6）安装横向卡挡龙骨。根据设计要求，隔墙高度大于 3m 时应加横向卡档龙骨，采用抽心铆钉或螺栓固定。

（7）安装石膏罩面板。步骤如下：①检查龙骨安装质量、门洞口框是否符合设计及构造要求，龙骨间距是否符合石膏板宽度的模数。②安装一侧的纸面石膏板，从门口处开始，无门洞口的墙体由墙的一端开始。石膏板一般用自攻螺钉固定，板边钉距为 200mm，板中间距为 300mm，螺钉距石膏板边缘的距离不得小于 10mm，也不得大于 16mm。自攻螺钉固定时，纸面石膏板必须与龙骨紧靠。③安装墙体内电管、电盒和电箱设备。④安装墙体内防火、隔声、防潮填充材料，与另一侧纸面石膏板同时进行安装填入。⑤安装墙体另一侧纸面石膏板，其安装方法同第一侧纸面石膏板，接缝应与第一侧面板错开。⑥安装双层纸面石膏板，第二层板的固定方法与第一层相同，但第三层板的接缝应与第一层错开，不能与第一层的接缝落在同一龙骨上。

（8）施工接缝做法。纸面石膏板接缝做法有三种形式，即平缝、凹缝和压条缝，可按以下程序处理：①刮嵌缝腻子。刮嵌缝腻子前，先将接缝内浮土清除干净，用小刮刀把腻子嵌入板缝，与板面填实刮平。②粘贴拉结带。待嵌缝腻子凝固即粘贴拉接材料，先在接缝上薄刮一层稠度较稀的胶状腻子，厚度为1mm，宽度为拉结带宽，随即粘贴拉结带，用中刮刀从上而下一个方向刮平压实，赶出胶腻子与拉结带之间的气泡。③刮中层腻子。拉结带粘贴后，立即在上面再刮一层比拉结带宽80mm左右、厚度约1mm的中层腻子，使拉结带埋入这层腻子中。④找平腻子。用大刮刀将腻子填满楔形槽与板抹平。

(9) 面层施工。

4) 应注意的质量问题

(1) 墙体收缩变形及板面裂缝。原因是竖向龙骨紧顶上下龙骨，没留伸缩量，超过2mm长的墙体未做控制变形缝，造成墙面变形。隔墙周边应留3mm的空隙，这样可以减少因温度和湿度影响产生的变形和裂缝。

(2) 轻钢骨架连接不牢固。原因是局部节点不符合构造要求，安装时局部节点应严格按图规定处理。钉固间距、位置、连接方法应符合设计要求。

(3) 墙体罩面板不平。多数由于两个原因造成：一是龙骨安装横向错位，二是石膏板厚度不一致。

(4) 明凹缝不均。纸面石膏板拉缝不好掌握尺寸；施工时注意板块分档尺寸，保证板间拉缝一致。

## 任务 8-5　涂料和裱糊工程

【工作任务】涂料作为建筑构件的保护和装饰材料已有悠久的历史。早在2000多年前，我国便已利用桐树籽榨得的桐油和漆树漆汁制成天然漆。由于早期涂料的主要原料是天然植物油和天然树脂（如桐油、亚麻仁油、松香、生漆等），两者都含有油类，故称之为油漆。随着石油化学工业和有机化学合成工业的发展，合成树脂品种不断增多，为涂料提供了广阔的原料来源。此后，涂料所用的主要原料为合成树脂所替代。现代涂料趋向于少用油或不用油，因此将油漆更名为涂料更切合实际。掌握涂料和裱糊施工工艺，可以保护木材、金属构件的表面，达到装饰、美观、免受外界侵蚀的目的。

【知识准备】涂料种类、涂料施工、裱糊施工等相关内容，是施工人员必须掌握的基础知识。了解常用的建筑涂料以及裱糊施工注意要点，也是为实际工程操作打下基础。

【任务实施】

1. 建筑涂料分类

建筑涂料的产品种类繁多，一般按下列几种方法进行分类：

1) 按使用的部位可分为：外墙涂料、内墙涂料、顶棚涂料、地面涂料、门窗涂料、屋面涂料等。

2) 按涂料的特殊功能可分为：防火涂料、防水涂料、防虫涂料、防霉涂料等。

3) 按涂料成膜物质的组成不同，可分类如下：

(1) 油性涂料。系指传统的以干性油为基础的涂料，即以前所称的油漆；

(2) 有机高分子涂料。包括聚醋酸乙烯系、丙烯酸树脂系、环氧系、聚氨酯系、过氯乙烯系等，其中丙烯酸树脂系建筑涂料性能优越；

(3) 无机高分子涂料。包括硅溶胶类、硅酸盐类等；

(4) 有机无机复合涂料。包括聚乙烯醇水玻璃涂料、聚合物改性水泥涂料等。

4）按涂料所形成涂膜的质感可分为：

(1) 薄涂料。又称薄质涂料。它的黏度低，刷涂后能形成较薄的涂膜，表面光滑、平整、细致，但对基层凹凸线形无任何改变作用；

(2) 厚涂料，又称厚质涂料。它的特点是稠度较高，具有触变性，上墙后不流淌，成膜后能形成有一定粗糙质感的较厚的涂层，涂层经拉毛或滚花后富有立体感；

(3) 复层涂料，原称喷塑涂料，又称浮雕型涂料、华丽喷砖，其由封底涂料、主层涂料与罩面涂料三种涂料组成。

5）按涂料分散介质（稀释剂）的不同可分为：

(1) 溶剂型涂料。它是以有机高分子合成树脂为主要成膜物质，以有机溶剂为稀释剂，加入适量的颜料、填料及辅助材料，经研磨而成的涂料；

(2) 水乳型涂料，它是在一定工艺条件下在合成树脂中加入适量乳化剂形成的以极细小的微粒形式分散于水中的乳液，以乳液中的树脂为主要成膜物质，并加入适量颜料、填料及辅助材料，经研磨而成的涂料；

(3) 水溶型涂料。它是以水溶性树脂为主要成膜物质，并加入适量颜料、填料及辅助材料，经研磨而成的涂料。

2. 建筑工程中常用油性涂料

建筑工程中常用油漆的种类及其主要特征如下

1）清油。清油又称鱼油、熟油，干燥后漆膜柔软，易发粘。多用于调稀厚漆和红丹防锈漆，也可单独涂于金属、木材表面或打底子及调配腻子。

2）厚漆。厚漆又称铅油，有红、白、黄、绿、灰、黑等色。使用时需加清油、松香水等稀释。漆膜柔软，与面漆黏结性好，但干燥慢，光亮度、坚硬性较差，可用于各种涂层打底或单独做表面涂层，也可用来调配色油和腻子。

3）调和漆。调和漆分油性和磁性两类。油性调和漆的漆膜附着力强，有较高的弹性，不易粉化、脱落及龟裂，经久耐用，但漆膜较软，干燥缓慢，光泽差，适用于室外面层涂刷。磁性调和漆常用的有酯胶调和漆和酚醛调和漆等，漆膜较硬，颜色鲜明，光亮平滑，耐水洗，但耐气候性差，易失光、龟裂和粉化，故仅用于室内面层涂刷。调和漆有大红、奶油、白、绿、灰、黑等色，不需调配，使用时只需调匀或配色，稠度过大时可用松节油或 200 号溶剂汽油稀释。

4）清漆。清漆分油质清漆和挥发性清漆两类。油质清漆又称凡立水，常用的有酯胶清漆、酚醛清漆、钙酯清漆和醇酸清漆等；漆膜干燥快，透明光泽，适用于木门窗、板壁及金属表面罩光。挥发性清漆又称泡立水，常用的有漆片；漆膜干燥快，坚硬光亮，但耐水、耐热、耐气候性差，易失光，多用于室内木材面层的油漆或家具罩面。

5）聚醋酸乙烯乳胶漆。这是一种性能良好的新型涂料和墙漆，适用于高级建筑室内抹灰面、木材面的面层涂刷，也可用于室外抹灰面。其优点是漆膜坚硬、平整、附着力强，干燥快，耐暴晒和水洗，新墙面稍干燥即可涂刷。此外，还有磁漆、大漆、硝基纤维漆（即蜡克）、耐热漆、耐火漆、防锈漆及防腐漆等。

3. 涂料施工

涂料工程施工包括基层处理、刮腻子与磨平和涂料涂饰等工序。

1）基层处理

基层处理的工作内容包括基层清理和基层修补。

混凝土及砂浆的基层处理。为保证涂膜能与基层牢固结合在一起，基层表面必须干净、坚实，无酥松、脱皮、起壳、粉化等现象，基层表面的泥土、灰尘、污垢、粘附的砂浆等应清扫干净，酥松的表面应予铲除。为保证基层表面平整，缺棱掉角处应用1:3水泥砂浆（或聚合物水泥砂浆）修补，表面的麻面、缝隙及凹陷处应用腻子填补修平。

木材与金属基层的处理及打底子。为保证涂抹及与基层黏结牢固，木材表面的灰尘、污垢和金属表面的油渍、鳞皮、锈斑、焊渣、飞边等必须清除干净。木料表面的裂缝等在清理和修整后应用石膏腻子填补密实、刮平收净，用砂纸磨光以使表面平整。木材基层缺陷处理好后，表面应作打底子处理，在处理好的基层表面刷底子油一遍（可适当加色），并使其厚薄均匀一致，以保证整个油漆面色彩均匀。金属表面应刷防锈漆，涂料施涂前被涂物件的表面必须干燥，以免水分蒸发造成涂膜起泡，一般木材含水率不得大于12％，金属表面不得有湿气。

2）刮腻子与磨平

腻子是油料加上填料（石膏粉、大白粉）、水或松香水拌制成的膏状物，抹腻子的目的是使表面平整。涂膜对光线的反射比较均匀，因而在一般情况下不易觉察的基层表面细小的凹凸不平和砂眼，在涂刷涂料后由于光影作用都将显现出来，影响美观。所以，基层必须刮腻子数遍予以找平，并在每遍所刮腻子干燥后用砂纸打磨，保证基层表面平整光滑。需要刮腻子的遍数，视涂饰工程的质量等级、基层表面的平整度和所用的涂料品种而定。对于高级油漆施工，需在基层上全部抹一层腻子，待其干后，用砂纸打磨，然后再抹腻子，再打磨，直到表面平整光滑为止，有时还要和涂刷油漆交替进行。腻子磨光后，表面清理干净，再涂刷一道清漆，以便节约油漆。

3）涂料的施涂

一般规定涂料在施涂前及施涂过程中，必须充分搅拌均匀，用于同一表面的涂料，应注意保证颜色一致。涂料稠度应调整合适，使其在施涂时不流坠、不显刷纹，如需稀释，应用该种涂料所规定的稀释剂稀释。

涂料的施涂遍数应根据涂料工程的质量等级而定。施涂溶剂型涂料时，后一遍涂料必须在前一遍涂料干燥后进行；施涂乳液型和水溶性涂料时后一遍涂料必须在前一遍涂料表干后进行。每一遍涂料不宜施涂过厚，应施涂均匀，各层必须结合牢固。

涂料的施涂方法有刷涂、辊涂、喷涂、刮涂和弹涂等。

① 刷涂。它是用油漆刷、排笔等将涂料刷涂在物体表面上的一种施工方法。此法操作方便，适用范围广，除极少数流平性较差或干燥太快的涂料不宜采用外，大部分薄涂料或云母状厚质涂料均可采用，但工效低，不适用于快干性和扩散性不良的油漆施工。刷涂顺序是先左后右、先上后下、先底后面、先难后易。

② 滚涂。它是利用滚筒蘸取涂料并将其涂布到物体表面上的一种施工方法。滚筒

表面有的粘贴合成纤维长毛绒，也有的粘贴橡胶（称为橡胶压滚），当绒面压花滚筒或橡胶压花压滚表面为凸出的花纹图案时，即可在涂层上滚压出相应的花纹。

③ 喷涂。它是利用压力或压缩空气将涂料涂布于物体表面的一种施工方法。涂料在高速喷射的空气流带动下，呈雾状小液滴喷到基层表面上形成涂层。喷涂的涂层较均匀，颜色也较均匀，施工效率高，适用于大面积施工。可使用各种涂料进行喷涂，喷射时每层往复进行，纵横交错，一次不能喷得过厚，需分几次喷涂，以达到厚而不流的目的，尤其是外墙涂料用得较多。

④ 刮涂。它是利用刮板将涂料厚浆均匀地批刮于饰涂面上，形成厚度为1～2mm的厚涂层，常用于地面厚层涂料的施涂。

⑤ 弹涂。它是利用弹涂器通过转动的弹棒将涂料以圆点形状弹到被涂面上的一种施工方法。若分数次弹涂，每次用不同颜色的涂料，被涂面由不同色点的涂料装饰，相互衬托，可使饰面增加装饰效果。

4. 裱糊工程

裱糊工程就是将壁纸、墙布用胶粘剂裱糊在结构基层的表面上。由于壁纸和墙布的图案、花纹丰富，色彩鲜艳，故更显得室内装饰豪华、美观、艺术、雅致。

裱糊工程中常用的材料有普通壁纸、塑料壁纸、玻璃纤维墙布、无纺墙布及胶粘剂。普通壁纸系纸面纸基，透气性好，价格便宜，但不耐水，易断裂，已很少采用。塑料壁纸是以纸为基层，用高分子乳液涂布面层，再进行印花、压纹等工艺而制成。玻璃纤维墙布，是以玻璃纤维布为基层，表面涂上耐磨的树脂，印压成彩色的图案、花纹或浮雕。无纺墙布是采用棉、麻等天然纤维或涤、腈等合成纤维，经过无纺成型、上树脂、印压彩色花纹和图案而成的一种高级装饰墙布。

塑料壁纸、玻璃纤维墙布和无纺墙布是应用较广的内墙装饰材料，具有可擦洗、耐光、耐老化、颜色稳定、无毒、施工简单等特点，且花纹图案丰富多彩，富有质感，适用粘贴在抹灰层、混凝土基层、纤维板、石膏板和胶合板表面。

壁纸和墙布的裱糊工艺过程为：基层处理→弹垂直线→裁切壁纸（墙布）、闷水→涂刷胶粘剂→上墙、裱糊→赶压胶粘剂、气泡→修整清理。

1）基层处理

裱糊工程基体或基层要求干燥，混凝土和抹灰层的含水率不大于8%，木材制品含水率不大于12%。裱糊前，应将基体或基层表面的污垢、尘土清除干净。泛碱部位用9%的稀醋酸中和、清洗。将凸出基层表面的设备或附件卸下，钉帽应进入基层表面，并涂防锈涂料，钉眼用油性腻子填平。对局部麻点和缝隙等部位，先刮腻子，然后用砂纸磨平。为防止基层吸水过快，裱糊前用的聚合物水溶液等应做胶涂刷基层，以封闭墙面，为粘贴壁纸提供一个粗糙面，底胶干后，根据房间大小、门窗位置、壁纸宽度和花纹图案的完整性进行弹线，从墙的阳角开始，以壁纸宽度弹垂直线，作为裱糊时的操作准线。

2）裁纸、闷水和刷胶

壁纸粘贴前应进行预拼试贴，以确定裁纸尺寸，使接缝花纹完整、效果良好。裁纸应根据弹线实际尺寸统筹规划，并编号按顺序粘贴壁纸，一般以墙面高度进行分幅拼花裁切，并注意留有20～30mm的余量。裁切时要用尺子压紧壁纸，刀刃紧贴尺边，一气呵成，使壁纸边缘平直整齐，不得有纸毛和飞刺现象。

塑料壁纸有遇水膨胀、干燥后自行收缩的特性，因此，应将裁好的壁纸放入水槽中浸泡 3~5min，取出后把明水抖掉，静置 10min 左右，使纸充分吸湿伸胀，然后在墙面和纸背面同时刷胶进行挂糊。

胶粘剂要求涂刷均匀，不漏刷。胶粘剂的配合比见表 8-2。在基层表面涂刷胶粘剂应比壁纸宽 20~30mm，涂刷一段，按压挂糊一张，不应涂刷过厚。如用背面带胶的壁纸，则只需在基层表面涂刷胶粘剂。

表 8-2 胶粘剂的配合比

| 胶粘剂用途 | 配合比（质量比） |
| --- | --- |
| 裱糊普通壁纸 | 面粉：明矾（或甲醛）＝100∶10（0.2）<br>面粉：酚（或硼酸）＝100∶0.02（0.2） |
| 裱糊塑料壁纸 | 聚乙烯醇缩甲醛胶（含甲醛 45%）：羧甲基纤维素（2.5%溶液）：水＝100∶35∶50 |
| 裱糊玻纤墙布 | 聚醋酸乙烯酯乳胶：羧甲基纤维素（2.5%溶液）＝60∶40 |

3）裱糊、赶压气泡

壁纸和墙布上墙裱糊时，对需重叠对花的，应先裱糊对花，后用钢直尺对齐裁下余边；对直接对花的，直接裱糊。裱糊中赶压气泡时，对于压延壁纸，可用钢板刮刀刮平；对于发泡及复合壁纸，只可用毛巾、海绵或毛刷赶平。裱糊好的壁纸或墙布经压实后，及时擦去挤出的胶粘剂，表面不得有气泡、斑污等。

裱糊工程完工并干燥后，即可验收。检查数量为选择有代表性的自然间，抽查10%，但不得少于 3 间。质量要求粘贴牢固，表面平整，无气泡空鼓，各幅拼接横平竖直，拼接处花纹图案吻合，距墙面处正视，不显拼缝。

## 任务 8-6　门窗和幕墙工程

【工作任务】门窗造型对建筑物的外部形象有着显著的影响。因此在门窗设计时，要充分考虑当地的气候环境条件，选用适宜的材料制作门窗。门窗工程按材料和作用通常分为木门窗、金属门窗（钢门窗、铝合金门窗及涂色镀锌钢板门窗等）、塑料门窗等，以及特种门（防火门、隔声门、保温门、冷藏门、防盗门、自动门、屏蔽门、防射线门、车库门、全玻璃门、旋转门、金属卷帘门等）。通过选择合适的门窗，对建筑物的采光、通风、保温、节能和使用安全等诸多方面具有重要意义。

我国的建筑幕墙产品经历了一个从无到有飞速发展的过程，幕墙类型包括了玻璃幕墙、金属幕墙、石材幕墙等产品，结构形式也由原来单一的框支撑式发展成点支撑式幕墙、双层幕墙等多种形式。

幕墙按照组装方式的不同，可以分为现场组装式与预制单元式；按照饰面材料的不同，可分为金属板幕墙、玻璃幕墙、纤维水泥板幕墙、混凝土悬挂板以及各种复合墙板幕墙。

【知识准备】了解门窗安装前准备工作有哪些，掌握门窗安装以及幕墙施工技术，控制门窗质量，做好成品保护。

**【任务实施】**

1. 门窗安装前准备工作

1）门窗安装前，应对门窗洞口尺寸进行检验。除检查每处单个洞口外，还应对能够通视的成排或成列的门窗洞口进行目测或拉通线检查。如果发现明显偏差，采取处理措施后方可安装门窗。

2）熟悉施工图纸。核对门窗型号、规格、数量等，应符合图纸要求并经现场抽检合格，检查门窗洞预埋件数量及质量是否符合设计要求。

3）检查门窗及玻璃成品质量、形状及尺寸的允许偏差。应符合规范规定；检查五金配件是否配套齐全、有无出厂合格证明。

4）施工前由专业工人根据实际施工图进行放样并与班组技术交底。

2. 门窗安装施工

常用的门窗有木门窗、金属门窗及塑料门窗等，其施工流程大体如下：测量放线→确定安装基准→安装门窗框→土建抹灰收口→安装门框扇、五金件→密封（填充发泡剂、塞海绵棒、门窗外周圈打胶）→清理。

1）测量放线

根据土建施工弹出的门窗安装标高控制线及平面中心位置线测出每个门窗洞口的平面位置、标高及洞口尺寸。

2）确定安装基准

根据实测的门窗洞口平面位置偏差统计数据，最终确定每一个门窗安装的平面位置及标高。

3）安装门窗框

按照弹线位置，临时用木楔固定门窗框，用水平尺和托线板校核门窗框的垂直度与水平度，并调整木楔直至门窗框垂直水平。用射钉将其连接件固定在墙体上。门窗框与墙体的联结位置应放在距边框角和边框与中横框、中竖框的交点150mm处，联结点间距不应大于500mm。

4）土建抹灰收口

门窗洞口内外侧与窗框间采用水泥砂浆或麻刀白灰浆填实抹平，门窗框与墙体四周的缝隙需用水泥砂浆进行灌缝处理，框外灌好浆当天用水浇一次，避免干燥开裂。门窗塞缝通过监理验收后方可抹灰收口。

5）安装门框扇、五金件

在外保温施工完毕、外墙涂饰施工前安装，用垂直升降设备将门窗扇运输到各楼层，再由工人运到安装部位，框与扇配合紧密，间隙均匀，允许偏差±1mm，五金件应安装齐全，位置准确，安装牢固，启闭灵活，无噪声。

6）密封工作

填充发泡剂、塞海绵棒、打胶等密封工作在保温面层及主框施工完毕后，外墙涂饰施工前进行。首先清理门窗框周边垃圾，向槽内打发泡剂。然后沿主框或10mm×10mm的凹槽，将海绵棒塞进槽内准确位置，放好保护胶带后进行打胶。打胶必须在墙体干燥后进行。

7) 清理

交工前应将型材表面的塑料纸撕掉,胶痕应用香蕉水清理干净,玻璃应进行擦洗,确保五金配件正确完好。

3. 质量标准

1) 门窗及附件质量必须符合设计要求及有关标准规定。

2) 门窗安装必须牢固,防腐处理和预埋件的数量、位置、埋设连接方式必须符合设计要求。

3) 门窗框与墙体间缝隙填嵌饱满密实,表面平整无裂缝,填塞材料及方法符合设计要求并办理隐蔽工程验收。

4) 门窗附件齐全、安装牢固,位置正确,启闭灵活,端正美观。

5) 门窗扇开启灵活,关闭严密,定位准确,扇与框的指接量符合要求。

6) 门窗安装后表面洁净,无明显划痕、碰伤及锈蚀。密封胶表面平整光滑、厚度均匀。

4. 成品保护

1) 未上墙的框料,在工地临时仓库存放,要求按照类别、尺寸分类摆放整齐。

2) 门窗框上墙前,撤去包裹编织袋,但表面粘贴的工程保护胶带不得撕掉,防止室内外抹灰、刷涂料时污染框料。粉刷工艺完成后,将保护胶带撕去。

3) 门窗框与墙体间打密封胶或浇涂外墙涂料时,需在门窗框、窗扇及玻璃上贴分色纸,防止污染。

4) 加强现场监管,防止拆除脚手架、室外抹灰时,碰撞门窗框表面,造成变形及表面损坏。

5. 玻璃幕墙工程

玻璃幕墙采用的中空玻璃由两层或两层以上的玻璃构成,四周用高强、高气密性复合胶粘剂将两片或多片玻璃与铝合金方格框黏结密封,中间充入干燥气体,框内填充干燥剂,以保证玻璃间的干燥度,在玻璃上涂不同颜色或不同性能的薄膜也能达到相同效果。

玻璃幕墙的结构大致可分为两部分,一是饰面的玻璃,二是固定玻璃的框架;按其构造方式分为有框和无框两类。在有框玻璃幕墙中,又有明框和隐框两种,隐框玻璃幕墙可以分为全隐框玻璃幕墙和半隐框玻璃幕墙两种。半隐框玻璃幕墙可以是横明竖隐,也可以是竖明横隐。而全隐框玻璃幕墙,没有传统幕墙的夹持玻璃和承重的铝合金外框(明框),厚度为3~10mm的玻璃(中空玻璃、浮法玻璃、彩色玻璃、钢化玻璃、夹胶玻璃、镜面反射玻璃等)完全依靠背面上的结构胶粘贴到铝型材框架上。这种铝合金全隐框玻璃幕墙,玻璃表面无框架,透明、轻盈、空间渗透性强,应用广泛。

典型的全隐型铝合金框架式玻璃幕墙构造如图8-10所示。用铝合金构件组成框格体系,框格体系通过预埋件固定到结构物上(图8-11、图8-12)。在框格体系上固定玻璃框,玻璃用结构胶粘贴在玻璃框上,玻璃框及框格体系均隐在玻璃后面,从外侧看不到。

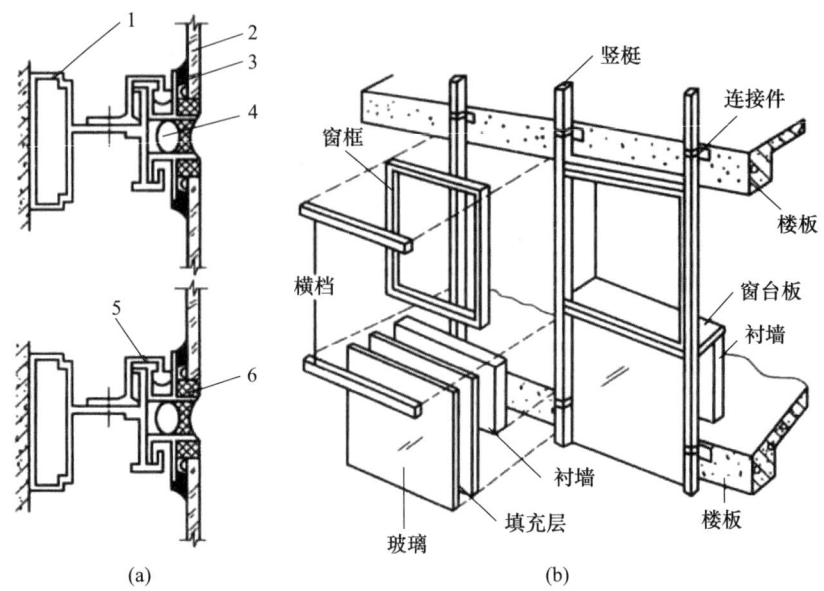

图 8-10 全隐型铝合金框架式玻璃幕墙
(a) 玻璃幕墙构造；(b) 玻璃幕墙示意图
1—铝横杆；2—玻璃；3—结构胶；4—垫杆；5—铝固定片；6—耐候胶

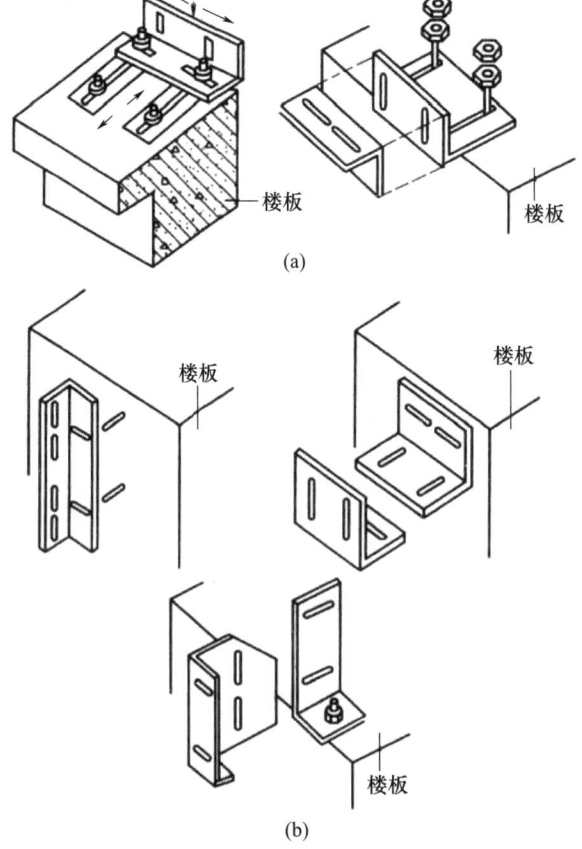

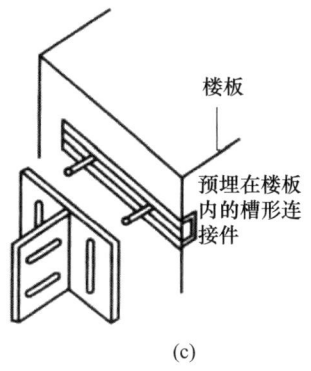

图 8-11 玻璃幕墙连接件示例

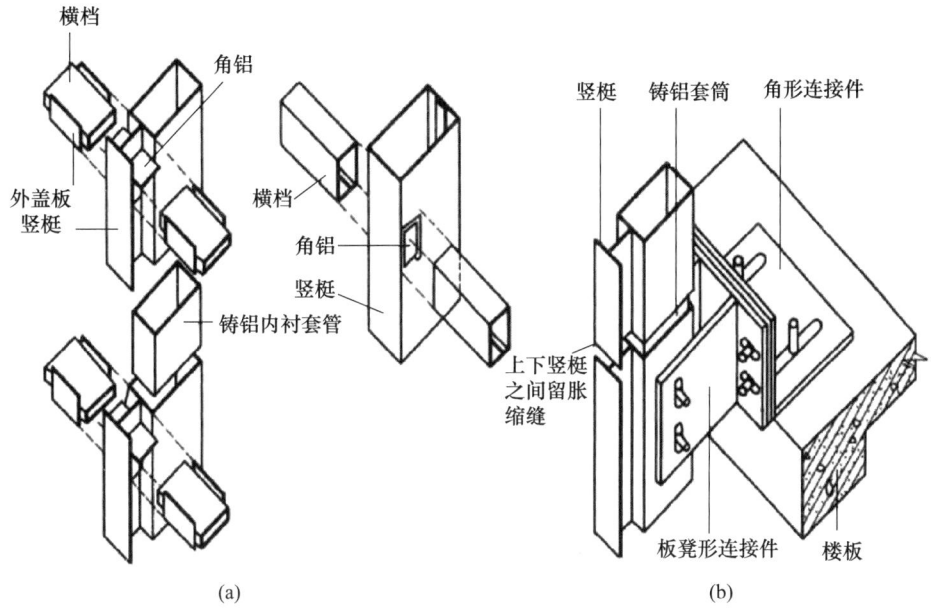

图 8-12 幕墙铝框连接构造
(a) 竖梃与横档的连接（用于明框）；(b) 竖梃与横档的连接（用于隐框），竖梃与楼板的连接

因为铝合金隐框玻璃幕墙在使用中分别承受水平方向风荷载的作用和垂直方向的自重荷载的作用，此外，为保证安全使用，还须考虑地震荷载作用以及温度变化效应，在玻璃幕墙工程施工前，必须对玻璃幕墙作正常功能和安全使用两种极限状态下承载力及挠度的设计验算。

玻璃幕墙的施工工艺为：编制施工方案→测量放线→选适宜的铝合金型材并下料→安装框格体系并校正→安装玻璃框→安装玻璃。

安装玻璃幕墙的部位应先进行测量和严格找平。在预埋的紧固件上标出框格体系竖龙骨的安装位置线。框格体系铝合金型材下料尺寸偏差应在允许范围内。玻璃框所用铝合金型材断面形式与尺寸，必须符合玻璃安装与整体组装的配合要求。四角应连接牢固，不得松动。与玻璃胶接的表面翘曲度小于 1mm，两杆连接处表面高低偏差小于 0.4mm，接缝间隙小于 0.3mm。

225

安装玻璃前，先用二甲苯、异丙醇或丁酮等净化剂清洗待涂胶的基材表面，以保证密封胶与之有良好的黏结。清洗后，在玻璃框端面上粘贴带双面不干胶的硬质聚乙烯泡沫塑料间隔垫条。该垫条既可临时固定玻璃，又可形成注胶槽口，以防止注结构胶时非定向流淌。安装玻璃时，用吸盘把玻璃吸住，稳妥地镶入玻璃框内，与泡沫塑料垫条靠平粘牢。用手工胶轮或打胶机的气动胶轮将硅酮结构胶注入槽口，确保涂胶槽充满胶料，在胶料超出槽口而隆起时方可移动胶轮。注胶时，水平节点应从一侧往另一侧，垂直节点应自下而上，胶层内不允许产生空穴或胶面与基材产生缝隙。在注胶后至胶带表面固化前，一次压平节点胶层，使其呈微凹状，以消除胶料中空洞，确保与基材良好接触。玻璃板粘贴安装后，在板块接缝处注入耐候硅酮密封胶，以抵挡风雨的侵入和适应幕墙板块间因热胀冷缩而造成的接缝宽度的变化，如图 8-13 所示。

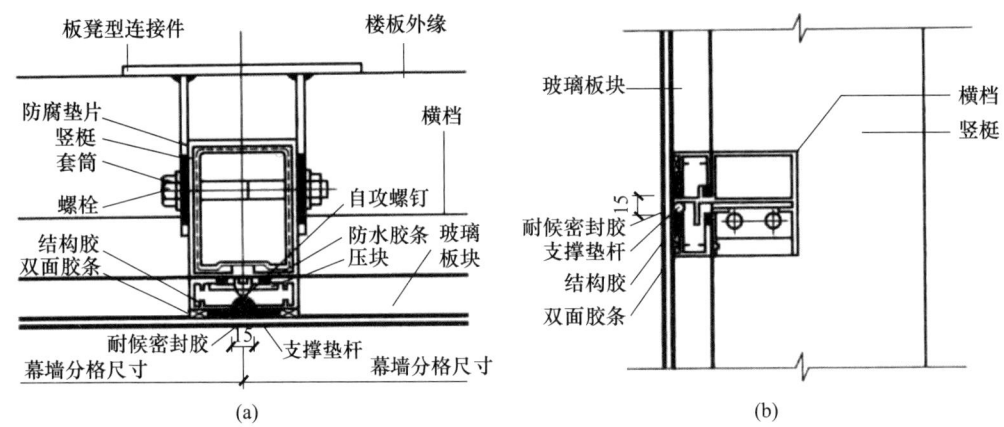

图 8-13　隐框幕墙玻璃板块安装接缝处密封胶注入
（a）压块连接；（b）挂钩连接

**【巩固训练】**

1. 简述抹灰工程的分类及组成？
2. 简述一般抹灰的分层做法、操作要点？
3. 常用的饰面板有哪些？如何选用？
4. 喷涂、滚涂、弹涂饰面具有哪些特点？施工时有何要求？
5. 简述壁纸的裱糊工艺及质量要求？
6. 常用建筑涂料有哪几种？采用何种施工方法？
7. 简述幕墙装修工程特点及施工中常见的问题？

# 项目 9　季节性施工技术

## 【项目情景】

我国地域辽阔,气候变化大,冬期的低温和雨季的降水,常使土木工程施工无法正常进行,从而影响工程的进展。若能掌握冬期与雨季施工特点,进行充分的施工准备,选择合理的施工技术进行冬期与雨季施工,对缩短工期、确保工程质量、降低工程费用具有重要意义。

## 【学习目标】

### 知识目标

了解冬期与雨季施工特点及要求,熟悉冬期与雨季施工的注意事项;熟悉冬期与雨季施工采取的措施。

### 技能目标

能编制不同分项工程冬期和雨季施工方案和技术交底。

### 素质目标

(1) 通过了解冬期与雨季施工特点及要求,培养学生爱岗敬业的职业精神。

(2) 通过对冬期与雨季施工采取的措施,增强学生的安全意识,提高学生的事故防范能力。

## 任务 9-1　土方工程的冬期施工

【工作任务】冬期施工,是指室外日平均气温降低到5℃或5℃以下,或者最低气温降低到0℃或0℃以下时,用一般的施工方法难以达到预期目的,必须采取特殊的措施进行施工。土方工程冬期施工造价高,功效低,一般应在入冬前完成。如果必须在冬期施工时,其施工方法应根据本地区气候、土质和冻结情况,并结合施工条件进行技术比较后确定。

【知识准备】了解冻土的基本概念;掌握土方防冻的方法以及冻土的开挖、回填方法和注意事项。

【任务实施】

在冬期施工时,土会冻结,其机械强度会大大提高,开挖冻土的费用和劳动量要比开挖一般非冻土高几倍。因此,土方工程应尽量安排在入冬前施工,如果必须在冬期施工,则应因地制宜,制订经济和技术合理的施工方案。

1. 冻土的基本概念

温度低于0℃且含有水分的各类土称为冻土。我们把冬季土层的冻结厚度称为冻结深度，一年中冻结的最大厚度称为最大冻结深度。土冻结后体积比冻前大的现象称为冻胀。根据冻胀量的大小及对建筑物的危害程度不同，地基土的冻胀性可分为四类，分别是不冻胀、弱冻胀、冻胀、强冻胀。

2. 土方的防冻

为了减少冬期挖土困难，如果有大量土方需要开挖，则应在冬期前采用一些方法进行防冻。土方防冻的主要方法有以下几种。

1）翻松耙平法

翻松耙平法是指在进入冬期施工前，将准备施工部位的表层土翻松耙平进行防冻，因为土壤经翻松后，会有许多充满空气的空隙，可降低土的导热性，起到保温作用。翻松深度为 25～30cm，宽度为开挖土最大冻结深度的两倍加上基坑（槽）底宽，如图 9-1 所示。此方法适用于大面积的土方工程。

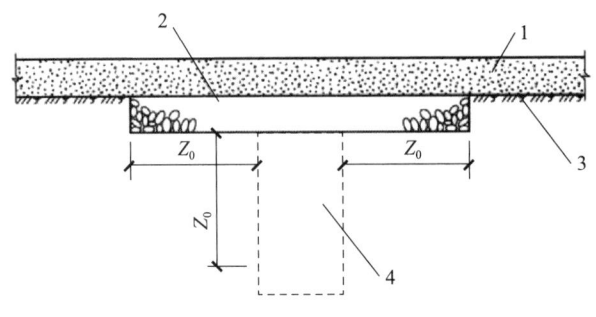

图 9-1　翻松耙平法

1—覆雪层；2—翻松土层；3—自然地面；4—基坑（槽）；$Z_0$—最大冻结深度

2）雪覆盖法

土方工程施工地区在初冬降雪量较大时，宜采用雪覆盖法进行防冻。如果场地面积较大，则可在地面上设篱笆或雪堤，或用其他材料堆积成墙；如果基槽面积较小，则可在预定的位置上挖积雪沟，并随即用雪填满。

3）保温材料覆盖法

开挖面积较小的基（坑）槽，宜采用保温材料覆盖，再加盖一层塑料布进行防冻。保温材料可为草帘、炉渣和膨胀珍珠岩（可装入袋内使用）等。保温材料的铺设宽度为土层最大冻结深度的两倍加上基（坑）槽底宽，如图 9-2 所示。

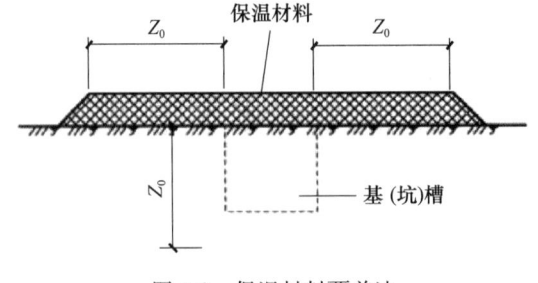

图 9-2　保温材料覆盖法

4）暖棚保温法

挖好的基坑（槽）宜采用暖棚保温法进行防冻，即在已挖好的基（坑）槽上搭设骨架，铺上基层，覆盖保温材料，也可搭设塑料大棚，在棚内采取供暖措施，如图9-3所示。

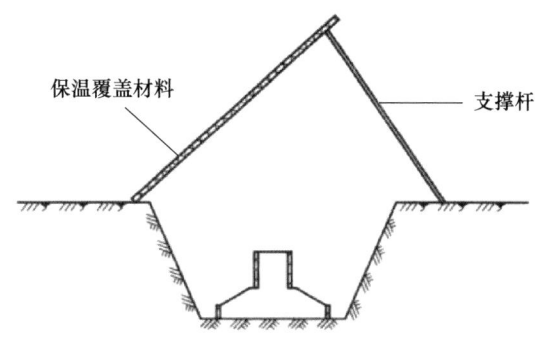

图9-3 暖棚保温法

3. 冻土的开挖

冻土的开挖一般有人工法、机械法和爆破法三种。

1）人工法

人工法适用于开挖面积小、场地狭窄及不能用其他方法进行开挖的情况，开挖时一般用大铁锤和铁楔子劈开冻土。

2）机械法

用机械法挖掘冻土时，应根据冻土的厚度选用相应机械。当冻土厚度小于0.5m时，可用铲运机或挖土机开挖；当冻土厚度为0.5～1.0m时，可用松土机破碎冻土层后，用挖土机开挖；当冻土厚度大于1.0m时，可用重锤或重球破碎土体。

3）爆破法

爆破法是将炸药包放入直立或水平爆破孔中进行爆破，冻土破碎后用挖土机挖出，或借助爆破的力量向四周崩出，做成需要的沟槽。此方法适用于冻土层较厚、面积较大的土方工程。

4. 土方的回填

由于土冻结后成为坚硬的土块，在回填过程中不能压实或夯实，土解冻后会造成下沉。为保证冬季冻土回填的施工质量，应重点注意以下几点。

1）冬期土方回填时，应尽量选择未受冻的、不冻胀的土壤进行施工。

2）填土前，应清除基础上的冰雪和保温材料，填方边坡表层1m以内，不得用冻土填筑，填方上层应用未冻的、不冻胀的或透水性好的土料。

3）冬期填方每层铺土厚度应比常温施工时减少20%～25%，预留沉降量应比常温施工时适当增加。

4）室外的基坑（槽）或管沟可用含有冻土块的土回填，但冻土块的粒径不得大于15cm，其含量不得超过15%。

5）室内地面垫层下回填的土方，填料中不得含有冻土块；管沟底至管顶0.5m范围内不得用含有冻土块的土回填。

6）回填土施工应连续进行并务实，以防基土或已填土层受冻，当采用人工夯实时，每层铺土厚度不得超过20cm，夯实厚度宜为10～15cm。

## 任务9-2 砌筑工程冬期施工

【工作任务】当室外日平均气温连续5d低于5℃时，砌体工程应采用冬期施工方法。在冬期施工期限以外，当日最低气温低于0℃时，也应按冬期施工的相关规定执行。

【知识准备】了解掺盐砂浆法和冻结法的基本概念和施工要点。

【任务实施】

砌筑工程冬期施工的方法有掺盐砂浆法和冻结法两种，一般以掺盐砂浆法为主，对保温、绝缘、装饰方面等有特殊要求的工程，可用冻结法。

1. 掺盐砂浆法

1）基本概念

掺盐砂浆法是指采用掺有盐的砂浆进行砌筑的方法。在砂浆中掺入盐（主要是氯化钠和氯化钙），可降低水溶液的冰点，保证砂浆中有液态水存在，使水化反应在一定负温下不间断进行，使砂浆在负温下强度能够继续缓慢增长。同时，由于砂浆中水的冰点降低，砖石砌体的表面不会立即结冰而形成冰膜，故砂浆和砖石砌体能较好地黏结。

掺盐砂浆法具有施工简便、施工费用低、货源易于解决等优点，所以在我国砖、石砌体冬期施工中普遍采用，但掺盐砂浆吸湿性大，使结构保温性能下降，并有析盐现象等，下列工程严禁采用掺盐砂浆法施工。

（1）对装饰有特殊要求的建筑物。

（2）使用湿度大于80％的建筑物。

（3）发电站、变电所等接近高压电路的建筑物。

（4）钢埋件无可靠的防腐处理措施的砌体。

（5）经常处于地下水位变化范围内及水下未设防水层的结构。

2）施工要点

（1）砖、石在砌筑前，应清除冰霜。

（2）拌制砂浆所用的砂中，不得含有冰块和直径大于10mm的冻结块。

（3）石灰膏、电石膏等应防止受冻，如遭冻结，应经融化后使用。

（4）砌体用砖或其他块材不得遭水浸冻。

（5）水泥应选用普通硅酸盐水泥。

（6）拌制砂浆时，水的温度不得超过80℃；砂的温度不得超过40℃。

（7）配制掺盐砂浆时，应按不同负温界限控制掺盐量，不宜太少也不宜太多，掺盐太少会使砂浆内出现大量冰结晶体，水化反应极其缓慢，降低早期强度；掺盐太多（大于10％）会使砂浆的后期强度显著降低，同时导致砌体析盐量过大，增大吸湿性，降低保温性能。不同气温时，掺盐砂浆规定的掺盐量见表9-1。

（8）对砌筑承重结构的砂浆，其强度等级应按常温施工时提高一级。

表 9-1　砂浆掺盐量（占用水量的百分比）　　　　　　　　　　　　（%）

| 氯盐及砌体材料种类 | | 日最低气温（℃） | | | |
|---|---|---|---|---|---|
| | | ≥−10 | −11～−15 | −16～−20 | −21～−25 |
| 氯化钠（单盐） | 砖、砌块 | 3 | 5 | 7 | — |
| | 砌石 | 4 | 7 | 10 | — |
| 双盐 | 氯化钠 | 砖、砌块 | | 5 | 7 |
| | 氯化钙 | | | 2 | 3 |

注：掺盐量以无水盐计。

2. 冻结法

1）基本概念

冻结法是指在室外用热砂浆进行砌筑，砂浆不掺外加剂，砂浆达到一定强度后，砌体很快冻结，融化后的砂浆强度接近于零，当气温升高转入正常温度后，砂浆的强度不断增长。

由于砂浆经冻结、融化、再硬化的三个阶段，其强度会降低，砂浆与砖石砌体的黏结力会减弱，结构在砂浆融化阶段的变形也较大，严重影响砌体的稳定性，故下列工程不允许采用冻结法施工。

(1) 毛石砌体或乱毛石砌体。

(2) 在解冻过程中遭受相当大的动力作用和震动作用的砖、石、砌块结构。

(3) 空斗墙。

(4) 在解冻期间不允许沉降的砌体（如筒拱支座）。

2）施工要点

(1) 冻结法施工中宜采用水平分段施工，墙体一般应在一个施工段范围内，砌筑至一个施工层的高度，不得间断。

(2) 每天砌筑高度不宜大于 1.2m。

(3) 为保证砖砌体在解冻期间能够均匀沉降不出现裂缝，应遵守以下规定：

① 解冻前应清除房屋中剩余的建筑材料等临时荷载。

② 开冻前宜暂停施工。

③ 留置在砌体中的洞口和沟槽等，宜在解冻前填砌完毕。

④ 跨度大于 0.7m 的过梁，宜采用预制构件。

⑤ 门窗框上部应留 3～5mm 的空隙，作为化冻后预留沉降量。

⑥ 在楼板水平面上，墙的拐角处、交接处和交叉处每半砖设置一根 6 拉筋。

(4) 用冻结法施工时，应在开冻前进行检查，开冻过程中组织观测。如果发现裂缝、不均匀下沉等情况，应分析原因并立即采取加固措施。

## 任务 9-3　混凝土结构工程的冬期施工

【工作任务】当室外日平均气温连续 5d 低于 5℃时，就应采取冬期施工的技术措施进行混凝土施工。混凝土之所以能凝结、硬化并取得强度，是水泥和水进行水化作用的结果。水化作用的速度在一定湿度条件下主要取决于温度，温度越高，强度增长也越快，反之则慢。而混凝土内的水结冰后，体积就会变大，也会导致混凝土被破坏，原有的强度也因此被降低。此外，当水变成冰后，还会在骨料和钢筋表面上产生颗粒较大的冰凌，对于混凝土的抗压强度会有影响。等天气转暖，冰凌融化后，又会在混凝土内部形成各种空隙，使混凝土的耐久性降低。所以，冬期施工时水的形态变化对于混凝土的强度影响非常大。

【知识准备】了解混凝土冬期施工原理；掌握混凝土冬期施工的工艺要求及养护方法。

【任务实施】

1. 混凝土冬期施工原理

1）温度与混凝土硬化的关系

温度的高低对混凝土强度增长有很大影响。在湿度合适的条件下，温度越高，水泥水化作用就越迅速、完全，混凝土硬化速度越快，强度就越高。当然温度也不能过高，否则会使水泥颗粒表面迅速水化而结成外壳，阻止内部继续水化，形成"假凝"现象。当温度较低时，混凝土硬化速度较慢，特别是接近0℃时，混凝土硬化就更慢，强度也更低。当温度低于-3℃时，混凝土中的水会结冰，水泥颗粒不能和冰发生化学反应，水化作用几乎停止，强度也就无法增长。因此，为确保混凝土结构工程质量，应搜集工程所在地多年气温资料，当室外平均气温连续5d稳定低于5℃时，应采取冬期施工措施，并及时采取气温突然下降的防冻措施。

2）冻结对混凝土质量的影响

混凝土在初凝前或刚初凝即遭冻结，此时水泥来不及水化或水化刚开始，本身尚无强度，水泥受冻后处于"休眠"状态；恢复正常养护后，强度可以重新发展，直到与未受冻基本相同，没有强度损失。

若混凝土在初凝后，本身强度很小时遭冻结，此时混凝土内部存在两种应力：一种是水泥水化作用产生的黏结应力；另一种是混凝土内部自由水结冰，体积膨胀（8%～9%）所产生的冻胀应力。由于黏结应力小于冻胀应力，很容易破坏刚形成水泥石的内部结构，产生一些微裂纹，这些微裂纹是不可逆的。加之冰块融化后会形成孔隙，严重降低了混凝土的密实度和耐久性。在混凝土解冻后，其强度虽然能继续增长，但也不可能达到原设计的强度等级。

若混凝土在冻结前达到某一强度值以上才遭冻结，此时混凝土内部水化作用产生的黏结应力足以抵抗自由水结冰产生的冻胀应力，解冻后强度还能继续增长，可达到原设计强度等级，对强度影响不大，只不过是增长缓慢而已。因此，为避免混凝土遭受冻结带来的危害，必须使混凝土在受冻前达到这一强度值，这一强度值通常称为混凝土冬期施工的临界强度。

临界强度与水泥的品种、混凝土强度等级有关。硅酸盐水泥或普通硅酸盐水泥配制的混凝土，其临界强度为设计的混凝土强度标准值的30%；矿渣硅酸盐水泥配制的混凝土其临界强度为40%，但对强度等级为C10及C10以下的混凝土，其临界强度不得小于5.0MPa。

2. 冬期施工的工艺要求

1）混凝土材料选择及要求

配制冬期施工的混凝土，应优先选用硅酸盐水泥或普通硅酸盐水泥。水泥强度等级不应低于42.5级,最小水泥用量不宜少于300kg/m³,水灰比不应大于0.6。使用矿渣硅酸盐水泥,宜采用蒸汽养护;使用其他品种水泥,应注意其中掺和材料对混凝土抗冻、抗渗等性能的影响。掺用防冻剂的混凝土,严禁使用高铝水泥。

冬期浇筑的混凝土,宜使用无氯盐类防冻剂。对抗冻性要求高的混凝土,宜使用引气剂或引气减水剂。掺用防冻剂、引气剂或引气减水剂的混凝土施工,应符合现行国家标准《混凝土外加剂应用技术规范》(GB 50119—2013)的规定。

在钢筋混凝土中掺用氯盐类防冻剂时,应严格控制氯盐掺量,混凝土必须振捣密实,不宜采用蒸汽养护。

混凝土所用骨料必须清洁,不得含有冰、雪等冻结物及易冻裂的矿物质。在掺用含有钾、钠离子防冻剂的混凝土中,不得混有活性材料。

2)混凝土材料的加热

冬期拌制混凝土时应优先采用加热水的方法,当加热水仍不能满足要求时,再对骨料进行加热。水及骨料的加热温度应根据热工计算确定,但不得超过表9-2的规定值。

表 9-2　拌和水及骨料温度　　　　　　　　　　　　　　　　　(℃)

| 项目 | 拌和水 | 骨料 |
| --- | --- | --- |
| 强度等级小于52.5级的普通硅酸盐水泥、矿渣硅酸盐水泥 | 80 | 60 |
| 强度等级大于或等于52.5级的硅酸盐水泥、普通硅酸盐水泥 | 60 | 40 |

3)混凝土的搅拌

搅拌前,应用热水或蒸汽冲洗搅拌机,搅拌时间应较常温延长50%。投料顺序为先投入骨料和已加热的水,再投入水泥。水泥不应与80℃以上的水直接接触,避免水泥假凝。混凝土拌和物的出机温度不宜低于10℃,入模温度不得低于5℃。对搅拌好的混凝土应经常检查其温度及和易性,若有较大差异,应检查材料加热温度和骨料含水率是否有误,并及时加以调整。在运输过程中要防止混凝土热量的散失而冻结。

4)混凝土的浇筑

在浇筑混凝土前,应清除模板和钢筋上的冰雪和污垢,并不得在强冻胀性地基上浇筑混凝土。当需要在弱冻胀性地基上浇筑混凝土时,地基土不得遭冻;当在非冻胀性地基土上浇筑混凝土时,混凝土在受冻前,其抗压强度不得低于临界强度。

当分层浇筑大体积结构时,已浇筑层的混凝土温度,在被上一层混凝土覆盖前,不得低于按热工计算的温度,且不得低于2℃。

对加热养护的现浇混凝土结构,混凝土的浇筑程序和施工缝的位置,应能防止在加热养护时产生较大的温度应力;当加热温度在40℃以上时,应征得设计人员的同意。

对于装配式结构,浇筑承受内力接头的混凝土或砂浆,宜先将结合处的表面加热到正温;浇筑后的接头混凝土或砂浆在温度不超过45℃的条件下,应养护至设计要求强度;当设计无专门要求时,其强度不得低于设计的混凝土强度标准值的75%;浇筑接头的混凝土或砂浆,可掺用不致引起钢筋锈蚀的外加剂。

3. 混凝土冬期养护方法

混凝土冬期养护方法有蓄热法、蒸汽加热法、电热法、暖棚法及掺外加剂法等。无论采用什么方法,均应保证混凝土在冻结前,至少应达到临界强度。

1）蓄热法

蓄热法是利用原材料预热的热量及水泥水化热，通过适当的保温，延缓混凝土的冷却，保证混凝土能在冻结前达到所要求强度的一种冬期施工方法。其适用于室外最低温度不低于－15℃的地面以下工程或表面系数（指结构冷却的表面积与其全部体积的比值）不大于15的结构。

蓄热法养护具有施工简单、不需外加热源、节能、冬期施工费用低等特点。因此，在混凝土冬期施工时应优先考虑采用此方法。只有当确定蓄热法不能满足要求时，才考虑选择其他方法。

蓄热法养护的三个基本要素是混凝土的入模温度、围护层的总传热系数和水泥水化热值。通过热工计算调整以上三个要素，使混凝土冷却到0℃时，强度能达到临界强度的要求。

采用蓄热法时，宜用强度等级高、水化热大的硅酸盐水泥或普通硅酸盐水泥，掺用早强型外加剂，适当提高入模温度，外部早期短时加热；同时选用传热系数较小、价廉耐用的保温材料，如草帘、草袋、锯末、谷糠及炉渣等。此外，还可采用其他一些有利蓄热的措施，如地下工程可用未冻结的土壤覆盖；用生石灰与湿锯末均匀拌和后覆盖，利用保温材料本身发热保温；充分利用太阳的热能，白天有日照时，打开保温材料，夜间再覆盖等。

2）蒸汽加热法

蒸汽加热养护分为湿热养护和干热养护两类。湿热养护是让蒸汽与混凝土直接接触，利用蒸汽的湿热作用来养护混凝土，常用的有棚罩法、蒸汽套法及内部通汽法；而干热养护则是将蒸汽作为热载体，通过某种形式的散热器，将热量传导给混凝土使其升温，毛管法和热模法就属于这类。

（1）棚罩法

棚罩法是在现场结构物的周围制作能拆卸的蒸汽室，如在地槽上部盖简单的盖子或在预制构件周围用保温材料（木材、砖、篷布等）做成密闭的蒸汽室，通入蒸汽加热混凝土。本法设施灵活、施工简便、费用较少，但耗汽量大，温度不易控制。其适用于加热地槽中的混凝土结构及地面上的小型预制构件。

（2）蒸汽套法

蒸汽套法是在构件模板外再用一层紧密不透气的材料（如木板）做成蒸汽室，汽套与模板间的空隙约为150mm，通入蒸汽加热混凝土。此法能适当控制温度，加热效果取决于保温构造，设备复杂、费用大，可用于现浇柱、梁及肋形楼板等整体结构的加热。

（3）内部通汽法

内部通汽法是在混凝土构件内部预留直径为13～50mm的孔道，再将蒸汽送入孔内加热混凝土。当混凝土达到要求的强度后，排除冷凝水，随即用砂浆灌入孔道内加以封闭。内部通汽法节省蒸汽、费用较低，但入汽端易过热而产生裂缝，适用于梁柱、桁架等结构。

（4）毛管法

毛管法是在模板内侧做成沟槽（断面可做成三角形、矩形或半圆形），间距为200

~250mm，在沟槽上盖以 0.5~2mm 的铁皮，使之成为通蒸汽的毛管，通入蒸汽进行加热。毛管法用汽少，仅适用于以木模浇筑的结构，对于柱、墙等垂直构件加热效果好，而对于平放的构件不易加热均匀。

此外，热模养护热拌混凝土工艺也广泛用于冬期施工。

3）电热法

电热法施工主要有电极法、电热毯法、工频涡流加热法、远红外线养护法等。

（1）电极法

电极法是在新浇筑混凝土的内部或表面每隔 100~300mm 的间距设置电极（$\phi 6$~12mm 的短钢筋或宽 40~60mm 的白铁皮），通以低压电源，由于混凝土的电阻作用，使电能变为热能，产生热量而对混凝土进行加热。

电极的布置应保证混凝土温度均匀，与钢筋的最小距离应符合表 9-3 的规定。否则，应采取适当的绝缘措施，振捣时要避免接触电极及其支架。

表 9-3　电极与钢筋的最小间距

| 电压（V） | 65 | 87 | 106 |
|---|---|---|---|
| 电极与钢筋的最小距离（mm） | 50~70 | 80~100 | 120~150 |

电极法加热应在混凝土浇筑后立即通电，通电前混凝土的外露表面应用锯末覆盖，并在其上洒 5% 的食盐水以利养护。

（2）电热毯法

电热毯法适用于以钢模板浇筑的构件。它由四层玻璃纤维布中间夹以电阻丝制成，尺寸根据钢模板背后的格的大小而定，约为 300mm×400mm，电压为 60V，功率每块为 75W，通电后表面温度可达 110℃，但应控制不得大于 35~40℃。在混凝土浇筑前先通电将模板预热，浇筑后根据混凝土温度变化可断续送电养护。

（3）工频涡流加热法

工频涡流加热法是将安装在钢模板上内穿单根导线的钢管通电后产生涡流，对混凝土进行加热养护。本法适用于以钢模板浇筑的混凝土墙体、梁、柱和接头。其加热混凝土温度比较均匀，控制方便，但需制作专用模板，模板投资大。

（4）远红外线养护法

远红外线养护法是利用远红外辐射器向新浇筑的混凝土辐射远红外线，使混凝土的温度得以提高，从而在较短时间内获得要求的强度。这种工艺具有施工简便、升温迅速、养护时间短、能耗低、不受气温和结构表面系数的限制等特点。其适用于薄壁结构、大模工艺、装配式结构接头等混凝土的加热。

产生远红外线的能源除电源外，还有天然气、煤气、石油液化气和热蒸汽等，可根据具体条件选择。

4）暖棚法

暖棚法是在所要养护的建筑结构或构件周围用保温材料搭起暖棚，棚内设置热源，以维持棚内的正温环境，使混凝土浇筑和养护如同在常温中一样。由于暖棚搭设需要大量材料和人工，能耗高、费用较大，一般只用于建筑物面积不大而混凝土工程又很集中的工程。采取暖棚法养护混凝土时，棚内温度不得低于 5℃，并应保持混凝土表面湿润。

5）掺外加剂法

掺外加剂法是在冬期混凝土施工中掺入适量的外加剂，使混凝土强度迅速增长，在冻结前达到要求的临界强度；或是通过降低水的冰点，使混凝土能在负温下凝结、硬化。这是混凝土冬期施工的有效方法，可简化施工工艺，节约能源，还可改善其性能。掺用外加剂的混凝土应符合冬期施工工艺要求的有关规定。

## 任务 9-4　装饰装修工程和屋面工程的冬期施工

**【工作任务】** 装饰工程应尽量避免冬期施工，若无法避免，则应按冬期施工的有关规定进行操作，如《建筑工程冬期施工规程》（JGJ/T 104—2011）、《混凝土结构工程施工质量验收规范》（GB 50204—2015）。涉及冬期施工的地区主要为我国东北、西北或华北地区，施工期一般为 3～6 个月，各地可根据历年气温资料，确定冬期施工的时间范围。由于冬季施工需保温覆盖和消耗较多热能，增加工程造价，因此，如场地平整、地基处理、室外装饰、屋面防水及高空灌筑混凝土等工程项目要尽量避免在冬季施工。

**【知识准备】** 掌握抹灰工程冬期施工方法；了解其他抹灰工程冬期施工技术，掌握屋面冬期施工方法。

**【任务实施】**

1. 抹灰工程冬期施工

1）一般抹灰

一般抹灰常用的冬期施工方法包括热作法和冷作法两种。

（1）热作法施工

热作法是指利用房屋的永久热源或临时热源来保持和提高施工环境的温度，使抹灰砂浆硬化和固结的一种施工方法。其中，热作法常用的热源有火炉、蒸汽和远红外加热器等。

热作法一般用于室内抹灰。抹灰前应将门、窗封闭，脚手眼堵好，提前加热抹灰砌体，墙面温度保持在 5℃ 以上，使湿润墙面不结冰、砂浆与墙面黏结牢固。若砌体冻结，则应提前进行人工解冻，待解冻后方可抹灰。抹灰砂浆应在室内或暖棚内制作，其上墙温度应不低于 5℃。抹灰结束后，应保持室内温度 7d 内不低于 5℃。在此期间，应随时检查抹灰层的湿度，若抹灰层干燥过快，则应洒水湿润，以防产生裂纹，影响其与基层的黏结。

（2）冷作法施工

冷作法是指低温条件下在砂浆中掺入一定量的防冻剂（氯化钠、氯化钙、亚硝酸钠等），不采取保温措施，直接进行抹灰作业的一种施工方法。其中，防冻剂应由专人配制，配制时先制成 20% 浓度的标准溶液，然后根据气温制成使用浓度溶液。当砂浆掺入氯化钠时，其掺量可参考表 9-4。采用氯盐作防冻剂时，砂浆内埋设的铁件均需涂刷防锈漆。氯盐防冻剂禁止用于高压电源部位和水泥砂浆基层。当砂浆掺入亚硝酸钠时，其掺量可参考表 9-5。

表 9-4　砂浆内氯化钠掺量（占用水量的质量分数）　　　　　　　（％）

| 室外气温（℃） | −5～0 | −10～−5 |
|---|---|---|
| 掺量（％） | 4 | 4～8 |

表 9-5　砂浆内亚硝酸钠掺量（占用水量的质量分数）　　　　　　（％）

| 室外气温（℃） | −3～0 | −9～−4 | −15～−10 | −20～−16 |
|---|---|---|---|---|
| 掺量（％） | 1 | 3 | 5 | 8 |

冷作法适用于房屋装饰要求不高、小面积的室外饰面工程。抹灰前应清扫抹灰墙面，使其保持干净，不得有浮土和冰霜。砂浆应随拌随用，不允许停放。

2）装饰抹灰

装饰抹灰冬期施工除按一般抹灰施工的要求掺盐外，可另加水泥质量 20% 的新型建筑胶水。搅拌砂浆时，应先加一种材料，待其搅拌均匀后再加另一种材料，避免直接混搅。釉面砖及外墙面砖施工时，宜在 2% 的盐水中浸泡 2h，待晾干后方可使用。

2．其他装饰工程冬期施工

1）饰面、涂料、刷浆、裱糊及玻璃等工程的冬期施工，应采用热作法，且尽量用永久性采暖设施。室内温度应在 5℃ 以上，并保持均衡，不得突然变化。

2）饰面工程冬期施工时，操作环境应恒温、恒湿，特别是在供暖环境下施工，应特别注意湿度的变化，需设专人定时开窗通风。

3）涂料工程冬期施工时，操作环境应恒温、恒湿，不得突然变化；室内相对湿度不大于 80%，以防凝结水；施工时如不能利用永久性采暖设施，可采用电暖器、电炉，或局部使用碘钨灯进行加热；施工材料不应受冻。

4）刷浆工程冬期施工时，刷浆应均衡，料浆宜采用热水配制，随用随配，其温度应保持在 15℃ 左右。

5）裱糊工程冬期施工时，环境温度不应低于 5℃，并特别注意湿度变化；混凝土或抹灰基层含水率不应大于 8%，若相对湿度大于 8%，则应开窗换气，以防止壁纸皱折起泡。

6）玻璃工程冬期施工时，应将玻璃、合成橡胶等材料运到有采暖设备的室内，环境温度不应低于 5℃。

3．屋面的冬季施工

1）屋面工程的冬期施工，应选择无风晴朗天气进行，充分利用日照条件提高面层温度。在迎风面宜设置活动的挡风装置。

2）屋面各层施工前，应将基层上面的积雪、冰霜和杂物清扫干净。所用材料不得含有冰雪冻块。

3）用沥青胶结的整体保温层和板状保温层应在气温不低于 −10℃ 时施工，用水泥、石灰或乳化沥青胶结的整体保温层和板状保温层，应在气温不低于 5℃ 时施工。如气温低于上述要求，应采取保温防冻措施。雪天和五级风以上天气不得施工。

4）找平层为水泥砂浆时，砂浆的强度等级不得小于 M5，砂浆中可掺入氯化钠作防冻剂，掺量可参考表 9-6。

表 9-6  不同部位氯化钠的掺量（占用水量的质量分数）                %

| 项目 | 室外温度（℃） | | |
|---|---|---|---|
| | 0～-2 | -3～-5 | -6～-7 |
| 用于平面部位 | 2 | 4 | 6 |
| 用于檐、天沟等部位 | 3 | 5 | 7 |

5）找平层为沥青砂浆时，基层应干燥平整，先涂满冷底子油 1～2 道，干燥后方可做找平层，沥青砂浆的施工温度见表 9-7。

表 9-7  不同温度下沥青砂浆的施工温度                （℃）

| 室外气温 | 搅拌温度 | 铺设温度 | 滚压完毕温度 |
|---|---|---|---|
| 5℃以上 | 140～170 | 90～120 | 60 |
| 5～-10℃ | 160～180 | 110～130 | 40 |

6）防水层采用卷材时，可用热熔法或冷粘法施工。热熔法施工时气温不应低于-10℃，冷粘法施工时气温不应低于-5℃。当采用涂料做防水层时，必须使用熔剂型涂料，施工时气温不应低于-5℃。

# 任务 9-5  雨期施工

【工作任务】建筑工程在雨季施工时，一旦遇到大雨，被雨水浸泡，不仅影响工程质量，而且拖延工期，增加施工费用。因此，土石方工程、砌体工程、混凝土工程等应避免在雨季施工，如果实在无法避开，施工时应采取相应措施。

【知识准备】了解雨季施工原则；掌握各分项工程在雨期施工的注意事项。

【任务实施】

1. 雨期施工的原则

1）雨期施工的特点

（1）雨期施工具有突然性。由于暴雨、山洪等恶劣气候往往不期而至，这就需要雨期施工的准备和防范及早进行。

（2）雨期施工带有突击性。因为雨水对建筑结构和地基基础的冲刷或浸泡具有严重的破坏性，必须迅速及时地保护，才能避免给工程造成损失。

（3）雨期施工往往持续时间长，阻碍工程的顺利进行，拖延工期，对这一点必须有充分的估计，事先做好安排。

2）雨期施工的原则

编制施工作业计划时，要根据雨期施工的特点，将不宜在雨期施工的分项工程提前或延后安排，对必须在雨期施工的工程应制订有效的措施，进行突击施工。

合理组织施工。晴天抓紧室外工作，雨天安排室内工作，尽量缩短雨天室外作业时间和减小工作面。

密切注意气象预报，做好抗大风和防汛准备工作，必要时应及时加固在建工程。

2. 雨期施工的准备工作

1) 现场排水。施工现场的道路、设施必须做到排水畅通，雨停水干。要防止地表水流入地下室、基础、地沟内，要根据实际情况采取措施，防止滑坡和塌方。

2) 做好原材料、成品和半成品的防雨、防潮工作。水泥库必须保证不漏水；地面必须防潮，并按"先收先用""后收后用"的原则，避免久存受潮而影响水泥的活性。木门窗等易受潮变形的半成品应在室内堆放，其他材料也应根据其性能做好防雨、防潮工作。

3) 在雨期前应采取对现场房屋、设备的排水、防雨措施。

4) 备足排水需用的水泵及有关器材，准备适量的塑料布、油毡等防雨材料。

3. 各分项工程在雨期施工的注意事项

雨期施工主要解决雨水的排除，对于大中型工程的施工现场，必须做好临时排水的总体规划，其中包括阻止场外水流入现场和使现场内水排出场外两部分。其原则是：上游截水下游散水，坑底抽水，地面排水。规划设计时，应根据各地历年最大降雨量和降雨时期，结合各地地形和施工要求通盘考虑。

临时排水和截水沟的设计一般应符合下列规定：

纵向边坡坡度应根据地形确定，一般应小于 0.3%，平坦地区不应小于 0.2%，沼泽地区可减至 0.1%。

沟的边坡坡度应根据土质和沟的深度确定，黏性土边坡一般为 1:0.7～1:1.5。

横断面的尺寸应根据施工期内可能遇到的最大流量确定，最大流量则应根据当地气象资料，先查出历年这段时间的最大降雨量，再按其汇水面积计算。

1) 土方和基础工程

雨季开挖基槽（坑）或管沟时，应注意边坡稳定。必要时可适当放缓边坡坡度或设置支撑。施工时应加强对边坡和支撑的检查。

为防止边坡被雨水冲塌，可在边坡上加钉钢丝网片，并喷上 50mm 的细石混凝土。

雨期施工的工作面不宜过大，应逐段、逐片分期完成。基础挖到基底标高后，及时验收并浇筑混凝土垫层。

为防止基坑浸泡，开挖时要在坑内做好排水沟、集水井。

位于地下的水池和地下室，施工时应考虑周到。如预先考虑不周，浇筑混凝土后遇大雨时，容易造成水池和地下室上浮的事故。

基础施工完毕，应抓紧进行基坑四周土方的回填工作。停止人工降水时，应验算箱形基础抗浮稳定性。抗浮稳定系数不宜小于 1.2，以防止出现基础上浮或者倾斜等重大事故。如抗浮稳定系数不能满足要求，应继续抽水，直到上部结构荷载加上后能满足抗浮稳定系数要求为止。当遇上大雨，水泵不能及时降低积水高度时，应迅速将积水灌入箱形基础之内，以提高基础的抗浮能力。

2) 砌体工程

砖在雨季必须集中堆放，不宜浇水。砌墙时要求干湿砖块合理搭配，砖湿度大时不可上墙。砌筑高度不宜超过 1.0m。

遇大雨必须停工。砌砖收工时应在砖墙顶铺一层干砖，避免大雨冲刷灰浆。大雨过后受雨冲刷过的新砌墙体应翻砌最上面的两层砖。

稳定性较差的窗间墙、独立砖柱，应加设临时支撑或及时浇筑钢筋混凝土圈梁，以增加墙体稳定性。

砌体施工时，内外墙要尽量同时砌筑，转角及丁字墙间的连接也要同时砌筑。遇大风时，应在与风向相反的方向加临时支撑，以保护墙体的稳定。

雨后继续施工，须复核已完工砌体的垂直度和标高。

3）混凝土工程

模板隔离层在涂刷前要及时掌握天气预报情况，以防隔离层被雨水冲掉。

遇到大雨要停止浇筑混凝土，已浇部位应加以覆盖。现浇混凝土应根据结构可能情况，多增加几道施工缝。

雨期施工时，应加强对混凝土粗细骨料含水量的测定，及时调整混凝土搅拌的用水量。

大面积的混凝土浇筑前，要了解2~3d的天气预报，尽量避开大雨。混凝土浇筑现场要预备大量防雨材料，以备浇筑时突然遇雨进行覆盖。

支撑模板的地基要密实，并在模板支撑和地基间加好垫板，雨后及时检查有无下沉。

4）结构吊装工程

构件堆放地点要平整坚实，周围要做好排水工作，严禁构件堆放区积水、浸泡，防止泥土粘到预埋件上。

塔式起重机路基，必须高出地面15cm，严禁雨水浸泡路基。

雨后吊装时，要先做试吊，将构件吊至1m左右，往返上下数次，稳定后再进行吊装工作。

5）屋面工程

卷材屋面应尽量在雨期前施工，并同时安装屋面的水落管。

雨天严禁油毡屋面施工，油毡、保温材料不能淋雨。

雨季屋面工程宜采用湿铺法施工工艺。湿铺法就是在潮湿基层上铺贴卷材，先喷刷1~2道冷底子油，喷刷工作宜在水泥砂浆凝结初期进行，以防基层浸水。如基层浸水，应在基层表面干燥后方可铺贴油毡。如基层潮湿且干燥有困难，可采用排气屋面。

6）抹灰工程

雨天不准进行室外抹灰，至少应预计1~2d的天气变化情况。对已经施工的墙面，应注意防止雨水的污染。

室内抹灰尽量在做完屋面工程后进行，至少在做完屋面找平层后，并铺一层油毡。雨天不宜做罩面油漆。

7）机械防雨

所有的机械棚要搭设牢固，防止倒塌漏水。机电设备应采取防雨、防淹措施，并安装接地安全装置。机动电闸箱的漏电保护装置要可靠。

4．雨期施工应做好防雷设施

雨季为防止雷电袭击造成事故，在施工现场高出建筑物的塔式起重机、人货两用电梯、钢脚手架等必须装设防雷装置。

施工现场的防雷装置一般由避雷针、接地线和接地体三个部分组成。

避雷针装在高出建筑物的塔式起重机、人货两用电梯、钢脚手架的顶端。

接地线可用截面积不小于 16mm² 的铝导线,或用截面积不小于 12mm² 的铜导线,也可用直径不小于 8mm 的圆钢。

接地体有棒形和带形两种。棒形接地体一般采用长度 1.5m、壁厚不小于 2.5mm 的钢管或 L50mm×5mm 的角钢,将其一端打光并垂直打入地下,其顶端离地平面不小于 500mm。带形接地体可采用截面积不小于 50mm²、长度不小于 3m 的扁钢,平卧于地下 500mm 处。

防雷装置的避雷针、接地线和接地体必须焊接(双面焊),焊接的长度应为圆钢直径的 6 倍或扁钢厚度的 2 倍以上,电阻不宜超过 10Ω。

**【巩固训练】**

1. 土方防冻的主要方法有哪几种?
2. 掺盐砂浆法和冻结法的施工要点是什么?
3. 混凝土冬季施工的方法有哪些?
4. 影响混凝土冬季施工的因素有哪些?
5. 抹灰工程冬期施工的方法有哪些?
6. 雨季施工应该遵循哪些原则?

# 项目 10　建筑施工现场消防技术

**【项目情景】**

火灾是造成人员伤亡和财产损失的主要因素之一，而施工现场是一个具有高度危险的工作环境，其消防安全尤为重要，一直备受关注。2023 年 4 月，某医院发生火灾 29 人遇难，主要原因为住院部内部改造施工作业过程中产生的火花引燃现场可燃涂料的挥发物；某工贸有限公司厂房起火 11 人遇难，主要原因为违规电焊作业，高温焊渣引燃油漆稀料；某船厂遇火爆炸 7 人遇难，主要原因为现场作业人员喷涂油漆时喷雾遇火引发。如何保障施工现场消防安全技术是施工单位和作业人员必须面对的重要问题，施工现场消防安全技术的目的是消灭火灾，降低事故隐患，避免火势蔓延，保护人员和财产免受火灾威胁。

**【学习目标】**

**知识目标**

掌握建筑施工现场消防技术要求，以及火灾隐患分析和应急逃生技巧，掌握必要的消防基础理论与技术手段，增强对火灾发生发展机制的科学认识，鉴别基本火灾现象，了解消防应急处置知识。

**技能目标**

会进行火灾事故危险源隐患排查，能熟悉防火、灭火和应急逃生基本技能。

**素质目标**

（1）掌握火灾发生的特点、灭火常识，研判火势发展情况，利用消防安全技术知识，合理控制火灾蔓延和扩大化。

（2）培养安全第一，生命至上的安全基本意识，将安全生产理念贯穿于职业生涯。

## 任务 10-1　消防工程的基本知识

**【工作任务】** 消防是指预防火灾和火灾发生后进行灭火救援的一系列工作。消防工程则是指利用各种科学技术手段，通过建筑设施和灭火器材等设备，保护人们的生命安全和财产免遭火灾侵害。掌握一些基本的消防工程知识，对于保护我们的生命财产安全至关重要。

**【知识准备】** 燃烧条件、燃烧类型、燃烧方式与特点及燃烧产物等相关内容，是关于火灾机理及燃烧过程等最基础、最本质的知识。灭火器是日常生活中最常见，也是扑灭初期火灾主要灭火设备。

【任务实施】
1. 燃烧条件

燃烧，是指可燃物与氧化剂作用发生的放热反应，通常伴有火焰、发光和（或）发烟现象。燃烧过程中，燃烧区的温度较高，使其中白炽的固体粒子和某些不稳定（或受激发）的中间物质分子内电子发生能级跃迁，从而发出各种波长的光；发光的气相燃烧区就是火焰，它是燃烧过程中最明显的标志；由于燃烧不完全等原因，会使产物中混有一些小颗粒，这样就形成了烟。

燃烧可分为有焰燃烧和无焰燃烧。通常看到的明火都是有焰燃烧；有些固体发生表面燃烧时，有发光发热的现象，但是没有火焰产生，这种燃烧方式则是无焰燃烧；燃烧的发生和发展，必须具备三个必要条件，即可燃物、助燃物（氧化剂）和点火源（温度），如图 10-1 所示。当燃烧发生时，上述三个条件必须同时具备，如果有一个条件不具备，那么燃烧就不会发生。

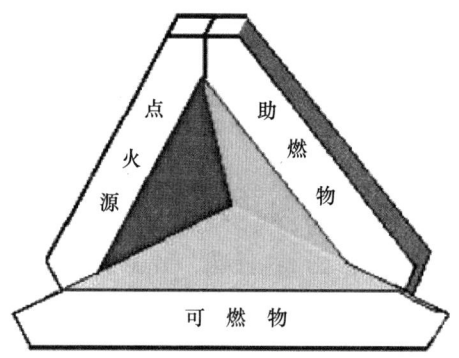

图 10-1　火灾形成的必要条件

1）可燃物

凡是能与空气中的氧或其他氧化剂起化学反应的物质，均称为可燃物，如木材、氢气、汽油、煤炭、纸张、硫等。可燃物按其化学组成，分为无机可燃物和有机可燃物两大类。按其所处的状态，又可分为可燃固体、可燃液体和可燃气体三大类。

2）助燃物（氧化剂）

凡是与可燃物结合能导致和支持燃烧的物质，称为助燃物，如广泛存在于空气中的氧气。普通意义上，可燃物的燃烧均指在空气中进行。

3）点火源（温度）

凡是能引起物质燃烧的点燃能源，统称为引火源。在一定条件下，各种不同可燃物发生燃烧，均有本身固定的最小点火能量要求，只有达到一定能量才能引起燃烧。常见的引火源有下列几种：

（1）明火。指生产、生活中的炉火、烛火、焊接火、吸烟火、撞击、摩擦打火、机动车辆排气管火星、飞火等。

（2）电弧、电火花。指电气设备、电气线路、电气开关及漏电打火；电话、手机等通信工具火花；静电火花（物体静电放电、人体衣物静电打火、人体积聚静电对物体放电打火）等。

(3) 雷击。瞬间高压放电的雷击能引燃任何可燃物。

(4) 高温。指高温加热、烘烤、积热不散、机械设备故障发热、摩擦发热、聚焦发热等。

(5) 自燃起火源。自燃起火源是指在既无明火又无外来热源的情况下，物质本身自行发热、燃烧起火，如白磷、烷基铝在空气中会自行起火；钾、钠等金属遇水着火；易燃、可燃物质与氧化剂、过氧化物接触起火等。

2. 燃烧类型

燃烧可从着火方式、持续燃烧形式、燃烧物形态、燃烧现象等不同角度做不同的分类。掌握燃烧类型的有关常识，对于了解物质燃烧机理、火灾危险性的评定，有着重要的意义。

1) 燃烧类型分类

按照燃烧形成的条件和发生瞬间的特点，燃烧可分为着火和爆炸。

(1) 着火

可燃物在与空气共存的条件下，当达到某一温度时，与着火源接触即能引起燃烧，并在着火源离开后仍能持续燃烧，这种持续燃烧的现象叫着火。着火就是燃烧的开始，并且以出现火焰为特征。着火是日常生活中最常见的燃烧现象。可燃物的着火方式一般分为下列几类：

① 点燃（或称强迫着火）

点燃是指由于从外部能源，诸如电热线圈、电火花、炽热质点、点火火焰等得到能量，使混气的局部范围受到强烈的加热而着火。这时就会先在靠近引火源处引发火焰，然后依靠燃烧波传播到整个可燃混合物中，这种着火方式也习惯上称为引燃。

② 自燃

可燃物质在没有外部火花、火焰等火源的作用下，因受热或自身发热并蓄热所产生的自然燃烧，称为自燃。即物质在无外界引火源条件下，由于其本身内部所发生的生物、物理或化学变化而产生热量并积蓄，使温度不断上升，自然燃烧起来的现象。自燃点是指可燃物发生自燃的最低温度。

a. 化学自燃。例如金属钠在空气中自燃，煤因堆积过高而自燃等。这类着火现象通常不需要外界加热，而是在常温下依据自身的化学反应发生的，因此习惯上称为化学自燃。

b. 热自燃。如果将可燃物和氧化剂的混合物预先均匀地加热，随着温度的升高，当混合物加热到某一温度时便会自动着火（这时着火发生在混合物的整个容积中），这种着火方式习惯上称为热自燃。

(2) 爆炸

爆炸是指物质由一种状态迅速地转变成另一种状态，并在瞬间以机械功的形式释放出巨大的能量，或是气体、蒸气在瞬间发生的剧烈膨胀等现象。爆炸最重要的一个特征是爆炸点周围发生剧烈的压力突变，这种压力突变就是爆炸产生破坏作用的原因。

2) 闪点、燃点、自燃点

气体、液体、固体物质的燃烧各有特点，通常根据不同燃烧类型，用不同的燃烧性能参数来分别衡量气体、液体、固体可燃物的燃烧特性。

(1) 闪点

① 闪点的定义

在规定的试验条件下,液体挥发的蒸气与空气形成的混合物,遇火源能够闪燃的液体最低温度(采用闭杯法测定),称为闪点。

② 闪点的意义

闪点是可燃性液体性质的主要标志之一,是衡量液体火灾危险性大小的重要参数。闪点越低,火灾危险性越大,反之则越小。闪点与可燃性液体的饱和蒸气压有关,饱和蒸气压越高,闪点越低。当液体的温度高于其闪点时,液体随时有可能被火源引燃或发生自燃,若液体的温度低于闪点,则液体是不会发生闪燃的,更不会发生着火。常见的几种易燃或可燃液体的闪点见表10-1。

**表10-1 常见的几种易燃或可燃液体的闪点**

| 名称 | 闪点(℃) | 名称 | 闪点(℃) |
| --- | --- | --- | --- |
| 汽油 | −50 | 二硫化碳 | −30 |
| 煤油 | 38~74 | 甲醇 | 11 |
| 酒精 | 12 | 丙酮 | −18 |
| 苯 | −14 | 乙醛 | −38 |
| 乙醚 | −45 | 松节油 | 35 |

③ 闪点在消防上的应用

闪点是判断液体火灾危险性大小以及对可燃性液体进行分类的主要依据。可燃性液体的闪点越低,其火灾危险性也越大。例如,汽油的闪点为−50℃,煤油的闪点为38~74℃,显然汽油的火灾危险性就比煤油大。根据闪点的高低,可以确定生产、加工、储存可燃性液体场所的火灾危险性类别:闪点<28℃的为甲类;28℃≤闪点<60℃的为乙类;闪点≥60℃的为丙类。

(2) 燃点

① 燃点的定义

在规定的试验条件下,应用外部热源使物质表面起火并持续燃烧一定时间所需的最低温度,称为燃点。

② 常见可燃物的燃点

在一定条件下,物质的燃点越低,越易着火。几种常见可燃物的燃点见表10-2。

**表10-2 几种常见可燃物的燃点**

| 物质名称 | 燃点(℃) | 物质名称 | 燃点(℃) |
| --- | --- | --- | --- |
| 蜡烛 | 190 | 棉花 | 210~255 |
| 松香 | 216 | 布匹 | 200 |
| 橡胶 | 120 | 木材 | 250~300 |
| 纸张 | 130~230 | 豆油 | 220 |

③ 燃点与闪点的关系

易燃液体的燃点一般高出其闪点1~5℃,且闪点越低,这一差值越小,特别是在敞开的容器中很难将闪点和燃点区分开来。因此，评定这类液体火灾危险性大小时，一般用闪点。对于闪点在 100℃ 以上的可燃液体，闪点和燃点差值达 30℃，这类液体一般情况下不易发生闪燃，也不宜用闪点去衡量它们的火灾危险性。固体的火灾危险性大小一般用燃点来衡量。

(3) 自燃点

① 自燃点的定义

在规定的条件下，可燃物质产生自燃的最低温度，称为自燃点。在这一温度时，物质与空气（氧）接触，不需要明火的作用，就能发生燃烧。

② 常见可燃物的自燃点

自燃点是衡量可燃物质受热升温导致自燃危险的依据。可燃物的自燃点越低，发生自燃的危险性就越大。一些常见可燃物在空气中的自燃点见表 10-3。

表 10-3　一些常见可燃物在空气中的自燃点

| 物质名称 | 自燃点（℃） | 物质名称 | 自燃点（℃） |
| --- | --- | --- | --- |
| 氢气 | 400 | 丁烷 | 405 |
| 一氧化碳 | 610 | 乙醚 | 160 |
| 硫化氢 | 260 | 汽油 | 530~685 |
| 乙炔 | 305 | 乙醇 | 423 |

③ 影响自燃点变化的规律

不同的可燃物有不同的自燃点，同一种可燃物在不同的条件下自燃点也会发生变化。可燃物的自燃点越低，发生火灾的危险性就越大。

对于液体、气体可燃物，其自燃点受压力、氧浓度、催化、容器的材质和内径等因素的影响。而固体可燃物的自燃点，则受热熔融、挥发物的数量、固体的颗粒度、受热时间等因素的影响。

3. 燃烧方式与特点

可燃物质受热后，因其聚集状态的不同，而发生不同的变化。绝大多数可燃物质的燃烧都是在蒸气或气体的状态下进行的，并出现火焰。而有的物质则不能成为气态，其燃烧发生在固相中，如焦炭燃烧时，呈灼热状态，而不呈现火焰。由于可燃物质的性质、状态不同，燃烧的特点也不一样。

1）气体燃烧

可燃气体的燃烧不需像固体、液体那样需经熔化、蒸发过程，所需热量仅用于氧化或分解，或将气体加热到燃点，因此其容易燃烧且燃烧速度快。根据燃烧前可燃气体与氧混合状况不同，其燃烧方式分为扩散燃烧和预混燃烧。

(1) 扩散燃烧

扩散燃烧即可燃性气体和蒸气分子与气体氧化剂互相扩散，边混合边燃烧。在扩散燃烧中，化学反应速度要比气体混合扩散速度快得多。整个燃烧速度的快慢由物理混合速度决定。气体（蒸气）扩散多少，就烧掉多少。人们在生产、生活中的用火（如燃气做饭、点气照明、烧气焊等）均属这种形式的燃烧。

扩散燃烧的特点为燃烧比较稳定，扩散火焰不运动，可燃气体与氧化剂气体的混合在可燃气体喷口进行。对稳定的扩散燃烧，只要控制得好，就不至于造成火灾，一旦发生火灾也较易扑救。

(2) 预混燃烧

预混燃烧又称动力燃烧或爆炸式燃烧。它是指可燃气体、蒸气或粉尘预先同空气（或氧）混合，遇火源产生带有冲击力的燃烧。预混燃烧一般发生在封闭体系中或在混合气体向周围扩散的速度远小于燃烧速度的敞开体系中，燃烧放热造成产物体积迅速膨胀，压力升高，压强可达709.1~810.4kPa。通常的爆炸反应即属此种。

预混燃烧的特点为燃烧反应快，温度高，火焰传播速度快，反应混合气体不扩散，在可燃混气中引入一火源即产生一个火焰中心，成为热量与化学活性粒子集中源。如果预混气体从管口喷出发生动力燃烧，流速大于燃烧速度，则在管中形成稳定的燃烧火焰，由于燃烧充分，燃烧速度快，燃烧区呈高温白炽状，如汽灯的燃烧。若混气在管口流速小于燃烧速度，则会发生"回火"，如制气系统检修前不进行置换就烧焊，燃气系统开车前不进行吹扫就点火，用气系统产生负压回火或者漏气未被发现而用火时。"回火"往往形成动力燃烧，有可能造成设备的损坏和人员伤亡。

2) 液体燃烧

易燃、可燃液体在燃烧过程中，并不是液体本身在燃烧，而是液体受热时蒸发出来的液体蒸气被分解、氧化达到燃点而燃烧，即蒸发燃烧。因此，液体能否发生燃烧、燃烧速率高低，与液体的蒸气压、闪点、沸点和蒸发速率等性质密切相关。

可燃液态烃类燃烧时，通常具有橘色火焰并散发浓密的黑色烟云。醇类燃烧时，通常具有透明的蓝色火焰，几乎不产生烟雾。某些醚类燃烧时，液体表面伴有明显的沸腾状，这类物质的火灾较难扑灭。在含有水分、黏度较大的重质石油产品，如原油、重油、沥青油等发生燃烧时，有可能产生沸溢现象和喷溅现象。

(1) 闪燃

闪燃是指易燃或可燃液体（包括可融化的少量固体，如石蜡、樟脑、萘等）挥发出来的蒸气分子与空气混合后，达到一定的浓度时，遇引火源产生一闪即灭的现象。发生闪燃的原因是易燃或可燃液体在闪燃温度下蒸发的速度比较慢，蒸发出来的蒸气仅能维持一刹那的燃烧，来不及补充新的蒸气维持稳定的燃烧，因而一闪就灭了。闪燃是引起火灾事故的先兆之一。闪点则是指易燃或可燃液体表面产生闪燃的最低温度。

(2) 沸溢

以原油为例，其黏度比较大，且都含有一定的水分，以乳化水和水垫两种形式存在。所谓乳化水是原油在开采运输过程中，原油中的水由于强力搅拌成细小的水珠悬浮于油中而成。放置久后，油水分离，水因比重大而沉降在底部形成水垫。

燃烧过程中，这些沸程较宽的重质油品产生热波，在热波向液体深层运动时，由于温度远高于水的沸点，因而热波会使油品中的乳化水气化，大量的蒸气就要穿过油层向液面上浮，在向上移动过程中形成油包气的气泡，即油的一部分形成了含有大量蒸气气泡的泡沫。这样，必然使液体体积膨胀，向外溢出，同时部分未形成泡沫的油品也被下面的蒸气膨胀力抛出罐外，使液面猛烈沸腾起来，就像"跑锅"一样，这种现象叫沸溢。

从沸溢过程可以看出，沸溢形成必须具备三个条件：

① 原油具有形成热波的特性，即沸程宽，密度相差较大；
② 原油中含有乳化水，水遇热波变成蒸汽；

③ 原油黏度较大，使水蒸气不容易从下向上穿过油层。

(3) 喷溅

在重质油品燃烧进行过程中，随着热波温度的逐渐升高，热波向下传播的距离也加大，当热波达到水垫时，水垫的水大量蒸发，蒸气体积迅速膨胀，以至把水垫上面的液体层抛向空中，向罐外喷射，这种现象叫喷溅。

一般情况下，发生沸溢要比发生喷溅的时间早得多。发生沸溢的时间与原油的种类、水分含量有关。根据实验，含有 1% 水分的石油，经 45～60min 燃烧就会发生沸溢。喷溅发生的时间与油层厚度、热波移动速度以及油的燃烧线速度有关。

3) 固体燃烧

根据各类可燃固体的燃烧方式和燃烧特性，固体燃烧的形式大致可分为 5 种，其燃烧各有特点。

(1) 蒸发燃烧

硫、磷、钾、钠、蜡烛、松香、沥青等可燃固体，在受到火源加热时，先熔融蒸发，随后蒸气与氧气发生燃烧反应，这种形式的燃烧一般称为蒸发燃烧。樟脑、萘等易升华物质，在燃烧时不经过熔融过程，但其燃烧现象也可看作一种蒸发燃烧。

(2) 表面燃烧

可燃固体（如木炭、焦炭、铁、铜等）的燃烧反应是在其表面由氧和物质直接作用而发生的，称为表面燃烧。这是一种无火焰的燃烧，有时又称之为异相燃烧。

(3) 分解燃烧

可燃固体，如木材、煤、合成塑料、钙塑材料等，在受到火源加热时，先发生热分解，随后分解出的可燃挥发分与氧发生燃烧反应，这种形式的燃烧一般称为分解燃烧。

(4) 熏烟燃烧（阴燃）

可燃固体在空气不流通、加热温度较低、分解出的可燃挥发分较少或逸散较快、含水分较多等条件下，往往发生只冒烟而无火焰的燃烧现象，这就是熏烟燃烧，又称阴燃。

(5) 动力燃烧（爆炸）

动力燃烧是指可燃固体或其分解析出的可燃挥发分遇火源所发生的爆炸式燃烧，主要包括可燃粉尘爆炸、炸药爆炸、轰燃等几种情形。其中，轰燃是指可燃固体由于受热分解或不完全燃烧析出可燃气体，当其以适当比例与空气混合后再遇到火源时，发生的爆炸式预混燃烧。例如，能析出一氧化碳的赛璐珞、能析出氰化氢的聚氨酯等，在大量堆积燃烧时，常产生轰燃现象。

这里需要指出的是，上述各种燃烧形式的划分不是绝对的，有些可燃固体的燃烧往往包含两种或两种以上的形式。例如，在适当的外界条件下，木材、棉、麻、纸张等的燃烧会明显地存在分解燃烧、熏烟燃烧、表面燃烧等形式。

4. 燃烧产物

燃烧产生的物质，其成分取决于可燃物的组成和燃烧条件。大部分可燃物属于有机化合物，它们主要由碳、氢、氧、氮、硫、磷等元素组成，燃烧生成的气体一般有一氧化碳、二氧化碳、氯化氢、二氧化硫等。

1) 燃烧产物的概念

由燃烧或热解作用产生的全部物质，称为燃烧产物，有完全燃烧产物和不完全燃烧产物之分。完全燃烧产物是指可燃物中的 C 被氧化生成的 $CO_2$（气）、H 被氧化生成的 $H_2O$（液）、S 被氧化生成的 $SO_2$（气）等；而 CO、$NH_3$、醇类、醛类、醚类等是不完全燃烧产物。燃烧产物的数量、组成等随物质的化学组成及温度、空气的供给情况等的变化而不同。

燃烧产物中的烟主要是燃烧或热解作用所产生的悬浮于大气中能被人们看到的直径一般在 $10^{-7}$ 至 $10^{-4}$ cm 之间的极小的炭黑粒子，大直径的粒子容易由烟中落下来，我们称为烟尘或炭黑。炭黑粒子的形成过程比较复杂。例如碳氢可燃物在燃烧过程中，会因受热裂解产生一系列中间产物，中间产物还会进一步裂解成更小的碎片，这些小碎片会发生脱氢、聚合、环化等反应，最后形成石墨化碳粒子，构成了烟。

2）几类典型物质的燃烧产物

按照构成状态可将物质分为纯净物和混合物。由一种物质构成的称为纯净物（即只能写出一个化学分子式的），由不同物质构成的称为混合物。

（1）高聚物的燃烧产物

有机高分子化合物（简称高聚物），主要是以煤、石油、天然气为原料制得的，如塑料、橡胶、合成纤维、薄膜、胶粘剂和涂料等。其中，塑料、橡胶和纤维是人们熟知的三大合成有机高分子化合物，其应用广泛而且容易燃烧。高聚物在燃烧（或分解）过程中，会产生 CO、$NO_x$（氮氧化物）、HCl、HF、$SO_2$ 及 $COCl_2$（光气）等有害气体，对火场人员的生命安全构成极大的威胁。

（2）木材和煤的燃烧产物

木材、煤等固体是火灾中最常见的可燃物质。它们是由多种元素组成的、复杂天然高聚物的混合物，成分不单一，并且是非均质的。

① 木材的燃烧产物

木材的主要成分是纤维素、半纤维素和木质素，主要组成元素是碳、氧、氢和氮。各主要分成在不同温度下分解并释放挥发分，一般为半纤维素 200～260℃分解；纤维素 240～350℃分解；木质素 280～500℃分解。当木材接触火源时，加热到约 110℃时就被干燥并蒸发出极少量的树脂；加热到 130℃时开始分解，产物主要是蒸汽和二氧化碳；加热到 220～250℃时开始变色并碳化，分解产物主要是一氧化碳、氢气和碳氢化合物；加热到 300℃以上，有形结构开始断裂，在木材表面垂直于纹理方向上木炭层出现小裂纹，这就使挥发物容易通过碳化层表面逸出。随着碳化深度的增加，裂缝逐渐加宽，结果产生"龟裂"现象。此时木材发生剧烈的热分解。表 10-4 列出了木材在不同温度下分解产生的气体组成。

表 10-4 木材在不同温度下分解产生的气体组成

| 温度（℃） | 气体成分（体积分数,%） | | | | |
| --- | --- | --- | --- | --- | --- |
| | $CO_2$ | CO | $CH_4$ | $C_2H_4$ | $H_2$ |
| 300 | 56.07 | 40.17 | 3.76 | — | — |
| 400 | 49.36 | 34.00 | 14.13 | 0.86 | 1.47 |
| 500 | 43.20 | 29.06 | 21.72 | 3.68 | 2.34 |
| 600 | 40.98 | 27.20 | 23.42 | 5.74 | 2.66 |
| 700 | 38.56 | 25.19 | 24.94 | 8.50 | 2.81 |

② 煤的燃烧产物

煤主要由 C、H、O、N 和 S 等元素组成。一般情况下，煤受热时，低于 105℃，主要析出其中的吸留气体和水分；200～300℃时开始析出气态产物如 CO、$CO_2$ 等，煤粒变软；300～550℃时开始析出焦油和 $CH_4$ 及其同系物、不饱和烃及 CO、$CO_2$ 等气体；500～750℃时，半焦开始热解，并析出大量含氢较多的气体；760～1000℃时，半焦继续热解，析出少量以氢为主的气体，半焦变成高温焦炭。煤热分解产生挥发分的组成及其含量主要取决于煤的炭化程度和温度。炭化程度加深，挥发分析出量减少，但其中可燃组分含量却增多。加热温度越高，挥发分逸出量就越多。

（3）金属的燃烧产物

金属的燃烧能力取决于金属本身及其氧化物的物理、化学性质。根据熔点和沸点的不同，通常将金属分为挥发金属和不挥发金属。

挥发金属（如 Li、Na、K 等）在空气中容易着火燃烧，熔融成金属液体，它们的沸点一般低于其氧化物的熔点（K 除外），因此在其表面能够生成固体氧化物。由于金属氧化物的多孔性，金属继续被氧化和加热，经过一段时间后，金属被熔化并开始蒸发，蒸发出的蒸气通过多孔的固体氧化物扩散进入空气。

不挥发金属因其氧化物的熔点低于金属的沸点，则在燃烧时熔融金属表面形成一层氧化物。这层氧化物在很大程度上阻碍了金属和空气中的氧的接触，从而减缓了金属被氧化。但这类金属呈粉末状、气溶胶状、刨花状时在空气中燃烧进行得很激烈，并且不生成烟。

3）燃烧产物的危害性

统计资料表明，火灾中死亡人数大约 75% 是由于吸入毒性气体而致死的。燃烧产物中含有大量的有毒成分，如一氧化碳、氰化氢、二氧化硫、二氧化氮等。这些气体均对人体有不同程度的危害。常见的有害气体的来源、生理作用及致死浓度见表 10-5。

表 10-5　一些主要有害气体的来源、生理作用及致死浓度

| 来源 | 主要的生理作用 | 短期（10min）估计致死浓度（ppm） |
| --- | --- | --- |
| 木材、纺织品、聚丙烯腈尼龙、聚氨酯等物质燃烧时分解出的氰化氢（HCN） | 一种迅速致死、窒息性的毒物 | 350 |
| 纺织物燃烧时产生二氧化氮（$NO_2$）和其他氮的氧化物 | 肺的强刺激剂，能引起即刻死亡及滞后性伤害 | >200 |
| 由木材、丝织品、尼龙以及三聚氰胺燃烧产生的氨气（$NH_3$） | 强刺激性，对眼、鼻有强烈刺激作用 | >1000 |
| PVC 电绝缘材料，其他含氯高分子材料及阻燃处理物热分解产生的氯化氢（HCl） | 呼吸刺激剂，吸附于微粒上的 HCl 的潜在危险性较之等量的 HCl 气体要大 | >500，气体或微粒存在时 |
| 氟化树脂类或薄膜类以及某些含溴阻燃材料热分解产生的含卤酸气体 | 呼吸刺激剂 | HF≈400<br>$COF_2$≈100<br>HBr>500 |

续表

| 来源 | 主要的生理作用 | 短期（10min）估计致死浓度（ppm） |
|---|---|---|
| 含硫化合物及含硫物质燃烧分解产生的二氧化硫（$SO_2$） | 强刺激剂，在远低于致死浓度下使人难以忍受 | >500 |
| 由聚烯烃和纤维素低温热解（400℃）产生的丙醛 | 潜在的呼吸刺激剂 | 30～100 |

二氧化碳和一氧化碳是燃烧产生的两种主要燃烧产物。其中，二氧化碳虽然无毒，但当达到一定的浓度时，会刺激人的呼吸中枢，导致呼吸急促、烟气吸入量增加，并且还会引起头痛、神志不清等症状。而一氧化碳是火灾中致死的主要燃烧产物之一，其毒性在于对血液中血红蛋白的高亲和性，其对血红蛋白的亲和力比氧气高出 250 倍，因而，它能够阻碍人体血液中氧气的输送，引起头痛、虚脱、神志不清等症状和肌肉调节障碍等。一氧化碳对人的影响见表 10-6。

**表 10-6　一氧化碳对人的影响**

| 影响情况 | CO 浓度（$\times 10^{-6}$） | 碳氧血红蛋白浓度（COHb%） |
|---|---|---|
| 在其中工作 8h 的允许浓度 | 50 | — |
| 暴露 1h 不产生明显影响的浓度 | 400～500 | — |
| 1h 暴露后有明显影响 | 600～700 | — |
| 1h 暴露后引起不适，但无危险症状的浓度 | 1000～1200 | — |
| 暴露 1h 后有危险 | 1500～2000 | 35 |
| 在 1h 内即会致死 | 4000 及以上 | 50 |

除毒性之外，燃烧产生的烟气还具有一定的减光性。通常可见光波长 $\lambda$ 为 0.4～0.7$\mu m$，一般火灾烟气中的烟粒子粒径 $d$ 为几微米到几十微米，由于 $d>2\lambda$，烟粒子对可见光是不透明的。烟气在火场上弥漫，会严重影响人们的视线，使人们难以辨别火势发展方向和寻找安全疏散路线。同时，烟气中有些气体对人的肉眼有极大的刺激性，使人睁不开眼而降低能见度。试验证明，室内火灾在着火后大约 15min，烟气的浓度最大，此时人们的能见距离一般只有数十厘米。

5. 建筑灭火器配置

灭火器是一种轻便的灭火工具，它由筒体、器头、喷嘴等部件组成，借助驱动压力可将所充装的灭火剂喷出，达到灭火目的。灭火器结构简单，操作方便，使用广泛，是扑救各类初起火灾的重要消防器材。

1）灭火器的分类

不同种类的灭火器，适用于不同物质的火灾，其结构和使用方法也各不相同。灭火器的种类较多，按其移动方式可分为：手提式和推车式；按驱动灭火剂的动力来源可分为：储气瓶式、储压式；按所充装的灭火剂可分为：水基型灭火器、干粉灭火器、二氧化碳灭火器、洁净气体灭火器等；按灭火类型分：A 类灭火器、B 类灭火器、C 类灭火器、D 类灭火器、E 类灭火器等。

各类灭火器一般都有特定的型号与标识，我国灭火器的型号是按照《消防产品型号编制方法》编制的。它由类、组、特征代号及主要参数四部分组成。类、组、特征代号用大写汉语拼音字母表示；一般编在型号首位，是灭火器本身的代号。通常用"M"表示。灭火剂代号编在型号第二位：F-干粉灭火剂；T-二氧化碳灭火剂；Y-1211灭火剂；Q-清水灭火剂。型式号编在型号中的第三位，是各类灭火器结构特征的代号。目前我国灭火器的结构特征有手提式（包括手轮式）、推车式、鸭嘴式、舟车式、背负式五种，其中型号分别用S、T、Y、Z、B表示。型号最后面的阿拉伯数字代表灭火剂重量或容积，一般单位为千克或升，如"MF/ABC2"表示2kgABC干粉灭火器；"MSQ9"表示容积为9L的手提式清水灭火器；"MFT50"表示灭火剂重量为50kg推车式（碳酸氢钠）干粉灭火器。国家标准规定，灭火器型号应以汉语拼音大写字母和阿拉伯数字标于筒体。

根据《建筑灭火器配置验收及检查规范》（GB 50444—2008）规定，酸碱型灭火器、化学泡沫灭火器、倒置使用型灭火器以及氯溴甲烷、四氯化碳灭火器应报废处理，也就是说这几类灭火器已被淘汰。下面介绍几种目前常用的灭火器。

（1）水基型灭火器

水基型灭火器是指内部充入的灭火剂是以水为基础的灭火器，一般由水、氟碳表面活性剂、碳氢表面活性剂、阻燃剂、稳定剂等多组分配合而成，以氮气（或二氧化碳）为驱动气体，是一种高效的灭火剂。常用的水基型灭火器有清水灭火器、水基型泡沫灭火器和水基型水雾灭火器三种。

① 清水灭火器

清水灭火器是指筒体中充装的是清洁的水，并以二氧化碳（氮气）为驱动气体的灭火器。一般有6L和9L两种规格，灭火器容器内分别盛装有6L和9L的水。

清水灭火器由保险帽、提圈、筒体、二氧化碳（氮气）气体贮气瓶和喷嘴等部件组成，使用时摘下保险帽，用手掌拍击开启杆顶端灭火器头，清水便会从喷嘴喷出。它主要用于扑救固体物质火灾，如木材、棉麻、纺织品的初起火灾，但不适于扑救油类、电气、轻金属以及可燃气体火灾。清水灭火器的有效喷水时间为1min左右，所以当灭火器中的水喷出时，应迅速将灭火器提起，将水流对准燃烧最猛烈处喷射；同时，清水灭火器在使用中应始终与地面保持大致垂直状态，不能颠倒或横卧，否则会影响水流的喷出。

② 水基型泡沫灭火器

水基型泡沫灭火器内部装有AFFF水成膜泡沫灭火剂和氮气，除具有氟蛋白泡沫灭火剂的显著特点外，还可在烃类物质表面迅速形成一层能抑制其蒸发的水膜，靠泡沫和水膜的双重作用迅速有效地灭火，是化学泡沫灭火器的更新换代产品。它能扑灭可燃固体、液体的初起火灾，更多用于扑救石油及石油产品等非水溶性物质的火灾（抗溶性泡沫灭火器可用于扑救水溶性易燃、可燃液体火灾）。水基型泡沫灭火器具有操作简单、灭火效率高、使用时不需倒置、有效期长、抗复燃、双重灭火等优点，是木竹类、织物、纸张及油类物质的开发加工、贮运等场所的消防必备品，并广泛应用于油田、油库、轮船、工厂、商店等场所。

③ 水基型水雾灭火器

水基型水雾灭火器是我国2008年开始推广的新型水雾灭火器，其具有绿色环保

(灭火后药剂可 100％生物降解，不会对周围设备与空间造成污染)、高效阻燃、抗复燃性强、灭火速度快、渗透性强等特点，是之前其他同类型灭火器所无法相比的。该产品是一种高科技环保型灭火器，在水中添加少量的有机物或无机物可以改进水的流动性能、分散性能、润湿性能和附着性能等，进而提高水的灭火效率。它能在 3s 钟内将一般火势熄灭，不复燃，并且具有将近千度的高温瞬间降至 30～40℃的功效，主要适合配置在具有可燃固体物质的场所，如商场、饭店、写字楼、家庭学校、纺织厂、橡胶厂、纸制品厂、煤矿厂甚至旅游、娱乐等场所。

(2) 干粉灭火器

干粉灭火器是利用氮气作为驱动动力，将筒内的干粉喷出灭火的灭火器。干粉灭火器内充装的是干粉灭火剂。干粉灭火剂是用于灭火的干燥且易于流动的微细粉末，由具有灭火效能的无机盐和少量的添加剂经干燥、粉碎、混合而成的微细固体粉末组成。它是一种在消防中得到广泛应用的灭火剂，且主要用于灭火器中。除扑救金属火灾的专用干粉化学灭火剂外，干粉灭火剂还有 BC 干粉灭火剂和 ABC 干粉灭火剂两大类。目前国内已经生产的产品有：磷酸铵盐干粉灭火剂、碳酸氢钠干粉灭火剂、氯化钠干粉灭火剂、氯化钾干粉灭火剂等。

干粉灭火器可扑灭一般可燃固体火灾，还可扑灭油、气等燃烧引起的火灾，主要用于扑救石油、有机溶剂等易燃液体、可燃气体和电气设备的初期火灾，广泛用于油田、油库、炼油厂、化工厂、化工仓库、船舶、飞机场以及工矿企业等。

(3) 二氧化碳灭火器

二氧化碳灭火器的容器内充装的是二氧化碳气体，靠自身的压力驱动喷出进行灭火。二氧化碳是一种不燃烧的惰性气体。它在灭火时具有两大作用：一是窒息作用，当把二氧化碳施放到灭火空间时，由于二氧化碳的迅速汽化、稀释燃烧区的空气，使空气的氧气含量减少到低以维持物质燃烧时所需的极限含氧量时，物质就不会继续燃烧从而熄灭。二是冷却作用，当二氧化碳从瓶中释放出来，由于液体迅速膨胀为气体，会产生冷却效果，致使部分二氧化碳瞬间转变为固态的干冰。干冰迅速汽化的过程中要从周围环境中吸收大量的热量，从而达到了灭火的效果。二氧化碳灭火器具有流动性好、喷射率高、不腐蚀容器和不易变质等优良性能，用来扑灭图书、档案、贵重设备、精密仪器、600V 以下电气设备及油类的初起火灾。

(4) 洁净气体灭火器

这类灭火器是将洁净气体（如 IG541、七氟丙烷、三氟甲烷等）灭火剂直接加压充装在容器中，使用时，灭火剂从灭火器中排出形成气雾状射流射向燃烧物，当灭火剂与火焰接触时发生一系列物理化学反应，使燃烧中断，达到灭火目的。洁净气体灭火器适用于扑救可燃液体、可燃气体和可融化的固体物质以及带电设备的初期火灾，可在图书馆、宾馆、档案室、商场、企事业单位以及各种公共场所使用。其中 IG541 灭火剂的成分为 50％的氮气、10％的二氧化碳和 40％的惰性气体。洁净气体灭火器对环境无害，在自然中存留期短，灭火效率高且低毒，适用于有工作人员常驻的防护区，是卤代烷灭火器在现阶段较为理想的替代产品。

卤代烷灭火器又称哈龙灭火器，是将卤代烷 1211、1301（分别为二氟一氯一溴甲烷、三氟一溴甲烷的代号）灭火剂以液态状充装在容器中，并用氮气或二氧化碳加压作为灭火剂的喷射动力的灭火器。卤代烷灭火剂是一种低沸点的液化气体，它在灭火过程中的基本原理是化学中断作用，最大程度上不伤及着火物件，所以最适合扑救易燃、可燃液体、气体、带电设备以及固体物质的表面初起火灾。由于卤代烷灭火剂对大气臭氧层有较大的破坏作用，所以我国早在1994年11月就下发了《关于在非必要场所停止再配置哈龙灭火器的通知》，规定在非必要使用场所一律不准新配置1211等哈龙灭火器，并鼓励使用对环境保护没有影响的哈龙替代技术，如洁净气体灭火器等。

2）灭火器的灭火机理与适用范围

灭火的方法有冷却、窒息、隔离等物理方法，也有化学抑制的方法，不同类型的火灾需要有针对性的灭火方法。灭火器正是根据这些方法而进行专门设计、研制的，因此各类灭火器也有着不同的灭火机理与各自的适用范围。

（1）灭火器的灭火机理

灭火器的灭火机理即灭火器在一定环境条件下实现灭火目的具体的工作方式及其特定的规则和原理。以下仅就最为常用的干粉和二氧化碳灭火器加以说明。

① 干粉灭火器

干粉灭火器的主要灭火机理：一是靠干粉中的无机盐的挥发性分解物，与燃烧过程中燃料所产生的自由基或活性基团发生化学抑制和副催化作用，使燃烧的链反应中断而灭火；二是靠干粉的粉末落在可燃物表面外，发生化学反应，并在高温作用下形成一层玻璃状覆盖层，从而隔绝氧气，进而窒息灭火。另外，还有部分稀氧和冷却作用。

② 二氧化碳灭火器

二氧化碳作为灭火剂已有一百多年的历史，其价格低廉，获取、制备容易。二氧化碳主要依靠窒息作用和部分冷却作用灭火。二氧化碳具有较高的密度，约为空气的1.5倍。在常压下，液态的二氧化碳会立即汽化，一般1kg的液态二氧化碳可产生约$0.5m^3$的气体。因而，灭火时，二氧化碳气体可以排除空气而包围在燃烧物体的表面或分布于较密闭的空间中，降低可燃物周围和防护空间内的氧浓度，产生窒息作用而灭火。另外，二氧化碳从储存容器中喷出时，会由液体迅速汽化成气体，而从周围吸收部分热量，起到冷却的作用。

（2）灭火器的适用范围

国家标准《火灾分类》（GB/T 4968—2008）根据可燃物的类型和燃烧特性将火灾分为六类，各种类型的火灾所适用的灭火器依据灭火剂的性质应有所不同。

① A类火灾（固体物质火灾）

水基型（水雾、泡沫）灭火器、ABC干粉灭火器，都能用于有效扑救A类火灾。

② B类火灾（液体或可融化的固体物质火灾）

这类火灾发生时，可使用水基型（水雾、泡沫）灭火器、BC类或ABC类干粉灭火器、洁净气体灭火器进行扑救。

③ C类火灾（气体火灾）

C类火灾发生时，可使用干粉灭火器、水基型（水雾）灭火器、洁净气体灭火器、二氧化碳灭火器进行扑救。

④ D类火灾（金属火灾）

这类火灾发生时既可用7150灭火剂（俗称液态三甲基硼氧六环，这类灭火器我国目前没有现成的产品，它是特种灭火剂，适用于扑救 D 类火灾，其主要化学成分为偏硼酸三甲酯），也可用干沙、土或铸铁屑粉末代替进行灭火。在扑救此类火灾的过程中要注意必须要有专业人员指导，以避免在灭火过程中不合理地使用灭火剂，适得其反。

⑤ E 类火灾（带电火灾）

物体带电燃烧的火灾发生时，最好使用二氧化碳灭火器或洁净气体灭火器进行扑救，如果没有，也可以使用干粉、水基型（水雾）灭火器扑救。应注意的是，使用二氧化碳灭火器扑救电气火灾时，为了防止短路或触电，不得选用装有金属喇叭喷筒的二氧化碳型灭火器；如果电压超过 600V，应先断电后灭火（600V 以上电压可能会击穿二氧化碳，使其导电，危害人身安全）。

⑥ F 类火灾（烹饪器具内的烹饪物火灾）

F 类火灾通常在家庭或饭店发生。当烹饪器具内的烹饪物（如动植物油脂）发生火灾时，由于二氧化碳灭火器对 F 类火灾只能暂时扑灭，容易复燃，一般可选用 BC 类干粉灭火器（试验表明，ABC 类干粉灭火器对 F 类火灾灭火效果不佳）、水基型（水雾、泡沫）灭火器进行扑救。

(3) 灭火器配置场所的危险等级

① 工业建筑

工业建筑灭火器配置场所的危险等级，应根据其生产、使用、储存物品的火灾危险性，可燃物数量，火灾蔓延速度，扑救难易程度等因素，划分为以下三级：

a. 严重危险级。火灾危险性大，可燃物多，起火后蔓延迅速，扑救困难，容易造成重大财产损失的场所。

b. 中危险级。火灾危险性较大，可燃物较多，起火后蔓延较迅速，扑救较难的场所。

c. 轻危险级。火灾危险性较小，可燃物较少，起火后蔓延较缓慢，扑救较易的场所。

② 民用建筑

民用建筑灭火器配置场所的危险等级，应根据其使用性质、人员密集程度、用电用火情况、可燃物数量、火灾蔓延速度、扑救难易程度等因素，划分为以下三级：

a. 严重危险级。使用性质重要，人员密集，用电用火多，可燃物多，起火后蔓延迅速，扑救困难，容易造成重大财产损失或人员群死群伤的场所。

b. 中危险级。使用性质较重要，人员较密集，用电用火较多，可燃物较多，起火后蔓延较迅速，扑救较难的场所。

c. 轻危险级。使用性质一般，人员不密集，用电用火较少，可燃物较少，起火后蔓延较缓慢，扑救较易的场所。

3) 灭火器的配置要求

为了合理配置建筑灭火器，有效地扑救工业与民用建筑初起火灾，减少火灾损失，保护人身和财产安全，国家颁布了《建筑灭火器配置设计规范》（GB 50140—2005），对灭火器的类型选择、配置设计等做出了明确的规定。

(1) 灭火器的基本参数

灭火器的基本参数主要反映在灭火器的铭牌上。依据《手提式灭火器》（GB 4351—

2023）的规定，灭火器的铭牌包含以下内容：

① 灭火器的名称、型号和灭火剂类型；
② 灭火器的灭火种类和灭火级别；
③ 灭火器使用温度范围；
④ 灭火器驱动气体名称和数量或压力；
⑤ 灭火器水压试验压力（应永久性标注在灭火器上）；
⑥ 灭火器生产许可证编号或认证标识；
⑦ 灭火器生产连续序号。灭火器连续序号用钢印等永久性方法在灭火器不受内压的底圈上标识；
⑧ 灭火器生产日期；
⑨ 灭火器制造厂名称或代号；
⑩ 灭火器的使用方法，包括一个或多个图形说明，该说明应在铭牌的明显位置，在筒身上应不超过120°弧度；
⑪ 再充装说明和日常维护说明。

其中，灭火器的灭火级别，表示灭火器能够扑灭不同种类火灾的效能，由表示灭火效能的数字和灭火种类的字母组成，如 MF/ABC1 灭火器对 A、B 类火灾的灭火级别分别为 1A 和 21B。对于建设工程灭火器配置，灭火器的灭火类别和灭火级别是主要参数。

（2）灭火器的配置

现行消防法规规定，对于生产、使用或储存可燃物的新建、改建、扩建的工业与民用建筑（生产或储存炸药、弹药、火工品、花炮的厂房或库房除外）均须按照规范要求进行灭火器配置。

① 灭火器的设置

灭火器的设置应遵循以下规定：

a. 灭火器不应设置在不易被发现和黑暗的地点，且不得影响安全疏散；

b. 对有视线障碍的灭火器设置点，应设置指示其位置的发光标志；

c. 灭火器的摆放应稳固，其铭牌应朝外。手提式灭火器宜设置在灭火器箱内或挂钩、托架上，其顶部离地面高度不应大于 1.50m；底部离地面高度不宜小于 0.08m。灭火器箱不应上锁；

d. 灭火器不应设置在潮湿或强腐蚀性的地点，当必须设置时，应有相应的保护措施。灭火器设置在室外时，也应有相应的保护措施；

e. 灭火器不得设置在超出其使用温度范围的地点。

② 灭火器的选择

灭火器的选择应考虑下列因素：

a. 灭火器配置场所的火灾种类；
b. 灭火器配置场所的危险等级；
c. 灭火器的灭火效能和通用性；
d. 灭火剂对保护物品的污损程度；
e. 灭火器设置点的环境温度；
f. 使用灭火器人员的体能。

③ 灭火器配置场所的配置设计计算

为了科学合理经济地对灭火器配置场所进行灭火器配置，首先应对配置场所的灭火器配置进行设计计算。灭火器的配置设计涉及许多方面，形式多种多样，但一般可按下述步骤和要求进行考虑和设计：

a. 确定各灭火器配置场所的火灾种类和危险等级；

b. 划分计算单元，计算各单元的保护面积；

c. 计算各单元的最小需配灭火级别；

d. 确定各单元内的灭火器设置点的位置和数量；

e. 计算每个灭火器设置点的最小需配灭火级别；

f. 确定各单元和每个设置点的灭火器的类型、规格与数量；

g. 确定每具灭火器的设置方式和要求；

h. 一个计算单元内的灭火器数量不应少于 2 具，每个设置点的灭火器数量不宜多于 5 具；

i. 在工程设计图上用灭火器图例和文字标明灭火器的类型、规格、数量与设置位置。

## 任务 10-2　火灾发展蔓延规律研判

【工作任务】火灾科学相对于其他学科来说，无论是在国际还是国内起步都较晚，而火灾所带来的惨痛教训是令人痛心和惋惜的。火灾中的一类特殊现象为轰燃。建筑火灾中轰燃阶段是重要的转折点，其维持时间短，强度大，对火灾流场扰动剧烈，气相轰燃往往表现为燃烧快速，由层流火焰转变为湍流火焰，对火灾空间造成强烈扰动，加快了室内燃气的混合，在很短的时间内实现了由局部层流火焰向全空间范围内的湍流燃烧。近年来气体火灾发生频率逐年上涨，所以对火灾发展蔓延规律及机理的研究具有重要意义。

【知识准备】通过火灾的定义、分类与危害，火灾发生常见的原因知识引入，掌握建筑火灾蔓延的机理与途径、灭火的基本原理和方法等内容，对火灾规律特点分析，进行风险分析研判，把火灾事故控制在源头。

【任务实施】

1. 火灾的定义、分类与危害

火灾是灾害的一种，导致火灾的发生既有自然因素，又有许多人为因素。掌握火灾的定义、分类及其危害特性，是了解火灾规律、研究防范火灾的基础。

1）火灾的定义

根据国家标准《消防词汇 第一部分 通用术语》GB/T 5907.1—2014，火灾是指在时间或空间上失去控制的燃烧所造成的灾害。

2）火灾的分类

根据不同的需要，火灾可以按不同的方式进行分类。

（1）按照燃烧对象的性质分类

按照国家标准《火灾分类》（GB/T 4968—2008）的规定，火灾分为 A、B、C、D、

E、F 六类。

A 类火灾：固体物质火灾。这种物质通常具有有机物性质，一般在燃烧时能产生灼热的余烬，如木材、棉、毛、麻、纸张火灾等。

B 类火灾：液体或可熔化固体物质火灾。如汽油、煤油、原油、甲醇、乙醇、沥青、石蜡火灾等。

C 类火灾：气体火灾。如煤气、天然气、甲烷、乙烷、氢气、乙炔等。

D 类火灾：金属火灾。如钾、钠、镁、钛、锆、锂等。

E 类火灾：带电火灾。物体带电燃烧的火灾，如变压器等设备的电气火灾等。

F 类火灾：烹饪器具内的烹饪物（如动植物油脂）火灾。

（2）按照火灾事故所造成的灾害损失程度分类

依据国务院 2007 年 4 月 9 日颁布的《生产安全事故报告和调查处理条例》[国务院令第 493 号]中规定的生产安全事故等级标准，消防部门将火灾分为特别重大火灾、重大火灾、较大火灾和一般火灾四个等级。

① 特别重大火灾：是指造成 30 人以上死亡，或者 100 人以上重伤，或者 1 亿元以上直接财产损失的火灾；

② 重大火灾：是指造成 10 人以上 30 人以下死亡，或者 50 人以上 100 人以下重伤，或者 5000 万元以上 1 亿元以下直接财产损失的火灾；

③ 较大火灾：是指造成 3 人以上 10 人以下死亡，或者 10 人以上 50 人以下重伤，或者 1000 万元以上 5000 万元以下直接财产损失的火灾；

④ 一般火灾：是指造成 3 人以下死亡，或者 10 人以下重伤，或者 1000 万元以下直接财产损失的火灾。

注："以上"包括本数，"以下"不包括本数。

3) 火灾的危害

（1）危害生命安全

建筑物火灾会对人的生命安全构成严重威胁。一场大火，有时会吞噬几十人甚至几百人的生命。据统计，仅 2023 年 1 至 10 月，全国共接报火灾 74.5 万起，发生较大火灾 56 起，发生重特大火灾 3 起，累计死亡 1381 人、受伤 2063 人。经数据分析，电气是火灾的首要原因，用火不慎、遗留火种、吸烟、自燃、燃放烟花爆竹、生产作业不慎等也占一定比重，因电气引发的火灾共有 21.7 万起，造成 418 人死亡、590 人受伤。2000 年 12 月 25 日，河南省洛阳东都商厦火灾，致 309 人死亡。2003 年 11 月 3 日，湖南省衡阳市衡州大厦火灾，由于燃烧时间长，建筑构件本身存在问题，最终建筑物坍塌，20 名消防员牺牲。2013 年 6 月 3 日，吉林省宝源丰禽业有限公司火灾，造成 120 人遇难、77 人受伤。建筑物火灾对生命的威胁主要来自以下几方面：首先是建筑物采用的许多可燃性材料或高分子材料，在起火燃烧时产生高温高热，对人员的肌体造成严重伤害，甚至致人休克、死亡，据统计，因燃烧热造成的人员死亡占整个火灾死亡人数的近 1/4。其次，建筑材料燃烧过程中释放出的一氧化碳、氰化物等有毒烟气，吸入后会产生呼吸困难、头痛、恶心、神经系统紊乱等症状，威胁生命安全。在所有火灾死亡的人中，约有 3/4 的人系吸入有毒有害烟气后直接导致死亡。最后，建筑物经燃烧，达到甚至超过了承重构件的耐火极限，导致建筑整体或部分构件坍塌，造成人员伤亡。

(2) 造成经济损失

火灾造成的经济损失主要以建筑火灾为主。体现在以下几个方面：第一，火灾使建筑物化为灰烬，甚至因火势蔓延而烧毁整幢建筑物内的财物。如湖南省常德市鼎城区桥南市场发生特大火灾，过火建筑面积 83276m²，直接财产损失 1.876 亿元。第二，建筑物火灾产生的高温高热，将造成建筑结构的破坏，甚至引起建筑物整体倒塌。如美国纽约世贸大厦，因飞机撞击后酿成大火，最后建筑垮塌。第三，建筑火灾产生的流动烟气，将使远离火焰的财物特别是精密电器、纺织物等受到侵蚀，甚至无法再使用。第四，扑救建筑火灾所用的水、干粉、泡沫等灭火剂，不仅本身是一种资源损耗，并且将使建筑内的财物遭受水渍、污染等损失。第五，建筑火灾发生后，因建筑修复重建、人员善后安置、生产经营停业等，都会造成巨大的间接经济损失。

(3) 破坏文明成果

一些历史保护建筑、文化遗址一旦发生火灾，除了会造成人员伤亡和财产损失外，大量文物、典籍、古建筑等诸多的稀世瑰宝也面临烧毁的威胁，这将对人类文明成果造成无法挽回的损失。1923 年 6 月 26 日，原北京紫禁城（现为故宫博物院）内发生火灾，将建福宫一带清宫贮藏珍宝最多的殿宇楼馆烧毁，史料记载，共烧毁金佛 2665 尊、字画 1157 件、古玩 435 件、古书 11 万册，损失难以估量。1994 年 11 月 15 日，吉林省吉林市银都夜总会发生火灾，火势蔓延到相邻的博物馆，使 7000 万年前的恐龙化石以及其他大批珍贵文物毁于一旦。1997 年 6 月 7 日，印度南部泰米尔纳德邦坦贾武尔镇一座神庙发生火灾，使这座建于公元 11 世纪的人类历史遗产付之一炬。

(4) 影响社会稳定

从许多火灾案例来看，当学校、医院、宾馆、办公楼等公共场所发生群死群伤恶性火灾，或涉及粮食、能源、资源等国计民生的重要工业建筑发生大火时，极可能在民众中造成心理恐慌。家庭是社会细胞，普通家庭生活遭受火灾的危害，也将在一定范围内造成负面影响，降低群众的安全感，影响社会的稳定。

(5) 破坏生态环境

火灾的危害不仅表现在毁坏财物、残害人类生命，而且还严重破坏生态环境。如森林火灾的发生会使大量的动植物灭绝，环境恶化，气候异常，干旱少雨，风暴增多，水土流失，导致生态平衡被破坏，引发饥荒和疾病的流行，严重威胁人类的生存和发展。2006 年 11 月 13 日，中石油吉林石化公司双苯厂发生的火灾爆炸事故，事故产生的主要污染物苯、苯胺和硝基苯等有机物进入松花江，引发严重水体污染。

2. 火灾发生的常见原因

事故都有起因，火灾也是如此。分析起火原因，了解火灾发生的特点，是为了更有针对性地运用技术措施，有效控火，防止和减少火灾危害。

1) 电气

电气原因引起的火灾在我国火灾中居于首位。电气设备过负荷、电气线路接头接触不良、电气线路短路等是电气引起火灾的直接原因。其间接原因是电气设备故障或电器设备设置使用不当所造成，如将功率较大的灯泡安装在木板、纸等可燃物附近，将日光灯的镇流器安装在可燃基座上，以及用纸或布做灯罩紧贴在灯泡表面上等，在易燃易爆的车间内使用非防爆型的电动机、灯具、开关等。

2) 吸烟

烟蒂和点燃烟后未熄灭的火柴梗虽然是个不大的火源，但能引起许多可燃物质燃烧，在起火原因中，它占有相当的比例，如将没有熄灭的烟头和火柴梗扔在可燃物中引起火灾；躺在床上，特别是醉酒后躺在床上吸烟，烟头掉在被褥上引起火灾；在禁止一切火种的地方吸烟引起火灾等。

3) 生活用火不慎

主要是城乡居民家庭生活用火不慎，如炊事用火中炊事器具设置不当，安装不符合要求，在炉灶的使用中违反安全技术要求等引起火灾；家中烧香祭祀过程中无人看管，造成香灰散落引发火灾等。

4) 生产作业不慎

主要指违反生产安全制度引起火灾。比如，在易燃易爆的车间内动用明火，引起爆炸起火；将性质相抵触的物品混存在一起，引起燃烧爆炸；在用气焊焊接和切割时，飞进出的大量火星和熔渣，因未采取有效的防火措施，引燃周围可燃物；在机器运转过程中，不按时加油润滑，或没有清除附在机器轴承上面的杂质、废物，使机器这些部位摩擦发热，引起附着物起火；化工生产设备失修，出现可燃气体，易燃、可燃液体跑、冒、滴、漏现象，遇到明火燃烧或爆炸等。

5) 设备故障

在生产或生活中，一些设施设备疏于维护保养，导致在使用过程中无法正常运行，因摩擦、过载、短路等原因造成局部过热，从而引发火灾。再如，一些电子设备长期处于工作或通电状态下，因散热不济，最终因内部故障而引发火灾。

6) 玩火

因小孩玩火造成火灾，是生活中常见的火灾原因之一。尤其在农村，未成年儿童缺乏看管，玩火取乐，这一现象尤为常见。

此外，每逢节日庆典，不少人喜爱燃放烟花爆竹来增加气氛。被点燃的烟花爆竹本身即是火源，稍有不慎，就易引发火灾，还会造成人员伤亡。我国每年春节期间火灾频繁，其中有70%~80%是由燃放烟花爆竹所引起的。

7) 放火

主要指用人为放火的方式引起的火灾。一般是当事人以放火为手段，而为达到某种目的。这类火灾为当事人故意为之，通常经过一定的策划准备，因而往往缺乏初期救助，火灾发展迅速，后果严重。此外，放火人群中还有一部分是精神病患者。2012年，全国因放火引发的火灾占到了总数的2%。

8) 雷击

雷电导致的火灾原因，大体上有三种：一是雷电直接击在建筑物上发生的热效应、机械效应作用等；二是雷电产生的静电感应作用和电磁感应作用；三是高电位雷电波沿着电气线路或金属管道系统侵入建筑物内部。在雷击较多的地区，建筑物上如果没有设置可靠的防雷保护设施，便有可能发生雷击起火。

3. 建筑火灾蔓延的机理与途径

通常情况下，火灾都有一个由小到大、由发展到熄灭的过程，其发生、发展直至熄灭的过程在不同的环境下会呈现不同的特点。本节主要介绍建筑火灾蔓延的机理、火灾发展的几个阶段及火灾蔓延的途径。

1) 建筑火灾蔓延的机理

建筑物内火灾蔓延,是通过热传播进行的,其形式与起火点、建筑材料、物质的燃烧性能和可燃物的数量等因素有关。在火场上燃烧物质所放出的热能,通常是以传导、对流和辐射三种方式传播,并影响火势蔓延扩大。

(1) 热传导

热传导又称导热,属于接触传热,是连续介质就地传递热量而又没有各部分之间相对的宏观位移的一种传热方式。固体、液体和气体物质都有这种传热性能,其中以固体物质为最强,气体物质最弱。由于固体物质的性质各异,其传热的性能也各有不同。例如,将一铜棒和一铁棒的一端均放入火中,结果铜棒的另一端比铁棒会更快地被加热,这说明铜比铁有较快的传热速率;如果把两根铁棒的各一端分别放在火里和热水里,结果是放在火里的比放在热水里的铁棒温度高、传热快,这说明同样物质,热源温度高时,传热速率快。

对于起火的场所,热导率大的物体,由于能受到高温迅速加热,又会很快地把热能传导出去,在这种情况下,就可能引起没有直接受到火焰作用的可燃物质发生燃烧,利于火势传播和蔓延。

(2) 热对流

由于流体之间的宏观位移所产生的运动,叫做对流。通过对流形式来传播热能的,只有气体和液体,分别叫作气体对流和液体对流。

① 气体对流

气体对流对火势发展变化的影响主要是:流动着的热气流能够加热可燃物质,以致达到燃烧程度,使火势蔓延扩大;被加热的气体在上升和扩散的同时,周围的冷空气迅速流入燃烧区助长燃烧;气体对流方向的改变,促使火势蔓延方向也随着发生变化。气体对流的强度,决定于通风孔洞面积的大小、通风孔洞在房间中的位置(高度)以及烟雾与周围空气的温度差等条件。气体对流对露天和室内火灾的火势发展变化都是有影响的。即使是室内起火,气体对流对火势发展变化的影响也是较明显的。

室内发生火灾时,燃烧产物和热气流迅速上升,当其遇到顶棚等障碍物时,就会沿着房间上部向各方向平行流动。这时,在房间上部空间形成了烟层,其厚度逐渐增大。如果房间的墙壁上面有门窗孔洞,燃烧产物和热气流就会向邻近的房间室外扩散。但是,也可能有一部分燃烧产物被外界流入的空气带回室内。燃烧产物的浓度越大,温度越高,流动的速度也就越快。

② 液体对流

液体对流是一部分液体受热以后,因体积增大、相对密度减小而上升,温度较低的部分则由于相对密度较大而下降,就在这种运动的同时进行着热的传播,最后使整个液体被加热。

通过液体对流进行传热,影响火势发展的主要情况是:装在容器中的可燃液体局部受热后,以对流的传热方式使整个液体温度升高,蒸发速度加快,压力增大,以致使容器爆裂,或蒸气逸出,遇着火源而发生燃烧;重质油品燃烧时发生的沸溢或喷溅,同样是对流等传热作用所引起的。

（3）热辐射

以电磁波传递热量的现象，叫作热辐射。无论是固体、液体和气体，都能把热量以电磁波（辐射能）的方式辐射出去，也能吸收别的物体辐射出的电磁波而转变成热能。因此，热辐射在热量传递过程中伴有能量形式的转化，即热能-辐射能-热能。电磁波的传递是不需要任何介质的，这是辐射与传导、对流方式传递热量的根本区别。

火场上的火焰、烟雾都能辐射热能，辐射热能的强弱取决于燃烧物质的热值和火焰温度。物质热值越大，火焰温度越高，热辐射也越强。火场上的辐射热随着火灾发展的不同阶段而变化。在火势猛烈发展的阶段，当温度达到最大数值时，辐射热能最强。反之，辐射热能就弱，火势发展则缓慢。辐射热作用于附近的物体上，能否引起可燃物质着火，要看热源的温度、热源的距离和角度。

火场上实际进行的传热过程很少是一种传热方式单独进行，而是由两种或三种方式综合而成，但是必定有一种是主要的。

2）建筑火灾发展的几个阶段

对于建筑火灾而言，最初发生在室内的某个房间或某个部位，然后由此蔓延到相邻的房间或区域，以及整个楼层，最后蔓延到整个建筑物。其发展过程大致可分为初期增长阶段、充分发展阶段和衰减阶段。图10-2为建筑室内火灾温度-时间曲线。

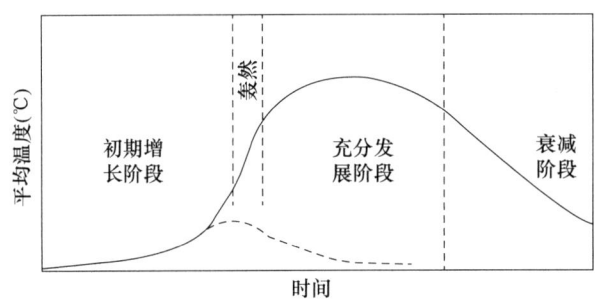

图10-2　建筑室内火灾温度－时间曲线

（1）初期增长阶段

室内火灾发生后，最初只局限于着火点处的可燃物燃烧。局部燃烧形成后，可能会出现以下三种情况：一是以最初着火的可燃物燃尽而终止；二是因通风不足，火灾可能自行熄灭，或受到较弱供氧条件的支持，以缓慢的速度维持燃烧；三是有足够的可燃物，且有良好的通风条件，火灾迅速发展至整个房间。

这一阶段着火点处局部温度较高，燃烧的面积不大，室内各点的温度不平衡。由于可燃物性能、分布和通风、散热等条件的影响，燃烧的发展大多比较缓慢，有可能形成火灾，也有可能中途自行熄灭，燃烧发展不稳定。火灾初起阶段持续时间的长短不定。

（2）充分发展阶段

在建筑室内火灾持续燃烧一定时间后，燃烧范围不断扩大，温度升高，室内的可燃物在高温的作用下，不断分解释放出可燃气体，当房间内温度达到400~600℃时，室内绝大部分可燃物起火燃烧，这种在一限定空间内可燃物的表面全部卷入燃烧的瞬变状态，称为轰燃。轰燃的出现是燃烧释放的热量在室内逐渐累积与对外散热共同作用、燃烧速率急剧增大的结果。通常，轰燃的发生标志着室内火灾进入全面发展阶段。

轰燃发生后，室内可燃物出现全面燃烧，可燃物热释放速率很大，室温急剧上升，并出现持续高温，温度可达 800~1000℃。之后，火焰和高温烟气在火风压的作用下，会从房间的门窗、孔洞等处大量涌出，沿走廊、顶棚迅速向水平方向蔓延扩散。同时，由于烟囱效应的作用，火势会通过竖向管井、共享空间等向上蔓延。

（3）衰减阶段

在火灾全面发展阶段的后期，随着室内可燃物数量的减少，火灾燃烧速度减慢，燃烧强度减弱，温度逐渐下降，当降到其最大值的 80% 时，火灾则进入熄灭阶段。随后房间内温度下降显著，直到室内外温度达到平衡为止，火灾完全熄灭。

3）建筑火灾蔓延的途径

在火场上，烟雾流动的方向通常是火势蔓延的一个主要方向。建筑物发生火灾，烟火在建筑内的流动呈现水平流动和垂直流动，且两种流动往往是同时进行的。500℃ 以上热烟所到之处，遇到的可燃物都有可能被引燃起火。具体来讲，建筑火灾蔓延的途径主要有：内墙门、洞口，外墙窗口，房间隔墙，空心结构，闷顶，楼梯间，各种竖井管道，楼板上的孔洞及穿越楼板、墙壁的管线和缝隙等。

（1）垂直蔓延

建筑物内发生火灾，由于热对流的存在，火灾烟气往往通过门洞等各种开口、孔洞蔓延，导致灾情扩大。当烟火在走廊内流动时，一旦遇到楼梯间、电梯井、竖向管道、厂房内的设备吊装孔等，则会迅速向上蔓延，且在向上蔓延的同时也向上层水平方向蔓延。

在外墙面，高温热烟气流会促使火焰窜出窗口向上层蔓延。一方面，由于火焰与外墙面之间的空气受热逃逸形成负压，周围冷空气的压力致使烟火贴墙面而上，使火蔓延到上一层；另一方面，由于火焰贴附外墙面向上蔓延，致使热量透过墙体引燃起火层上面一层房间内的可燃物。建筑物外墙窗口的形状、大小对火势蔓延有很大影响，主要表现在：①窗口高宽比较大时，火焰（或热气流）贴附外墙面向上蔓延的现象不显著；②窗口高宽比较小时，火焰（或热气流）贴附外墙面的现象明显，使火势很容易向上方蔓延发展；③同一房间内，在室内外各种因素都相同的情况下，窗口越大，火焰越靠近墙壁，造成火势向上蔓延的可能性就越大。

形成火灾垂直蔓延的主要因素有火风压和烟囱效应。

① 火风压

火风压是建筑物内发生火灾时，在起火房间内，由于温度上升，气体迅速膨胀，对楼板和四壁形成的压力。火风压的影响主要在起火房间，如果火风压大于进风口的压力，则大量的烟火将通过外墙窗口，由室外向上蔓延；若火风压等于或小于进风口的压力，则烟火便全部从内部蔓延，当它进入楼梯间、电梯井、管道井、电缆井等竖向孔道以后，会大大加强烟囱效应。

② 烟囱效应

当建筑物内外的温度不同时，室内外空气的密度随之出现差别，这将引发浮力驱动的流动。如果室内空气温度高于室外，则室内空气将发生向上运动，建筑物越高，这种流动越强。竖井是发生这种现象的主要场合，在竖井中，由于浮力作用产生的气体运动十分显著，通常称这种现象为烟囱效应。在火灾过程中，造成烟气向上蔓延的主要因素是烟囱效应。

烟囱效应和火风压不同，它能影响全楼。多数情况下，建筑物内的温度大于室外温度，所以室内气流总的方向是自下而上，即正烟囱效应。起火层的位置越低，影响的层数越多。在正烟囱效应下，若火灾发生在中性面（室内压力等于室外压力的一个理论分界面）以下的楼层，火灾产生的烟气进入竖井后会沿竖井上升，一旦升到中性面以上，烟气不仅可由竖井上部的开口流出来，也可进入建筑物上部与竖井相连的楼层；若中性面以上的楼层起火，当火势较弱时，由烟囱效应产生的空气流动可限制烟气流进竖井，如果着火层的燃烧强烈，热烟气的浮力足以克服竖井内的烟囱效应，仍可进入竖井而继续向上蔓延。因此，对高层建筑中的楼梯间、电梯井、管道井、天井、电缆井、排气道、中庭等竖向孔道，如果防火处理不当，就形同一座高耸的烟囱，强大的抽拔力将使火沿着竖向孔道迅速蔓延。

（2）水平蔓延

对主体为耐火结构的建筑来说，造成水平蔓延的主要途径和原因有：未设适当的水平防火分区，火灾在未受限制的条件下蔓延；洞口处的分隔处理不完善，火灾穿越防火分隔区域蔓延；防火隔墙和房间隔墙未砌至顶板，火灾在吊顶内部空间蔓延；采用可燃构件与装饰物，火灾通过可燃的隔墙、吊顶、地毯等蔓延。

① 水平蔓延的过程

建筑内起火后，烟火从起火房间的内门窜出，首先进入室内走道，如果与起火房间依次相邻的房间门没有关闭，就会进入这些房间，将室内物品引燃。如果这些房间的门没有开启，则烟火要待房间的门被烧穿以后才能进入。即使在走道和楼梯间没有任何可燃物的情况下，高温热对流仍可从一个房间经过走道传到另一房间，从而逐步实现水平方向火势扩大。

② 孔洞开口蔓延

在建筑物内部的一些开口处，是水平蔓延的主要途径，如可燃的木质户门、无水幕保护的普通卷帘，未用不燃材料封堵的管道穿孔处等。此外，发生火灾时，一些防火设施未能正常启动，如防火卷帘因卷帘箱开口、导轨等受热变形，或因卷帘下方堆放物品，或因无人操作手动启动装置等导致无法正常放下，同样造成火灾蔓延。

③ 穿越墙壁的管线和缝隙蔓延

室内发生火灾时，室内上半部处于较高压力状态下，该部位穿越墙壁的管线和缝隙很容易把火焰、高温烟气传播出去，造成蔓延。此外，穿过房间的金属管线在火灾高温作用下，往往会通过热传导方式将热量传到相邻房间或区域一侧，使与管线接触的可燃物起火。

④ 闷顶内蔓延

由于烟火是向上升腾的，因此吊顶棚上的入孔、通风口等都是烟火进入的通道。闷顶内往往没有防火分隔墙，空间大，很容易造成火灾水平蔓延，并通过内部孔洞再向四周、下方的房间蔓延。

据实验测量，火灾初起时，烟气在水平方向扩散的速度为 0.3m/s，燃烧猛烈时，烟气扩散的速度可达 0.5～3.0m/s；烟气顺楼梯间或其他竖向孔道扩散的速度可达 3.0～4.0m/s。而人在平地行走的速度为 1.5～2.0m/s，上楼梯时的速度约为 0.5m/s，人上楼的速度大大低于烟气的垂直方向流动速度。因此,当楼房着火时,如果人往楼上跑是有危险的。对着火层以上的被困人员来说,迅速逃生自救尤为重要。

4. 灭火的基本原理与方法

为防止火势失去控制,继续扩大燃烧而造成灾害,需要采取一定的方式将火扑灭,通常有以下几种方法,这些方法的根本原理是破坏燃烧条件。

1)冷却

可燃物一旦达到着火点,即会燃烧或持续燃烧。将可燃物的温度降到一定温度以下,燃烧即会停止。对于可燃固体,将其冷却在燃点以下;对于可燃液体,将其冷却在闪点以下,燃烧反应就会中止。用水扑火一般固体物质的火灾,主要是通过冷却作用来实现的,水具有较大的热容量和很高的汽化潜热,冷却性能很好。在用水灭火的过程中,水大量吸收热量,使燃烧物的温度迅速降低,致使火焰熄灭、火势控制、火灾终止。水喷雾灭火系统的水雾,其水滴直径细小,比表面积大,和空气接触范围大,极易吸收热气流的热量,也能很快地降低温度,效果更为明显。

2)隔离

在燃烧三要素中,可燃物是燃烧的主要因素。将可燃物与氧气、火焰隔离,就可以中止燃烧、扑灭火灾。如自动喷水泡沫联用系统在喷水的同时,喷出泡沫,泡沫覆盖于燃烧液体或固体的表面,在冷却作用的同时,将可燃物与空气隔开,从而可以灭火。再如,可燃液体或可燃气体火灾,在灭火时,迅速关闭输送可燃液体和可燃气体的管道上的阀门,切断流向着火区的可燃液体和可燃气体的输送,同时也打开可燃液体或可燃气体的管道通向安全区域的阀门,使已经燃烧或即将燃烧或受到火势威胁的容器中的可燃液体、可燃气体转移。

3)窒息

可燃物的燃烧是氧化作用,需要在最低氧浓度以上才能进行,低于最低氧浓度,燃烧不能进行,火灾即被扑灭。一般氧浓度低于15%时,就不能维持燃烧。在着火场所内,可以通过灌注不燃气体,如二氧化碳、氮气、蒸汽等,来降低空间的氧浓度,从而达到窒息灭火。此外,水喷雾灭火系统实施动作时,喷出的水滴吸收热气流热量而转化成蒸汽,当空气中蒸汽浓度达到35%时,燃烧即停止,这也是窒息灭火的应用。

4)化学抑制

由于有焰燃烧是通过链式反应进行的,如果能有效地抑制自由基的产生或降低火焰中的自由基浓度,即可使燃烧中止。化学抑制灭火的灭火剂常见的有干粉和卤代烷(已淘汰)。化学抑制法灭火,灭火速度快,使用得当可有效地扑灭初期火灾,减少人员和财产的损失,但其对于有焰燃烧火灾效果好,对深度火灾,由于渗透性较差,灭火效果不理想。在条件许可情况下,采用抑制法灭火的灭火剂与水、泡沫等灭火剂联用,会取得满意效果。

## 任务 10-3 建筑施工现场消防技术要求

【工作任务】火灾是继旱灾、水灾后的世界第三大灾害,它发生频繁,影响直接。施工现场作为一个危险的工作环境,消防安全尤为重要。根据国家统计局发布的数据,每年发生在施工现场的火灾事故不少于1万起。因此,如何保障施工现场消防安全是施工单位必须面对的重要问题。做好施工现场消防安全技术的目的是消火灭火,防止火势蔓延,降低火灾风险,保护人员和大量资产免受火灾威胁。施工参建单位应严格履行法定责任,采取有效的防火措施,设置和配备相应的消防设施,采用不燃或难燃材料,以防止火灾的发生。

**【知识准备】** 施工现场施工临时员工多,流动性强,素质参差不齐;施工现场临建设施多,防火标准低;施工现场易燃、可燃材料多;动火作业多、露天作业多、立体交叉作业多、违章作业多;现场管理及施工过程受外部环境影响大等特点,掌握总平面布局、建筑防火、临时消防设施、临时消防给水系统等现场消防技术内容,有利于针对"用火、用电、用气和扑灭初起火灾"等关键环节,遵循"以人为本、因地制宜、立足自救"的原则,制订并采取"安全可靠、经济适用、方便有效"的防火措施。

**【任务实施】**

建设工程施工现场的防火,必须遵循国家有关方针、政策,针对不同施工现场的火灾特点,立足自防自救,采取可靠防火措施,做到安全可靠、经济合理、方便实用。

1. 施工现场总平面布局

1)一般规定

临时用房、临时设施的布置应满足现场防火、灭火及人员安全疏散的要求。下列临时用房和临时设施应纳入施工现场总平面布局:

① 施工现场的出入口、围墙、围挡;

② 场内临时道路;

③ 给水管网或管路和配电线路敷设或架设的走向、高度;

④ 施工现场办公用房、宿舍、发电机房、配电房、可燃材料库房、易燃易爆危险品库房、可燃材料堆场及其加工场、固定动火作业场等;

⑤ 临时消防车道、消防救援场地和消防水源。

施工现场出入口的设置应满足消防车通行的要求,并宜布置在不同方向,其数量不宜少于2个。当确有困难只能设置1个出入口时,应在施工现场内设置满足消防车通行的环形道路。施工现场临时办公、生活、生产、物料存贮等功能区宜相对独立布置,防火间距应符合要求。

固定动火作业场应布置在可燃材料堆场及其加工场、易燃易爆危险品库房等全年最小频率风向的上风侧;宜布置在临时办公用房、宿舍、可燃材料库房、在建工程等全年最小频率风向的上风侧。易燃易爆危险品库房应远离明火作业区、人员密集区和建筑物相对集中区。可燃材料堆场及其加工场、易燃易爆危险品库房不应布置在架空电力线下。

2)防火间距

易燃易爆危险品库房与在建工程的防火间距不应小于15m,可燃材料堆场及其加工场、固定动火作业场与在建工程的防火间距不应小于10m,其他临时用房、临时设施与在建工程的防火间距不应小于6m。

施工现场主要临时用房、临时设施的防火间距不应小于表10-7的规定,当办公用房、宿舍成组布置时,其防火间距可适当减小,但应符合以下要求:每组临时用房的栋数不应超过 10 栋，组与组之间的防火间距不应小于 8m；组内临时用房之间的防火间距不应小于 3.5m；当建筑构件燃烧性能等级为 A 级时，其防火间距可减少到 3m。

表 10-7　施工现场主要临时用房、临时设施的防火间距　　　　(m)

| 名称 | 办公用房、宿舍 | 发电机房、变配电房 | 可燃材料库房 | 厨房操作间、锅炉房 | 可燃材料堆场及其加工场 | 固定动火作业场 | 易燃易爆危险品库房 |
|---|---|---|---|---|---|---|---|
| 办公用房、宿舍 | 4 | 4 | 5 | 5 | 7 | 7 | 10 |
| 发电机房、变配电房 | 4 | 4 | 5 | 5 | 7 | 7 | 10 |
| 可燃材料库房 | 5 | 5 | 5 | 5 | 7 | 7 | 10 |
| 厨房操作间、锅炉房 | 5 | 5 | 5 | 5 | 7 | 7 | 10 |
| 可燃材料堆场及其加工场 | 7 | 7 | 7 | 7 | 7 | 10 | 10 |
| 固定动火作业场 | 7 | 7 | 7 | 7 | 10 | 10 | 12 |
| 易燃易爆危险品库房 | 10 | 10 | 10 | 10 | 10 | 12 | 12 |

注：①临时用房、临时设施的防火间距应按临时用房外墙外边线或堆场、作业场、作业棚边线间的最小距离计算，如临时用房外墙有突出可燃构件时，应从其突出可燃构件的外缘算起。
②两栋临时用房相邻较高一面的外墙为防火墙时，防火间距不限。
③本表未规定的，可按同等火灾危险性的临时用房、临时设施的防火间距确定。

3）消防车道

施工现场内应设置临时消防车道，临时消防车道与在建工程、临时用房、可燃材料堆场及其加工场的距离，不宜小于 5m，且不宜大于 40m；施工现场周边道路满足消防车通行及灭火救援要求时，施工现场内可不设置临时消防车道。

临时消防车道的设置应符合下列规定：

（1）临时消防车道宜为环形，如设置环形车道确有困难，应在消防车道尽端设置尺寸不小于 12m×12m 的回车场；

（2）临时消防车道的净宽度和净空高度均不应小于 4m；

（3）临时消防车道的右侧应设置消防车行进路线指示标识；

（4）临时消防车道路基、路面及其下部设施应能承受消防车通行压力及工作荷载。

当建筑高度大于 24m 的在建工程、建筑工程单体占地面积大于 3000m² 的在建工程、超过 10 栋且为成组布置的临时用房的建筑应设置环形临时消防车道，设置环形临时消防车道确有困难时，除应按上述要求设置回车场外，还应按要求设置临时消防救援场地。

（1）临时消防救援场地应在在建工程装饰装修阶段设置；

(2) 临时消防救援场地应设置在成组布置的临时用房场地的长边一侧及在建工程的长边一侧；

(3) 临时消防救援场地场地宽度应满足消防车正常操作要求且不应小于6m，与在建工程外脚手架的净距不宜小于2m，且不宜超过6m。

2. 建筑防火

1) 一般规定

临时用房和在建工程应采取可靠的防火分隔和安全疏散等防火技术措施。临时用房的防火设计应根据其使用性质及火灾危险性等情况进行确定。在建工程防火设计应根据施工性质、建筑高度、建筑规模及结构特点等情况进行确定。

2) 临时用房防火

宿舍、办公用房的防火设计应符合下列规定：

(1) 建筑构件的燃烧性能等级应为A级。当采用金属夹芯板材时，其芯材的燃烧性能等级应为A级；

(2) 建筑层数不应超过3层，每层建筑面积不应大于300m$^2$；

(3) 层数为3层或每层建筑面积大于200m$^2$时，应设置不少于2部疏散楼梯，房间疏散门至疏散楼梯的最大距离不应大于25m；

(4) 单面布置用房时，疏散走道的净宽度不应小于1.0m；双面布置用房时，疏散走道的净宽度不应小于1.5m；

(5) 疏散楼梯的净宽度不应小于疏散走道的净宽度；

(6) 宿舍房间的建筑面积不应大于30m$^2$，其他房间的建筑面积不宜大于100m$^2$；

(7) 房间内任一点至最近疏散门的距离不应大于15m，房门的净宽度不应小于0.8m，房间建筑面积超过50m$^2$时，房门的净宽度不应小于1.2m；

(8) 隔墙应从楼地面基层隔断至顶板基层底面。

发电机房、变配电房、厨房操作间、锅炉房、可燃材料库房及易燃易爆危险品库房的防火设计应符合下列规定：

(1) 建筑构件的燃烧性能等级应为A级；

(2) 层数应为1层，建筑面积不应大于200m$^2$；

(3) 可燃材料库房单个房间的建筑面积不应超过30m$^2$，易燃易爆危险品库房单个房间的建筑面积不应超过20m$^2$；

(4) 房间内任一点至最近疏散门的距离不应大于10m，房门的净宽度不应小于0.8m。

其他防火设计应符合：

(1) 宿舍、办公用房不应与厨房操作间、锅炉房、变配电房等组合建造；

(2) 会议室、文化娱乐室等人员密集的房间应设置在临时用房的第一层，其疏散门应向疏散方向开启。

3) 在建工程防火

在建工程作业场所的临时疏散通道应采用不燃、难燃材料建造并与在建工程结构施工同步设置，也可利用在建工程施工完毕的水平结构、楼梯。在建工程作业场所临时疏散通道的设置应符合下列规定：

(1) 耐火极限不应低于0.5h；

(2) 设置在地面上的临时疏散通道，其净宽度不应小于1.5m；利用在建工程施工完毕的水平结构、楼梯作临时疏散通道，其净宽度不应小于1.0m；用于疏散的爬梯及设置在脚手架上的临时疏散通道，其净宽度不应小于0.6m；

(3) 临时疏散通道为坡道时，且坡度大于25°时，应修建楼梯或台阶踏步或设置防滑条；

(4) 临时疏散通道不宜采用爬梯，确需采用爬梯时，应有可靠固定措施；

(5) 临时疏散通道的侧面如为临空面，必须沿临空面设置高度不小于1.2m的防护栏杆；

(6) 临时疏散通道设置在脚手架上时，脚手架应采用不燃材料搭设；

(7) 临时疏散通道应设置明显的疏散指示标识；

(8) 临时疏散通道应设置照明设施。

既有建筑进行扩建、改建施工时，必须明确划分施工区和非施工区。施工区不得营业、使用和居住；非施工区继续营业、使用和居住时，应符合下列要求：

(1) 施工区和非施工区之间应采用不开设门、窗、洞口的耐火极限不低于3.0h的不燃烧体隔墙进行防火分隔；

(2) 非施工区内的消防设施应完好和有效，疏散通道应保持畅通，并应落实日常值班及消防安全管理制度；

(3) 施工区的消防安全应配有专人值守，发生火情应能立即处置；

(4) 施工单位应向居住和使用者进行消防宣传教育、告知建筑消防设施、疏散通道的位置及使用方法，同时应组织进行疏散演练；

(5) 外脚手架搭设不应影响安全疏散、消防车正常通行及灭火救援操作；外脚手架搭设长度不应超过该建筑物外立面周长的二分之一。

外脚手架、支模架的架体宜采用不燃或难燃材料搭设，其中，高层建筑、既有建筑改造工程的外脚手架、支模架的架体应采用不燃材料搭设。

高层建筑外脚手架的安全防护网、既有建筑外墙改造时，其外脚手架的安全防护网、临时疏散通道的安全防护网应采用阻燃型安全防护网。

作业场所应设置明显的疏散指示标志，其指示方向应指向最近的临时疏散通道入口。作业层的醒目位置应设置安全疏散示意图。

3. 临时消防设施

1) 一般规定

施工现场应设置灭火器、临时消防给水系统和临时消防应急照明等临时消防设施。临时消防设施应与在建工程的施工同步设置。房屋建筑工程中，临时消防设施的设置与在建工程主体结构施工进度的差距不应超过3层。施工现场在建工程可利用已具备使用条件的永久性消防设施作为临时消防设施。当永久性消防设施无法满足使用要求时，应增设临时消防设施，并应符合有关规定。

施工现场的消火栓泵应采用专用消防配电线路。专用消防配电线路应自施工现场总配电箱的总断路器上端接入，且应保持不间断供电。

地下工程的施工作业场所宜配备防毒面具。临时消防给水系统的贮水池、消火栓泵、室内消防竖管及水泵接合器等，应设有醒目标识。

2）灭火器

在建工程及临时用房的下列场所应配置灭火器：

（1）易燃易爆危险品存放及使用场所；

（2）动火作业场所；

（3）可燃材料存放、加工及使用场所；

（4）厨房操作间、锅炉房、发电机房、变配电房、设备用房、办公用房、宿舍等临时用房；

（5）其他具有火灾危险的场所。

施工现场灭火器配置应符合下列规定：

（1）灭火器的类型应与配备场所可能发生的火灾类型相匹配；

（2）灭火器的最低配置标准应符合表10-8的规定。

表10-8 灭火器最低配置标准

| 项目 | 固体物质火灾 | | 液体或可熔化固体物质火灾、气体火灾 | |
| --- | --- | --- | --- | --- |
| | 单具灭火器最小灭火级别 | 单位灭火级别最大保护面积 m²/A | 单具灭火器最小灭火级别 | 单位灭火级别最大保护面积 m²/B |
| 易燃易爆危险品存放及使用场所 | 3A | 50 | 89B | 0.5 |
| 固定动火作业场 | 3A | 50 | 89B | 0.5 |
| 临时动火作业点 | 2A | 50 | 55B | 0.5 |
| 可燃材料存放、加工及使用场所 | 2A | 75 | 55B | 1.0 |
| 厨房操作间、锅炉房 | 2A | 75 | 55B | 1.0 |
| 自备发电机房 | 2A | 75 | 55B | 1.0 |
| 变配电房 | 2A | 75 | 55B | 1.0 |
| 办公用房、宿舍 | 1A | 100 | — | — |

（3）灭火器的配置数量应按照《建筑灭火器配置设计规范》（GB 50140—2005）经计算确定，且每个场所的灭火器数量不应少于2具；

（4）灭火器的最大保护距离应符合表10-9的规定。

表10-9 灭火器的最大保护距离　　　　　　　　　　　　　　　　　　m

| 灭火器配置场所 | 固体物质火灾 | 液体或可熔化固体物质火灾、气体类火灾 |
| --- | --- | --- |
| 易燃易爆危险品存放及使用场所 | 15 | 9 |
| 固定动火作业场 | 15 | 9 |
| 临时动火作业点 | 10 | 6 |
| 可燃材料存放、加工及使用场所 | 20 | 12 |
| 厨房操作间、锅炉房 | 20 | 12 |
| 发电机房、变配电房 | 20 | 12 |
| 办公用房、宿舍等 | 25 | — |

3）临时消防给水系统

施工现场或其附近应设置稳定、可靠的水源，并应能满足施工现场临时消防用水的需要。消防水源可采用市政给水管网或天然水源。当采用天然水源时，应采取措施确保冰冻季节、枯水期最低水位时顺利取水，并满足临时消防用水量的要求。

临时消防用水量应为临时室外消防用水量与临时室内消防用水量之和。临时室外消防用水量应按临时用房和在建工程的临时室外消防用水量的较大者确定，施工现场火灾次数可按同时发生1次确定。

临时用房建筑面积之和大于1000$m^2$或在建工程单体体积大于10000$m^3$时，应设置临时室外消防给水系统。当施工现场处于市政消火栓150m保护范围内且市政消火栓的数量满足室外消防用水量要求时，可不设置临时室外消防给水系统。

临时用房的临时室外消防用水量不应小于表10-10的规定：

表10-10 临时用房的临时室外消防用水量

| 临时用房的建筑面积之和 | 火灾延续时间（h） | 消火栓用水量（L/s） | 每支水枪最小流量（L/s） |
| --- | --- | --- | --- |
| 1000$m^2$＜面积≤5000$m^2$ | 1 | 10 | 5 |
| 面积＞5000$m^2$ | | 15 | 5 |

在建工程的临时室外消防用水量不应小于表10-11的规定：

表10-11 在建工程的临时室外消防用水量

| 在建工程（单体）体积 | 火灾延续时间（h） | 消火栓用水量（L/s） | 每支水枪最小流量（L/s） |
| --- | --- | --- | --- |
| 10000$m^3$＜体积≤30000$m^3$ | 1 | 15 | 5 |
| 体积＞30000$m^3$ | 2 | 20 | 5 |

施工现场临时室外消防给水系统的设置应符合下列要求：

（1）给水管网宜布置成环状；

（2）临时室外消防给水干管的管径应依据施工现场临时消防用水量和干管内水流计算速度进行计算确定，且不应小于DN100；

（3）室外消火栓应沿在建工程、临时用房及可燃材料堆场及其加工场均匀布置，距在建工程、临时用房及可燃材料堆场及其加工场的外边线不应小于5m；

（4）消火栓的间距不应大于120m；

（5）消火栓的最大保护半径不应大于150m。

建筑高度大于24m或单体体积超过30000$m^3$的在建工程，应设置临时室内消防给水系统。

在建工程的临时室内消防用水量不应小于表10-12的规定：

表10-12 在建工程的临时室内消防用水量

| 建筑高度、在建工程体积（单体） | 火灾延续时间（h） | 消火栓用水量（L/s） | 每支水枪最小流量（L/s） |
| --- | --- | --- | --- |
| 24m＜建筑高度≤50m 或 30000$m^3$＜体积≤50000$m^3$ | 1 | 10 | 5 |
| 建筑高度＞50m 或 体积＞50000$m^3$ | 1 | 15 | 5 |

在建工程室内临时消防竖管的设置应符合：消防竖管的设置位置应便于消防人员操作，其数量不应少于 2 根，当结构封顶时，应将消防竖管设置成环状；消防竖管的管径应根据在建工程临时消防用水量、竖管内水流计算速度进行计算确定，且不应小于 DN100。

设置室内消防给水系统的在建工程，应设消防水泵接合器。消防水泵接合器应设置在室外便于消防车取水的部位，与室外消火栓或消防水池取水口的距离宜为 15～40m。

设置临时室内消防给水系统的在建工程，各结构层均应设置室内消火栓接口及消防软管接口，并应符合下列要求：

(1) 消火栓接口及软管接口应设置在位置明显且易于操作的部位；
(2) 消火栓接口的前端应设置截止阀；
(3) 消火栓接口或软管接口的间距，多层建筑不大于 50m，高层建筑不大于 30m。

在建工程结构施工完毕的每层楼梯处，应设置消防水枪、水带及软管，且每个设置点不少于 2 套。高度超过 100m 的在建工程，应在适当楼层增设临时中转水池及加压水泵。中转水池的有效容积不应少于 10m³，上下两个中转水池的高差不宜超过 100m。临时消防给水系统的给水压力应满足消防水枪充实水柱长度不小于 10m 的要求；给水压力不能满足要求时，应设置消火栓泵，消火栓泵不应少于 2 台，且应互为备用；消火栓泵宜设置自动启动装置。

当外部消防水源不能满足施工现场的临时消防用水量要求时，应在施工现场设置临时贮水池。临时贮水池宜设置在便于消防车取水的部位，其有效容积不应小于施工现场火灾延续时间内一次灭火的全部消防用水量。

施工现场临时消防给水系统应与施工现场生产、生活给水系统合并设置，但应设置将生产、生活用水转为消防用水的应急阀门。应急阀门不应超过 2 个，且应设置在易于操作的场所，并设置明显标识。严寒和寒冷地区的现场临时消防给水系统，应采取防冻措施。

4) 应急照明

施工现场的下列场所应配备临时应急照明。

(1) 自备发电机房及变配电房；
(2) 水泵房；
(3) 无天然采光的作业场所及疏散通道；
(4) 高度超过 100m 的在建工程的室内疏散通道；
(5) 发生火灾时仍需坚持工作的其他场所。

作业场所应急照明的照度不应低于正常工作所需照度的 90%，疏散通道的照度值不应小于 0.5Lx。临时消防应急照明灯具宜选用自备电源的应急照明灯具，自备电源的连续供电时间不应小于 60min。

4. 防火管理

1) 一般规定

施工现场的消防安全管理由施工单位负责。实行施工总承包的，由总承包单位负责。分包单位应向总承包单位负责，并应服从总承包单位的管理，同时应承担国家法律、法规规定的消防责任和义务。监理单位应对施工现场的消防安全管理实施监理。

施工单位应根据建设项目规模、现场消防安全管理的重点，在施工现场建立消防安全管理组织机构及义务消防组织，并应确定消防安全负责人和消防安全管理人，同时应落实相关人员的消防安全管理责任。施工单位应针对施工现场可能导致火灾发生的施工作业及其他活动，制订消防安全管理制度。消防安全管理制度应包括下列主要内容：

（1）消防安全教育与培训制度；
（2）可燃及易燃易爆危险品管理制度；
（3）用火、用电、用气管理制度；
（4）消防安全检查制度；
（5）应急预案演练制度。

施工单位应编制施工现场防火技术方案，并应根据现场情况变化及时对其修改、完善。防火技术方案应包括下列主要内容：

（1）施工现场重大火灾危险源辨识；
（2）施工现场防火技术措施；
（3）临时消防设施、临时疏散设施配备；
（4）临时消防设施和消防警示标识布置图。

施工单位应编制施工现场灭火及应急疏散预案。灭火及应急疏散预案应包括下列主要内容：

（1）应急灭火处置机构及各级人员应急处置职责；
（2）报警、接警处置的程序和通信联络的方式；
（3）扑救初起火灾的程序和措施；
（4）应急疏散及救援的程序和措施。

施工人员进场前，施工现场的消防安全管理人员应向施工人员进行消防安全教育和培训。消防安全教育和培训应包括下列内容：

（1）施工现场消防安全管理制度、防火技术方案、灭火及应急疏散预案的主要内容；
（2）施工现场临时消防设施的性能及使用、维护方法；
（3）扑灭初起火灾及自救逃生的知识和技能；
（4）报火警、接警的程序和方法。

施工作业前，施工现场的施工管理人员应向作业人员进行消防安全技术交底。消防安全技术交底应包括下列主要内容：

（1）施工过程中可能发生火灾的部位或环节；
（2）施工过程应采取的防火措施及应配备的临时消防设施；
（3）初起火灾的扑救方法及注意事项；
（4）逃生方法及路线。

施工过程中，施工现场的消防安全负责人应定期组织消防安全管理人员对施工现场的消防安全进行检查。消防安全检查应包括下列主要内容：

（1）可燃物及易燃易爆危险品的管理是否落实；
（2）动火作业的防火措施是否落实；
（3）用火、用电、用气是否存在违章操作，电、气焊及保温防水施工是否执行操作规程；

(4) 临时消防设施是否完好有效；

(5) 临时消防车道及临时疏散设施是否畅通。

施工单位应依据灭火及应急疏散预案，定期开展灭火及应急疏散的演练。施工单位应做好并保存施工现场消防安全管理的相关文件和记录，建立现场消防安全管理档案。

2) 可燃物及易燃易爆危险品管理

用于在建工程的保温、防水、装饰及防腐等材料的燃烧性能等级，应符合设计要求。可燃材料及易燃易爆危险品应按计划限量进场。进场后，可燃材料宜存放于库房内，如露天存放时，应分类成垛堆放，垛高不应超过2m，单垛体积不应超过$50m^3$，垛与垛之间的最小间距不应小于2m，且采用不燃或难燃材料覆盖；易燃易爆危险品应分类专库储存，库房内通风良好，并设置严禁明火标志。

室内使用油漆及其有机溶剂、乙二胺、冷底子油或其他可燃、易燃易爆危险品的物资作业时，应保持良好通风，作业场所严禁明火，并应避免产生静电。施工产生的可燃、易燃建筑垃圾或余料，应及时清理。

3) 用火、用电、用气管理

施工现场用火，应符合下列要求：

(1) 动火作业应办理动火许可证；动火许可证的签发人收到动火申请后，应前往现场查验并确认动火作业的防火措施落实后，方可签发动火许可证。

(2) 动火操作人员应具有相应资格；

(3) 焊接、切割、烘烤或加热等动火作业前，应对作业现场的可燃物进行清理；作业现场及其附近无法移走的可燃物，应采用不燃材料对其覆盖或隔离。

(4) 施工作业安排时，宜将动火作业安排在使用可燃建筑材料的施工作业前进行。确需在使用可燃建筑材料的施工作业之后进行动火作业的，应采取可靠的防火措施；

(5) 裸露的可燃材料上严禁直接进行动火作业；

(6) 焊接、切割、烘烤或加热等动火作业，应配备灭火器材，并设动火监护人进行现场监护，每个动火作业点均应设置一名监护人；

(7) 五级（含五级）以上风力时，应停止焊接、切割等室外动火作业，否则应采取可靠的挡风措施；

(8) 动火作业后，应对现场进行检查，确认无火灾危险后，动火操作人员方可离开；

(9) 具有火灾、爆炸危险的场所严禁明火；

(10) 施工现场不应采用明火取暖；

(11) 厨房操作间炉灶使用完毕后，应将炉火熄灭，排油烟机及油烟管道应定期清理油垢。

施工现场用电，应符合下列要求：

(1) 施工现场供用电设施的设计、施工、运行、维护应符合现行国家标准《建设工程施工现场供用电安全规范》GB 50194—2014的要求；

(2) 电气线路应具有相应的绝缘强度和机械强度，严禁使用绝缘老化或失去绝缘性能的电气线路，严禁在电气线路上悬挂物品。破损、烧焦的插座、插头应及时更换；

（3）电气设备与可燃、易燃易爆和腐蚀性物品应保持一定的安全距离；

（4）有爆炸和火灾危险的场所，按危险场所等级选用相应的电气设备；

（5）配电屏上每个电气回路应设置漏电保护器、过载保护器，距配电屏2m范围内不应堆放可燃物，5m范围内不应设置可能产生较多易燃、易爆气体、粉尘的作业区；

（6）可燃材料库房不应使用高热灯具，易燃易爆危险品库房内应使用防爆灯具；

（7）普通灯具与易燃物距离不宜小于300mm；聚光灯、碘钨灯等高热灯具与易燃物距离不宜小于500mm。

（8）电气设备不应超负荷运行或带故障使用；

（9）禁止私自改装现场供用电设施；

（10）应定期对电气设备和线路的运行及维护情况进行检查。

施工现场用气，应符合下列要求：

（1）储装气体的罐瓶及其附件应合格、完好和有效；严禁使用减压器及其他附件缺损的氧气瓶，严禁使用乙炔专用减压器、回火防止器及其他附件缺损的乙炔瓶；

（2）气瓶运输、存放、使用时，应符合下列规定：

① 气瓶应保持直立状态，并采取防倾倒措施，乙炔瓶严禁横躺卧放；

② 严禁碰撞、敲打、抛掷、滚动气瓶；

③ 气瓶应远离火源，距火源距离不应小于10m，并应采取避免高温和防止暴晒的措施；

④ 燃气储装瓶罐应设置防静电装置；

（3）气瓶应分类储存，库房内通风良好；空瓶和实瓶同库存放时，应分开放置，两者间距不应小于1.5m；

（4）气瓶使用时，应符合下列规定：

① 使用前，应检查气瓶及气瓶附件的完好性，检查连接气路的气密性，并采取避免气体泄漏的措施，严禁使用已老化的橡皮气管；

② 氧气瓶与乙炔瓶的工作间距不应小于5m，气瓶与明火作业点的距离不应小于10m；

③ 冬季使用气瓶，如气瓶的瓶阀、减压器等发生冻结，严禁用火烘烤或用铁器敲击瓶阀，禁止猛拧减压器的调节螺丝；

④ 氧气瓶内剩余气体的压力不应小于0.1MPa；

⑤ 气瓶用后，应及时归库。

4）其他施工管理

施工现场的重点防火部位或区域，应设置防火警示标识。施工单位应做好施工现场临时消防设施的日常维护工作，对已失效、损坏或丢失的消防设施，应及时更换、修复或补充。临时消防车道、临时疏散通道、安全出口应保持畅通，不得遮挡、挪动疏散指示标识，不得挪用消防设施。施工期间，临时消防设施及临时疏散设施不应被拆除。施工现场严禁吸烟。

5. 建筑消防设施的设置与管理

按照国家有关法律法规和国家工程建设消防技术标准设置的建筑消防设施，是预防火灾、及时扑救初起火灾的有效措施。对建筑消防设施定期实施检查、检测以及维护管理，确保其完好有效，是各级政府与部门和广大社会单位的职责。

1）建筑消防设施的设置要求

所有建筑物都应当按照消防法律法规和消防技术标准的要求设置建筑消防设施。设置基本要求如下：

（1）按照消防法律法规和消防技术标准需要进行消防设计的建设工程，应当进行消防专项设计，并依法由公安机关消防机构进行消防设计审核、消防验收或者备案抽查。

（2）建筑消防设施的安装单位应具备相应等级的专业施工资质，并按图施工，确保工程质量符合相关技术标准要求。

（3）建筑消防设施产品应当符合国家标准或者行业标准。禁止生产、销售、配置不合格或者国家明令淘汰的建筑消防设施产品。质量技术监督部门、工商行政管理部门、公安机关消防机构应当按照各自职责加强对消防产品质量的监督检查。

（4）建筑物的建设单位、工程监理单位和建筑消防设施的设计单位、施工单位、设计审核单位、竣工验收单位，依法对建筑消防设施工程的质量负责。

（5）配置火灾自动报警系统的单位应当与城市火灾自动报警信息系统联网，并确保正常运行。

2）建筑消防设施管理职责

建筑消防设施管理是一项社会责任，各单位对本单位设置的建筑消防设施负有自主管理责任，各级政府与部门负有领导和行业管理责任。任何单位和个人都有依法维护消防安全、保护建筑消防设施的义务，不得损坏、圈占、挪用或者擅自改造、拆除、停用建筑消防设施。

（1）各级政府及相关部门职责

各级人民政府应当加强对消防工作的领导，加大建筑消防设施的公共资金投入力度，逐步消除历史遗留问题，组织开展建筑消防设施重大安全隐患的整治。住房与城市建设、交通、规划、国土资源、安全生产监管、质监、工商、民政、教育等相关行政管理部门应当按照各自职责，共同做好建筑消防设施的行业监管工作。各级公安机关消防机构则负有行政监督管理责任。

（2）单位自主管理职责

建筑消防设施的产权单位或者受其委托管理的单位应当履行日常管理责任。当建筑使用权全部或局部转让、租赁时，应明确建筑消防设施的日常管理责任。两个或者两个以上产权人共用建筑消防设施的，建筑消防设施产权人应当共同协商，订立协议，明确各方的建筑消防设施管理责任，确定责任人或者委托一个管理单位进行统一管理，并将协议报送当地公安机关消防机构备案。建筑消防设施的使用、管理单位应当依法履行下列管理职责：

① 贯彻执行国家有关建筑消防设施使用、维护保养的法律法规、技术标准和地方规章。

② 明确专门部门和专人负责建筑消防设施的操作、检查和维护保养工作。

③ 制定建筑消防设施管理制度和操作规程。

④ 落实建筑消防设施的日常维护保养制度，及时整改设置与运行中存在的问题。

⑤ 定期组织对建筑消防设施进行检查测试。

⑥ 建立建筑消防设施配置、运行等情况的管理档案。
⑦ 对员工进行建筑消防设施使用常识教育，定期组织演练。
⑧ 法律、法规、规章规定的其他责任。
（3）消防监督管理职责

公安机关消防机构依法对建筑消防设施的管理情况实施监督，监督管理的内容包括：

① 建筑消防设施的配置情况。
② 建筑消防设施的运行状况。
③ 建筑消防设施的操作规程、管理制度。
④ 建筑消防设施的操作、管理人员的消防安全培训情况。
⑤ 消防控制室值班情况。
⑥ 建筑消防设施的维修、保养和检测情况。
⑦ 建筑消防设施管理档案的建立情况。
⑧ 其他需要监督检查的情况。

## 任务10-4 消防应急逃生

【工作任务】在社会生活中，火灾已成为威胁公共安全、危害人民群众生命财产的一种多发性灾害。据统计，全世界每天发生火灾万余起，全年火灾造成的直接财产损失多达10亿元，尤其是造成几十人、几百人死亡的特大恶性火灾不断发生，给国家和人民群众的生命财产造成了巨大的损失。施工现场人员相对集中，人员结构比较复杂，失火时不容易协调指挥，容易造成挤伤踩伤事故。总结以往特大火灾造成群死群伤及重大经济损失的教训，其中最根本的一点是要提高人们火场疏散与逃生的能力。一旦火灾发生，在浓烟毒气和烈焰包围下，不少人葬身火海。面对滚滚浓烟和熊熊烈焰，只有冷静机智运用火场自救与逃生知识，明辨安全出口方向，往远离火源方向逃生，才能掌握主动，减少人员伤亡。

【知识准备】火场中，浓烟是致人死亡的主因。约80%的遇难者都是因为吸入有毒浓烟，这些浓烟里包含一氧化碳、氰化氢、硫化氢、氯化氢等剧毒气体，个个都是致命杀手。火灾发生时，人们容易因浓烟、火焰等因素惊慌失措。如果心理承受能力差，就可能会在紧急疏散和逃生时不知所措，到处乱跑；如果应急反应能力差，则会找不到正确的疏散、逃生方向，不能正确地利用疏散指示标志和采用正确的疏散、逃生姿势；如果遵守纪律能力差，则不能够听从疏散人员的指挥进行有序疏散，出现抢道、拥挤等行为，严重时造成通道堵塞，如果多掌握些火灾逃生方法，则能在火灾中减少人员伤亡。

【任务实施】

1. 应急逃生注意事项

1）逃生预演，临危不乱

每个人对自己工作、学习或居住所在的建筑物的结构及逃生路径要做到了然于胸，必要时可集中组织应急逃生演练（图10-3），使大家熟悉建筑物内的消防设施及自救逃生的方法。这样，火灾发生时，就不会觉得手足无措了。

图 10-3 应急逃生演练

2) 熟悉环境,暗记出口

倘若你来到一个陌生的工地,特别是在在建、改建等较大的建筑物中,为了自身的安全,务必留心施工安全出口及疏散通道的位置及楼梯的方位,以便一旦遇到火灾险情,不至于迷失方向而盲目地往火海里闯,往死胡同里钻,切记一定要给自己找一条逃生之路。

3) 扑灭小火,惠及他人

当发生火灾时,如果火势并不大,且尚未对人造成很大威胁时,应利用周围的消防器材,如灭火器、消防栓等,争分夺秒扑灭"初期火灾",千万不要惊慌失措地乱叫乱窜,置小火于不顾而酿成大灾。

4) 保持冷静,寻路逃生

当房屋突然发生火灾时,首先要强令自己保持冷静,切不可惊慌失措,以免做出错误决断而冒险跳楼。选择逃生的路线要注意:朝有照明或明亮处迅速撤离;若在楼梯上,应该往下跑;若被火挡住,就要通过窗口或阳台等往外逃生。

5) 毛巾妙用,过滤烟毒

据有关资料统计,在火灾中丧生的人,受烟雾中毒、窒息而死亡的比例远比烧死的要高,达 70% 以上。因此,当你被烟困住时,防烟雾中毒、防窒息死亡是非常重要的,我们日常生活中的毛巾可顺手拿来作空气过滤器,人在烟雾中,用折叠 6～8 层的湿毛巾蒙鼻保护,可减少 60% 烟雾毒气的吸收。特别紧急情况也可用其他棉或布制品,过水湿润后使用。

6) 明辨方向,逃离火场

房屋着火后,火焰夹着浓烟滚滚而来,所以你在跑离火场时,千万不要在弄不清方向的情况下乱跑，千万不要乘普通的电梯（施工升降机）逃生，火灾时一旦跑进去就遇上断电，无疑等于钻进死亡的囚笼；同时，也不可躲入床下或壁橱中，这样会令救援者难以发现。正确的选择是：沿烟气不浓且大火尚未烧及的楼梯、应急疏散通道、楼外附设敞开式楼梯等往下跑，一旦在下跑的过程中受到烟火或人为封堵，应从水平方向选择其他通道，或临时退守到房间及避难层内，争取时间，进而采用其他方法逃生。

7）烟雾场所，匍匐前进

现代建筑虽然比较坚固，但现场材料诸如模板、脚手板、安全网等，均为易燃物品。这些可燃材料燃烧时散发的有毒气体，浓烟会快于人奔跑速度的4～8倍蔓延，人们即使不被烧死，也会因烟雾毒气而窒息死亡。所以用毛巾或湿布捂住口鼻，屏住呼吸，可防止烟雾毒气呛入体内。同时，宜俯卧爬行（图10-4），因烟气毒气比空气轻，贴近地面的空气，一般比较清洁少烟，且含氧量较多，可避免被毒烟熏到而窒息。

8）结绳自救，脱离险境

如果火灾时安全出口或通道被堵，救援人员又不能及时赶到，情况万分危急时，可迅速利用身边的绳索或将窗帘、被罩、床单等撕成条，连接成绳，用水浇湿，一端紧固在管道、结构或其他负载物体上，另一端沿窗口下垂直至地面或较低的楼层的窗口、阳台处、顺绳下滑逃生，千万不要盲目跳楼，如图10-5所示。

图10-4 匍匐逃生

图10-5 结绳自救

9）堵塞门户，固守求生

固守房中求生，可谓一种选择，当你的处所发生火灾，如果用手摸房门感到烫手，则说明房外火势已进入"发展阶段"，此时若开门，火焰和浓烟就会迎面扑来。对于汹涌而来的烟雾，务必紧闭门窗（图10-6），并用毛巾、被子堵塞门缝，并向上泼水，顶住烟火进攻。若所有逃生线路被大火封锁，要立即退回室内，用打手电筒、挥舞衣物、呼叫等方式向窗外发送求救信号，等待救援。

图 10-6　固守求生

10）身处高楼，沿楼下跑

火灾发生时，如果你身处高楼，就要沿着楼梯向下跑，一般都设有安全疏散楼梯间，安全疏散楼梯间都是防火防烟的。除非是在最顶层你可向屋面跑，一般情况千万不要往上跑。因为烟和火向上蔓延的速度是非常快的，人肯定难以逃脱烟火的吞噬。

11）借助器材，火口脱险

人处在火灾中，生命危在旦夕，不到最后一刻，谁也不会放弃生命，一定要竭尽所能设法逃生。逃生和救人的器材设备种类较多，通常使用的有缓降器、救生袋、救生网、救生气垫、救生软梯、救生滑竿、救生滑台、救生舷梯等，如果能够充分利用这些器材和设施，基本可以火口脱险。

12）走投无路，厕所逃生

当你在无法冲出火海的情况下，可以逃进所谓的避难所，如浴室、卫生间等。因为这些房间既无可燃物，又有水源，进入后立即关门窗，在一定条件下，该行为是极有效的，可获得较大的生存机会。

13）利用阳台，转移疏散

当你听到火警时，正准备向外疏散，但是这时房间的门或走廊以及通向出口的楼梯已被火或烟封住了，切记不可从高楼跳下，必须保持镇静，尽量利用阳台转移到相邻房间或楼层，从而逃离起火层。

14）敲盆晃物，寻求救援

居住在楼上的你被火包围，无法逃生时，可以向窗外晃动鲜艳的衣物或敲有声的金属制品，也可以向外抛出醒目的东西，如果在晚上，所有灯光失灵，你可以用手电筒不停地在窗口闪动，及时发出有效的求救信号以引起救援者的注意，将你从火口营救逃生。

15）既已逃生，勿念财物

正当起火建筑物被烈火吞噬或浓烟弥漫时，人们都纷纷从建筑物内出来，但有些人刚刚出来又试图重返去灭火、找家人或抢救财产，结果人财两空（图 10-7）。因为你重返起火建筑物中时可能遇到新的危险，尤其在火灾的发展阶段，也许正遇上可燃物发生轰燃现象，即大火将整个空间充满，而这时再次逃生的希望就很小。即使火灾被扑灭也要慎重，如果有风吹，还会发生复燃现象，仍会遇上危险难以逃生。

图 10-7　勿念财物

2. 应急逃生方法和技巧

1）绳索自救法：有绳索的，可直接将其一端拴在结构、门、窗档或重物上沿另一端爬下。过程中，脚要成绞状夹紧绳子，双手交替往下爬，并尽量采用手套、毛巾将手保护好。

2）匍匐前进法：由于火灾发生时烟气大多聚集在上部空间，因此在逃生过程中应尽量将身体贴近地面，匍匐或弯腰前进。

3）毛巾捂鼻法：火灾烟气具有温度高、毒性大的特点，一旦吸入后很容易引起呼吸道烫伤或中毒，因此疏散中应用湿毛巾捂住口鼻，以起到降温及过滤的作用。

4）棉被护身法：用浸泡过的棉被或毛毯、棉大衣盖在身上，确定逃生路线后用最快的速度钻过火场并冲到安全区域。

5）毛毯隔火法：将毛毯等织物钉或夹在门上，并不断往上浇水冷却，以防止外部火焰及烟气侵入，从而达到抑制火势蔓延速度、增加逃生时间的概率。

6）被单拧结法：把床单、被罩或窗帘等撕成条或拧成麻花状，按绳索逃生的方式沿外墙爬下。

7）跳楼求生法：火场切勿轻易跳楼！在万不得已的情况下，住在低楼层的居民可采取跳楼的方法进行逃生，但要落差较小的地面作为落脚点，并将席梦思床垫、沙发垫、厚棉被等抛下做缓冲物。

8）管线下滑法：当建筑物外墙或阳台边上有落水管、电线杆、避雷针引线等竖直管线时，可借助其下滑至地面，同时应注意一次下滑时人数不宜过多，以防止逃生途中因管线损坏而致人坠落。

9）杆件插地法：将结实的杆件，如晾衣杆直接从阳台或窗台斜插到室外地面或下一层平台，两头固定好以后顺杆滑下。

10）攀爬避火法：通过攀爬阳台、窗口的外沿及建筑周围的脚手架、雨棚等凸出物以躲避火势。

11）楼梯转移法：当火势自下而上迅速蔓延而将楼梯封死时，住在上部楼层的居民可通过老虎窗、天窗等迅速爬到屋顶，转移到另一家或另一单元的楼梯进行疏散。

12）卫生间避难法：当实在无路可逃时，可利用卫生间进行避难，用毛巾紧塞门缝，把水泼在地上降温，也可躺在放满水的浴缸里躲避。但千万不要钻到床底、阁楼等避难，因为这些地方可燃物多，且容易聚集烟气。

13）火场求救法：发生火灾时，可在窗口、阳台或屋顶处向外大声呼叫、敲击金属物品或投掷软物品，白天应挥动鲜艳布条发出求救信号，晚上可挥动手电筒或白布条引起救援人员的注意。

14）逆风疏散法：应根据火灾发生时的风向来确定疏散方向，迅速逃到火场上风处，躲避火焰和烟。

15）"搭桥"逃生法：可在阳台、窗台、屋顶平台处用木板、竹竿等较坚固的物体搭在相邻建筑，以此作为跳板过渡到相对安全的区域。

3. 火灾应急救援

火灾是一种常见的灾害，如果不及时、有效地进行应急救援，不仅会造成人员伤亡和财产损失，还可能演变成更大规模的灾难。因此，火灾应急救援是非常重要的。

1）火灾应急救援流程

（1）发现火灾

火灾往往在发生初期就能够发现，因此及早地发现火灾是成功应急救援的关键。当我们发现火灾时，应立即触发应急预案。

（2）报警

在发现火灾后，应及时拨打火警电话，向消防部门报告火灾情况。在通报火警时，应准确提供火灾地点、火势大小以及受困人员数量等必要信息。

（3）疏散人员

火灾发生后，首要任务是保证所有人员迅速安全撤离。在进行疏散时，应以人员安全为最优先考虑，确保大家有序、迅速地离开火灾现场。同时，也应指定专人负责协助行动不便的人员疏散。

（4）灭火

在人员疏散的同时，要立即进行初步灭火，防止火势进一步蔓延。如果条件允许，可以利用消防器材进行灭火。但要注意自身安全，切勿冒险。

（5）救援被困人员

在疏散人员的同时，要特别关注是否有人被困。如果发现有被困人员，应立即通知消防救援部门，被困人员在等待救援时，也应尽力寻找逃生通道或寻求其他帮助。

（6）救援财物

在确保人员安全后，可以考虑进行财物救援。但是，为了避免对灭火和救援人员造成困扰，不得阻碍他们的行动。

（7）处理善后

在火灾得到控制后，应对火灾现场进行清理和对疏散人员进行安置。同时，要进行火灾原因的调查，以及总结应急救援过程中的经验和教训，为防范未来火灾提供参考。

2）火灾应急救援注意事项

（1）自救优先

在火灾发生时，自身安全是最重要的。在进行火灾应急救援时，要时刻保持冷静，做出正确的判断和决策。切勿盲目冒险，防止自身陷入险境。

（2）注意通风

在进行灭火行动时，要注意通风，确保良好的空气流通。同时，也要避免对火源进行过度通风，以免火势加大。

（3）防止烟雾中毒

火灾时，产生大量浓烟和有毒气体。在疏散人员时，应低姿态前进，尽量避免吸入浓烟。如果无法避免，应用湿毛巾捂住口鼻。

（4）避免使用电梯

在火灾发生时，电梯往往会出现故障，不能正常运行。因此，在火灾应急救援中，应尽量避免使用电梯，选择使用安全通道和楼梯进行疏散。

（5）防止踩踏事故

火灾发生时，人员疏散通道往往会出现拥堵情况，容易发生踩踏事故。为了避免此类事故的发生，应通过引导和组织，确保人员有序地疏散。

火灾应急救援是一项紧急且复杂的任务，要求我们在短时间内做出正确的决策和行动。通过了解火灾应急救援的流程和注意事项，我们可以有效应对火灾，保障人员安全和财产安全。希望每个人都能重视火灾应急救援意识的培养，提高自我保护能力，为创建安全和谐的社会做出贡献。

【巩固训练】

1. 如何理解燃烧的充分条件？
2. 燃烧可分为哪些类型？
3. 固体、气体、液体燃烧各自有哪些类型和特点？
4. 举例说明燃烧产物（包括烟）有哪些毒害作用？其危害性主要体现在哪几个方面？
5. 按照充装灭火剂的不同，灭火器可分为哪几种类型？
6. 干粉灭火器的灭火机理是什么？
7. 灭火器的基本参数有哪些？
8. 灭火器的设置应遵循哪些规定？
9. 灭火器的配置选择应考虑哪些综合因素？
10. 火灾按燃烧对象是如何分类的？
11. 火灾发生的常见原因有哪些？
12. 建筑火灾的蔓延途径有哪些？
13. 灭火的基本方法有哪些？
14. 施工现场临时消防车道的设置应符合哪些规定？
15. 施工现场临时宿舍、办公用房的防火设计应符合哪些规定？
16. 施工现场哪些场所应配备临时应急照明？
17. 简述应急逃生注意事项。

# 项目 11　BIM 在建筑施工中的应用

## 【项目情景】

广联达 BIM 5D 以 BIM 平台为核心,能够集成多类型 BIM 软件产生的模型,并以集成模型为载体,关联施工过程中的进度、合同、成本、质量、安全、图纸、物料等信息,为项目提供数据支撑,实现有效决策和精细管理,最终达到减少施工变更、缩短工期、控制成本、提升质量的目的。

## 【学习目标】

**知识目标**

了解 BIM 的发展历史和目前主流的相关 BIM 应用软件,以及传统建筑施工管理中存在的主要问题和弊端;掌握 BIM 的概念以及 BIM 在建筑施工管理中的优势和应用原理。

**技能目标**

熟悉 BIM 5D 平台的相关操作,能够利用 BIM 软件分析相关工程。

**素质目标**

(1) 培养学生工程意识。
(2) 培养学生规范化设计和标准化操作的意识。
(3) 培养学生团队合作的意识。
(4) 建立良好的学习方法、资料收集的方法、处理问题的方法。

## 任务 11-1　BIM 简介

**【工作任务】**

BIM 应用技术在建筑行业的作用逐步上升,在一些领域发挥着无可替代的作用。BIM 技术的出现将引发工程建设领域的第二次数字革命。BIM 不仅带来现有技术的进步和更新换代,也会影响生产组织模式和管理方式的变革,并推动人们思维模式的转变。BIM 工程师不管是对 BIM 设计导向还是行业发展,都有巨大的推动作用。

**【知识准备】**

BIM 最重要的特点是关联相关领域,因此 Revit 建立的模型需要与其他相关软件相关联,除了 Revit 外,常用的软件还有模拟分析软件(Ecoteco)、BIM 可视化软件(3DSMax,Lumion)、BIM 模型综合碰撞检查软件(Navisworks,Fuzor)、BIM 造价管理软件(Innovaya,广联达等)、BIM 运营软件(ArchiBUS)。

**【任务实施】**

1.BIM 的由来

BIM 是建筑信息模型（Building Information Modeling）的缩写，它是近年来在原有 CAD 技术基础上发展起来的一种基于三维空间、四维时间、五维成本、N 维更多应用的模型信息集成技术，可以使建设项目包括行政主管部门、业主方、设计方、施工方、监理方、造价方、运营管理方及项目用户等所有参与单位从项目概念产生到报废拆除、回收利用的全寿命周期内都能在模型中编辑信息和在信息中操作模型，从而在根本上改变了从业人员依靠符号文字、形式图纸进行项目建设和运营管理的工作方式，实现了在建设项目全寿命周期内提高工作效率、保证工程质量、减少操作错误、降低工程风险的目标。

如果将手工绘图视为设计制图技术的 1.0 时代，那么目前正进行全面技术运用的 CAD 可视为这一领域的 2.0 时代，它将建筑师、工程师们从手工绘图推向了计算机辅助制图，实现了工程设计领域的第一次信息革命。但放眼互联网技术全面发展和运用的今天，CAD 技术又有了进一步发展和完善的需要。目前存在的问题主要表现在其对产业链的支撑是不连续的，各个领域和环节之间并没有进行有效的关联，从整个产业来看，信息化的综合运用程度明显不足。而 BIM 作为一种技术、一种方法、一个过程，它既包括建筑物全生命周期的信息模型，又包括了建筑工程管理行为的模型，它将两者进行有效结合以实现集成化信息化管理。BIM 使设计从二维转向三维，从线条绘图转向构建布置，从单纯几何表现转向全信息模型集成，从各工种单独完成转向协同完成，从离散的分步设计转向基于同一模型的全过程整体设计，从单一设计交付转向项目全寿命周期支持。因此，BIM 的出现将引发行业内的又一次革命，推动行业迈向 3.0 时代。

2.BIM 的概念

目前，BIM 技术正处于快速发展和运用阶段，其作为一种集成化信息化技术平台，所涉及专业技术和领域非常广泛，因此目前国内外对 BIM 有很多不同的释义，主要有以下几种。

1）我国国家标准中对 BIM 的定义

我国专家和学者经过广泛调查研究，认真总结实践经验，参考国外有关先进标准，在广泛征求意见的基础上，编制了《建筑信息模型施工应用标准》（GB/T 51235—2017），该标准于 2017 年 5 月 4 日发布，从 2018 年 1 月 1 日起正式实施。标准中对 BIM 的定义为在建设工程及设施全生命期内，对其物理和功能特性进行数字化表达，并依次设计、施工、运营的过程和结果的总称。

2）美国国家标准中对 BIM 的定义

美国国家标准 *The National Building Information Modeling Standards Committee*，NBIMS 从几个方面对 BIM 进行了释义：BIM 是建设项目的兼具物理特性与功能特性的数字化模型，且是从建设项目的最初概念设计开始的整个生命周期里做出任何决策的可靠共享信息资源；实现 BIM 的前提是在建设项目生命周期的各个阶段，不同的项目参与方通过在 BIM 建模过程中插入、提取、更新及修改信息以支持和反映出各参与方的职责；BIM 是基于公共标准化协同作业的共享数字化模型。

3）国际标准组织设施信息委员会对 BIM 的定义

国际标准组织设施信息委员会（Facilities Information Council）对 BIM 的定义为：BIM 是利用开放的行业标准，对设施的物理和功能特性及其相关的项目生命周期信息进行数字化形式的表现，从而为项目决策提供支持，有利于更好地实现项目的价值。

通过不同的国家或组织对 BIM 的不同定义，可以总结出 BIM 是以三维数字技术为基础的完整信息模型，能够连接项目全寿命周期的不同数据，自动计算、查询、组合或拆分实时工程数据，以供项目各参与单位对项目的实时动态整合和管理运用。

3. BIM 软件平台

目前建筑业普遍使用的 BIM 系列软件有：AutodeskRevit、Autodesk Navisworks、Bentley Building、Graphisoft Archi CAD 以及基于我国本土软件开发的广联达 MagiCAD、广联达 BIM 5D、中国建筑科学研究院的 PKPM、盈建科的 YJK、鲁班 BIM 系统等。

部分常用项目施工 BIM 应用软件见表 11-1。

表 11-1 项目施工中常用的 BIM 软件

| 开发公司 | 软件名称 | 功能 | 施工投标 | 深化设计 | 施工管理 | 竣工交付 |
| --- | --- | --- | --- | --- | --- | --- |
| Autodesk | Revit | 建筑建模、结构建模、机电建模 | √ | √ | √ | |
| | Navisworks | 模型协调与管理 | √ | √ | √ | √ |
| | Civil 3D | 地形建模、场地建模、道路建模 | √ | √ | | |
| Bentley | AECOsim Building Designer | 建筑建模、结构建模、机电建模 | √ | √ | √ | |
| | Prosteel | 钢构建模 | | | √ | |
| | Navigator | 模型协调与管理 | √ | √ | √ | |
| | ConstructSim | 建造管理 | √ | √ | | |
| Trimble | TeklaStructure | 钢构建模 | √ | √ | √ | |
| FORUM8 | UC－win/Road | 仿真 | √ | √ | | |
| Dassault System | DELMIA | 4D 仿真 | √ | √ | √ | |
| | ENOVIA | 模型协同 | | | | √ |
| 广联达 | 广联达 BIM 5D | 造价建模及管理 | √ | √ | √ | √ |
| 鲁班 | 鲁班 BIM 系统 | 造价建模及管理 | √ | √ | √ | √ |
| 建研科技 | PKPM | 结构建模、分析、计算 | √ | √ | √ | |
| 盈建科 | YJK | 结构建模、分析、计算 | √ | √ | | |
| 迈达斯 | MIDAS | 结构建模、分析、计算 | √ | √ | | |
| 飞时达 | FastTFT | 土方计算 | | | √ | |

注：表中"√"表示主要或直接应用。

## 任务 11-2　BIM 的应用

**【工作任务】**

施工阶段是一个项目最为重要的阶段,如果能有一套成型或者较为优良的系统可以使施工变得简单快捷,从而大幅降低施工成本、简化施工程序、提高施工质量、缩短工期,势必造福建筑行业。

**【知识准备】**

BIM 技术的出现,似乎让这一切都变成可能,而 BIM 5D 平台产品更是将 BIM 的可视化、集成性、关联性等优势发挥到极致。基于 BIM 5D 平台可以在整合的三维模型基础上,任意维度看到进度、资源、资金、成本的情况,方便进行技术方案推演,提前规避问题,合理协调劳动力和工作面资源,实现项目的动态精细化管理。

**【任务实施】**

1. BIM 的应用

1) BIM 在建筑施工进度管理中的应用概述

项目进度管理是指项目管理者根据相关目标要求编制进度计划,实施且在此过程中经常检查计划的实际执行情况,并在分析进度偏差原因的基础上,不断调整,修改计划直至工程竣工交付使用;通过对进度影响因素实施控制及各种关系协调,综合运用各种可行方法、措施,将项目计划工期控制在事先确定的目标工期范围之内,在兼顾成本、质量控制目标的同时,努力缩短建设工期。

2) 传统项目进度管理技术缺陷

随着行业技术的发展,目前传统的进度管理技术存在着以下明显缺陷:

(1) CAD 二维图纸设计空间表现性能差

目前广泛运用的二维三视图作为一种基本表现手法,将现实中的三维建筑用二维的平面、立面、侧面三视图来表达。特别是 CAD 技术的应用,用计算机屏幕、鼠标、键盘代替了画图板、铅笔、直尺、圆规等手工工具,大大提高了出图效率。尽管如此,由于二维图样的表达形式与人们现实中的习惯维度有着较大差异,要想准确识读和理解二维图样,需要通过专业的学习和长时间的训练。同时,随着人们对建筑外观美观度的要求越来越高,以及建筑设计行业自身的发展,异形曲面的应用更加频繁,如悉尼歌剧院、国家大剧院、鸟巢等外形奇特、结构复杂的建筑物越来越多。即使设计师能够完成图样,但对图样的认识和理解仍存在较大的难度。另外,CAD 二维设计可视性较差,使设计师无法有效检查自己的设计成果,很难保证设计质量,同时不利于设计师与建造师之间的高效沟通。

(2) 二维图样不便于各专业之间的沟通和协调

二维图样的可视化程度较低,使各专业之间的工作相对分离。在设计阶段和施工阶段,很难对工程项目进行整体性表达。各专业单独工作或许十分顺利,但在各专业协同作业时往往就会产生碰撞和矛盾,进而影响整个项目的顺利完成。

(3) 横道图和网络计划对工程项目进度安排的展示各有利弊

目前工程项目进度安排常用到横道图和网络计划这两种表达方式。

亨利·甘特发明了著名的横道图，如今的项目管理者仍然把横道图作为最重要的进度计划表述工具。横道图以横坐标表示时间，工程项目所涉及各项活动在图的左侧纵向排列，采用带时间比例的水平横道来表征不同的工序和活动的持续时间，整体上表现出工程的进度计划。横道图进度计划具有简单形象、直观易懂的优点，但也有不足之处，如不能很清楚地表达各项活动之间的逻辑关系；不能明显地表示出一项活动的延误对其他活动乃至整个工期的影响；不能明显地表示出哪些工作是对项目工期产生直接影响的关键工作；不能进行工期方案的优化；计划调整只能用手工方式进行，工作量较大。因此，从实践角度上讲，横道图可以应用于材料供应计划、小型工程项目或集中性工程进度计划，难以适应大的进度计划系统。

网络计划的基本要素包括工作、节点和线路。工作用箭线来表示，它所包括的范围可大可小，既可以是一道工序，又可以是一个分项工程或一个分部工程，甚至是一个单位工程；节点是指箭线进入或引出处带有编号的圆圈，它表示其前面若干项工作的结束或表示其后面若干项工作的开始；线路是指从网络计划的起点节点开始，沿箭线方向连续通过一系列箭线与节点，最后到达终点节点的通路，持续时间最长的线路就是该网络计划的关键线路。从应用角度来说，网络计划具备能够明晰各项工程活动之间的先后顺序，准确界定各项工程活动的持续时间，能够标注各项工程活动的时间参数等优势。但其也存在着一定的缺陷和局限性：网络计划虽提供了较为详细的项目进度安排相关参数，但时间参数的计算较为复杂，理解较为困难，比较适合于行业内部的专业管理人员使用，并不适用于对外的沟通交流和成果展示；网络计划的表达较为抽象，不能直观地展示项目的计划进度过程，也不方便进行项目实际进度的跟踪。

3）传统的进度管理方法上的缺陷

项目管理技术的不断发展推动了管理工作向规范化和精细化的迈进，但传统的进度管理方法在很大程度上都过于依赖项目管理者的工作经验，因此受主观因素的影响较大，直接影响施工的规范化和精细化管理。

2. BIM在进度管理中的优势

随着相关技术的不断发展，BIM在项目进度管理中的优势已越来越明显。

1）可视化较强。

运用BIM技术建立的项目模型与传统模型的最大区别就在于对建筑内部的表现力及描述的详细度。二维模式下的进度管理主要是依靠图样与表格的方式，而基于BIM技术则能够建立高度仿真的项目三维模型，项目参与各方可通过任何视角对建筑物内部及细部进行核查，大到建筑物整体外观，小到某个构件的颜色、尺寸、材料属性都可以逐一观察与评估。这样不仅可以提高项目的设计品质，还可以减少施工图因设计失误所造成的返工及误工等。

2）信息量较丰富。

传统的进度管理模式中，因信息量的匮乏导致不能形成数据报表进行量化分析，基本都是依靠管理人员个人经验或者"拍脑袋"的方式来管理，很多都是估算或差不多等这种模棱两可的管理模式。而BIM的导入可以大幅改善此种局面，通过BIM的参数化特性，可以把模型中建筑构件的材质、尺寸、价格、数量等信息纳入模型中，让模型不仅可以看，还可以用。

3）协同作为更为顺畅。

项目施行过程中，BIM可以贯穿项目始终，也可以协同建筑各个专业，首先通过建立统一的协同工作平台可以把专业间模型导入平台之中，让项目参与各方对项目整体以及本专业和本阶段应该做什么，做成什么样子有一定的理解。然后通过BIM软件的运用使模型中的各个专业进行空间上的构件间的碰撞点检查，进而提高设计品质，减少错误发生，指导施工，减少返工，从而大幅剔除影响施工进度的因素。

3. BIM在进度管理中的具体应用

目前，常用的进度管理类软件主要有：Navisworks、Virtual Construction、Visual Simulation、Microsoft Project、广联达等。本小节选用广联达BIM 5D系统进行进度管理介绍。

1）BIM应用流程

基于广联达BIM 5D系统进行项目进度管理的总体BIM技术应用流程如图11-1所示。

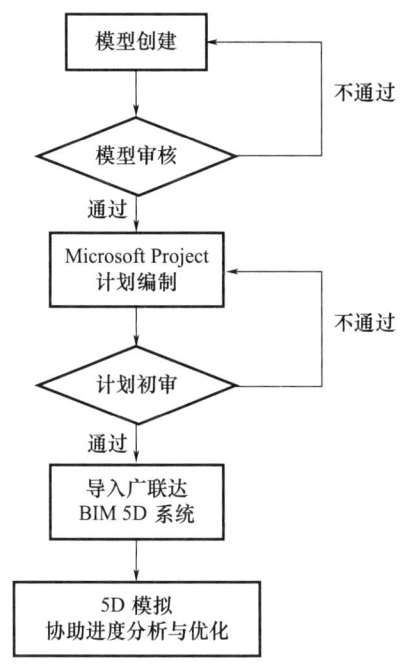

图11-1　基于广联达BIM 5D系统的项目进度管理方案BIM技术应用流程

（1）模型创建。

广联达BIM 5D系统模型为满足后期进度、合同、图纸、成本、运维等应用，必须严格按照建模规则进行模型创建，同时需要进行清单与模型的关联工作，从而保证后期应用。

（2）进度计划编制。

广联达BIM 5D系统进度计划管理包括计划进度和实际进度两个维度。计划进度数据通过导入Microsoft Project计划文件或者导入通过斑马进度软件编制的进度计划文件。当计划进度出现修改调整时，可以直接在Microsoft Project计划文件中进行修改，修改后再次导入广联达BIM 5D系统中，软件会对两次导入的计划文件进行匹配处理。

实际进度需要在广联达 BIM 5D 系统中根据现场工作的实际开始时间和实际完成时间进行实时录入。

2）基于广联达 BIM 5D 系统的进度管理关键步骤

(1) 划分流水段。

按照流水段分区的原则创建流水段，如图 11-2 和图 11-3 所示。

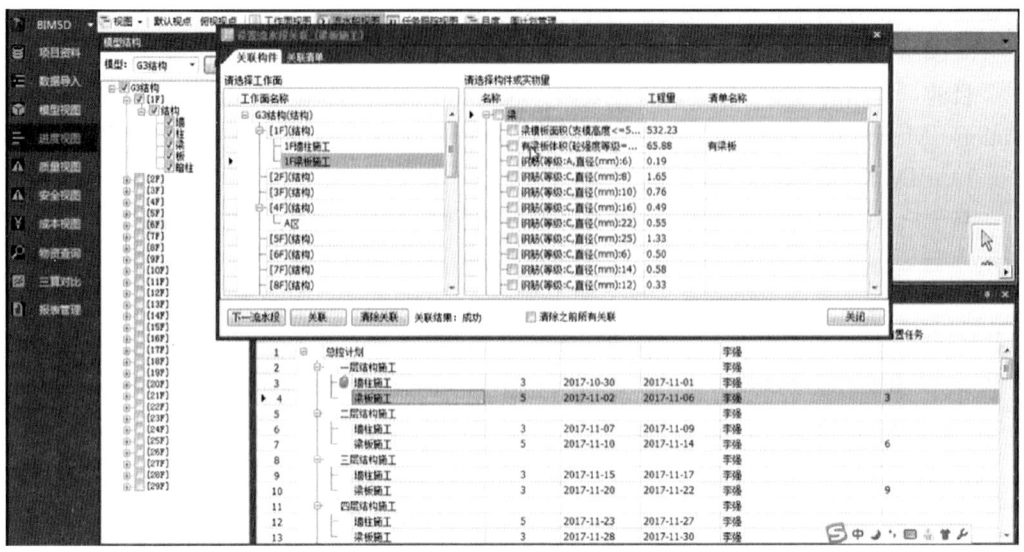

图 11-2　流水段图元关联

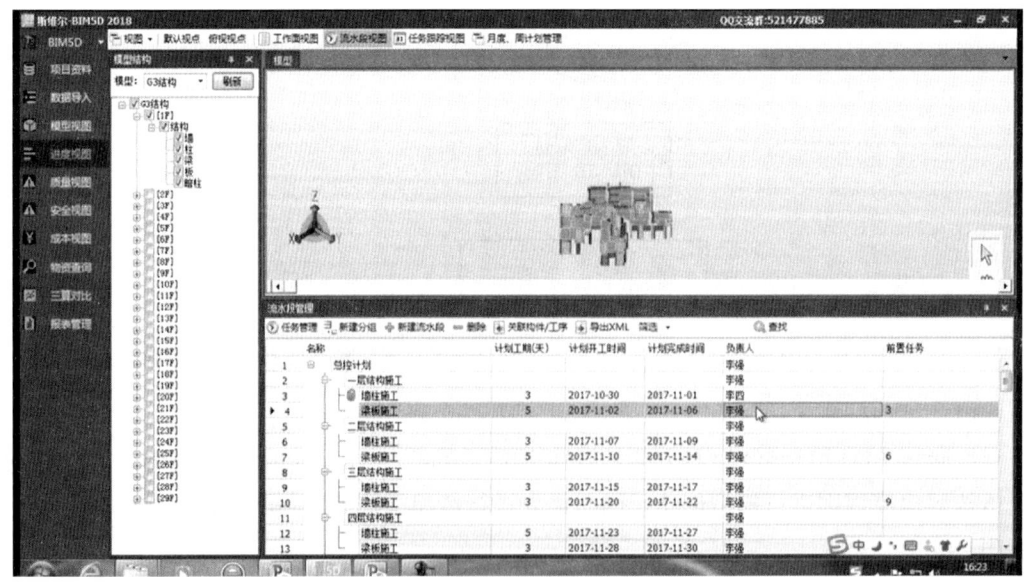

图 11-3　划分流水段

(2) 导入进度计划。

将编制好的 Microsoft Project 进度文件导入广联达 BIM 5D 系统中（图 11-4）。

项目 11　BIM 在建筑施工中的应用

图 11-4　Microsoft Project 进度文件导入

3）进度与模型关联。

将 BIM 模型与进度信息进行关联，从而能够获取项目各部位的进度信息，包括计划时间、实际完成时间、施工日报表、现场进度照片等，如图 11-5 所示。将构件、进度、成本关联后，即可通过模型获取准确的进度范围、位置、工程量等信息，帮助用户准确估算所需的人工、材料、机械资源及工期，并清晰界定各分包单位之间的工作界面。

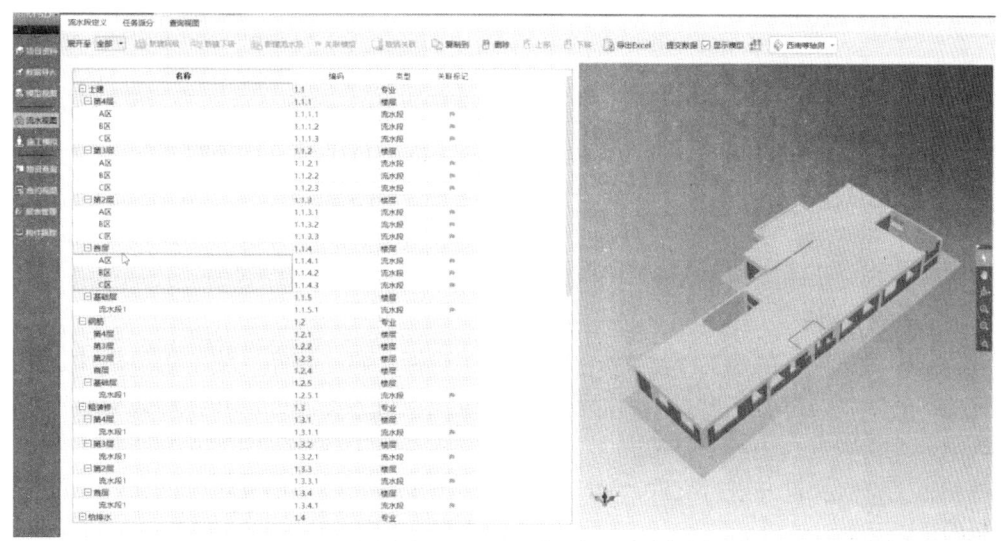

图 11-5　进度与模型关联

4）进度管理。

根据现场工作的实际开始时间和实际完成时间实时录入到广联达 BIM 5D 系统中，可对工程计划的实施效果情况进行实时查看，并采取相应措施进行有效管控，如图 11-6 所示。

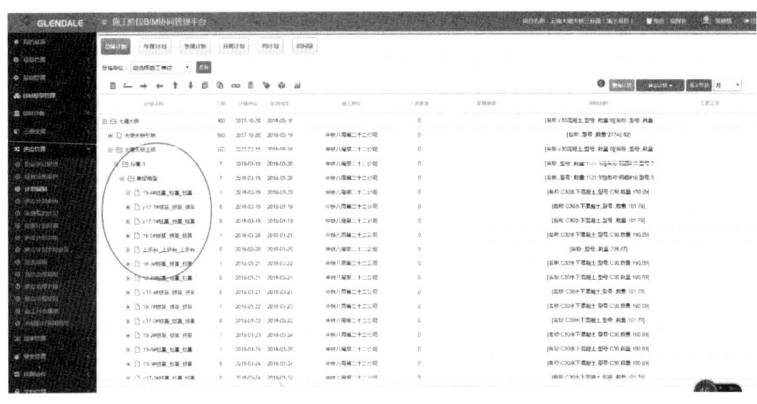

图 11-6　进度计划执行情况

4. 施工组织设计在 BIM 5D 中的具体应用

施工组织设计是以施工项目为对象编制的用以指导施工的技术、经济和管理的综合性文件，是对施工活动实行科学管理的重要手段，具有战略部署和战术安排的双重作用。

1）工程概况

工程概况包括本项目的性质、规模、建设地点、结构特点、建设期限、分批交付使用的条件、合同文件，本地区的地形、地质、水文和气象情况，施工力量、劳动力、机具、材料、构件等资源供应情况，施工环境及施工条件等。

（1）传统方案

传统模式下项目工程概况以文字形式表现在施工组织设计文件中，并标注在项目图纸的设计说明中。项目参建各方数据互通时主要以收发电子版文件或纸质版文档为基础，效率低下。

（2）BIM 5D 方案

基于 BIM 5D 平台，可以将项目概况、开竣工日期、参建单位全部录入系统平台，项目参建各方想要获取有关数据，可以直接登录 BIM 5D 平台进行查阅。

2）施工部署

根据工程情况，结合人力、材料、机械设备、资金、施工方法等条件，全面部署施工任务，合理安排施工顺序，确定主要工程的施工方案。

（1）传统方案

传统模式下项目的施工部署主要包括对施工目标、施工程序、施工组织机构、分包管理的部署，主要以文字形式编制部署方案，组织项目各参与方以开会形式交底组织机构人员、人员职责。一旦项目情况、人员组织结构、施工条件等因素发生变化，需要重新编制施工部署文件并进行交底，就会出现响应速度慢，改动不及时等情况，无法保证项目的正常运转。

（2）BIM 5D 方案

在施工部署应用方面，BIM 5D 平台主要从组织管理、模型集成数据准备等方面进行管理。具体内容如下所示。

① 组织管理：BIM 5D 平台主要是从组织机构、权限分配方面来进行现场人员职能及职责的管理，通过清晰明了的页面管理和授权管理使项目进行有效的运转。项目利用

BIM 5D搭建数据与信息共享平台,各部门各岗位通过平台积累并调用过程数据,获取多维度信息,辅助业务管理决策;同时各部门数据互通共享,大大提升信息获取的效率和准确性,从而提高管理效率和质量,实现多部门多岗位的协同管理机制,如图 11-7 所示。广联达办公大厦项目组织管理示意如图 11-8 所示。

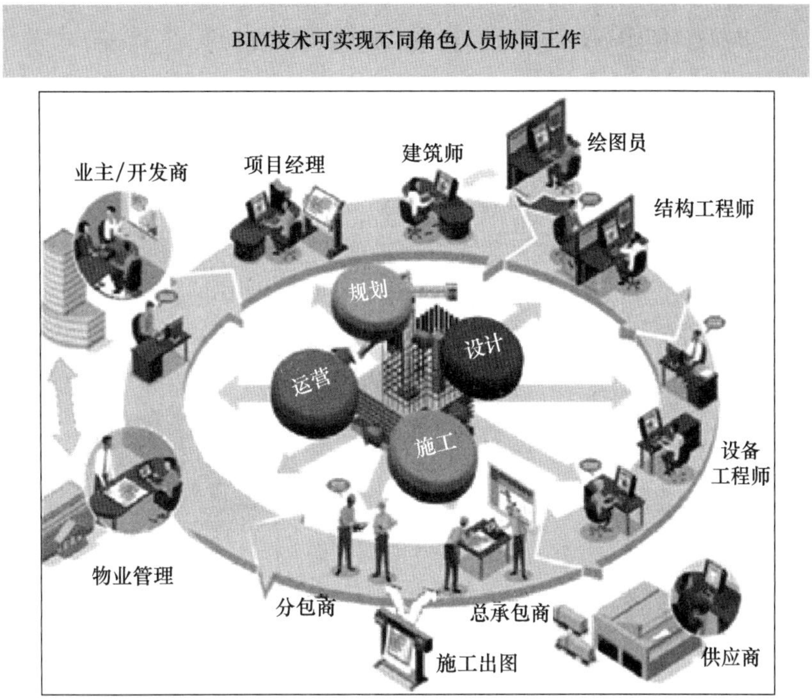

图 11-7　多部门多岗位协同办公

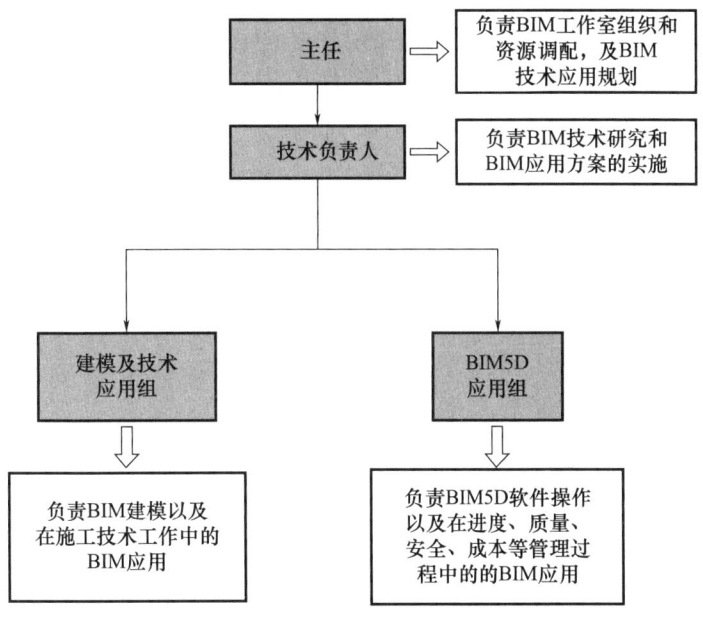

图 11-8　组织管理模式

② 模型集成数据准备

基于广联达办公楼大厦项目，BIM 5D 平台可将土建算量软件（土建模型）、钢筋算量软件（钢筋模型）、施工场地布置软件（场地模型）等 BIM 工具软件建立的模型数据加载，并将斑马梦龙进度计划软件编制的进度文件，以及其他图纸、质量安全、成本等业务数据与模型挂接，形成广联达办公楼大厦项目 BIM 数据中心与协同应用平台，保证了多部门、多岗位协同应用，为项目精细化管理提供支撑。

3）施工方案

对拟建工程可能采用的几个施工方案进行定性、定量的分析，通过技术经济评价，选择最佳施工方案。

(1) 传统方案

传统模式下项目的施工方案主要是通过对项目重难点的分析，针对项目的复杂部位、难点部位（如脚手架工程、起重吊装工程、临时用水用电工程、季节性施工等）的分部分项工程编制图文并茂的方案文件，但二维的方案资料文件往往存在不直观、沟通效率低等问题。

(2) BIM 5D 方案

在施工方案应用方面，BIM 5D 平台主要从可视化展示、深化设计前后对比展示、复杂部位工序模拟、重要部位筛查等方面进行管理，具体内容如下：

① 可视化展示

利用 BIM 模型可视化的特点进行直观立体的感官展示，不仅可以在 PC 端浏览模型全景及细节，还可以通过 Web 端、移动端进行查阅，实现模型的多手段展示。

② 深化设计前后对比展示

BIM 5D 平台可以利用 BIM 模型进行深化设计模型的版本应用管理，在管综模型的基础上进行深化设计，并以动画形式展示深化前后模型的对比，利用深化后的模型有效指导现场施工。

③ 复杂部位工序模拟

在 BIM 5D 平台中通过施工模拟手段预演项目复杂部位的施工过程，交底形象生动，提高技术交底质量的同时有效指导现场工人施工，减少现场的返工问题，有效保证质量。

④ 重要部位筛查

对于广联达办公大厦项目中的大跨度梁，可以轻松通过专项方案查询功能快速筛选出项目中需要关注的梁的个数、位置，通过利用导出的具体数据信息，便于开会沟通及时制订有效的专项方案，指导施工。

4）进度计划

施工进度计划反映了最佳施工方案在时间上的安排，采用计划的形式，使工期、成本、资源等方面，通过计划和调整达到最优配置，以便符合项目目标的要求。

(1) 传统方案

目前，我国的施工进度管理主要是采用 P6、Microsoft project 等工程管理软件对施工进度计划进行管理，以横道图的形式展示项目进展情况，管理模式仅停留在二维平面上，对于标段多、工序复杂的建设工程，对施工进度的管理难以达到全面、统筹、精细化的动态管理。

（2）BIM 5D 方案

在进度计划应用方面，BIM 5D 平台主要从进度模拟、进度校核、进度优化等方面进行管理，具体内容如下：

① 进度模拟

基于 BIM 5D 平台的可视化与集成化特点，在已经生成的进度计划前提下利用 BIM 5D 等软件可进行精细化施工模拟。从基础到上部结构，对所有的工序都可以提前进行预演，提前找出施工方案和组织设计中的问题，进行修改优化，实现高效率、优效益的目的。

② 进度校核

基于 BIM 5D 平台可以实现项目计划时间与实际时间的清晰对比，以三维模型进度模拟过程中不同颜色展示滞后情况，方便直接对现场进度情况进行分析诊断，警示技术人员采取有效措施，及时调整进度安排，有效进行进度管控。在实际实施过程中，可以利用 PC 端录入进度计划，移动端更新现场进度情况，实现现场数据与模型数据的有效对接，保证数据的真实有效性。

③ 进度优化

基于 BIM 5D 平台进度校核发现的进度问题，可以采取多种方案进行过程纠偏，比如将进度对接到斑马梦龙网络计划中，通过分析进度计划及所涉及的相关资源信息，可快速对现场进度进行最优的处理方案，并快速反馈到 BIM 5D 平台，实现模型的联动修改。基于此流程可实现多次高效快捷的对现场进度情况的实时把控和纠偏。

5）资源配置

为了使工序有效地进行，使工期、成本、资源等通过优化调整达到既定目标，在此基础上编制相应的人力和时间安排计划、资源需求计划和施工准备计划。

（1）传统方案

传统模式下项目的资源配置主要是通过现场人员反馈信息，各部门人员根据现场情况、图纸信息、进度计划进行手动分析，来判断现场所需的人、材、机等资源的数量和紧急情况，存在很大的经验因素，并且由于现场施工环境复杂，往往需要考虑因素众多，很可能影响资源需求计划和施工准备计划的正确性。

（2）BIM 5D 方案

在资源配置应用方面，BIM 5D 平台可以从多维度物资查询、资金资源分析、阶段报量核量展示等方面进行管理，具体内容如下。

① 多维度物资查询

基于 BIM 5D 平台中的三维数字模型，首先可以根据时间范围、进度计划、楼层和构件类型等多种维度生成项目工程量信息，生成的物资量表可以与现场反馈的数据进行对比分析，为项目提供及时、准确的工程基础数据，为工程造价、项目管理以及进度款管理的精细化决策提供可能。然后物资部门可根据提供的各施工区段原材用量及市场行情制订采购计划，在低价位时综合考虑储存成本，尽可能多的采购原材，做到市场原材处在高价位时所存原材满足施工需求，避免高价采购原材。

② 资金资源分析

将 BIM 5D 平台中的模型与进度计划、成本文件相关联，形成数字化的 5D 模型，首先利用可视化模拟的直观性展示项目 5D 的成本分析，针对形成的资源资金曲线可清晰地获知项目各阶段的投入和需用资料。然后针对获取的数据进行优化分析，实现项目资源的合理分配，最终实现项目的集约管理，控制项目成本。

③ 阶段报量核量展示

在 BIM 5D 平台中，可以根据现场实际施工情况来划分流水段，对需要施工的流水段在相应模型中提取出混凝土工程量，进行混凝土浇筑申请，可严格控制混凝土工程量，减少混凝土的浪费；提取出钢筋工程量可以指导钢筋采购计划，保证物资丰富。

6）施工现场布置图

施工现场布置图是施工方案及施工进度计划在空间上的全面安排，它把投入的各种资源、材料、构件、机械、道路、水电供应网络、生产和生活活动场地及各种临时工程设置合理地布置到施工现场，使整个现场能有组织地进行文明施工。

（1）传统方案

传统模式下施工现场布置图主要是根据各类规范要求，利用 CAD 工具进行二维平面的绘制，主要绘制现场的临设、机械设备、材料堆场、加工场、施工道路、施工给排水、施工临电等施工过程所需的场地设施。由于平面图的不直观性，无法判断施工现场布置的合理性，更无法对现场危险部位进行及时识别，采取防控措施。

（2）BIM 5D 方案

在施工现场布置图布置应用方面，BIM 5D 平台主要从可视化漫游展示、模拟现场生产环境等方面进行管理，具体内容如下：

① 可视化漫游展示

基于 BIM 5D 平台可将场地模型与实体模型进行整合，在此基础上进行整体的漫游展示，可以及时发现施工现场存在的安全问题或现场布置不到位、不合理的问题，提醒现场人员及时整改，避免危险发生。

② 模拟现场生产环境

基于 BIM 5D 平台可将场地模型与施工机械设备进行有机结合，模拟现场塔吊、卡车、挖掘机、施工电梯等机械设备运行的合理性，以此判断施工现场布置的合理性。

【巩固训练】

1. 什么是 BIM？
2. 目前传统建筑施工管理的方法和技术存在哪些问题？
3. BIM 技术在建筑施工管理中有哪些优势？
4. 你觉得未来建筑施工中信息技术的应用还将有哪些发展趋势？

# 项目 12　危险性较大分部分项工程施工安全管理

【项目情景】

安全管理就是认真贯彻执行文件的规定及其精神，使从管理上、措施上、技术上、物资上、应急救援上充分保障危险性较大的分部分项工程安全、圆满完成，避免发生作业人员群死群伤或造成重大不良社会影响。例如某工地拆除塔吊时，发生塔吊倾覆事故，致 5 人死亡，主要原因在塔式起重机设备拆除时，无拆除方案，在拆除设备标准节过程中，违反操作规程；某工地在外墙施工涂料时发生一起吊篮高处坠落事故，造成 3 人死亡和直接经济损失 285.45 万元的严重后果，主要原因是吊篮的安装不规范，现场安全管理不到位。为了避免施工现场发生群死群伤，减少经济损失，危险性较大分部分项工程必须通过安全方案的编制、审查、审批、论证、实施、验收等过程，让管理层、监督层、操作层及广大员工充分认识危险源。

【学习目标】

**知识目标**

掌握建筑施工现场危险源的识别，会对各类危险源进行简单的分类，掌握危险源的分级管理，增强危险性较大分部分项工程的施工方案编制的意识，了解发生危大事故的处理。

**技能目标**

会进行危险源、重大风险的识别与判断，能进行危大分部分项工程专项方案的编制基本技能。

**素质目标**

（1）掌握施工现场危险源的含义、种类，能进行危险等级的评价，利用安全管理知识合理控制危险事故的发生。

（2）培养"安全第一、预防为主、综合治理"的基本意识，将安全生产理念体现于项目全过程之中。

## 任务 12-1　施工现场危险源的识别

【工作任务】建设工程施工危险源是建设工程施工生产安全事故的根源，为了控制和减少建设工程施工现场的施工风险和施工现场环境影响，实现安全生产目标，并持续改进安全生产业绩，预防发生建筑工程施工事故，需要对建筑工程施工危险源与现场环境影响因素进行辨识。

【知识准备】危险源的含义、危险源分类、危险源的识别与评价等相关内容，在识别危险源并弄清楚风险的大小后,便可按不同级别的风险有针对性地进行安全控制。

**【任务实施】**

1. 危险源的含义

危险源是各种事故发生的根源,是指可能导致死亡、伤害或疾病、财产损失、工作环境破坏或这些情况组合的根源或状态。其包括人的不安全行为、物的不安全状态、管理上的缺陷和环境上的缺陷等。该定义包括以下四个方面的含义:

1) 决定性

事故的发生以危险源的存在为前提,危险源的存在是事故发生的基础,离开了危险源就不会有事故。

2) 可能性

危险源并不必然导致事故,只有失去控制或控制不足的危险源才可能导致事故。

3) 危害性

危险源一旦转化为事故,会给生产和生活带来不良的影响,还会对人的生命健康、财产安全以及生存环境等造成危害。

4) 隐蔽性

危险源是潜在的,一般只有当事故发生时才会明确地显现出来。人们对危险源及其危险性的认识往往是一个不断总结教训并逐步完善的过程。

危险源是安全控制的主要对象,所以,安全控制也称为危害控制或安全风险控制。

2. 危险源的分类

对危险源进行分类是为了便于进行危险源的识别与分析。危险源的分类方法有多种,可按危险源在事故发生过程中的作用、引起的事故类型、导致事故和职业危害的直接原因、职业病类别等进行分类。

1) 按危险源在事故发生过程中的作用分类。在实际生活和生产过程中的危险源是以多种多样的形式存在的,危险源导致事故可归结为能量的意外释放或有害物质的泄漏。根据危险源在事故发生发展中的作用,可将危险源分为第一类危险源和第二类危险源。

第一类危险源是指可能发生意外释放的能量的载体或危险物质。通常将产生能量的能量源或拥有能量的能量载体作为第一类危险源来处理。

第二类危险源是指造成约束、限制能量措施失效或破坏的各种不安全因素。生产过程中的能量或危险物质受到约束或限制,在正常情况下不会发生意外释放,即不会发生事故。但是一旦约束、限制能量或危险物质的措施受到破坏或失效(故障),则将发生事故。第二类危险源包括人的不安全行为、物的不安全状态和不利环境条件三个方面。建筑工地绝大部分危险和有害因素都属于第二类危险源。

人的不安全行为是指使事故有可能或有机会发生的人的行为。根据《企业职工伤亡事故分类》(GB 6441—1986),包括操作失误、忽视安全、使用不安全设备、物体存放不当等,主要表现为违章指挥、违章作业、违反劳动纪律等。

物的不安全状态是指使事故有可能或有机会发生的物体、物质的状态,如设备故障或缺陷。

事故的发生是两类危险源共同作用的结果,第一类危险源的出现是事故的前提,也是事故的主体，决定事故的严重程度；第二类危险源的出现是第一类危险源导致事故的必要条件，决定事故发生的可能性大小。

2）按引起的事故类型分类。根据《企业职工伤亡事故分类》（GB 6441—1986），综合考虑事故的起因物、致害物、伤害方式等特点，将危险源及危险源造成的事故分为20类。施工现场危险源识别时，对危险源或其造成的伤害的分类多采用此法。具体分为：物体打击、车辆伤害、机械伤害、起重伤害、触电、淹溺、灼烫、火灾、高处坠落、坍塌、冒顶片帮、透水、放炮、火药爆炸、瓦斯爆炸、锅炉爆炸、容器爆炸、其他爆炸（化学爆炸、炉膛爆炸、钢水爆炸等）、中毒和窒息、其他伤害（扭伤、跌伤、野兽咬伤等）。在建设工程施工生产中，最主要的事故类型是高处坠落、物体打击、触电事故、机械伤害、坍塌事故、火灾和爆炸等。

3. 危险源、重大风险的识别与判断

危险源辨识是识别危险源的存在并确定其特性的过程。施工现场危险源识别的方法有专家调查法、安全检查表法、现场调查法、工作任务分析法、危险与可操作性研究法、事件树分析法、故障树分析法等。其中，现场调查法是主要采用的方法。

1）危险源辨识的方法

（1）专家调查法。专家调查法是通过向有经验的专家咨询、调查、辨识分析和评价危险源的一类方法。其优点是简便易行，缺点是受专家的知识、经验和占有资料的限制，可能出现遗漏。常用的方法有头脑风暴法和德尔菲法。

头脑风暴法是通过专家创造性的思考，从而产生大量的观点、问题和议题的方法。其特点是多人讨论，集思广益，可以弥补个人判断的不足，常采取专家会议的方式来相互启发交换意见，使危险、危害因素的辨识更加细致、具体。本方法常用于目标比较单纯的议题，如果涉及面较广、包含因素多，可以分解目标，再对单一目标或简单目标使用本方法。

德尔菲法是采用背对背的方式对专家进行调查，主要特点是避免了集体讨论中的从众性倾向，更代表专家的真实意见。要求对调查的各种意见进行汇总统计处理，再反馈给专家反复征求意见。

（2）安全检查表法。安全检查表法实际就是实施安全检查和诊断项目的明细表，运用已编制好的安全检查表，进行系统的安全检查，辨识工程项目存在的危险源。检查表的内容一般包括分类项目、检查内容及要求、检查以后处理意见等。

安全检查表法的优点是简单易懂、容易掌握，可以事先组织专家编制检查项目，使安全检查做到系统化、完整化；缺点是一般只能做出定性评价。

（3）现场调查法。通过询问交谈、现场观察、查阅有关记录，获取外部信息加以分析研究，编制检查表，可识别有关的危险源。

① 询问交谈：对于施工现场的某项作业技术活动有经验的人，往往能指出其作业技术活动中的危险源，从中可初步分析出该项作业技术活动中存在的各类危险源。

② 现场观察：通过对施工现场作业环境的现场观察，可发现存在的危险源，但要求从事现场观察的人员具有安全生产、劳动保护、环境保护、消防安全等法律法规知识，掌握建筑工程安全生产和职业健康安全等法律法规、标准规范知识。

③ 查阅有关记录：查阅企业的事故、职业病记录，可从中发现存在的危险源。

④ 获取外部信息：从有关类似企业、类似项目、文献资料、专家咨询等方面获取有关危险源信息，加以分析研究，有助于识别本工程项目施工现场有关的危险源。

⑤ 编制检查表：运用已编制好的检查表，对施工现场进行系统的安全检查，可以识别出存在的危险源。

2）危险源识别应注意的事项

（1）充分了解危险源的分布。从范围上讲，应包括施工现场内受到影响的全部人员活动与场所，以及受到影响的毗邻社区等，也包括相关方（分包单位、供应单位、建设单位、工程监理单位等）的人员、活动与场所可能施加的影响；从内容上讲，应涉及所有可能的伤害与影响，包括人为失误，物料与设备过期、老化、性能下降造成的问题；从状态上讲，应考虑三种状态，即正常状态、异常状态和紧急状态；从时态上讲，应考虑三种时态，即过去、现在和将来。

（2）弄清楚危险源伤害的方式或途径。

（3）确认危险源伤害的范围。

（4）要特别关注重大危险源，防止遗漏。

（5）对危险源保持高度警觉，持续进行动态识别。

（6）充分发挥全体员工对危险源识别的作用，广泛听取每一位员工（包括供应商、分包商的员工）的意见和建议，必要时还可以征求设计单位、工程监理单位、专家和政府主管部门等的意见。

建筑施工现场管理者通常将施工中重大危险源用各种形式公布于众予以警示，如图 12-1 所示。

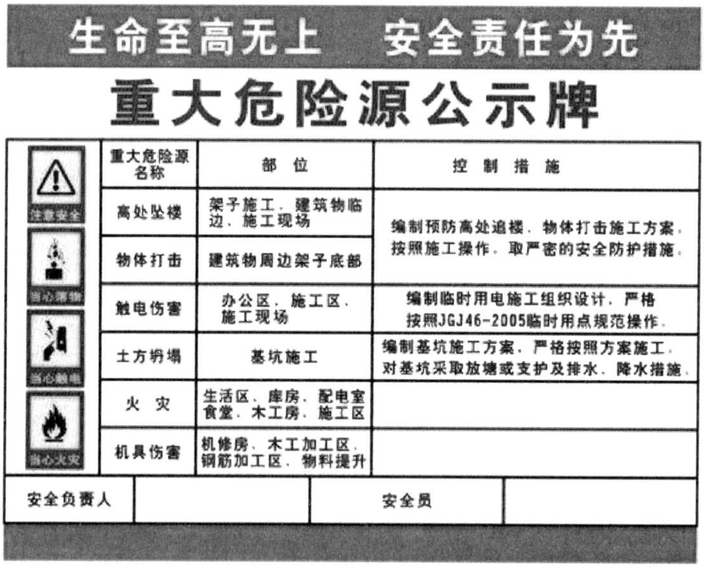

**生命至高无上　安全责任为先**

**重大危险源公示牌**

| | 重大危险源名称 | 部位 | 控制措施 |
|---|---|---|---|
| 注意安全 | 高处坠楼 | 架子施工、建筑物临边、施工现场 | 编制预防高处坠楼、物体打击施工方案，按照施工操作，采取严密的安全防护措施。 |
| 当心坠物 | 物体打击 | 建筑物周边架子底部 | |
| 当心触电 | 触电伤害 | 办公区、施工区、施工现场 | 编制临时用电施工组织设计，严格按照JGJ46-2005临时用电规范操作。 |
| | 土方坍塌 | 基坑施工 | 编制基坑施工方案，严格按照方案施工，对基坑采取放坡或支护及排水、降水措施。 |
| 当心火灾 | 火灾 | 生活区、库房、配电室、食堂、木工房、施工区 | |
| | 机具伤害 | 机修房、木工加工区、钢筋加工区、物料提升 | |
| 安全负责人 | | 安全员 | |

图 12-1　危险源公示牌

3）风险评价

风险是某一特定危险情况发生的可能性和后果的结合。风险评价是评估危险源所带来的风险大小及确定风险是否可容许的全过程。根据评价结果对风险进行分级，弄清楚哪些是高度风险、哪些是一般风险、哪些是可忽略的，按不同级别的风险有针对性地进行风险控制。

评价应围绕可能性和后果两个方面综合进行。安全风险评价的方法很多，如专家评估法、作业条件危险性评价法、安全检查表法、预先危险分析法等，一般通过定量和定性相结合的方法进行危险源的评价，主要采取专家评估法直接判断，必要时可采用定量风险评价法、作业条件危险性评价法、安全检查表法判断。

（1）专家评估法。组织有丰富知识，特别是有系统安全工程知识的专家、熟悉本工程项目施工生产工艺的技术和管理人员组成评价组，通过专家的经验和判断能力，对管理、人员、工艺、设备、设施和环境等方面已识别的危险源，评价出对本工程施工安全有重大影响的危险源。

（2）定量风险评价法。将安全风险的大小用事故发生的可能性（力）与发生事故后果的严重程度（$f$）的乘积来衡量。即

$$R = p \times f \tag{12-1}$$

式中：$R$——风险的大小；

$P$——事故发生的概率；

$f$——事故后果的严重程度。

根据估算结果，可按表 12-1 对风险的大小进行分级。

表 12-1 风险分级

| 事故后果 | 可能性 | | |
|---|---|---|---|
| | 轻度损失（轻微伤害） | 中度损失（伤害） | 重大损失（严重伤害） |
| 很大 | Ⅲ | Ⅳ | Ⅴ |
| 中等 | Ⅱ | Ⅲ | Ⅳ |
| 极小 | Ⅰ | Ⅱ | Ⅲ |

（3）作业条件危险性评价法。用与系统危险性有关的三个因素指标之积来评价作业条件的危险性，危险性可用式（12-2）表示：

$$D = L \times E \times C \tag{12-2}$$

式中：$L$——发生事故的可能性大小，按表 12-2 取值；

$E$——人体暴露在危险环境中的频繁程度，按表 12-3 取值；

$C$——一旦发生事故会产生的后果，按表 12-4 取值；

$D$——风险值。

表 12-2 发生事故的可能性大小 $L$

| 分数值 | 事故发生的可能性 | 分数值 | 事故发生的可能性 |
|---|---|---|---|
| 10 | 必然发生 | 0.5 | 很不可能，可以设想 |
| 6 | 相当可能 | 0.2 | 极不可能 |
| 3 | 可能，但不经常 | 0.1 | 实际不可能 |
| 1 | 可能性小，完全意外 | | |

表 12-3 人体暴露在危险环境中的频繁程度 E

| 分数值 | 暴露于危险环境的频繁程度 | 分数值 | 暴露于危险环境的频繁程度 |
|---|---|---|---|
| 10 | 连续暴露 | 2 | 每月一次暴露 |
| 6 | 每天工作时间内暴露 | 1 | 每年几次暴露 |
| 3 | 每周一次或偶然暴露 | 0.5 | 非常罕见暴露 |

表 12-4 发生事故产生的后果 C

| 分数值 | 发生事故产生的后果 | 分数值 | 发生事故产生的后果 |
|---|---|---|---|
| 100 | 大灾难,许多人死亡(10 人以上死亡/直接经济损失 100 万～300 万元) | 7 | 严重(伤残/经济损失 1～10 万元) |
| 40 | 灾难,多人死亡(3～9 人死亡/直接经济损失 30 万～100 万元) | 3 | 较严重(重伤/经济损失 1 万元以下) |
| 15 | 非常严重(1～2 人死亡/直接经济损失 10 万～30 万元) | 1 | 引人关注,轻伤(损失 1～105 工日的失能伤害) |

根据式(12-2)就可以计算作业的危险性程度。一般 $D$ 值等于或大于 70 分值的显著危险、高度危险和极其危险统称为重大风险;$D$ 值小于 70 分值的一般危险和稍有危险统称为一般风险,见表 12-5。

表 12-5 危险性分值

| $D$ 值 | 危险程度 | 风险等级 |
|---|---|---|
| >320 | 极其危险,不能继续作业 | 5 |
| 160～320 | 高度危险,要立即整改 | 4 |
| 70～159 | 显著危险,需整改 | 3 |
| 20～69 | 一般危险,需注意 | 2 |
| <20 | 稍有危险,可以接受 | 1 |

危险等级的划分是凭经验判断,难免带有局限性,应用时需根据实际情况予以修正。作业条件危险性评价法示例见表 12-6。

表 12-6 作业条件危险性评价法示例

| 序号 | 作业活动 | 危险因素 | 可能导致的事故 | 评分法 事故发生的可能性 (L) | 评分法 暴露的频繁程度 (E) | 评分法 后果及严重程度 (C) | $L \times E \times C$ | 危险等级 | 是否确定为重大安全风险 |
|---|---|---|---|---|---|---|---|---|---|
| | | | | 0 3 1 | 10 6 3 | 40 7 3 | | | |
| 1 | 主体工程施工 | 架体外架防护、层间防护未设防护栏安全网,挡脚板 | 物体打击高处坠落 | 7 | | 7 | 360 | 5 | 7 |
| 2 | 主体工程施工 | 混凝土浇捣过程噪声 | 听力危害 | 7 | | 7 | 27 | 2 | X |

302

# 项目12 危险性较大分部分项工程施工安全管理

续表

| 序号 | 作业活动 | 危险因素 | 可能导致的事故 | 评分法 事故发生的可能性（L） | | | 暴露的频繁程度（E） | | | 后果及严重程度（C） | | | L×E×C | 危险等级 | 是否确定为重大安全风险 |
|---|---|---|---|---|---|---|---|---|---|---|---|---|---|---|---|
| | | | | 0 | 3 | 1 | 10 | 6 | 3 | 40 | 7 | 3 | | | |
| 3 | 主体工程施工 | 混凝土浇捣不按操作规程进行 | 机械伤害 | | 7 | | | | 7 | | 7 | | 63 | 2 | X |
| 4 | 主体工程施工 | 焊接漏电、破皮、火花、辐射、有害气体 | 触电、火灾、灼伤、视力伤害、中毒和窒息 | | | | | 7 | | | | | 54 | 2 | X |

（4）安全检查表法。将过程加以展开，先列出各层次的不安全因素，然后确定检查项目，以提问的方式把检查项目按过程的组成顺序编制成表，按检查项目进行检查或评审。

4）重大危险源的判断依据

凡符合以下条件之一的危险源，均可判定为重大危险源：

（1）严重不符合法律、法规、标准规范和其他要求；

（2）相关方有合理抱怨和要求；

（3）曾经发生过事故且未采取有效防范控制措施；

（4）直接观察到可能导致危险且无适当控制措施；

（5）通过作业条件危险性评价方法，总分＞160分是高度危险的。

对重大危险源作具体评价时，应结合工程和服务的主要内容进行并考虑日常工作中的重点。

安全风险评价结果应形成评价记录，一般可与危险源识别结果合并记录，通常列表记录。对确定的重大危险源还应另列清单并按优先考虑的顺序排列。

施工现场危险源识别、评价结果参见表12-7和表12-8。

表12-7 施工现场危险源识别、评价结果示例（按作业活动分类编制）

| 序号 | 施工阶段 | 作业活动 | 危险源 | 可能导致的事故 | 风险级别 | 控制措施 |
|---|---|---|---|---|---|---|
| 1 | 基坑施工 | 土方机械 | 铲运机行驶时驾驶室外载人 | 机具伤害 | 一般 | 管理程序、应急预案 |
| 2 | 基坑施工 | 土方机械 | 多台铲运机同时作业时，未空开安全距离 | 机具伤害 | 一般 | 管理程序、应急预案 |
| 3 | 结构施工 | 钢筋工程 | 钢筋机械无漏电保护器 | 触电 | 一般 | 管理程序、应急预案 |
| 4 | 结构施工 | 钢筋工程 | 钢筋在吊运中未降到1m就靠近 | 物体打击 | 一般 | 管理程序、应急预案 |

表 12-8 施工现场危险源识别、评价结果示例（按造成的危害分类编制）

| 序号 | 危险源 | 可能对安全产生的影响 | 可能性 | | | 严重性 | | | 综合得分 | 评价结果 | 策划结果 |
|---|---|---|---|---|---|---|---|---|---|---|---|
| | | | 可能 | 不太可能 | 几乎不可能 | 严重 | 重大 | 一般 | | | |
| | | | 3 | 2 | 1 | 3 | 2 | 1 | | | |
| 1 | 脚手板有探头板 | 高处坠落 | | 7 | | | | | 4 | 一般 | 检查 |
| 2 | 脚手板不满铺 | 高处坠落 | 7 | | | | | | 3 | 一般 | 检查 |
| 3 | 悬挑脚手架防护不严密 | 高处坠落 | | | | | 7 | | 6 | 重大 | 控制 |

在识别了危险源并弄清楚了风险的大小后，便可按不同级别的风险有针对性地进行安全控制。

## 任务 12-2　施工现场危险源分级管理

**【工作任务】** 建筑工程施工危险源安全管理的基本思路是，辨识与施工现场相关的所有危险源与环境影响因素，评价出重大危险源与重大环境影响因素，在此基础上，制订具有针对性的安全控制措施和安全生产管理方案，明确危险源与环境影响因素的辨识、评价和控制活动与安全生产保证计划其他各要素之间的联系，对其实施进行安全控制。

**【知识准备】** 通过开工前成立危险源辨识评价工作组，对本工程项目存在的危险源进行辨识、评价等内容分析，根据实际情况，不断评价、更新本项目的重大风险和危险源及其控制计划，并及时上报企业安全管理部门。

**【任务实施】**

1. 建筑施工危险源分析

根据工程特点对可能影响生产安全的危险因素进行分析。在分析危险因素时，应覆盖与建筑施工相关的所有场所、环境、材料、设备、设施、方法、施工过程中的危险源；应对分析范围加以限定，以便在合理的、有限的范围内进行分析；应列出所有可能影响生产安全的危险因素，找出危险点，提出控制措施。

2. 危险源评估

1）应根据过去的经验教训，进行施工安全风险评估，分析可能出现的危险因素，并确定危险源可能产生的严重性及其影响，确定危险等级。

2）根据工程特点查清危险源，明确给出危险源存在的部位、根源、状态和特性，即危险因素存在于施工现场哪个子系统中。

3）识别转化条件，找出危险因素变为危险状态的触发条件和危险状态变为事故的必要条件。

4）依据施工安全技术方案划分危险等级，排出先后顺序和重点。对重点危险因素首先采取预控或消除、隔离措施。根据危险等级分析安全技术的可靠性，制订出安全技术方案实施过程中的控制指标和控制要求。

5）制订控制事故的预防措施。

6）指定落实控制措施的分包单位和人员，并且必须监督到位。

3．危险源预控

危险源预控的一般步骤如下：

1）全面了解即将开始施工作业的场内场外情况，认真分析工程特点以及本项目安全工作重点。同时，将过去完成的同类施工作业中所积累的安全生产经验教训，作为预测工程危险源点和制订安全防范措施的参照。

2）对大型危险专业项目，应事先召开专题会议对其进行分析预测，寻找存在的危险点，明确作业中应重点加以防范的危险点，并提出控制办法。围绕确定的危险源点，制订切实可行的安全防范措施，并向所有参加作业的人员进行交底。

工作结束后对作业危险源点预控工作进行检查回顾，认真总结经验教训。在下一次同类作业前要把遗漏的危险点都寻找出来，并结合以前的预测结果，制订出更完善的预控危险点方案。

4．危险源预控工作注意事项

1）执行建筑施工企业安全生产三级教育制度，认真编制标准化、规范化的危险性因素控制表。首先，从班组开始，以自下而上、上下结合，施工队、项目管理人员共同把关为原则，组织所有参建分包单位管理人员做好危险性因素分析和预防工作。然后结合本专业、本岗位的各种作业（操作）形式，找出危险源点，对照《安全操作规程》《安全检查标准》及有关制度措施，初步提出作业项目危险因素控制措施，形成危险性因素控制表。经施工队专业技术人员、安全员审查、补充、完善后，报项目部安监部门审查、备案。

2）三级安全生产教育编制的主要内容，应该以施工队、班组为单位，按不同专业列出经常从事的作业项目。由各专业针对作业内容、工作环境、作业方法、使用的工具、设备状况和劳动保护的特点以及以往事故经验教训，分析并列出人身伤害的类型和危险因素。对每项危险因素都要制订相应的控制措施，每项措施均应符合《安全操作规程》的规定和标准化、规范化的要求。同时，要明确监督责任人。

3）以危险因素控制表为准，按分部分项为单元进行安全技术交底工作。由安全生产负责人或班组长组织全体作业人员，分析查找该项目作业过程中可能出现的威胁人身、设备安全的危险因素。一般性施工作业项目的安全技术交底由班组长负责填写，交工长审核，经施工队指定的专业技术人员或安全员审批后执行。对于危害等级高的施工作业项目，全部由施工队、专业分包、项目部、安监部及主管生产的负责人主持召开施工作业前的准备会议，针对该项目的各个环节，分析查找危险因素，并按专业制订安全技术措施方案；明确施工队和专业分包应控制的危险因素及落实安全技术措施的负责人；由各分包单位负责人组织本单位作业班组长了解熟悉安全技术措施方案，明确各自应控制的危险因素及落实安全技术措施的指定负责人；由指定负责人组织作业人员，根据安全技术措施方案内容学习了解和分析。危害等级高的作业项目安全技术交底，应由施工队和项目部技术人员、安监部负责审核，项目总工程师批准后执行。

5．危险因素控制措施的实施

1）项目部应在施工作业项目开工前将制定、审核、批准的安全技术措施方案转交施工队和班组,在有项目管理人员参加的情况下组织施工作业人员学习和了解,同时进行安全技术交底并履行签字手续。

2)班长应在班前会上,结合当天的施工作业点部位、具体工作内容、周围环境及施工人员身体健康状态等情况宣讲生产安全注意事项,在班后会上总结危险因素控制措施执行中存在的问题,并提出改进意见。

3)每日施工作业开工前,项目部安全负责人在向全体作业人员宣讲安全注意事项的同时,应宣读本工程项目针对重大危险源管理必须遵守的原则事项,详细讲解保证当班工艺、工法顺利实现的具体安全措施及注意事项。

4)施工作业过程中,全体人员应严格遵守《安全操作规程》的规定,认真执行安全技术交底所规定的各项要求。安全负责人在进行安全检查时,应随时监督检查每个作业人员执行安全措施的情况,及时纠正不安全行为。

5)项目部负责人和全体项目管理人员、各分包单位安全员,应经常深入施工现场监督检查人、机、物、料方面是否存在安全生产隐患;安全操作规程、安全标准是否得以正确执行,及时纠正违章现象。

6)每次分部分项施工作业结束后,应及时进行工作总结,不断改进完善安全技术交底内容,为下次进行同类施工作业提供安全可靠的经验。

6. 危险因素控制措施的安全责任

1)项目部主要负责人要认真贯彻执行安全生产方针政策和法规,落实企业安全生产各项规章制度,结合本工程项目的特点及施工全过程,组织制定本工程项目安全生产管理办法,并监督实施。作为本工程项目安全生产第一责任人,项目部主要负责人应对本工程项目安全生产负全面管理责任,组织本工程项目管理人员、施工队、班组长、专业分包单位召开本工程项目危险因素分析会,做到危险因素分析工作全面、充分。同时,项目部主要负责人应制订正确完备的危险因素控制措施,在开工前宣讲危险因素控制措施,并且检查各项措施、方案、安全交底是否得到正确执行,监督、督促管理人员遵守各项安全管理制度,正确执行各项安全管理措施。

2)项目部技术负责人是方案科学性、工艺选择、结构安全性的直接责任人,通过对结构的监控、监(检)测,校核结构设计的安全性。

3)项目部安全生产负责人是安全监督的第一责任人,指导、协调、监督业务人员、业务部门履职,做到巡查到位、通报到位、督促整改到位。

4)项目部生产负责人是隐患整改的直接责任人,负责管辖范围内隐患整改工作,杜绝无方案施工、不按方案施工,杜绝因生产组织和工序衔接问题带来的安全隐患,这体现着"管生产必须管安全""管业务必须管安全"的核心要义。

5)工长、班长是所管辖区域内安全生产的第一责任人,对所管辖范围内的安全生产负直接责任。工长、班长应根据施工作业情况负责组织全体人员召开危险因素分析会,做到危险因素分析准确、全面;负责审查危险因素控制措施是否符合实际,是否正确完善,是否具有可操作性;宣讲危险因素产生和预防注意事项,对危险源点要强调只能做什么,绝对不能做什么;总结危险因素控制措施执行中存在的问题及改进要求;深入现场检查各作业点危险因素控制措施是否正确执行和落实。

6)项目部现场施工作业人员是安全生产的第一责任人,认真执行安全生产规章制度及《安全操作规程》，积极参加危险因素分析会，对防范措施提出意见或建议；严格遵守《安全操作规程》，认真执行安全技术交底各项内容，不许做的绝对不做，保证做到"三不伤害"；工作中，在保证自身安全的同时，要及时纠正作业班其他人员的违章行为。

7）项目部技术人员、安全负责人、施工队负责人等，应组织相关人员制订危害等级较高的危险因素控制措施，做到正确完备；在开工前召开专题会议，布置危险因素控制措施，并且检查各项措施得到正确执行；对所制定、审批的安全、组织、技术措施方案和危险因素控制措施是否正确、完备负责；深入作业现场监督检查安全技术措施和危险因素控制措施是否得到正确执行，及时纠正违章现象，对违章责任者提出处罚意见。

7. 危险因素控制措施的要求

1）项目管理人员应熟悉掌握和确认施工现场分部分项危险源点，认真履行安全生产技术交底程序；做到危险源点分析准确，措施严密，职责明确，不断提高自身生产安全管理水平，使施工现场作业达到标准化、规范化水准。

2）制订的危险因素控制措施，必须符合《建筑施工安全检查标准》《安全生产操作规程》、专业技术工艺规程及有关规定并符合现场实际，并且要有针对性和可操作性。

3）为使作业危险因素控制措施能认真贯彻执行，避免走过场，项目负责人、分包单位负责人、项目安全负责人、工长、班长必须认真履行各自的生产安全职责，做到责任到位，确保作业全过程的安全。

4）特殊工种作业人员应持证上岗，岗位证书经项目安全员验证登记备案后才能上岗作业。实习人员和短期施工人员必须进行入场安全生产培训教育，经考试合格后方可上岗作业。现场管理人员应对实习人员和短期施工人员的现场作业加强监护和指导。

5）所有参加作业的人员在工作中应严格遵守《安全操作规程》和安全管理制度，认真执行安全生产检查标准，规范作业行为，做到标准化作业，确保人身、设备安全。

6）作为三大事故多发行业的建筑业应通过科学、有效、长期手段对施工现场的危险源采取全过程的监控，将安全生产工作真正转移到以预防为主的轨道上来，并最终降低事故率。

## 任务 12-3 危险性较大分部分项工程专项施工方案编制

【工作任务】为有效管控建筑施工安全风险、防范生产安全事故发生，住房城乡建设部于 2004 年建立了危险性较大的分部分项工程管理制度，其核心内容是对于危大工程必须编制专项施工方案，对于超过一定规模的危大工程专项施工方案必须组织专家论证，并在施工过程中严格按照专项施工方案进行施工。这些对于督促参建各方和主管部门强化风险管控意识、落实风险管控责任、细化施工过程防范措施、提升应急处置能力、有效遏制群死群伤事故发生、保障施工过程安全平稳均具有极为重要的意义。

【知识准备】通过危大工程的定义、范围，掌握危大工程专项施工方案的编制等内容，对危大工程进行安全管理。

**【任务实施】**

1. 定义

危大工程又称危险性较大的分部分项工程，是指房屋建筑和市政基础设施工程在施工过程中，容易导致人员群死群伤或者造成重大经济损失的分部分项工程。

超危大工程，又称超过一定规模的危险性较大的分部分项工程。

2. 危大工程的范围

危险性较大的分部分项工程范围

1）基坑工程

（1）开挖深度超过3m（含3m）的基坑（槽）的土方开挖、支护、降水工程。

（2）开挖深度虽未超过3m，但地质条件、周围环境和地下管线复杂，或影响毗邻建、构筑物安全的基坑（槽）的土方开挖、支护、降水工程。

2）模板工程及支撑体系

（1）各类工具式模板工程：包括滑模、爬模、飞模、隧道模等工程。

（2）混凝土模板支撑工程：搭设高度5m及以上，或搭设跨度10m及以上，或施工总荷载（荷载效应基本组合的设计值，以下简称设计值）$10kN/m^2$及以上，或集中线荷载（设计值）15kN/m及以上，或高度大于支撑水平投影宽度且相对独立无联系构件的混凝土模板支撑工程。

（3）承重支撑体系：用于钢结构安装等满堂支撑体系。

3）起重吊装及起重机械安装拆卸工程

（1）采用非常规起重设备、方法，且单件起吊重量在10kN及以上的起重吊装工程。

（2）采用起重机械进行安装的工程。

（3）起重机械安装和拆卸工程。

4）脚手架工程

（1）搭设高度24m及以上的落地式钢管脚手架工程（包括采光井、电梯井脚手架）。

（2）附着式升降脚手架工程。

（3）悬挑式脚手架工程。

（4）高处作业吊篮。

（5）卸料平台、操作平台工程。

（6）异型脚手架工程。

5）拆除工程

可能影响行人、交通、电力设施、通信设施或其他建、构筑物安全的拆除工程。

6）暗挖工程

采用矿山法、盾构法、顶管法施工的隧道、不同室工程。

7）其他

（1）建筑幕墙安装工程。

（2）钢结构、网架和索膜结构安装工程。

（3）人工挖孔桩工程。

（4）水下作业工程。

（5）装配式建筑混凝土预制构件安装工程。

(6) 采用新技术、新工艺、新材料、新设备可能影响工程施工安全，尚无国家、行业及地方技术标准的分部分项工程。

3. 超过一定规模的危大工程范围

1) 深基坑工程

开挖深度超过 5m（含 5m）的基坑（槽）的土方开挖、支护、降水工程。

2) 模板工程及支撑体系

(1) 各类工具式模板工程：包括滑模、爬模、飞模、隧道模等工程。

(2) 混凝土模板支撑工程：搭设高度 8m 及以上，或搭设跨度 18m 及以上，或施工总荷载（设计值）$15kN/m^2$ 及以上，或集中线荷载（设计值）20kN/m 及以上。

(3) 承重支撑体系：用于钢结构安装等满堂支撑体系，承受单点集中荷载 7kN 及以上。

3) 起重吊装及起重机械安装拆卸工程

(1) 采用非常规起重设备、方法，且单件起吊重量在 100kN 及以上的起重吊装工程。

(2) 起重量 300kN 及以上，或搭设总高度 200m 及以上，或搭设基础标高在 200m 及以上的起重机械安装和拆卸工程。

4) 脚手架工程

(1) 搭设高度 50m 及以上的落地式钢管脚手架工程。

(2) 提升高度在 150m 及以上的附着式升降脚手架工程或附着式升降操作平台工程。

(3) 分段架体搭设高度 20m 及以上的悬挑式脚手架工程。

5) 拆除工程

(1) 码头、桥梁、高架、烟囱、水塔或拆除中容易引起有毒有害气（液）体或粉尘扩散、易燃易爆事故发生的特殊建、构筑物的拆除工程。

(2) 文物保护建筑、优秀历史建筑或历史文化风貌区影响范围内的拆除工程。

6) 暗挖工程

采用矿山法、盾构法、顶管法施工的隧道、不同室工程。

7) 其他

(1) 施工高度 50m 及以上的建筑幕墙安装工程。

(2) 跨度 36m 及以上的钢结构安装工程，或跨度 60m 及以上的网架和索膜结构安装工程。

(3) 开挖深度 16m 及以上的人工挖孔桩工程。

(4) 水下作业工程。

(5) 重量 1000kN 及以上的大型结构整体顶升、平移、转体等施工工艺。

(6) 采用新技术、新工艺、新材料、新设备可能影响工程施工安全，尚无国家、行业及地方技术标准的分部分项工程。

危大工程及超过一定规模的危大工程范围由国务院住房城乡建设主管部门制定。省级住房城乡建设主管部门可以结合本地区实际情况，补充本地区危大工程范围。制定的危大工程和超危大工程的范围主要包括基坑工程、模板工程及支撑体系、起重吊装及起重机械安拆工程、脚手架工程、拆除工程、暗挖工程及其他。

4. 危大工程专项施工方案的编制

施工组织设计是以项目为对象进行编制的，用以指导施工的技术、经济和管理的综合性文件。按编制对象不同,可以分为施工组织总设计、单位工程施工组织设计和施工方案。

施工方案是以分部分项工程为主要对象编制的施工技术与组织方案,用以具体指导其施工过程。所有的分部分项工程施工均应有施工方案作为指导文件,特别针对危险性较大的分部分项工程施工,应按《危险性较大的分部分项工程安全管理规定》要求编制专项施工方案,是在编制施工组织设计的基础上,单独编制的安全技术措施文件。超过一定规模的危险性较大的分部分项工程,除编制专项施工方案外,还应按规定要求进行专家论证。

1）专项施工方案的编制主体

（1）施工单位应当在危大工程施工前组织工程技术人员编制专项施工方案。

实行施工总承包的,专项施工方案应当由施工总承包单位组织编制。危大工程实行分包的,专项施工方案可以由相关专业分包单位组织编制。

（2）专项施工方案应当由施工单位技术负责人审核签字、加盖单位公章,并由总监理工程师审查签字、加盖执业印章后方可实施。

（3）危大工程实行分包并由分包单位编制专项施工方案的,专项施工方案应当由总承包单位技术负责人及分包单位技术负责人共同审核签字并加盖单位公章。

2）专项施工方案的编、审流程

专项施工方案经施工单位工程技术人员编制完成后,施工单位（总承包单位或专业分包单位）组织本单位技术、质量、安全部门的人员进行会审审核。

危大工程专项施工方案主要内容:

① 工程概况:危大工程概况和特点、施工平面布置、施工要求和技术保证条件;

② 编制依据:相关法律、法规、规范性文件、标准、规范及施工图设计文件、施工组织设计等;

③ 施工计划:包括施工进度计划、材料与设备计划;

④ 施工工艺技术:技术参数、工艺流程、施工方法、操作要求、检查要求等;

⑤ 施工安全保证措施:组织保障措施、技术措施、监测监控措施等;

⑥ 施工管理及作业人员配备和分工:施工管理人员、专职安全生产管理人员、特种作业人员、其他作业人员等;

⑦ 验收要求:验收标准、验收程序、验收内容、验收人员等;

⑧ 应急处置措施;

⑨ 计算书及相关施工图纸。

3）专项施工方案的编制方法及一般规定

（1）编制步骤

施工单位应当在危大工程施工前编制专项施工方案,其编制步骤按照:工程概况→编制依据→施工计划→施工工艺技术→施工保障措施→施工管理及作业人员配备和分工→验收要求→应急处置措施→计算书及相关图纸等开展。

工程概况一般比较简单,应对工程主要情况、设计简介和工程施工条件等重点内容加以简要介绍,重点列出工程疑难点;编制依据方面应根据工程的具体内容和特点进行列举,应全面、具体、有针对性,且规范、标准应为先行有效的;施工计划安排应包括施工目标、施工进度计划、材料与设备计划、施工顺序、检验批的划分、施工重难点分析及主要管理与技术措施、工程管理组织机构等内容,且应在进度计划中体现出"资源配备是保障,施工计划安排是施工方案的核心"理念;施工工艺技术上应明确具体的施工方案且应附必要的验算和说明;施工保障措施应从组织、技术、应急、监测监控等角度全面落实到位;施工管理及作业人员配备和分工应根据危大工程特点、规模做到适应且满足要求;验收要求要从标准、程序及人员、内容三大方面进行阐述和说明,根据前面确定的施工工艺明确相关验收标准及条件,验收程序应具体、合规,验收人员应符合要求;应急处置措施内容应从组织、具体措施、具体救援线路、应急物资准备等方面细化明确到位。

（2）编制原则

① 编制专项施工方案时,在施工工艺技术中明确危大工程施工参数,选取最不利构件、工况等特征值计算确定。

② 专项施工方案的技术重点和难点设置应该包括设计、计算、详图、文字说明等。

③ 危大工程专项施工方案中明确项目管理体系、管理目标。

④ 危大工程专项施工方案的内容应完整,文字信息表达准确、无遗漏、图表表达清晰、标注清晰、计算书准确无误。

⑤ 应急救援预案的编制应注重作业危害类型的针对性和可操作性,应列出距离项目现场最近的救援医院信息,包括医院名称、电话、救援线路,附有导航地图的行车路线图,应急救援路线宜选择至少 2 条以上,并根据伤者的病情选择附近的医院;现场紧急救护车辆牌号和驾驶人员相关信息及联系方式应记录。

（3）编制流程

危大工程专项施工方案编制流程见图 12-2,超过一定规模的危大工程专项方案编制流程见图 12-3。

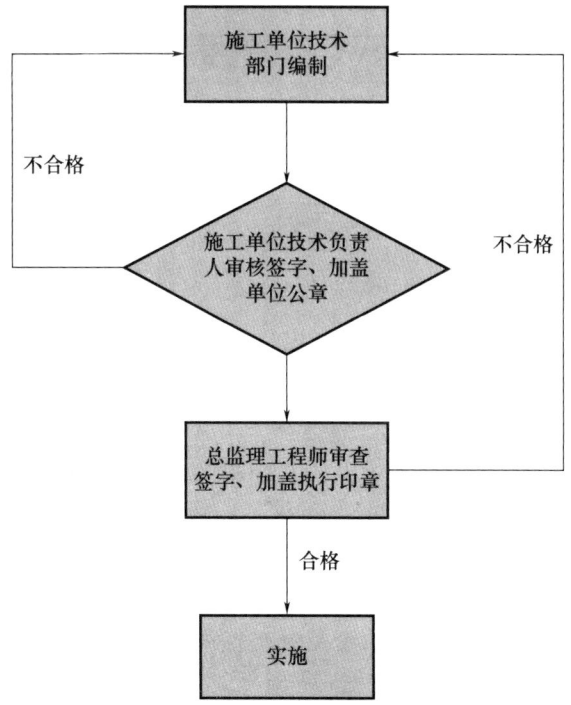

图 12-2 危大工程专项施工方案编制流程

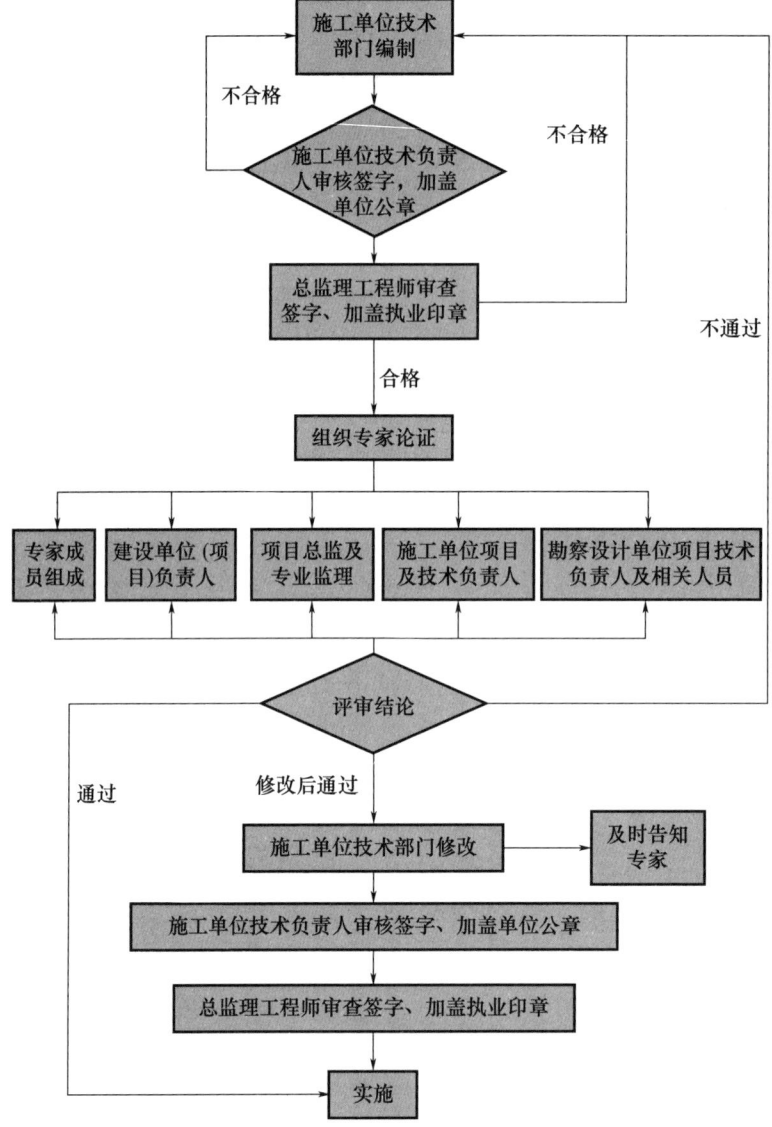

图 12-3 超过一定规模的危大工程专项施工方案编制流程

5. 危大工程管理

1）管理对象

（1）建设单位

① 建设单位应当依法提供真实、准确、完整的工程地质、水文地质和工程周边环境等资料。

② 建设单位应当组织勘察、设计等单位在施工招标文件中列出危大工程清单，要求施工单位在投标时补充完善危大工程清单并明确相应的安全管理措施。

③ 建设单位应当按照施工合同约定及时支付危大工程施工技术措施费以及相应的安全防护、文明施工措施费，保障危大工程施工安全。

④ 建设单位在申请办理安全监督手续时，应当提交危大工程清单及其安全管理措

施等资料。

(2) 勘察、设计单位

勘察单位应当根据工程实际及工程周边环境资料,在勘察文件中说明地质条件可能造成的工程风险;设计单位应当在设计文件中注明涉及危大工程的重点部位和环节,提出保障工程周边环境安全和工程施工安全的意见,必要时进行专项设计。

(3) 施工单位

① 施工单位应当在危大工程施工前组织工程技术人员编制专项施工方案。

实行施工总承包的,专项施工方案应当由施工总承包单位组织编制。危大工程实行分包的,专项施工方案可以由相关专业分包单位组织编制。

② 专项施工方案应当由施工单位技术负责人审核签字、加盖单位公章,并由总监理工程师审查签字、加盖执业印章后方可实施。危大工程实行分包并由分包单位编制专项施工方案的,专项施工方案应当由总承包单位技术负责人及分包单位技术负责人共同审核签字并加盖单位公章。

③ 对于超过一定规模的危大工程,施工单位应当组织召开专家论证会对专项施工方案进行论证。实行施工总承包的,由施工总承包单位组织召开专家论证会。专家论证前专项施工方案应当通过施工单位审核和总监理工程师审查。

④ 施工施工单位应当在施工现场显著位置公告危大工程名称、施工时间和具体责任人员,并在危险区域设置安全警示标志。

⑤ 专项施工方案实施前,编制人员或者项目技术负责人应当向施工现场管理人员进行方案交底。施工现场管理人员应当向作业人员进行安全技术交底,并由双方和项目专职安全生产管理人员共同签字确认。

⑥ 施工单位应当严格按照专项施工方案组织施工,不得擅自修改专项施工方案。

因规划调整、设计变更等原因确需调整的,修改后的专项施工方案应当按照本规定重新审核和论证。涉及资金或者工期调整的,建设单位应当按照约定予以调整。

⑦ 施工单位应当对危大工程施工作业人员进行登记,项目负责人应当在施工现场履职。

项目专职安全生产管理人员应当对专项施工方案实施情况进行现场监督,对未按照专项施工方案施工的,应当要求立即整改,并及时报告项目负责人,项目负责人应当及时组织限期整改。

施工单位应当按照规定对危大工程进行施工监测和安全巡视,发现危及人身安全的紧急情况,应当立即组织作业人员撤离危险区域。

⑧ 施工单位应当建立危大工程安全管理档案。施工单位应当专项施工方案及审核、专家论证、交底、现场检查、验收及整改等相关资料纳入档案管理。

(4) 监理单位

① 监理单位总监理工程师应按照《危险性较大的分部分项工程安全管理规定》审查危大工程专项施工方案,并应当结合危大工程专项施工方案编制监理实施细则,并对危大工程施工实施专项巡视检查。

项目监理机构应巡视检查危险性较大的分部分项工程专项施工方案实施情况,发现未按专项施工方案实施时,应签发监理通知单,要求施工单位按专项施工方案实施。

② 项目监理机构在实施监理过程中，发现工程存在安全事故隐患时，应签发监理通知单（表12-9），要求施工单位整改；情况严重时，应签发工程暂停令（表12-10），并应及时报告建设单位。施工单位拒不整改或不停止施工时，项目监理机构应及时向有关主管部门报送监理报告（表12-11）。

表12-9　监理通知单

工程名称：　　　　　　　　　　　　　　　　　　　　　编号：

致：（施工项目经理部）
事由：
内容：

　　　　　　　　　　　　　　　　　　　　　　　　项目监理机构（盖章）
　　　　　　　　　　　　　　　　　　　　　　　　总/专业监理工程师（签字）
　　　　　　　　　　　　　　　　　　　　　　　　　　　年　月　日

注：本表一式三份，项目监理机构、建设单位、施工单位各一份。

表12-10　工程暂停令

工程名称：　　　　　　　　　　　　　　　　　　　　　编号：

致：（施工项目经理部）
　由于_____原因，现通知你方于　年　月　日　时起，暂停部位（工序）施工，并按下述要求做好后续工作。
要求：

　　　　　　　　　　　　　　　　　　　　　　　　项目监理机构（盖章）
　　　　　　　　　　　　　　　　　　　　　　　　总监理工程师（签字、加盖执业印章）
　　　　　　　　　　　　　　　　　　　　　　　　　　　年　月　日

注：本表一式三份，项目监理机构、建设单位、施工单位各一份。

表12-11　监理报告

工程名称：　　　　　　　　　　　　　　　　　　　　　编号：

致：_____（主管部门）
　由_____（施工单位）施工的_____（工程部位），存在安全事故隐患。我方已于　年　月　日发出编号为：　　　的《监理通知》/《工程暂停令》，但施工单位未（整改/停工）。
特此报告。

　　附件：□监理通知
　　　　　□工程暂停令
　　　　　□其他

　　　　　　　　　　　　　　　　　　　　　　　　项目监理机构（盖章）
　　　　　　　　　　　　　　　　　　　　　　　　总监理工程师（签字）
　　　　　　　　　　　　　　　　　　　　　　　　　　　年　月　日

注：本表一式四份，主管部门、建设单位、工程监理单位、项目监理机构各一份。

场无照明设施,沟槽开挖深度约 3.8m,宽度 2.4m,塌方长度 5.0m,施工方法为用挖掘机开挖沟槽、人工清理槽底,开挖沟槽未放坡也无边坡支护措施,在工人进行人工清理槽底时发生土方坍塌,导致 4 名施工作业人员被埋,经救援人员救出并送至镇中心卫生院抢救,因伤势过重确认抢救无效死亡(图 12-4)。

图 12-4 基坑开挖未采取防护措施

该项目建设单位为某水务股份有限公司,项目负责人为李某某;设计单位为某设计研究总院;施工单位为某建设工程有限公司,项目经理为王某某,专职安全员为张某某;监理单位为某某监理有限公司,项目总监理工程师为孙某某。据初步调查分析,造成该事故发生的直接原因是施工单位未按照设计图纸要求,采取必要的放坡及支护措施,导致沟槽开挖坡度过陡,造成土体失稳和坍塌(图 12-4)。间接原因有供水管网安装工程违反基本建设程序,无地质勘察报告,未办理报建、报监及施工许可手续;该工程开挖深度超过 3m,属危险性较大的分部分项工程,施工单位未编制专项施工方案及夜间施工措施;该事故发生时现场无施工管理人员在场指挥施工,施工方专职安全员也不在施工现场,监理人员也未在现场旁站监理。

1)事故原因分析
(1)土方开挖未合理放坡;
(2)土方堆放不规范,离基坑边不足 2m;
(3)事发地位于公路边,车辆通过产生震动;
(4)夜间施工照明不足、救援不规范、违规用挖掘机吊管。

2)事故教训总结和防范措施
(1)土方开挖应合理放坡,切忌垂直下挖;
(2)土方堆放应离基坑边 2m 以外;
(3)土方开挖周边不应有附加震动源;

(4)夜间施工应有充足的照明措施;

(5)禁止用钩机起吊重物。

**案例2** ××年××月××日,某市某拆迁安置房项目发生一起基坑土方坍塌事故,造成4人死亡、3人轻伤。

1)事故原因分析

施工单位未按专项施工方案埋设帷幕桩,帷幕桩抗弯强度和刚度均未达到要求,在进行帷幕桩作业时,未采取安全防范措施;毗邻建筑物一侧杂填土密度低于其他部位,在开挖土方和埋设帷幕桩时,对杂填土层产生了扰动,进一步降低了基坑土壁的强度,导致坍塌事故发生;施工单位在抢险救援过程中措施不力,致使事故灾害进一步扩大(图12-5)。

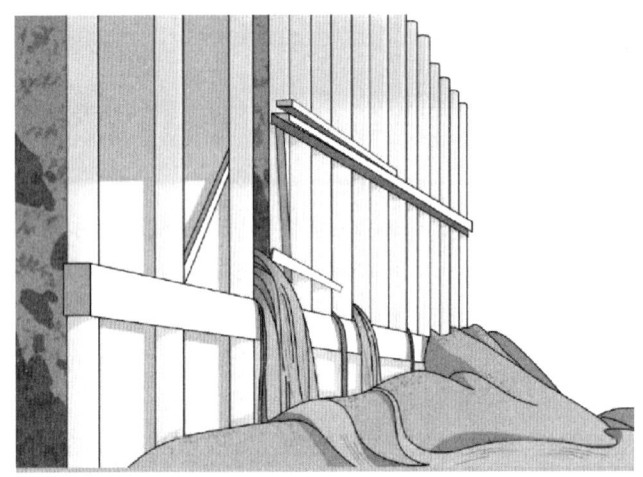

图12-5 基坑侧壁出现大量漏水、流土

2)事故教训总结和防范措施

(1)勘察设计单位未向施工单位提供工程毗邻建筑物保护、深基坑支护等安全防护设计方案,勘察单位应当根据工程实际及工程周边环境资料,在勘察文件中说明地质条件可能造成的工程风险;设计单位应当在设计文件中注明涉及危大工程的重点部位和环节,提出保障工程周边环境安全和工程施工安全的意见,必要时进行专项设计。

(2)施工单位未建立健全安全生产保障体系,安全生产基础管理工作滞后,未严格落实安全生产责任制,颠倒了帷幕桩的施工程序,在基坑部分变形后才进行帷幕桩施工,使其失去支护作用。

(3)应进一步加强工程建设各参建方主体责任,建立健全安全生产责任制度。

(4)严格按照施工规范和施工工序组织施工,施工单位应当严格按照专项施工方案组织支护结构施工,不得擅自修改专项施工方案。

(5)强化各方安全生产责任,涉及危大工程和超危大工程应当严格按《危险性较大的分部分项工程安全管理规定》执行,施工单位应当在危大工程施工前组织工程技术人员编制专项施工方案,且应由施工单位技术负责人审核签字、加盖单位公章,并有总监理工程师审查签字,加盖执业印章后方可实施。对于超过一定规模的危大工程,施工单位还应当组织专家论证会对专项施工方案进行论证。

**案例 3** ××年××月××日凌晨 1 点左右，某号线越江隧道区间用于连接上、下行线的安全联络通道工程施工作业面内，因大量的水和流沙涌入，引起隧道部分结构损坏及周边地区地面沉降，造成 4 栋楼房严重倾斜，江边防汛墙局部塌陷并引发管涌，直接经济损失达 1.2 亿元（图 12-6～图 12-8）。

图 12-6 支护结构或周边建筑物变形值超过设计变形控制值

图 12-7 基坑开挖时未对毗邻建筑物及地线管线等采取专项保护措施

图 12-8 管涌

1) 事故原因分析

(1) 对专项方案的实施未进行第三方监测,并对可能出现的险情,未制定应急措施。造成基坑开挖时地面局部塌陷,支护结构和周围建筑物遭到不同程度的破坏。

(2) 忽视了周边环境、建筑物等对基坑的影响,基坑开挖未了解清楚基坑周边环境、建筑物、地表水排泄、地下管线分布、道路、车辆、行人等情况,并且未采取相应措施。

2) 事故教训总结和防范措施

(1) 对于按照规定需要进行第三方监测的危大工程,建设单位应当委托具有相应勘察资质的单位进行监测。

(2) 建设单位应当依法提供真实、准确、完整的工程地质、水文地质和工程周边环境等资料。

(3) 危大工程发生险情或者事故时,施工单位应当立即采取应急处置措施,并报告工程所在地住房城乡建设主管部门。建设、勘察、设计、监理等单位应当配合施工单位开展应急抢险工作。

【巩固训练】

1. 什么是危险源?
2. 什么是第一类危险源?什么是第二类危险源?
3. 简述危险识别与评价的意义。
4. 危险源辨识的方法有哪些?

5. 如何进行风险评估?
6. 危险源预控的步骤有哪些?
7. 危险因素控制措施如何实施?
8. 简述危大工程的定义。
9. 简述危大工程专项施工方案的编制。

# 参考文献

[1] 毛鹤琴. 土木工程施工 [M]. 武汉：武汉理工大学出版社，2018.
[2] 姜晨光. 土木工程施工 [M]. 北京：中国电力出版社，2017.
[3] 穆静波. 土木工程施工 [M]. 北京：机械工业出版社，2018.
[4] 姚谨英，姚晓霞. 建筑施工技术 [M]. 北京：中国建筑工业出版社，2017.
[5] 张健为，朱敏捷. 土木工程施工 [M]. 北京：机械工业出版社，2017.
[6] 郑传明，宁仁歧. 土木工程施工 [M]. 北京：高等教育出版社，2019.
[7] 刘粤，丁宪良. 地基与基础工程施工 [M]. 武汉：中国地质大学出版社，2014.
[8] 江正荣. 建筑施工计算手册 [M]. 北京：中国建筑工业出版社，2018.
[9] 穆保岗. 地下结构工程 [M]. 南京：东南大学出版社，2016.
[10] 史佩栋. 桩基工程手册 [M]. 北京：人民交通出版社，2015.
[11] 刘明维，贺林林. 桩基工程 [M]. 北京：中国水利水电出版社，2023.
[12] 周景星，李广信，虞石民，等. 基础工程 [M]. 北京：清华大学出版社，2015.
[13] 北京土木建筑学会. 地基与基础工程施工技术速学宝典 [M]. 武汉：华中科技大学出版社，2011.
[14] 田卿燕. 施工现场验收技术 [M]. 北京：化学工业出版社，2008.
[15] 建筑施工手册编委会. 建筑施工手册：第五版 [M]. 北京：中国建筑工业出版社，2013.
[16] 郭正兴. 土木工程施工 [M]. 南京：东南大学出版社，2020.
[17] 应惠清. 土木工程施工 [M]. 上海：同济大学出版社，2018.
[18] 重庆大学，同济大学，哈尔滨工业大学. 土木工程施工：第四版 [M]. 北京：中国建筑工业出版社，2023.
[19] 陈立军，张春玉，赵洪凯. 混凝土及其制品工艺学 [M]. 北京：中国建材工业出版社，2012.
[20] 本手册编委会. 防水工程设计施工与质量验收标准规范实施手册 [M]. 北京：金版电子出版社，2002.
[21] 中国建筑学会建筑防水学术委员会叶林标，曹征富. 建筑防水工程施工新技术手册 [M]. 北京：中国建筑工业出版社，2018.
[22] 苏有文，赵冬梅，储劲松. 土木工程施工 [M]. 武汉：武汉大学出版社，2019.
[23] 李伟. 建筑工程施工技术 [M]. 北京：机械工业出版社，2014.
[24] 建筑工程施工BIM应用指南编委会. 建筑工程施工BIM应用指南 [M]. 北京：中国建筑工业出版社，2017.
[25] 刘占省，赵雪锋. BIM技术与施工项目管理 [M]. 北京：中国电力出版社，2015.
[26] 楚仲国，王全杰，王广斌. BIM 5D施工管理实训 [M]. 重庆：重庆大学出版社，2017.
[27] 刘占省，赵明，徐瑞龙. BIM技术在建筑设计、项目施工及管理中的应用 [J]. 建筑技术开发，2013，40（03）：65-71.
[28] 王婷，肖莉萍. 国内外BIM标准综述与探讨 [J]. 建筑经济，2014（05）：108-111.
[29] 商大勇. M改变了什么：BIM+工程项目管理 [M]. 北京：机械工业出版社，2018.
[30] 应急管理部消防救援局组织编写. 消防安全技术实务 [M]. 北京：中国计划出版社，2022.